嵌入式系统软件设计实战
——基于 IAR Embedded Workbench

唐思超　编著

北京航空航天大学出版社

内 容 简 介

全书分为 13 章。第 1～4 章为基础知识部分，讲述 IAR Embedded Workbench 开发环境的特点、功能、使用方法以及项目管理、参数配置等；第 5～10 章为本书的重点内容，结合处理器的相关结构讲述 IAR Embedded Workbench 开发环境的实用工作机制与应用，如启动代码与编译系统的关系、代码优化等；第 11～13 章是实例应用，详细介绍使用 IAR Embedded Workbench 开发环境进行开发的过程。

本书可作为软、硬件开发人员以及系统架构人员等相关工程技术人员的参考书，也可作为相关培训机构的教材或相关专业在校学生及教师的教学辅助教材，还可作为 IAR Embedded Workbench 开发环境的自学读物。

图书在版编目(CIP)数据

嵌入式系统软件设计实战：基于 IAR Embedded Workbench/唐思超编著．—北京：北京航空航天大学出版社，2010.4
 ISBN 978－7－5124－0045－0

Ⅰ.①嵌⋯　Ⅱ.①唐⋯　Ⅲ.①微处理器—系统设计　Ⅳ.①TP332

中国版本图书馆 CIP 数据核字(2010)第 047605 号

© 2010，北京航空航天大学出版社，版权所有。
未经本书出版者书面许可，任何单位和个人不得以任何形式或手段复制本书内容。
侵权必究。

嵌入式系统软件设计实战
——基于 IAR Embedded Workbench
唐思超　编著
责任编辑　董立娟

*

北京航空航天大学出版社出版发行
北京市海淀区学院路 37 号(100191)　发行部电话：010-82317024　传真：010-82328026
www.buaapress.com.cn　E-mail:emsbook@gmail.com
北京市媛明印刷厂印装　各地书店经销

*

开本：787×960　1/16　印张：27.5　字数：616 千字
2010 年 4 月第 1 版　2010 年 4 月第 1 次印刷　印数：4 000 册
ISBN 978－7－5124－0045－0　定价：49.00 元

序

对于如今从事电子产品设计的工程师们来说,MCU(即单片机或微控制器)已经是十分常用的器件了。在MCU逐渐被各行各业的电子产品采用的同时,生产MCU的芯片厂商也从当初屈指可数的几家发展到现在的上百家甚至更多。各家厂商基于不同的MCU内核(根据数据总线的宽度,通常可划分为8位、16位和32位内核)辅之以存储器、I/O接口等片上资源,设计出具备不同特点的MCU,使得工程师们可以按照各自应用的具体需求挑选成本和功能都适合的芯片进行开发。根据2008年的统计数据,8位、16位和32位MCU占据的市场份额分别为33.9%、32.3%和33.8%,近乎是三分天下的格局。

然而种类繁多的MCU也给工程师们带来了不少困扰,因为不同的MCU所要求的软件开发工具往往各不相同。一款MCU软件开发工具通常需要包含C/C++编译器、汇编器、链接器、调试环境以及辅助的文本编辑器、工程管理器等模块。用户获得软件工具的来源主要有独立的软件厂商、开源软件组织和一些芯片厂商本身。来源不同的软件工具在功能完整性和编译效率上参差不齐,其用户介面、控制命令、调试风格以及对标准C语言的功能扩展等方面也往往完全不同,从而使得用户为一种MCU开发的代码很难移植到其他MCU上去,而且在一款软件工具下所积累的使用经验在开发另一种MCU时也很难有所帮助。

IAR Systems是目前嵌入式软件开发工具方面的领导企业之一,在该行业有着二十余年的服务经验,与各大著名的MCU芯片厂商保持着长期而紧密的合作关系,致力于为多达20余类不同架构的MCU提供风格统一、编译高效、使用方便的软件开发工具;其主力产品IAR Embedded Workbench系列中的各款软件可分别支持不同架构MCU上的代码开发、下载和调试,如32位MCU中的ARM系列、16位MCU中的TI MSP430系列、8位MCU中的MCS-51系列、Atmel AVR系列等,最大程度地简化了代码的跨平台移植,方便了需要在不同的MCU之间进行转换的用户。此外,IAR Systems的产品还包括基于状态机的软件建模和设计工具visualSTATE;微内核、硬实时的嵌入式操作系统和中间件家族PowerPac(含文件系统、TCP/IP协议栈、USB协议栈和GUI)等,能够为MCU开发者提供All-in-One的解决方案。

目前,IAR Systems 的软件产品在全球拥有十万多授权的企业用户,广泛分布在无线通信、工业控制、汽车电子、仪器仪表、消费电子等各大行业中;而用于个人学习和评估的授权比这个数字还要多得多。然而国内一直缺乏一本能够结合几种有代表性的常用 MCU 系统地讲述基于 IAR Embedded Workbench 工具进行软件开发的书籍,这也在某种程度上给国内的开发者造成了一些不便。

本书的作者在嵌入式系统开发方面有着多年的从业经历,曾长期使用 IAR Embedded Workbench 软件和多种 MCU,开发过形形色色的产品。本书集中介绍了各款 IAR Embedded Workbench 软件所共有的概念和使用方法,也理清了对于不同的 MCU 在参数配置等方面的差异,可以说是作者丰富经验的总结。作为一本软件书籍,本书既包含"常规性"的内容(如功能介绍、操作方法等),也包含了从作者对 MCU 软件的理解出发,结合工具本身整理而成的一些很有价值和特点的内容(如代码和数据的定位、启动和初始化流程、存储器重映射、Flash 下载、C 与汇编混合编程、程序分析与优化等)。书中还给出了基于 Atmel AVR 单片机和 STMicroelectronics STR912 单片机(ARM 内核)进行具体系统设计的思路和实例,对于理解前面的概念很有帮助。相信无论是刚刚接触 MCU 的初学者还是已经具备一些开发经验的读者,都能够从本书中获益良多。

盛 磊

IAR Systems(上海)

前言

编写本书的目的

随着计算机技术的日益发展,嵌入式应用已经渗透到社会生活中的方方面面。从我们每天使用的手机、PMP等消费电子产品到汽车电子、工业控制、国防科技等领域,无一例外都能找到嵌入式系统的身影。所谓嵌入式系统(Embedded System),就是可以嵌入到其他系统中的微处理器应用系统。嵌入式系统本身是一个可独立执行的系统,但更为重要的是它可以作为一个部件嵌入到其他应用系统中。

在组成上,嵌入式系统以微处理器及应用软件为核心组件。对于一个嵌入式系统,按其微处理器的类型可以分为以单片机为核心的嵌入式系统、以工业计算机板卡为核心的嵌入式系统、以DSP为核心的嵌入式数字信号处理系统、以FPGA及软CPU核为核心的嵌入式SOPC系统等;按其运行的软件类型可以分为没有操作系统的前后台应用系统(或称超循环系统)和基于嵌入式操作系统的应用系统。另外,嵌入式操作系统又可以分为面向控制、通信等领域的实时操作系统和面向消费电子的非实时操作系统。常用的实时操作系统有IAR公司的PowerPac、Micrium公司的$\mu C/OS$、WindRiver公司的VxWorks、Express Logic公司的ThreadX以及免费的FreeRTOS等。最常见的非实时操作系统有微软的Windows XP Embedded、Windows CE以及开源的嵌入式Linux等。

一般来说,大部分基于实时操作系统的应用系统需要将以源代码或库形式提供操作系统本身和应用程序部分一同编译;而基于非实时操作系统的应用系统则首先需要裁减、定制操作系统并生成新的系统映像文件,而后将其载入外部非易失性存储器,启动时先由相关的引导程序将操作系统映像加载至外部SDRAM或DDR等并完成相关初始化操作后,再启动操作系统。基于非实时操作系统的应用程序是单独编译的,这点和实时操作系统不同,这种方式更接近于传统PC机的应用程序开发过程。

当然,技术不是一成不变的。Raisonance公司的开发环境Ride及其为STM32系列微控制器开发的嵌入式操作系统CircleOS就是一个介于上述两者之间的产物。CircleOS不像Linux等非实时操作系统那样功能强大,但又不算实时操作系统,其本身更接近于实时系统。使用Ride开发环境可以开发CircleOS,同时也可以单独开发可运行于CircleOS上的应用程序。CircleOS具有应用程序管理功能,这些应用程序可以单独下载至 STM32 的片内 Flash 中，并由 CircleOS 系统所管理。

嵌入式系统以微处理器及应用软件为核心组件，所以嵌入式开发人员需要深刻理解的两个方面就是处理器的架构和编译系统的机制。鉴于目前市面上缺乏此类书籍，本书即为解决此问题而编写。本书一方面介绍了 IAR Embedded Workbench 开发环境的实用机制及应用，另一方面简要介绍了处理器的相关架构，可以帮助读者在日后的开发工作中学会如何结合处理器的架构来更高效、更简捷地使用 IAR Embedded Workbench 进行嵌入式系统开发。同时，帮助读者增加对编译器系统相关机制的认知，不断提升开发境界，掌握分析解决问题的方法和能力，使得读者对于其他编译系统也能够从容自如地应用。例如，了解系统启动机制后，就可以在某些 ARM 架构上使用纯 C 语言来写启动代码，并且不需要编译系统的运行库支持。

本书的组织结构及特色

本书从工程实用的角度出发，分别以目前流行的 8 位单片机 AVR 系列、16 位单片机 MSP430 系列和 32 位单片机 ARM7、ARM9 以及 Cortex-M3 系列为例，结合其处理器架构特点介绍了相应 IAR Embedded Workbench 开发环境的机制及应用。本书的内容适用于前后台系统、基于实时操作系统的应用系统以及用于启动非实时操作系统的引导程序的开发。

全书分为三大部分，共 13 章。第 1~4 章为第一部分，讲述 IAR Embedded Workbench 开发环境的特点、功能、使用方法以及项目管理、参数配置等基础知识；第 5~10 章为第二部分，也是本书的重点内容，结合相应处理器的结构详细讲述了 IAR Embedded Workbench 开发环境的机制与应用，如编写启动代码、代码优化等；第三部分为第 11~13 章，讲述 IAR Embedded Workbench 开发环境的实例应用。

与市面的其他书籍相比，本书的最大特色在于它既不是单纯讲述某个方面的应用，也不是纯粹讲述某种软件的使用，而是将编译器、链接器、下载器和调试器的原理、机制与各种处理器的架构相结合，从实际应用出发，把理论和实践紧密联系起来，深入浅出地讲述了嵌入式系统的运作。本书可以帮助开发人员了解教科书中大多不曾提及的编译系统的实用机制、了解这些机制如何通过具体的处理器硬件来实现，从而熟练掌握 IAR Embedded Workbench 开发环境。

相关说明

本书涉及了许多相关基础知识和原理，受篇幅等限制，不能一一详述，读者可参阅相关资料。

本书在术语方面尽量使用中文，对于某些无法找到合适中文的术语则直接使用了英文。为了讲述的方便，书中某些地方将 IAR Embedded Workbench 开发环境简写为 IAR EW，IAR Embedded Workbench for ARM 简写为 IAR EWARM，IAR Embedded

Workbench for AVR 简写为 IAR EWAVR，IAR Embedded Workbench for MSP430 简写为 IAR EW430。

为了阐述方便，在不至于引起歧义的情况下，书中没有对单片机、微控制器、微处理器等术语进行严格区分。通常情况下单片机泛指微控制器，但严格说来，微控制器与微处理器是有差别的，它们代表了不同的理念。前者更侧重于一个完整的微型计算机系统；而后者则侧重于强大的处理能力，典型代表就是单芯片 CPU。近些年来，由于社会需求的发展和技术的进步，这两个概念已经发生交叉。某些微控制器内部具有非常强大的 CPU，而微处理器内部也集成了多种外设。因此，不断有新的名词出现，比如应用处理器、数字信号控制器等。另外，芯片的种类划分也与其面向的市场和厂商的定位有关，比如 TI 将其基于 ARM+DSP 核的应用处理器划分为 DSP 类，而 Atmel 则将相同的产品划分为微控制器。

读者对象

本书理论阐述与实用性相结合，既有针对性也有大众性，适合下列人员阅读：
- 相关专业的在校学生及教师；
- 想学习或初学嵌入式开发的人员；
- 硬件开发人员、软件开发人员以及系统架构人员；
- 想深入了解编译系统或从事编译系统开发的人员；
- 想学习 IAR Embedded Workbench 开发环境的人员。

本书的适用人群广泛，建议初学人员先通过其他方式获取一些基础知识，例如，处理器架构的基础知识、C 语言中函数指针、const 指针的用法及基础计算机操作等知识。

致 谢

本书在编写过程中得到了很多人的支持和热心关注。尤其感谢 IAR 公司中国代表处叶涛先生、盛磊先生的大力支持，感谢北京航空航天大学出版社的热心帮助，感谢家人和朋友的支持和鼓励。由于笔者年轻，水平有限以及编写书稿时间限制等原因，书中难免存在不妥、遗漏甚至错误，希望广大读者批评指正。有兴趣的读者可以发送电子邮件至 strongtang@gmail.com，与作者进一步交流；也可以发送电子邮件到：xdhydcd5@sina.com，与本书策划编辑进行交流。

本书中部分章节的原始内容由 IAR 公司中国代表处提供，在此表示衷心感谢。

本书中的所有源代码以及工程文件，包括书中用于分析相关工作机制的分析案例文件和应用实例文件，均可以从北京航空航天大学出版社的网站下载，网址是：

唐思超
2010 年 1 月

目 录

第 1 章　IAR Embedded Workbench 基础知识 …………………………………… 1

1.1　IAR Embedded Workbench 嵌入式集成开发环境简介 …………………………… 1
1.2　IAR Embedded Workbench 的菜单及工具栏 ……………………………………… 3
　　1.2.1　菜单栏 …………………………………………………………………………… 4
　　1.2.2　工具栏 …………………………………………………………………………… 13
　　1.2.3　状态栏 …………………………………………………………………………… 14

第 2 章　IAR Embedded Workbench 快速入门 ………………………………… 15

2.1　项目的创建 ……………………………………………………………………………… 15
　　2.1.1　建立一个项目文件目录 ………………………………………………………… 15
　　2.1.2　生成新工作区 …………………………………………………………………… 15
　　2.1.3　生成新项目 ……………………………………………………………………… 16
　　2.1.4　给项目添加文件 ………………………………………………………………… 17
　　2.1.5　配置项目选项 …………………………………………………………………… 18
2.2　编译和链接应用程序 …………………………………………………………………… 20
　　2.2.1　编译和链接 ……………………………………………………………………… 20
　　2.2.2　查看 MAP 文件 ………………………………………………………………… 21
2.3　用 C-SPY 下载和调试应用程序 ……………………………………………………… 22
　　2.3.1　配置 Debugger 选项 …………………………………………………………… 22
　　2.3.2　下载应用程序 …………………………………………………………………… 22
　　2.3.3　源代码级调试 …………………………………………………………………… 24
　　2.3.4　查看变量 ………………………………………………………………………… 24
　　2.3.5　设置和监视断点 ………………………………………………………………… 26
　　2.3.6　在反汇编窗口上进行调试 ……………………………………………………… 27
　　2.3.7　监视寄存器 ……………………………………………………………………… 27

2.3.8　查看存储器 …………………………………………………………… 27
2.3.9　观察 Terminal I/O ……………………………………………………… 28
2.3.10　执行和暂停程序 ……………………………………………………… 29

第3章　项目管理 …………………………………………………………………… 30

3.1　项目组织模型 …………………………………………………………………… 30
3.2　项目创建与管理 ………………………………………………………………… 32
　3.2.1　工作区及其内容的创建和管理 ………………………………………… 33
　3.2.2　拖拽操作 ………………………………………………………………… 35
　3.2.3　源文件路径 ……………………………………………………………… 36
3.3　项目文件导航 …………………………………………………………………… 36
　3.3.1　查看工作区 ……………………………………………………………… 36
　3.3.2　显示源代码浏览信息 …………………………………………………… 37
3.4　使用库模块 ……………………………………………………………………… 39

第4章　IAR Embedded Workbench 项目参数配置 ……………………………… 43

4.1　General Options——基本选项配置 …………………………………………… 43
　4.1.1　Target 选项卡 …………………………………………………………… 43
　4.1.2　Target 选项卡（适用于 IAR for AVR）………………………………… 46
　4.1.3　Target 选项卡（适用于 IAR for MSP430）…………………………… 48
　4.1.4　Output 选项卡 …………………………………………………………… 50
　4.1.5　Library Configuration 选项卡 …………………………………………… 51
　4.1.6　Library Options 选项卡 ………………………………………………… 52
　4.1.7　Heap Configuration 选项卡 ……………………………………………… 53
　4.1.8　Stack/Heap 选项卡 ……………………………………………………… 53
　4.1.9　System 选项卡 …………………………………………………………… 54
　4.1.10　MISRA C 选项卡 ……………………………………………………… 55
4.2　C/C++编译器配置 ……………………………………………………………… 55
　4.2.1　Language 选项卡 ………………………………………………………… 56
　4.2.2　Code 选项卡（适用于 IAR for AVR）………………………………… 58
　4.2.3　Code 选项卡（适用于 IAR for MSP430）……………………………… 59
　4.2.4　Optimizations 选项卡 …………………………………………………… 60
　4.2.5　Output 选项卡 …………………………………………………………… 61
　4.2.6　List 选项卡 ……………………………………………………………… 63

4.2.7　Preprocessor 选项卡 …………………………………………………… 63
4.2.8　Diagnostics 选项卡 ……………………………………………………… 65
4.2.9　MISRA C 选项卡 ………………………………………………………… 66
4.2.10　Extra Options 选项卡 …………………………………………………… 67
4.3　汇编器配置 ………………………………………………………………………… 67
4.3.1　Language 选项卡 ………………………………………………………… 67
4.3.2　Output 选项卡 …………………………………………………………… 69
4.3.3　List 选项卡 ……………………………………………………………… 69
4.3.4　Preprocessor 选项卡 …………………………………………………… 70
4.3.5　Diagnostics 选项卡 ……………………………………………………… 72
4.3.6　Extra Options 选项卡 …………………………………………………… 72
4.4　自定义创建配置 …………………………………………………………………… 73
4.5　项目生成配置 ……………………………………………………………………… 74
4.6　链接器配置 ………………………………………………………………………… 75
4.6.1　Output 选项卡 …………………………………………………………… 75
4.6.2　Extra Output 选项卡 …………………………………………………… 78
4.6.3　#define 选项卡 …………………………………………………………… 78
4.6.4　Diagnostics 选项卡 ……………………………………………………… 79
4.6.5　List 选项卡 ……………………………………………………………… 81
4.6.6　Config 选项卡 …………………………………………………………… 82
4.6.7　Processing 选项卡 ……………………………………………………… 86
4.6.8　Extra Options 选项卡 …………………………………………………… 90
4.7　库生成器配置 ……………………………………………………………………… 90
4.8　调试器配置 ………………………………………………………………………… 91
4.8.1　Setup 选项卡 …………………………………………………………… 91
4.8.2　Download 选项卡 ……………………………………………………… 93
4.8.3　Extra Options 选项卡 …………………………………………………… 94
4.8.4　Plugins 选项卡 ………………………………………………………… 94
4.9　IAR J-Link 驱动配置 ……………………………………………………………… 95
4.9.1　Setup 选项卡 …………………………………………………………… 96
4.9.2　Connection 选项卡 ……………………………………………………… 97
4.9.3　Breakpoints 选项卡 …………………………………………………… 98

第5章 存储方式与段定位 ... 103

5.1 数据存储方式 ... 103
5.1.1 存储空间 ... 103
5.1.2 栈与自动变量 ... 104
5.1.3 堆中的动态存储分配 ... 105

5.2 代码与数据的定位 ... 106
5.2.1 段的定义 ... 106
5.2.2 段的作用 ... 106
5.2.3 段存储类型 ... 106
5.2.4 段在存储器中的定位 ... 108
5.2.5 数据段 ... 110
5.2.6 代码段 ... 114
5.2.7 C++动态初始化 ... 115
5.2.8 变量与函数在存储器中的定位 ... 115

第6章 IAR C-SPY 宏系统 ... 119

6.1 C-SPY 宏系统 ... 119
6.1.1 宏语言 ... 120
6.1.2 宏函数 ... 125
6.1.3 宏文件 ... 134

6.2 使用 C-SPY 宏 ... 136
6.2.1 使用设置宏函数和设置文件来注册、运行宏 ... 136
6.2.2 使用 Macro Configuration 对话框注册宏文件 ... 138
6.2.3 使用 Quick Watch 界面运行宏函数 ... 138
6.2.4 将宏函数与断点相连以执行宏函数 ... 139

6.3 使用 C-SPY 模拟器进行中断仿真 ... 141
6.3.1 C-SPY 中断仿真系统 ... 141
6.3.2 中断仿真系统的使用 ... 143

6.4 中断仿真实例 ... 147
6.4.1 添加中断句柄 ... 147
6.4.2 设置仿真环境 ... 148
6.4.3 运行仿真中断 ... 151
6.4.4 使用系统宏定义中断和设置断点 ... 152

第 7 章　IAR Embedded Workbench 的工作机制与应用 153

7.1　系统的初始化过程 154
7.2　微处理器的启动与重映射 156
7.2.1　映射的概念 156
7.2.2　存储器映射与存储器重映射 156
7.2.3　微控制的片内存储器 156
7.2.4　ARM 处理器的 Boot 技术 157
7.2.5　与映射和重映射相关的实例 159
7.3　重映射的意义与实现过程 163
7.3.1　软件断点与硬件断点 164
7.3.2　重映射的作用与实现举例 165
7.4　程序入口与启动代码 175
7.4.1　程序入口的概念 175
7.4.2　程序入口的实例分析 175
7.4.3　系统的启动代码 186
7.4.4　在 IAR 中设置程序的入口 188
7.5　ARM 处理器启动代码的深入研究 190
7.5.1　需要 IAR 运行库支持的纯 C 语言启动代码 190
7.5.2　不需要 IAR 运行库支持的纯 C 语言启动代码 197
7.5.3　纯 C 语言启动代码的适用情况 204
7.5.4　使用纯 C 语言气动代码的注意事项 205
7.6　全局变量运行时定位的实例分析 208
7.6.1　变量的简单分类 208
7.6.2　变量定位至 RAM 的时间 208
7.6.3　变量在只读存储器中的存储方式 209
7.6.4　全局变量的运行时定位分析 210
7.6.5　全局变量的运行时定位过程分析 213
7.7　在 RAM 中运行的函数 216
7.7.1　RAM 函数 216
7.7.2　RAM 函数的实现 216
7.8　RAM 调试与实现机制 227
7.8.1　MAC 文件的概念 227
7.8.2　RAM 调试的基础知识 227

7.8.3　RAM 调试的工作机制 ·················228
7.9　Flash Loader 与 Flash 调试 ···············237
　　7.9.1　Flash Loader 概述 ···················237
　　7.9.2　可选的 Flash Loader C-SPY 宏文件 ···238
　　7.9.3　与 Flash Loader 框架程序的接口 ·····238
　　7.9.4　Flash Loader 驱动程序实例 ··········239
　　7.9.5　创建 Flash Loader 的过程举例 ·······240
　　7.9.6　调试 Flash Loader ···················241
　　7.9.7　将应用程序下载至 Flash 中 ··········242
　　7.9.8　Flash Debug 的流程及实例分析 ······243
7.10　应用程序的完整性校验 ·················258
　　7.10.1　设置链接器产生 checksum ·········258
　　7.10.2　在用户代码中加入校验和计算函数 ··261
7.11　Flash Loader 的使用 ····················263
　　7.11.1　设置 Flash Loader ··················264
　　7.11.2　Flash 装载机制 ·····················264
　　7.11.3　生成程序时需要考虑的事情 ········264
　　7.11.4　Flash Loader Overview 对话框 ·····265
　　7.11.5　Flash Loader 配置对话框 ···········266
7.12　使用 IAR EW 直接下载二进制文件到目标 Flash 存储器 ···267
7.13　将 MSP430 系列单片机的片内 Flash 拟作 EEPROM ·····273
　　7.13.1　MSP430 系列单片机的内部存储器组织 ··273
　　7.13.2　Flash 的擦除 ·······················274
　　7.13.3　演示程序分析 ······················275
　　7.13.4　修改和使用 XCL 文件 ··············279

第 8 章　IAR EWARM 版本迁移 ·············281

8.1　版本迁移概述 ···························281
　　8.1.1　EWARM 版本 4.xx 与 5.xx 的区别 ···281
　　8.1.2　迁移工作 ···························281
8.2　链接器和链接器的配置 ···················282
　　8.2.1　EWARM 4.xx 的链接器 XLINK 及其配置文件 ···282
　　8.2.2　XLINK 选项 ·························282
　　8.2.3　XCL 文件举例 ·······················284

8.2.4　EWARM 5.xx 的链接器 ILINK 及其配置文件 …… 286
8.2.5　ICF 格式概述 …… 286
8.2.6　ICF 文件举例 …… 290
8.2.7　图形化工具 ICF Editor 的使用 …… 292
8.3　有关版本迁移的其他信息 …… 292

第 9 章　C 与汇编的混合编程 …… 294

9.1　AVR 单片机 C 语言与汇编语言的混合编程 …… 294
　　9.1.1　在 C 语言函数和汇编语言函数间传递变量 …… 295
　　9.1.2　C 代码调用汇编函数 …… 296
　　9.1.3　汇编代码调用 C 函数 …… 297
　　9.1.4　使用汇编语言编写中断程序 …… 298
　　9.1.5　汇编代码访问全局变量 …… 299
9.2　MSP430 单片机 C 语言与汇编语言的混合编程 …… 300
　　9.2.1　调用内部函数 …… 300
　　9.2.2　直接嵌入 …… 300
　　9.2.3　调用汇编模块 …… 300
　　9.2.4　新的函数调用协议 …… 302
　　9.2.5　实例分析 …… 303

第 10 章　程序分析与性能优化 …… 308

10.1　应用程序分析 …… 308
　　10.1.1　函数级刨析 …… 308
　　10.1.2　代码覆盖 …… 310
10.2　调整 IAR Embedded Workbench 以获取最佳性能 …… 312
　　10.2.1　优化设置——代码容量与速度 …… 312
　　10.2.2　存储模型选择 …… 313
　　10.2.3　运行库设置 …… 314
　　10.2.4　数据类型选择 …… 315
　　10.2.5　目标处理器专有设置 …… 315
10.3　为嵌入式应用编写高效率代码 …… 315
　　10.3.1　合理利用编译系统 …… 316
　　10.3.2　选择数据类型以及数据在存储器中的定位 …… 319
　　10.3.3　编写高效代码 …… 322

第 11 章 基于 CAN 协议的 Boot Loader ··················· 327

11.1 硬件电路设计 ··················· 328
11.1.1 电源电路 ··················· 328
11.1.2 CAN 收发器电路 ··················· 328
11.1.3 单片机电路 ··················· 330

11.2 软件设计概述 ··················· 330
11.2.1 Boot Loader 运行环境 ··················· 332
11.2.2 Boot Loader 实现 ··················· 335

11.3 存储空间定义 ··················· 337
11.3.1 Flash 存储空间 ··················· 338
11.3.2 EEPROM 数据存储区 ··················· 338
11.3.3 签名存储区 ··················· 339
11.3.4 Boot Loader 信息存储区 ··················· 339
11.3.5 Boot Loader 配置存储区 ··················· 340
11.3.6 设备寄存器 ··················· 343

11.4 CAN 协议和 ISP 命令 ··················· 343
11.4.1 CAN 协议 ··················· 343
11.4.2 CAN ISP 命令数据流协议 ··················· 345

11.5 API 应用程序编程接口 ··················· 351
11.5.1 API 的定义 ··················· 351
11.5.2 使用 API ··················· 351
11.5.3 API 的使用限制 ··················· 351
11.5.4 API 细节介绍 ··················· 351
11.5.5 API 入口点 ··················· 352
11.5.6 IAR 环境中的 API 调用示例 ··················· 352
11.5.7 使用其他 C 编译器的 API 调用 ··················· 352

11.6 使用 Flip 软件与 CAN 结点通信 ··················· 355

第 12 章 基于 AVR 单片机的数码录放模块 ··················· 356

12.1 系统工作原理 ··················· 356
12.1.1 语音采样的理论依据 ··················· 356
12.1.2 数据存储和读取 ··················· 357
12.1.3 PWM 声音回放 ··················· 358

  12.2 硬件电路设计……359
    12.2.1 微控制器和存储器电路……360
    12.2.2 麦克风和扬声器电路……361
  12.3 软件设计……362
    12.3.1 初始化设置……362
    12.3.2 主循环……362
    12.3.3 擦 除……364
    12.3.4 录 音……366
    12.3.5 存 储……368
    12.3.6 回 放……370
  12.4 调试和优化……372

第 13 章 基于 STR912 的 USB 声卡……374

  13.1 硬件设计……374
    13.1.1 处理器概述……374
    13.1.2 电源电路……374
    13.1.3 JTAG 及复位电路……376
    13.1.4 液晶显示电路……376
    13.1.5 USB 接口电路……377
    13.1.6 微控制器电路……378
    13.1.7 音频接口电路……378
  13.2 软件设计……380
    13.2.1 启动程序……380
    13.2.2 驱动程序……390
    13.2.3 应用程序……396
  13.3 调试和使用……402
    13.3.1 硬件电路的调试……402
    13.3.2 软件部分的调试……402

附录 A 为 MSP430 系列单片机编写高质量代码……410

附录 B 为 AVR 系列单片机编写高质量代码……412

附录 C 编译指南……414

附录 D 选择合适的微控制器……416

参考文献……422

第1章

IAR Embedded Workbench 基础知识

1.1 IAR Embedded Workbench 嵌入式集成开发环境简介

IAR Embedded Workbench 是瑞典 IAR Systems 公司的嵌入式软件系列开发工具的总称，该系列中各款产品可分别支持不同架构的 8 位、16 位或 32 位单片机或微处理器。例如，IAR Embedded Workbench for ARM、IAR Embedded Workbench for Atmel AVR、IAR Embedded Workbench for TI MSP430 等。

IAR Embedded Workbench 无缝集成了 IAR C/C++ Compiler(IAR C/C++编译器)、IAR Assembler(汇编器)、IAR XLINK Linker[注](链接器)、IAR XAR Library Builder(库创建器)、IAR XLIB Librarian(库管理器)、IAR C-SPY Debugger(调试器)、Editor(代码编辑器)、Command Line Build Utility(命令行创建工具)以及 Project Manager(工程管理)等，可以支持用户在各种单片机或微处理器上进行嵌入式软件代码的编译、链接、下载和调试。

IAR Embedded Workbench 具有如下特点：

1) Different Architectures, One Solution

对于 20 余种不同架构的单片机或微处理器，IAR Embedded Workbench 提供了近乎统一的用户界面和使用方法，方便了在不同架构芯片间转换的用户。

2) Seamless Tool Chain Integration

IAR Embedded Workbench 在一个 IDE 中无缝集成了 C/C++ Compiler、Assembler、Linker、Library、Editor、Project Manager 以及 C-SPY Debugger 等工具，并能够与第三方的仿真器驱动、Editor、Source Control 等工具进行无缝整合，使得用户能够方便地完成整个嵌入式软件的开发。

3) Chip Level Support

除了支持各种单片机或微处理器内核之外，还提供芯片级的支持，包括 SFR 头文件(*.h

注：EWARM 5.xx 里使用了全新版本的链接器 ILINK 来取代原先所用的 XLINK，但适用于其他目标处理器的开发环境没有改变。

文件)、SFR 调试器文件(＊.ddf 文件)、片内 Flash 烧写下载(Flash Loader)、链接器配置文件(＊.xcl 或 ＊.icf)以及针对常用芯片的代码例程等,使得用户可以快速上手进行开发和调试。

4) C/C++ Optimizing Compiler

IAR C/C++ Compiler 的代码优化性能居业界领先地位,能够最大程度地生成体积小、速度快的优质可执行代码。每个源代码文件组或源代码文件的优化方式和优化级别均可在 IDE 中直接调节,以适应各种不同的优化要求。IAR C/C++ Compiler 既能够严格遵循 ANSI C/Embedded C++国际标准,也提供针对各种单片机或微处理器架构的语言扩展(如 extended keywords、intrinsic functions 等),还支持对汽车行业的 MISRA C 编程规则进行自动校验。

5) Powerful C-SPY Debugger

支持灵活的代码断点和数据断点设置,提供函数级的单步运行控制(传统的调试器通常只支持基于代码行的单步控制)。C-SPY Debugger 还通过内置 RTOS Kernel – Awareness 调试插件,允许用户除了基本的 C/C++代码调试之外,还能查看当前系统中的任务/队列/信号量/定时器等与 RTOS 相关的信息。根据芯片架构的不同,支持的 RTOS 可有 IAR Power-Pac、Micrium μC/OS – Ⅱ、Segger embOS、OSE Epsilon、OSEK（ORTI）、ThreadX 以及 CMX 等。

6) Support Hardware Emulators

对于各种单片机和微处理器,IAR Embedded Workbench 通常都支持芯片公司官方的标准仿真器(如 Atmel JTAGICE – mKII for AVR、TI FET for MSP430、Renesas E8/E8a for M16C/M32C/R8C 等),以及使用得较为广泛的第三方仿真器(如 Segger J – Link for ARM、Macraigor Wiggler for ARM、P&E MultiLink for Freescale ColdFire 等),以方便用户在硬件调试时的选择。

IAR Embedded Workbench 目前支持的芯片有:

- 8 位机:8051、Atmel AVR、Freescale S08、NEC 78K、Renesas R8C、Samsung SAM8 以及所有基于 51 内核的单片机,如 Cypress CY7C68013 等;
- 16 位机:TI MSP430、Freescale HC12/S12、Microchip PIC18/dsPIC/PIC24、National CR16C、Renesas M16C/H8/H8S、Maxim MAXQ 等;
- 32 位机:ARM、Freescale ColdFire、Atmel AVR32、NEC V850、Renesas M32C/R32C/RX 等。

另外,部分旧版本的软件目前已停止更新和维护,但仍可用于某些早期的微控制器,如 Freescale HC11、MOS 6502、Intel x96、Zilog Z80 等。

1.2 IAR Embedded Workbench 的菜单及工具栏

如同大多数开发环境，IAR EW 支持菜单和快捷键两种操作方式。菜单中的大部分操作都有相应的快捷键，有些快捷键是固定的，有些则可以自定义。IAR EW 是一个模块化的应用程序，一些菜单会因目标系统的不同和使用插件与否而不同。例如，对于 IAR EW for AVR 开发环境，在项目选项中设置为使用 JTAGICE mkII 时，则菜单栏会多出 JTAGICE mkII 菜单，如图 1.1 所示；而使用软仿真时则出现 Simulator 菜单，如图 1.2 所示；对于 IAR EW for ARM 开发环境，在项目选项中设置为使用 J-Link/J-Trace 且启动调试后，菜单栏会出现 J-Link 菜单，如图 1.3 所示，而使用其他仿真工具或软仿真时则不会出现该菜单；又如在项目中启用 μC/OS-Ⅱ 插件，则启动调试后菜单栏出现 μC/OS-Ⅱ 菜单项，如图 1.4 所示。另外，从上述图片中还可以看出，当 IAR EW 进入调试状态后，菜单栏会出现 Debug 以及 Disassembly 等菜单。有关这些设置及可选菜单的内容我们将在本书的后续内容中详细介绍，这里介绍一下 IAR EW 的通用菜单，以便读者对 IAR EW 的基本操作有大体了解。

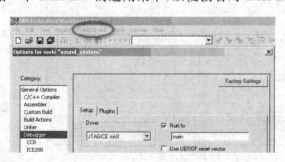

图 1.1 JTAGICE mkII 菜单

图 1.2 Simulator 菜单

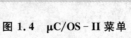

图 1.3 J-Link 菜单

图 1.4 μC/OS-Ⅱ 菜单

图 1.5 是 IAR EW 的主窗口以及一些相关组件,可以看出,IAR EW 的界面十分友好,并且相当简洁。依据所使用的不同组件,本窗口可能和读者的界面略有不同。下面介绍菜单的常用功能,对于本部分内容没有提及的菜单功能,请参阅 IAR EW 的用户手册。

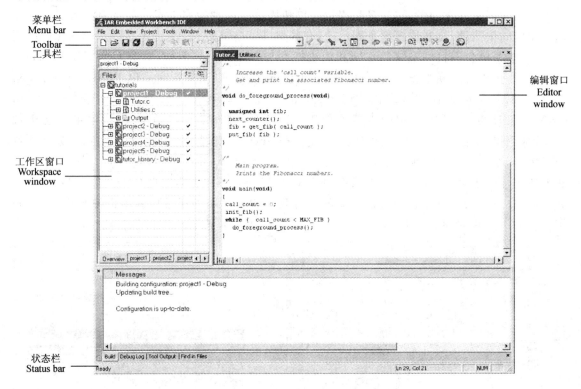

图 1.5　IAR EW 的主窗口以及一些相关组件

1.2.1　菜单栏

菜单栏是用户启动设计和进行一切相关操作的入口,功能是进行各种命令操作、设置各种参数、进行调试下载等。通用的菜单栏包括 7 个下拉菜单,如图 1.6 所示。另外,当启动 IAR C-SPY 调试器后,一些 C-SPY 专用的菜单将会激活,如前面提到的 Debug 以及 Disassembly 等菜单。这里主要介绍 IAR 的通用菜单。

1. File 菜单

File 菜单如图 1.7 所示,用于实现对工作区和源文件进行创建或保存等、进行与打印相关的页面设置、快速打开最近使用过的文件或工作区。图中的黑色小箭头表示本菜单项目有相关的子菜单。

IAR Embedded Workbench 基础知识

IAR Embedded Workbench IDE
File Edit View Project Tools Window Help

图1.6 IAR 的通用菜单栏   图1.7 File 菜单

表1.1是File菜单的详细命令列表,列出了命令相关的图标、快捷键和命令描述。从表中可以看出,一些命令是可以直接在工具栏进行操作的。

表1.1 File 菜单详细命令列表

图标	菜单命令	快捷键	描述
	New→File	CTRL+N	用于创建一个新的文件
	New→Workspace		用于创建一个新的工作区
	Open→File	CTRL+O	使用该命令后将出现一个窗口,用于选择要打开的文件
	Open→Workspace		使用该命令后将出现一个窗口。用于选择要打开的工作区。当打开一个新的工作区时,系统将问询是否保存对当前工作区文件所进行的修改
	Open→Header/Source File	CTRL+SHIFT+H	打开当前文件对应的源文件或头文件。使用该命令后会从当前文件跳至新打开的文件。例如,当前是一个.h文件,使用该命令后会跳至相同文件名的.c文件;再次使用该命令,则返回至.h文件。如果相应的文件没有打开,则IAR EW 自动打开
	Close		关闭当前激活的窗口。如果对当前文件进行了修改,在关闭前系统会弹出对话框询问是否保存修改
	Save Workspace		保存当前工作区文件
	Close Workspace		关闭当前工作区文件
	Save	CTRL+S	保存当前的文件或工作区
	Save As		使用该命令后会弹出一个对话框,可以用一个新的文件名保存当前文件
	Save All		保存所有打开的文件和工作区

续表 1.1

图标	菜单命令	快捷键	描述
	Page Setup		设置页面和打印机参数
	Print	CTRL+P	打印文档
	Recent Files		显示一个列有最近打开文件列表的子菜单,可以在这里快速的打开文件
	Recent Workspaces		显示一个列有最近打开工作区列表的子菜单,可以在这里快速的打开工作区
	Exit		退出 IAR Embedded Workbench IDE。退出时系统将询问是否保存修改

2. Edit 菜单

Edit 菜单用于文件的编辑和查找等,如图 1.8 所示。

图 1.8　Edit 菜单

表 1.2 是 Edit 菜单的详细命令列表,列出了命令相关的图标、快捷键和命令描述。

表 1.2 Edit 菜单详细命令列表

图标	菜单命令	快捷键	描述
	Undo	CTRL+Z	撤销对当前编辑窗口进行的最后一次操作
	Redo	CTRL+Y	恢复对当前编辑窗口进行的最后一次撤销操作
	Cut	CTRL+X	标准 Windows 命令，剪切当前编辑窗口或文本框中的文本
	Copy	CTRL+C	标准 Windows 命令，复制当前编辑窗口或文本框中的文本
	Paste	CTRL+V	标准 Windows 命令，粘贴当前编辑窗口或文本框中的文本
	Paste Special		从最近复制到剪切板的内容中选择合适的内容来粘贴。这个命令的窗口中会列出最近复制的内容，以便选择需要的内容来粘贴
	Select All	CTRL+A	选择当前已激活窗口中的全部内容
	Find and Replace→Find	CTRL+F	在当前编辑窗口中查找关键字
	Find and Replace→Find Next	F3	查找指定关键字的下一个位置
	Find and Replace→Find Previous	SHIFT+F3	查找指定关键字的上一个位置
	Find and Replace→Replace	CTRL+H	将当前编辑窗口中符合查找要求的所有关键字全部替换为新的关键字
	Find and Replace→Find in Files		在多个文件中查找关键字
	Find and Replace→Incremental Search	CTRL+I	使用这个命令就可以连续地修改查找关键字，IAR EW 将实时地标示这些关键字
	Navigate→Go To	CTRL+G	当前编辑窗口中，将插入光标跳转到指定的行和列
	Navigate→Toggle Bookmark	CTRL+F2	当前编辑窗口中，在插入光标所在的行放置或删除一个书签
	Navigate→Go to Bookmark	F2	当前编辑窗口中，光标跳转至下一个书签所在的行

续表 1.2

图 标	菜单命令	快捷键	描 述
	Navigate→Navigate Backward	ALT+←	当前光标返回到历史插入点位置
	Navigate→Navigate Forward	ALT+→	当前光标跳到历史插入点位置
	Navigate→Go to Definition	F12	显示所选元素或者光标所在位置元素的声明信息
	Code Templates→Insert Template	CTRL+SHIFT+SPACE	在当前光标所在位置显示一个代码模板列表,以便快速插入代码
	Code Templates→Edit Templates		修改当前的代码模板文件,在这里可以修改代码模板或者加入自己的代码模板
	Next Error/Tag	F4	跳转至错误信息列表或查找信息列表的下一处
	Previous Error/Tag	SHIFT+F4	跳转至错误信息列表或查找信息列表的上一处
	Complete	CTRL+SPACE	根据当前正在输入的内容和文档的其余内容来尝试自动完成当前的关键字输入
	Auto Indent	CTRL+T	自动缩进一行或多行内容
	Match Brackets		选择目前光标所属括号框架内的全部内容
	Block Comment	CTRL+K	自动在所选行前加注释符号"//"
	Block Uncomment	CTRL+SHIFT+K	自动取消所选行前的注释符号"//"

3. View 菜单

View 菜单用于设置 IAR EW 中的显示内容。调试时一些与调试信息相关的窗口也需要从 View 菜单中打开。这部分的详细内容将在后续章节介绍。图 1.9 是通常状态下的 View 菜单。

表 1.3 是通用 View 菜单的详细命令列表,列出了命令相关的图标、快捷键和命令描述。

图 1.9　View 菜单

表 1.3　通用 View 菜单详细命令列表

菜单命令	描 述
Messages→Build	显示创建信息窗口
Messages→Find in Files	显示文件查找信息窗口

续表 1.3

菜单命令	描述
Messages→Tool Output	显示工具输出信息窗口
Messages→Debug log	显示调试信息窗口,如果以上对应的窗口已经打开,那么再次选在将激活相应的选项
Workspace	显示当前工作区窗口
Source Browser	显示源码浏览窗口
Breakpoints	显示断点窗口
Toolbars→Main	显示/关闭主工具条
Toolbars→Debug	显示/关闭调试工具条,仅在调试时有效
Status bar	显示/关闭状态栏

用户可以对上述窗口随意拖拽和摆放,以方便自己的使用。图 1.10 是将信息窗口拖拽出并横向摆放的效果。

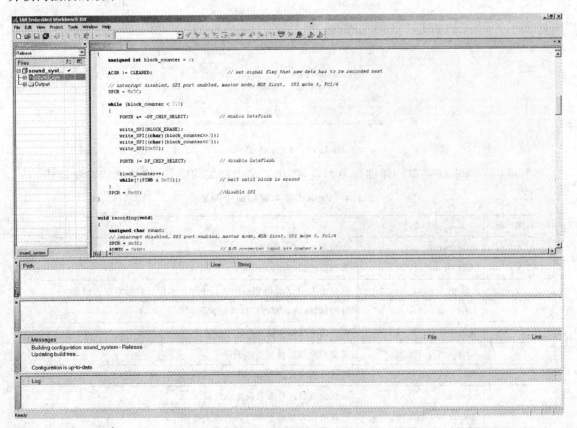

图 1.10 信息窗口横向摆放效果

4. Project 菜单

如图 1.11 所示，Project 菜单提供了一些对工作区、项目、组以及文件等进行相关操作的命令，同时与编译相关的选项和命令也包含在这个菜单中。

图 1.11 Project 菜单

表 1.4 是 Project 菜单的详细命令列表，列出了命令相关的图标、快捷键和命令描述。

表 1.4 Project 菜单详细命令列表

图标	菜单命令	描述
	Add Files	为当前项目添加已有文件
	Add Group	为当前项目增加一个新组
	Import File List	从其他 IAR 工具链创建的项目中导入文件以及组的相关信息
	Edit Configurations	增加、删除或者修改项目的配置信息
	Remove	将所选项目从当前工作区中删除
	Create New Project	增加一个新项目到当前工作区
	Add Existing Project	增加已有项目到当前工作区
	Options	对所选项目进行参数设置或配置
	Source Code Control	包含第三方源码管理工具的相关操作

续表 1.4

图标	菜单命令	描述
	Make	编译、汇编、链接最近修改的文件以更新配置
	Compile	对所选的单个文件、多个文件或者文件组进行编译或者汇编
	Rebuild All	对当前目标文件全部重新建立和链接
	Clean	清除中间文件,即清除 Exe、List 和 Obj 文件夹的全部内容
	Batch Build	配置批处理信息、进行批创建
	Stop Build	停止当前正在进行的创建操作
	Debug	启动 C-SPY 调试器调试当前项目,则 Debug 命令自动调用 Make 命令来更新项目
	Make & Restart Debugger	该命令仅在调试期间有效。使用该命令将终止当前调试,自动调用一次 Make 命令,然后再次启动调试器

对项目进行配置时可能需要选择配置文件所在目录的路径以及所使用的参数,这时使用参数变量可以方便日后的使用。例如,用参数变量作为相对路径的项目设置,可以避免复制到其他电脑上时发生找不到包含路径的错误。可用的参数变量如表 1.5 所列,这些变量可以用于路径和参数的设置等。

表 1.5 参数变量表

变量	描述
$ CUR_DIR $	当前目录
$ CUR_LINE $	当前行
$ EW_DIR $	IAR EW 的安装目录
$ EXE_DIR $	可执行文件的输出目录
$ FILE_BNAME $	无扩展名文件
$ FILE_BPATH $	无扩展全部路径
$ FILE_DIR $	当前活动文件目录,不包含文件名
$ FILE_FNAME $	当前活动文件名称,不包含目录
$ FILE_PATH $	当前活动文件的完整路径
$ LIST_DIR $	列表文件的输出路径
$ OBJ_DIR $	目标文件的输出路径
$ PROJ_DIR $	工程目录
$ PROJ_FNAME $	工程文件名称,不包含路径
$ PROJ_PATH $	工程文件的完整路径

续表 1.5

变 量	描 述
$ TARGET_DIR $	主输出文件目录
$ TARGET_BNAME $	无主输出文件目录、无扩展名的文件名
$ TARGET_BPATH $	无扩展名的主输出文件完整路径
$ TARGET_FNAME $	无路径主输出文件名
$ TARGET_PATH $	主输出文件完整路径
$ TOOLKIT_DIR $	已激活开发环境的目录

5. Tools 菜单

如图 1.12 所示，Tools 菜单是一个支持用户自定制的菜单，这里允许用户增加一些工具的快捷项以方便使用。本菜单可以进行环境自定义、选项配置等操作，如定义快捷键和显示字体等。

表 1.6 是 Tools 菜单的详细命令列表，列出了命令名称和命令描述。

表 1.6　Tools 菜单命令列表

菜单命令	描 述
Options	弹出 IAR 集成开发环境配置对话框
Configure Tools	弹出外部工具设置对话框
Filename Extensions	弹出扩展名配置对话框，使用该对话框可以对 IAR 相关工具所对应文件的扩展名进行配置
Configure Viewers	弹出文件编辑器配置对话框
Notepad Calculator	用户自定义菜单项，这里使用 Notepad 和 Calculator 作为示例

6. Windows 菜单

如图 1.13 所示，使用 Windows 菜单可以方便管理窗口以及调整相关窗口在屏幕的布局。

图 1.12　Tools 菜单

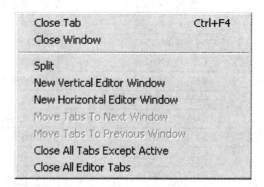

图 1.13　Windows 菜单

IAR Embedded Workbench 基础知识

表 1.7 是 Windows 菜单的详细命令列表,列出了命令名称、快捷键和命令描述。

表 1.7 Windows 菜单命令列表

菜单命令	快捷键	描 述
Close Tab		关闭已经激活的标签
Close Window	CTRL+F4	关闭已经激活的编辑窗口
Split	CTRL+X	将当前的编辑窗口分割为 2 个或者 4 个窗口,使用本功能可以同时查看同一个文件的不同部分
New Vertical Editor Window		打开一个新的空白水平窗口
New Horizontal Editor Window		打开一个新的竖直水平窗口
Move Tabs To Next Window		将当前窗口的标签全部移到下一个窗口
Move Tabs To Previous Window		将当前窗口的标签全部移到上一个窗口
Close All Tabs Except Active		关闭当前已激活标签外的全部标签
Close All Editor Tabs		关闭当前窗口中的全部标签

7. Help 菜单

与其他软件一样,IAR 的 Help 菜单中列出了 IAR 的常用技术文档以及 IAR 的版本信息等,如图 1.14 所示。使用中碰到问题时请查阅 Help 菜单中的相关文档。另外,关于 IAR 的更多技术文档,请查阅 IAR 安装目录下的 doc 文件夹。

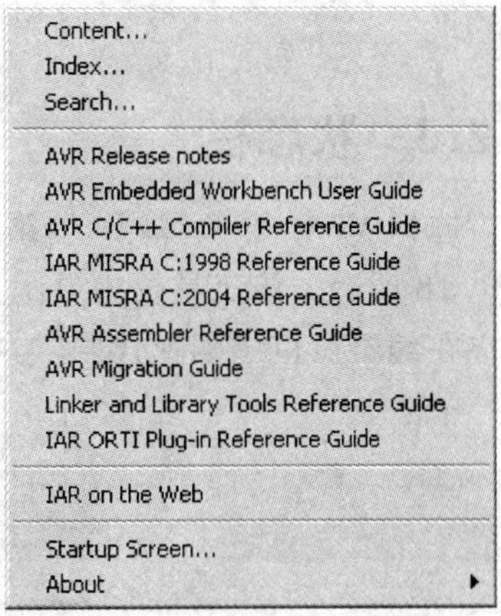

1.2.2 工具栏

选择 View→Toolbars→Main 菜单项即可打开 IAR Embedded Workbench IDE 工具栏,如图 1.15 所示。该工具栏中列出了 IAR Embedded Workbench IDE 中最常用的命令按钮以及一个用于快速搜索的文本框。在调试状态下,选择 View→Toolbars→Debug 菜单项可以打开 IAR Embedded Workbench IDE 的调试工具栏,如图 1.16 所示。调试工具栏默认为开启状态,里面列出了几乎所有的调试命令。

图 1.14 IAR EWAVR 的 Help 菜单

当用户把鼠标移动至工具栏中命令按钮的上方时,系统自动弹出一个黄色的命令描述框,如图 1.17 所示。如果当前状态下某命令不可用,则其在工具栏中的对应按钮显示为暗色。

注意,当用户启动 C-SPY 调试器后,Debug 按钮 变为 Make and Debug 按钮 。

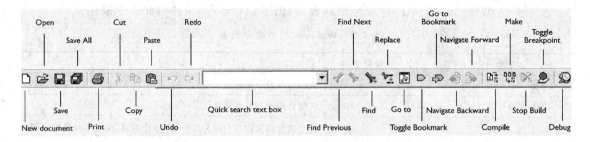

图 1.15　IAR Embedded Workbench IDE 的工具栏

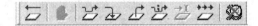

图 1.16　IAR Embedded Workbench IDE 的调试工具栏

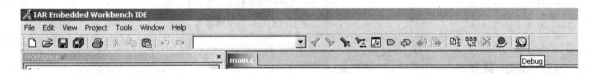

图 1.17　命令按钮的描述框

1.2.3　状态栏

选择 View→Status Bars 菜单项即可打开 IAR Embedded Workbench IDE 的状态栏,如图 1.18 所示。该工具栏中显示了当前主机 Caps Lock、Num Lock 以及 Insert 键的状态。当用户在编辑窗口中编辑代码时,状态栏自动显示当前插入点的行和列号码。

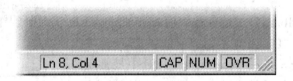

图 1.18　状态栏

IAR Embedded Workbench IDE 还有许多其他的功能命令和窗口等,由于篇幅等原因这里不多做介绍,读者可以查阅本书的后续章节或 IAR 相关文档。

第 2 章

IAR Embedded Workbench 快速入门

2.1 项目的创建

要为目标系统开发一个新的应用程序,必须从建立一个新项目(Project)开始。下面以 IAR STR912-SK 开发板上的 MP3_player 项目为例进行介绍。

2.1.1 建立一个项目文件目录

首先应该为新项目创建一个目录,用来存放与项目有关的各种文件。项目开发过程中生成的一系列文件,如工作区文件、项目配置文件、调试配置文件、各种列表文件和输出文件等都将存放在该目录下。用户也可以把各种源文件存放在本目录下。这里创建 F:\IAR Projects 目录。为方便起见,我们把 EWARM 自带例程 MP3_player 所在的文件夹和库函数文件夹 STR91xlibrary 复制到此目录下(用户可以分别在 IAR 安装路径的 arm\examples\ST\STR91x\STR912-SK-IAR 目录和\arm\examples\ST\STR91x 目录下找到这两个文件夹)。

2.1.2 生成新工作区

EWARM 按照项目进行管理,但是项目必须放在工作区(Workspace)内。一个工作区中允许存放一个或多个项目。用户如果是第一次使用 EWARM 来开发新项目,则必须先创建一个新工作区,然后才能在该工作区中创建新项目。如果用户有已建立的工作区,并希望把目前要建立的新项目也放在该工作区内,则可以直接打开该工作区(*.eww)并执行下一小节来生成新项目。

创建新工作区的方法是:选择 File→New→Workspace 菜单项。如果当前正在开发或调试另一个项目,则 EWARM 提示用户保存和关闭当前活跃工作区,然后开启一个空白工作区窗口,如图 2.1 所示。

注:关闭 Startup Screen 后,EWARM 开发环境在启动时自动显示上述空白工作区窗口。

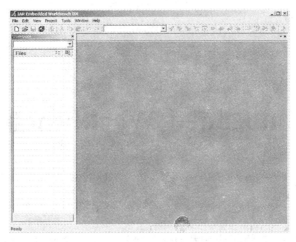

图 2.1　空白工作区窗口

2.1.3　生成新项目

步骤如下：

① 选择 Project→Create New Project 菜单项，则弹出新项目创建窗口，如图 2.2 所示。EWARM 提供几种应用程序和库程序的项目模板。这里我们选择最常用的 Empty project 模板，即所有代码都由用户添加。

② 在 Tool chain 下拉列表框中选择 ARM，然后单击 OK 按钮，则弹出 Save as 界面。

③ 在 Save as 界面中选择刚才建立的 IAR Projects 目录，并输入新项目的文件名 MP3_player，然后保存。这时，在屏幕左边的 Workspace 窗口中将显示新建的项目名称和配置模式，如图 2.3 所示。

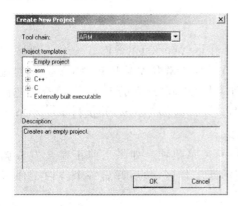

图 2.2　生成新项目窗口

注：MP3_Player-Debug 后面的 * 号表示当前的工作区和项目经修改后还没有保存。

图 2.3　Workspace 窗口

项目名称后面的 Debug 表示当前激活的配置模式。EWARM 为每个新项目提供两种默认的配置模式：Debug 和 Release。Debug 模式生成包含调试信息的可执行文件，且编译器优化级别较低；Release 模式生成不含调试信息的发行版本文件，且编译器优化级别较高。用户可以从 Workspace 窗口顶部的下拉菜单中选择合适的配置模式。当然，也可以选择 Project→Edit configurations 菜单项以创建用户自己的配置模式。

这里我们选择 Debug 模式。现在，IAR Projects 目录下已经生成 MP3_Player.ewp 文件，该文件包含与 MP3_Player 项目有关的配置信息，如编译设置、链接设置等。

④ 保存工作区。

新生成的工作区需要保存才有效。选择 File→Save Workspace 菜单项，选择 IAR Projects 目录，输入工作区名称 MP3_Player，然后保存退出。这时在 IAR Projects 目录下将生成 MP3_Player.eww 文件以及一个 settings 子目录，该目录下主要存放一些与窗口设置、断点设置等当前操作信息相关的文件。保存操作完成后，项目名称后面的 * 号将消失。

2.1.4 给项目添加文件

保存工作区的下一步就是往项目中添加文件。项目中的文件允许分组，用户可以根据需要来组织源文件。为说明，我们在下面建立一个 Module 文件组。

另外，往项目中添加文件时只需要添加汇编语言源程序和 C/C++ 源程序，不需要添加头文件，但必须在配置编译器、汇编器选项时指明包含头文件的其他路径。

新建项目 MP3_Player 位于前面提到的 IAR Projects 目录下，其中有 5 个文件夹 app、arm7_efsl_0_2_7、module、board 和 config。app 文件夹中包含 main.c 和 STR912 的中断处理函数等；module 文件夹包含例子中所用到的各种设备的驱动程序，如 LCD 驱动、MP3 解码芯片驱动等；board 文件夹包含了 STR912 的一些汇编宏定义；config 文件夹则包含链接器配置文件 STR912F44_Flash.xcl 和宏文件 ETM_Init.mac 等。往项目中添加文件的方法如下：

① 单击工作区窗口中的项目名称 MP3_Player - Debug 使其高亮，然后右击，在弹出菜单中选择 Add Group，或从主菜单中选择 Project→Add Group 菜单项，执行添加文件组命令，并对文件组起名为 Module。

② 单击工作区窗口中刚建立的文件组 Module 使其高亮，然后右击，在弹出菜单中选择 Add Files，或从主菜单中选择 Project→Add Files 菜单项，执行添加文件命令。在弹出的添加文件对话框中选择 IAR Projects\MP3_Player\module 目录，从中选择 arm_spi.c、drv_hd44780.c、mmc.c 和 drv_vs1002.c 这 4 个文件，单击 Open 按钮后，则这些文件被添加到工作区窗口的 Module 文件组下。

一般来说，头文件不需要添加。但为了查看方便，也可以将相关头文件添加到项目中。

③ 其他分组也用上述方法进行组织。

全部完成之后，工作区窗口如图 2.4 所示。

本例中需要使用 STMicroelectronics 提供的 STR91x Firmware Library 中的部分代码,如图 2.4 所示,如 STR91x_lib 文件组中的 91x_adc.c、91x_dma.c 等。这些文件已经在第一步中复制到 IAR Projects\STR91xlibrary\source 目录下。

2.1.5 配置项目选项

生成新项目和添加源文件之后,下一步即是配置项目选项。在创建新项目时,我们选择了 Empty project 模板,表示采用默认的配置选项;但这些默认的设置还需要根据具体的情况进行修改。下面介绍一些关键选项的设置,详细介绍请参看本书第 4 章。

1. 基本选项设置

IAR EW 允许为项目的每一个配置模式(如 Debug 或 Release)单独设置不同的选项。下面以 MP3_Player 项目的 Debug 配置模式为例讲述。

右击工作区窗口中的项目名称 MP3_Player - Debug,在弹出的菜单中选择 Options;或者选择 Project→Options 菜单项,弹出选项配置对话框。在左边的 Category 列表框中选择 General Options 项进入基本选项配置,然后在 Target 选项卡的 Processor variant 选项框中选择 Device,并点击右边的器件选择按钮。然后根据所使用的目标硬件选择正确的芯片型号,本例中为 ST STR912。其余选项保持默认,如图 2.5 所示;其他选项卡均为默认选项。

2. C/C++编译器设置

在左边的 Category 列表框中选择 C/C++ Compiler 项进入 C/C++编译器设置,然后在 Language 选

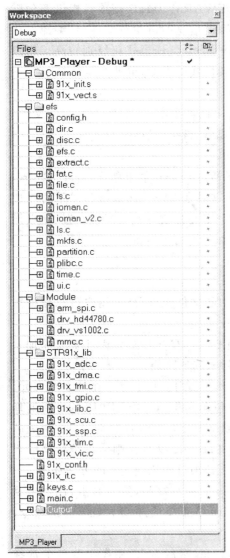

图 2.4 已添加完文件的工作区窗口

项卡中,选择语言类型为 C 且 Allow IAR extensions;在 Optimizations 选项卡中根据需要选择优化级别,本例可选择 None 或 Low;在 Preprocessor 选项卡中,列有标准的头文件包含目录。如果用户的头文件既不在标准包含目录下,也不和 C/C++源文件位于同一目录下,则必须在 Additional include directories 中输入头文件的包含路径,每个目录占据一行。本例中,我们添加了全部的头文件路径,包括 IAR Projects\MP3_Player 及其 app、board、module 子目录

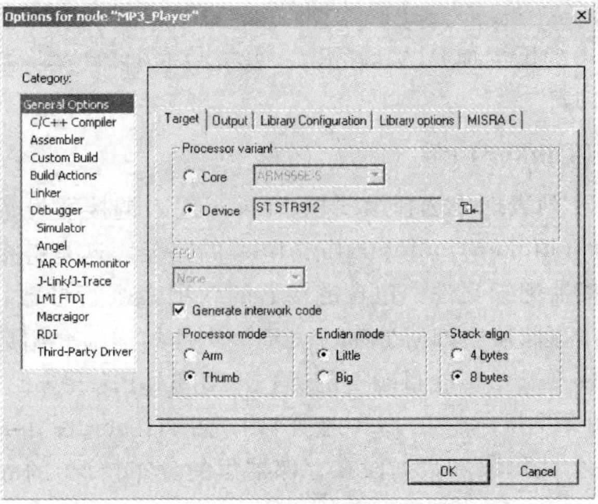

2 IAR Embedded Workbench 快速入门

图 2.5 选择正确的芯片型号

等,如图 2.6 所示。

其中,$TOOLKIT_DIR$ 表示 EWARM 的安装目录,$PROJ_DIR$ 表示当前项目文件(*.ewp)所在的目录。用这两个参数变量作为相对路径的根目录,可以在代码被复制到其他电脑上时避免发生找不到包含路径的错误。

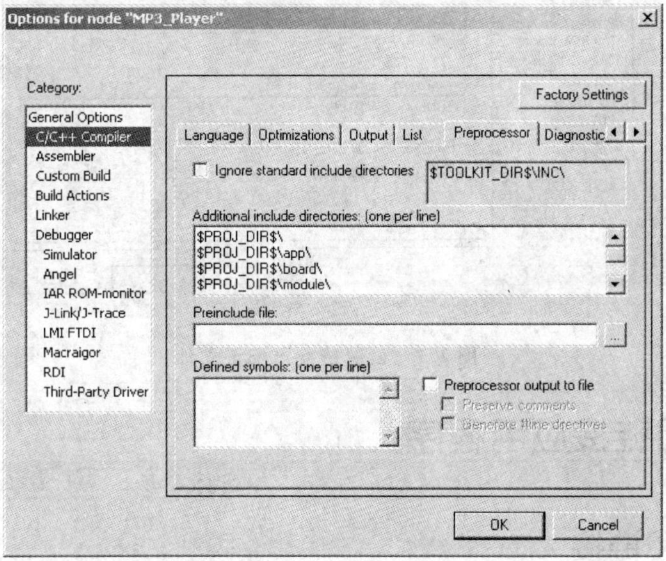

图 2.6 输入头文件的包含路径

3. 汇编器设置

Category 列表框中的第三项是 Assembler，表示与汇编器（Assembler）相关的配置选项。本例中保持默认配置即可。

4. 链接器设置(Linker)

在左边的 Category 列表框中选择第 6 项 Linker 进入链接器设置，然后在 Config 选项卡中设置链接器配置文件(Linker Configuration File)的路径。这是链接器选项中最重要同时也是最复杂的设置。链接器配置文件中包含链接器的各项命令行参数，主要用于控制程序里的各个代码段和数据段在存储器中如何分布。关于该文件的详细介绍请参阅本书第 5 章和第 8 章的相关内容。这里只要把 config 目录下的 STR912F44_Flash.xcl 文件添加到 Override default 设置框即可，如图 2.7 所示。在 List 选项卡中选择 Generate linker map file，以便生成一个描述链接结果（即各个代码段和数据段在存储器里的分布情况）的 map 文件。

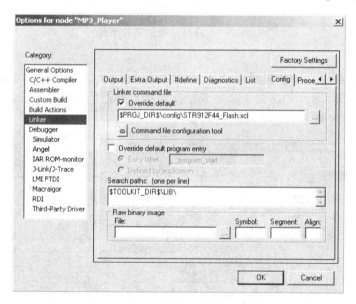

图 2.7　设置链接器配置文件

2.2　编译和链接应用程序

2.2.1　编译和链接

在 EWARM 的工作区窗口中选择项目名称 MP3_Player - Debug，并选择 Project→Make 菜单项；或右击，在弹出的菜单中选择 Make，即可进行编译、链接处理，生成可执行的

UBROF 文件。在 Build 窗口中将显示编译链接处理过程中的信息。编译的结果是生成各个汇编源文件和 C/C++ 源文件所分别对应的目标文件和列表文件；链接的结果是生成一个带调试信息的可执行文件 MP3_Player.sim 和一个存储器分配文件 MP3_Player.map，如图 2.8 所示。

从每个源文件前面的+号所展开的树型结构中可以看到有哪些头文件与它关联，同时生成了哪些输出文件。因为我们选择的是该项目中的 Debug 配置模式，所以 IAR Projects\MP3 player\目录下自动生成了一个 Debug 子目录。Debug 子目录又包含另外 3 个子目录，即 List、Obj 和 Exe 目录，用途如下：

- List 目录存放列表文件和 MAP 文件，后缀分别是 *.lst 和 *.map；
- Obj 目录存放编译器和汇编器生成的目标文件，后缀为 *.o，可以用作 XLINK 链接器的输入文件；
- Exe 目录存放可执行文件，如后缀为 *.d79 的文件用作 C-SPY 调试器的输入，后缀为 *.sim 的文件用作 Flash Loader 的输入。

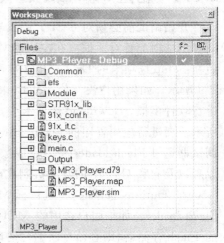

图 2.8　编译链接完成后的工作区窗口

2.2.2　查看 MAP 文件

在工作区窗口中双击 MP3_Player.map 文件，则可以将其在编辑窗口中打开。从 MAP 文件中我们可以了解以下内容：

- 文件头中显示链接器版本、输出文件名、MAP 文件名以及链接器命令行等；
- CROSS REFERENCE 部分显示程序入口地址；
- RUNTIME MODEL 部分显示所用运行时模块的属性；
- RUNTIME MODEL ATTRIBUTES 部分显示 Endian 等属性；
- MODULE MAP 部分显示所有被连接的文件以及每个文件中作为应用程序一部分加载的有关模块的信息，包括各段和每个段中声明的全局符号；
- SEGMENTS IN ADDRESS ORDER 部分列出了组成应用程序的所有段的起始地址、结束地址以及字节数、类型和对齐方式等；
- MODULE SUMMARY 部分显示所有被连接的模块信息；
- END OF CROSS REFERENCE 部分显示总的代码和数据字节数。

如果编译链接过程中没有产生任何错误，则生成 UBROF 格式的 MP3_Player.d79 可执行文件，并可以用于 C-SPY 中的调试。

2.3 用 C-SPY 下载和调试应用程序

2.3.1 配置 Debugger 选项

开始调试前必须对 C-SPY 调试器的相关选项进行配置。选择 Project→Options 菜单项，则弹出选项配置对话框。在左边的 Category 列表框中选择 Debugger 项进入调试器配置。然后在 Setup 选项卡的 Driver 下拉列表框中选择 J-Link/J-Trace，同时选择 Run to main，如图 2.9 所示。如果用户没有使用 J-Link 或者其他可被支持的仿真器，也可选择 Simulator 选项进行软件模拟。Download 选项卡中，选择 Verify download 和 Use flash loader(s)，如图 2.10 所示。要进行应用程序的 Flash 调试，则必须首先将程序下载到目标系统的 Flash 中。C-SPY 调试器通过 Flash loader 程序完成数据传输、Flash 擦除和烧写等任务。Flash loader 的工作原理以及它和 C-SPY 的互动机制在此不做介绍，读者可以参阅本书后面的内容。前面在设置 General Options 选项时，指定目标 MCU 为 ST STR912，且 EWARM 默认提供支持该芯片的 Flash loader。如果用户选用的 MCU 没有包含在 EWARM 的 Device 清单中或者采用了外扩的 Flash 存储器，则必须自己编写对应的 Flash loader。

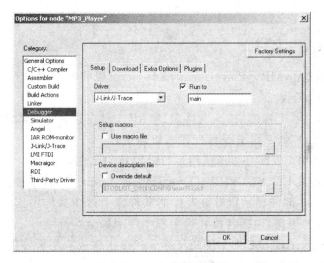

图 2.9　Setup 选项卡设置

2.3.2 下载应用程序

选择 Project→Debug 菜单项或单击工具条上的 Debug 按钮，则 C-SPY 把程序下载到指定的目标地址上，同时屏幕上通过进度条显示下载和校验的过程。下载完成后，EWARM 即进入 C-SPY 调试状态，如图 2.11 所示。单击工具条上的 Stop Debugging 按钮可以退出调试状态。

IAR Embedded Workbench 快速入门

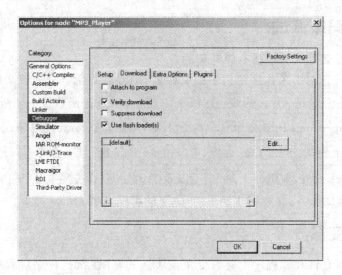

图 2.10　Download 选项卡设置

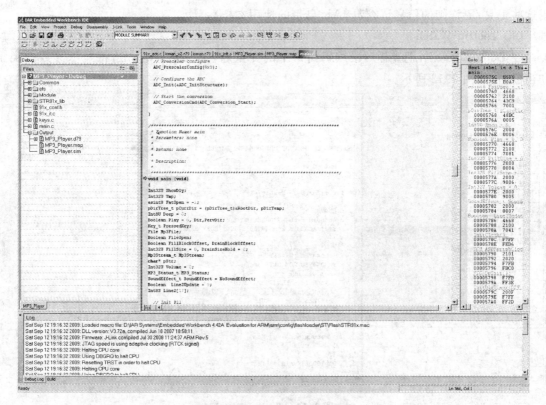

图 2.11　进入 C-SPY 调试状态

· 23 ·

2.3.3 源代码级调试

C-SPY 调试器支持以下的基本调试功能:

① 检查源文件。双击工作区窗口中的文件名,则编辑器窗口显示该文件;

② 使用 Debug→Step Over 命令 (或 F10 键)可以进行函数级的步进调试;

③ 使用 Debug→Step Into 命令 (或 F11 键)可跟踪进入函数内部;

④ 其他调试命令,如 Step Out 命令 (Shift+F11 键)、Go 命令 (F5 键)、Next Statement 命令 、Break 命令 、Reset 命令 以及 Autostep 命令等;用户可以灵活使用这些命令来执行自己的调试任务;详细用法请参考 IAR 的帮助文档。

2.3.4 查看变量

C-SPY 调试器允许在源程序上查看变量或表达式,并在执行程序过程中跟踪它们值的变化。查看变量的方法有以下几种(它们的功能有一定区别,用户可以根据自己的需要和喜好使用这些工具;更详细的信息请查看 IAR 自带的使用文档):

(1) Tooltip Watch

在 Debug 状态下,把光标对准编辑窗口中的变量名,则该变量的旁边将显示其数据类型和当前值,如图 2.12 所示。

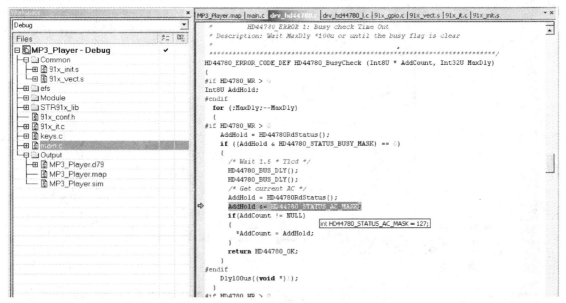

图 2.12　Tooltip Watch

(2) Auto 窗口

Auto 窗口可以自动显示当前语句及其周围相关变量和表达式的值,单步执行程序时可以观察这些变量如何变化。打开 Auto 窗口的方法是双击变量名,使该变量名高亮,然后选择 View→Auto 菜单项。图 2.13 是一个 Auto 窗口的例子。

(3) Watch 窗口

选择 View→Watch 菜单项即可打开 Watch 窗口,如图 2.14 所示。把变量添加到 Watch 窗口的方法是双击变量(使其变成高亮度),然后用鼠标将其拖进 Watch 窗口;或者右击,在弹出级联菜单中选择 Add to Watch。Watch 窗口和 Auto 窗口可以平铺显示也可以按书签形式显示。

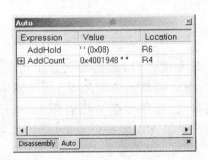

图 2.13 Auto 窗口

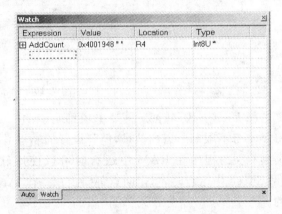

图 2.14 Watch 窗口

如图 2.14 所示,它与 Auto 窗口以书签形式显示。Watch 窗口和 Auto 窗口是最常用的变量观察窗口。实际上,大多数情况下用户运用这两个窗口已经可以满足大部分变量查看需求。

(4) Locals 窗口

Locals 窗口可以自动显示当前活跃函数的参数及其内部的自动变量,如图 2.15 所示。打开 Locals 窗口的方法是选择 View→Locals 菜单项。

(5) Live Watch 窗口

选择 View→Live Watch 菜单项即可打开 Live Watch 窗口。Live Watch 窗口用于观察静止位置上的变量值在程序执行期间如何连续地变化,如全局变量。

注意,当使用优化级 None 时,所有非静态变量在它们的活动范围内都是活跃的,所以,这些变量是完全能够调试的;但如果使用更高级别的优化,变量可能不能完全调试。

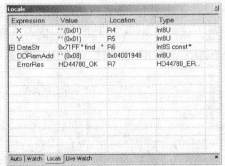

图 2.15 Locals 窗口

2.3.5 设置和监视断点

IAR C-SPY 具有强大的断点功能。设置断点最简单的方法是将光标定位到某条语句,然后右击,选择 Toggle Breakpoint 命令。

(1) 设置断点

右击要设置断点的语句,选择 Toggle Breakpoint(Code),或者单击工具条上的 Toggle Breakpoint 按钮 ,则该语句上将出现红色的断点标记,如图 2.16 所示。

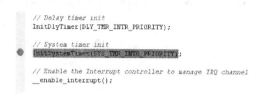

图 2.16 断点标记

选择 View→Breakpoints 菜单项即可打开 Breakpoints 窗口,以观察断点的设置情况。C-SPY 本身不限制断点的数量,但可设置的断点总数与 ARM 内核的类型和程序所在的存储器类型有关。程序在 RAM 中运行时可以使用软件断点,因此断点数量没有限制;程序在 ROM/Flash 中运行时,每个断点都要占用一个 ARM 内核的硬件观察点资源,因此数量是有限的。

(2) 执行到断点

按 F5 键或单击工具条上的 Go 按钮 都可以让程序执行到断点。Debug Log 窗口将显示断点的相关信息。

(3) 清除断点

通过选中 Breakpoints 窗口中断点前的复选框,可以使能或禁用对应的断点,如图 2.17 所示。选择 Edit→Toggle Breakpoint 菜单项,或在源代码上右击并选择 Toggle Breakpoint,或在 Breakpoints 窗口的断点上右击并选择 Delete,都可以直接删除该断点。

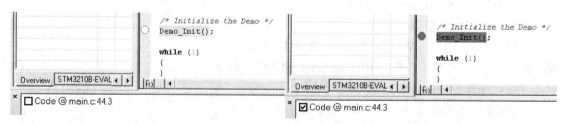

图 2.17 使能或禁用断点

2.3.6 在反汇编窗口上进行调试

通常来说,在 C/C++源程序上进行调试应该更加方便和直接。但是,C-SPY 调试器也支持在反汇编程序上进行调试,以满足用户的多种需要。用户可以方便地在这两种模式间切换。反汇编程序的调试方法如下:

① 必要情况下,单击工具条上的 Reset 按钮以复位应用程序。

② 正常情况下,进行调试时反汇编窗口默认是打开的。如果没有打开,用户可通过选择 View→Disassembly 菜单项将其打开。

③ 反汇编窗口如图 2.18 所示。可以看出,其中的反汇编代码与 C 语句逐一对应。在反汇编窗口中执行单步命令时,将执行单条汇编语句。

④ 关闭反汇编窗口或将源代码窗口重置为当前活动窗口后,单步命令将重新执行单条 C 语句。

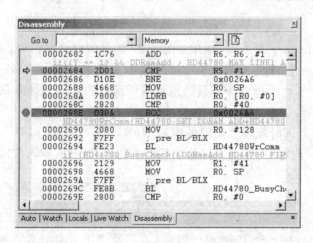

图 2.18 Disassembly 窗口

2.3.7 监视寄存器

C-SPY 允许用户监视和修改目标处理器内部的寄存器。选择 View→Register 菜单项即可打开寄存器窗口。

图 2.19 为 ARM966 内核的寄存器窗口示例。C-SPY 允许查看目标处理器内部的所有外设寄存器,用户只需从寄存器窗口左上方的下拉菜单中选择需要查看的寄存器组即可。

2.3.8 查看存储器

用户可以在存储器窗口中查看和修改所选择的存储器区域,方法如下:

嵌入式系统软件设计实战

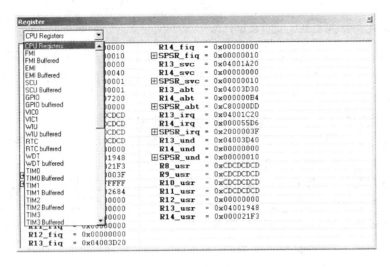

图 2.19　Register 窗口

① 选择 View→Memory 菜单项,打开如图 2.20 所示的存储器窗口。

② 在编辑器窗口中打开任意源文件,双击某个变量名或者函数名并用鼠标将其拖到 Memory 窗口,则 C-SPY 自动确定该变量的地址或该函数的入口地址并在 Memory 窗口中反亮显示。

单步执行程序,可以同时观察存储器的内容如何变化。用户可以在 Memory 窗口中直接修改 RAM 存储单元的内容,只需把光标放在欲修改的地方,然后输入值即可。

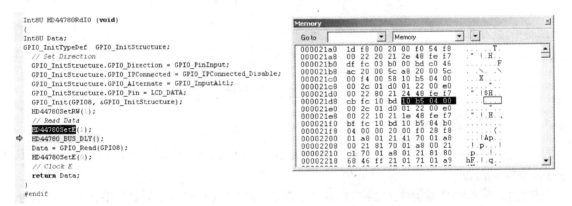

图 2.20　Memory 窗口

2.3.9　观察 Terminal I/O

当用户在应用程序中使用标准输入/输出功能(stdin 和 stdout),但却没有实际的硬件支持时，C-SPY 允许用户使用 Terminal I/O 窗口来模拟执行 stdin 和 stdout。

2.3.10 执行和暂停程序

① 按 F5 键，或选择 Debug→Go 菜单项，或单击工具条上的 Go 按钮都可以直接运行程序。如果没有设置断点，则程序将一直执行到结束。本例中的程序为无限循环，用户可以选择 Debug→Break 菜单项，或单击工具条上的 Break 按钮来停止运行程序。Debug Log 窗口将同时显示程序的运行状态信息。

② 要复位应用程序，则可选择 Debug→Reset 菜单项或单击工具条上的 Reset 按钮。

③ 要退出 C-SPY，则可选择 Debug→Stop Debugging 菜单项，或单击工具条上的 Stop Debugging 按钮。

C-SPY 还提供有许多其他的调试功能，如宏和中断模拟等。读者可参考本书的相关章节或 IAR 的使用指南来获取更多相关内容。

第 3 章

项目管理

本章主要讲述 IAR Embedded Workbench 集成开发环境的项目管理,主要内容包括项目组织模型、项目创建与管理的详细步骤、项目文件导航功能的使用以及库模块的创建和使用等。

3.1 项目组织模型

在多达数百个文件的大规模项目开发中,开发者必须以结构化的方式来组织和管理文件,使所有涉及项目的工程师都能方便地定位和维护项目文件。

IAR Embedded Workbench IDE 是一个灵活的开发环境,可以在同一个项目中提供对多种不同目标处理器的支持,并可以为不同的目标处理器选择不同的处理工具,以方便用户处理多种问题。

例如,用户可能需要为某个应用程序开发一个新的版本,以适用于不同版本的目标硬件。又如在早期的版本中,用户可能需要在项目中加入调试支持程序,但是最终的发布版本不需要调试支持。

用户的应用程序可能包含多个版本,以支持不同的目标硬件。通常,这些不同软件版本包含有公用的源代码,且用户可能只希望对这些公用代码的某个唯一拷贝进行维护。之后,对这个唯一拷贝的修改或维护将自动更新至应用程序的每个版本。也可能用户应用程序的不同版本之间仅在某些地方不同,比如应用程序中依赖于硬件的部分。这种情况下,如果能够高效地使用 IAR Embedded Workbench 的项目管理功能,则将大大降低程序维护的工作量。

IAR Embedded Workbench IDE 允许用户以分层目录树的逻辑结构来管理项目文件,以达到一目了然的目的。下面介绍分层中的不同等级。

1. 项目与工作区

典型情况下,用户会创建一个包含所需源代码的项目,并对其编译、链接来得到嵌入式系统应用程序。如果有若干相关项目,则用户可以同时对其进行访问和开发。要实现这点,可以使用工作区来组织有相互关联的项目。

用户定义的任何一个工作区可以包含一个或者多个项目;任何一个项目至少要属于一个工作区。

考虑这个实例：现有两个相关的应用程序要开发，比如是 A 程序和 B 程序，如图 3.1 所示。每个程序需要一个开发小组（小组 A 和小组 B）。由于这两个应用程序是有相互关系的，因此两个开发小组间可以共享部分源代码。

可以考虑如下的项目管理模型：
➢ 三个项目，两个项目用于每个应用程序，另一个项目用于公用的源代码；
➢ 两个工作区，一个用于小组 A，一个用于小组 B。

不论使用上述哪种方法，以库项目的方式来管理公用资源都是方便且高效的，这样的方式可以避免某些不必要的编译流程。

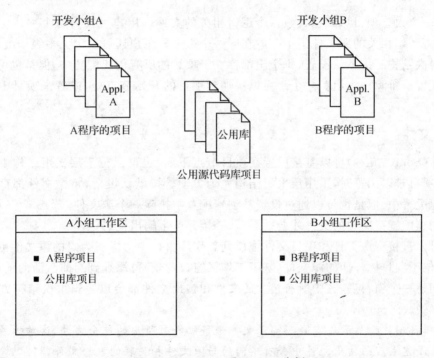

图 3.1　workspace 和 project 实例

2. 项目和创建配置

通常，用户需要为项目创建不同的版本。IAR Embedded Workbench IDE 允许用户为项目定义多个创建配置。例如，一个最简单的实例就是，用户可能需要对项目进行两个创建配置，一个是 Debug，另一个是 Release。它们的不同仅在于优化设置（Optimization）、调试信息（Debug information）和输出格式（Output format）。在 Release 配置中，定义了 NDEBUG 预处理符号，这表明使用该配置产生的应用程序中不包含断言（assert）。

在项目中，也可以创建用于其他目的的配置。例如，适用于不同目标设备的应用程序。有时候,应用程序本身是完全相同的,但是和硬件相关的代码可能有所差异。在此情况下,依据用户要使用的目标设备,创建配置可以去除那些不适于本目标硬件的代码。如下的创建配置实例可以满足这些要求:
➢ Project A—Device 1:Release
➢ Project A—Device 1:Debug
➢ Project A—Device 2:Release
➢ Project A—Device 2:Debug

3. 代码组

通常,一个大型项目可能包含数百个逻辑相关的文件。用户可以为每个项目定义一个或多个组,并将密切相关的源文件集中存放在同一个组中。用户还可以定义多级子组,从而形成一个逻辑层次结构。按默认设置,每个组都存在于项目的所有创建配置中,但是也可以通过设置从创建配置中排除一个组。一个组可以添加到项目的开始节点处,或者是项目中的另一个组里。

4. 源文件

源文件(Source files)可以直接放置在项目节点下面,也可以位于层次组结构中。当文件数量较多,项目难以浏览时,采用层次组结构尤为方便。按默认设置,每个文件都存在于项目所有的创建配置中,但是也可以通过设置从创建配置中排除一个源文件。

只有创建配置范畴中的文件才会被编译、链接并产生输出代码。

用户可以直接将源文件和项目文件拖放到工作区窗口中。标识为组的源文件可以添加到其所在组,位于项目树外面的源文件(基于工作区窗口背景)可添加到当前激活的项目中。

成功创建一个项目后,其中所有包含的文件和输出文件都会以逻辑层次结构方式显示在工作区窗口中。

注意,项目创建配置的设定会影响源文件进行编译时所用的包含文件,这意味着不同的创建配置在编译完成后的输出文件中含有不同的与源文件相关联的包含文件集。

3.2　项目创建与管理

本节主要介绍工作区创建、项目创建、文件组创建、文件创建和配置创建的总体流程。

在 IAR Embedded Workbench 开发环境的工具栏中,File 菜单提供了创建工作区的命令,如图 3.2 所示;Project 菜单提供了创建项目、向项目中添加文件、创建组、配置项目以及在当前项目中运行 IAR Systems 开发工具等命令,如图 3.3 所示。

项目管理

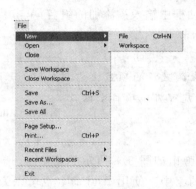
图 3.2 创建工作区

图 3.3 Project 菜单

3.2.1 工作区及其内容的创建和管理

(1) 创建工作区

选择 File→New→Workspace 菜单项，则创建一个空的工作区(Workspace)窗口，用户可以在工作区窗口中查看项目、组和文件。

(2) 添加新的或已存在的项目到工作区

创建一个新项目时可以使用系统预定义(Preconfigured Project Settings)的"项目模板"。目前有适用于 C 语言程序、C++语言程序、汇编程序以及库(library projects)的相应模板。

选择 Project→Create New Project 菜单项，则弹出如图 3.4 所示的用于创建新项目的 Create New Project 对话框；用户可以依据自己的需要在该对话框中选择相关项目。

选择 Project→Add Existing Project 菜单项，则弹出如图 3.5 所示的添加项目对话框；用户可以在此选择要添加进当前工作区的项目。

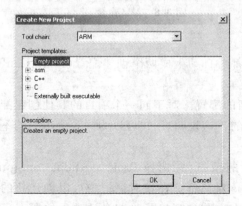
图 3.4 Create New Project 对话框

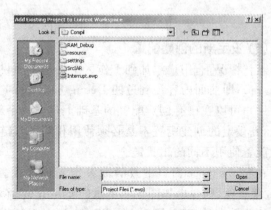
图 3.5 添加项目对话框

(3) 创建组(Group)

在 Workspace 窗口中激活欲添加组的项目,并选择 Project→Add Group 菜单项,则弹出如图 3.6 所示的 Add Group 对话框。在该对话框中输入欲添加的组名,单击 OK 按钮即可在项目中添加组。一个组可以添加到项目的开始节点处(Top Node)或者是项目中的另一个组里。

注意,如果当前工作区中有多个项目,需在欲激活的项目上右击,并在弹出的级联菜单中选择 Set as Active 就可将该项目激活,即该项目成为当前的激活项目,如图 3.7 所示。

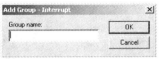

图 3.6 Add Group 对话框

(4) 为项目添加文件(File)

在项目名称上或项目下的组名上右击,则弹出如图 3.8 所示的菜单项,选择 Add 命令中的相关子命令即可添加文件到节点或项目下的组中。使用 Add 命令也可以为项目添加组或向项目中的组中添加下一级组,其作用与 Project→Add Group 菜单项相同。

图 3.7 Set as Active 命令　　　　　　图 3.8 Add 命令

(5) 设定新的创建配置

默认情况下,用户添加到工作区中的每个项目都会自动生成两个创建配置(Build Configurations),即前面内容提到过的 Debug 和 Release。

用户可以在已有创建配置的基础上建立一个新的配置。对于同一个项目的其他创建配置而言,新设定的创建配置不是必须使用相同工具链的。这说明,用户可以为同一个项目的不同创建配置使用不同的工具链。

在 Workspace 窗口中激活欲设定新创建配置的项目,并选择 Project→Edit Configurations 菜单项,则弹出如图 3.9 所示的 Configurations 对话框。在该对话框中可以创建新的配置或删除已有的配置,同时,Configurations 对话框中也同样列出了当前激活项目的所有已有配置。

单击图 3.9 中的 New 按钮,则弹出如图 3.10 所示的 New Configuration 对话框。在该对话框中可以对新的创建配置进行参数设置,比如创建配置的名称、所使用的工具链、是否基于其他创建配置等。

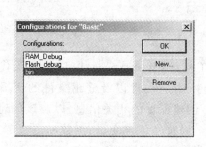

图 3.9　Configurations 对话框

图 3.10　New Configuration 对话框

从 Configurations 对话框选择一个配置,单击 Remove 按钮即可删除一个已有的创建配置。

用户可以从 Workspace 窗口最上端的下拉列表中选择当前需要使用的创建配置。当前工作区中项目的所有创建配置都列在该表中,如图 3.11 所示。其中,列表中的所有项目都由两个名称组成,前一个名称为对应的项目名称,后一个名称为该项目的创建配置名。例如,Basic-bin 表示 Basic 项目的 bin 创建配置。

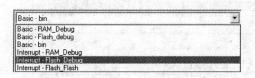

图 3.11　工作区的创建配置列表

(6) 在创建配置中去除组和文件

(7) 删除项目中的组件

由于这两部分属于基础内容,在此不再赘述。请读者参阅 IAR 的相关文档。

3.2.2　拖拽操作

用户可以从 Windows 文件浏览器中拖拽(Drag and drop)源文件或项目文件到 IAR 工作区窗口。拖拽到项目组上的文件将会添加到组中;拖拽到项目树(Project Tree)外的文件,即拖拽到工作区背景的文件,将会添加到当前的激活项目中。

3.2.3 源文件路径

IAR Embedded Workbench IDE 支持相对于某一目录的相对源文件路径。当源文件保存在项目文件目录或项目文件目录的任一子目录中时，IAR Embedded Workbench IDE 将会使用相对于项目文件的相对路径来访问源文件。

3.3 项目文件导航

有两种主要方式可以对项目文件进行导航：使用工作区（Workspace）窗口或者源代码浏览（Source Browser）窗口。工作区窗口可以显示源文件、附属文件以及输出文件的逻辑层次结构图；源代码浏览窗口可以显示工作区窗口中已激活创建配置的相关信息，以及该创建配置下以字母顺序显示的全局符号的逻辑层次结构。这些全局符号包含变量、函数和类型定义等。另外，对于类（Classes）而言，所有基类的信息都会显示出来。

3.3.1 查看工作区

通过工作区窗口，用户可以访问程序开发过程中的相关项目和文件。

① 通过单击工作区窗口底部的标签，用户可以选择要查看的项目，如图3.12所示。

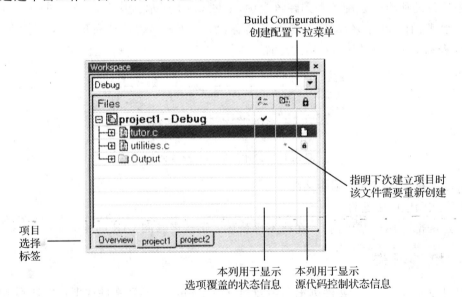

图 3.12　在工作区窗口中显示项目

对每个被创建的文件而言,系统会产生一个与之对应的 Output 文件夹;该文件夹包含有相关的生成文件,如目标文件和列表文件(列表文件只有在使能 Output list file 选项的情况下才产生)。另外,还有一个与项目结点相关的 Output 文件夹,该文件夹中包含整体项目相关的生成文件,如项目的最终可执行文件和链接器映像列表文件(列表文件只有在使能 Generate linker listing 选项的情况下才会产生)等。

此外,还将显示所有被包含的头文件,其依赖关系清晰明了。

② 要显示项目的不同创建配置时,可以从工作区窗口顶部的下拉列表中选择相应的创建配置来实现。另外,从工作区窗口顶部的下拉列表中选择的项目和创建配置将在工作区窗口中以高亮方式显示,且被选择的项目和创建配置会在用户创建应用程序时被创建。

③ 要在工作区中显示所有项目的总览图,则可以单击工作区窗口底部的 Overview 标签。如图 3.13 所示,图中列出了所有项目的详细成员列表。

创建配置下拉列表中的当前选项将在工作区的总览窗口中以高亮方式显示,如图 3.13 中的 project2 - Debug。

3.3.2 显示源代码浏览信息

从 IAR Embedded Workbench IDE 的菜单栏中选择 Tools→Options→Project 菜单项,则弹出如图 3.14 所示的 IDE Options 对话框。在该对话框中选择 Generate browse information 复选框,则可在源代码浏览窗口中启用当前激活创建配置的源代码浏览信息显示;这些信息包含变量、函数和类型定义等。

完成上述操作后,从 IAR Embedded Workbench IDE 的菜单栏中选择 View→Source Browser 菜单项,则可开启源代码浏览窗口(Source Browser)。源代码浏览窗口默认停靠在工作区窗口右侧,如图 3.15 所示。如果之前没有在 IDE Options 对话框中启用 Generate browse information 复选框,则源代码浏览窗口中会显示 Not enabled 提示信息,如图 3.16 所示。关于源代码浏览窗口的详细使用说明,请参阅 IAR 相关文档的 Source Browser window 部分。

在 Source Browser 窗口上方的格子中右击,则弹出如图 3.17 所示的界面。用户可以通过本菜单选择需要的文件过滤和类型过滤。

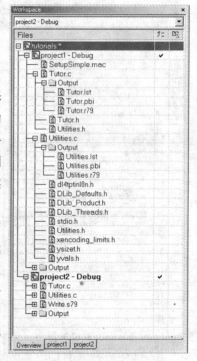

图 3.13 工作区窗口 Overview

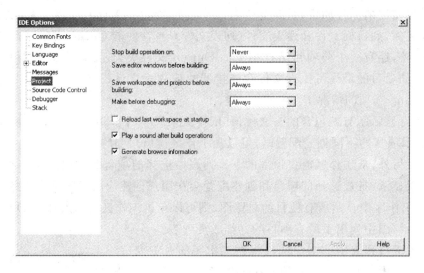

图 3.14　IDE Options 对话框

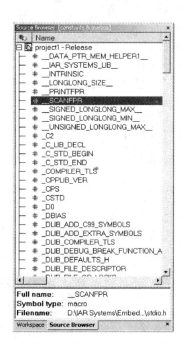

图 3.15　Source Browser 窗口

图 3.16　Source Browser 窗口的
Not enabled 提示信息

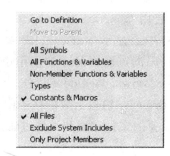

图 3.17　Source Browser 窗口的背景界面

要查看某个全局符号或者函数的定义,用户可以使用如下 3 种方法:
- Source Browser 窗口中,在欲查看的符号或者函数上右击,并从弹出的菜单中选择 Go to definition 命令;
- Source Browser 窗口中,双击欲查看的符号或者函数所在的行;
- Editor 窗口中,在欲查看的符号或者函数上右击,并从弹出的菜单中选择 Go to definition 命令。

使用上述命令后,符号或函数的定义将显示在编辑(Editor)窗口中。

源代码浏览信息是在后台持续更新的,用户在编辑源文件或打开一个新项目时都会有一段短暂的延迟用以信息更新。

3.4 使用库模块

本节主要介绍如何创建库模块(Library Modules)以及如何在应用程序项目中使用库模块,即如何将一个库与应用程序项目结合生成最终的目标文件。

在一个大型项目的开发过程中,用户会很快积累许多有用的程序流程,这些流程可以在日后的许多项目开发中复用。为了避免在日后使用到这些流程时每次都必须进行必要的编辑和编译链接等处理,用户可以将这些流程保存为目标文件(Object Files),即经过编译但没有链接,也就是将程序流程汇集起来保存在一个单一的目标文件中成为库。日后使用时,只要从库中挑选自己需要的库模块就可以了;这样做不但便于源文件的管理,也大大缩短了项目的编译时间。毕竟一个大型项目中有多达数百个文件,编译所需的时间是很可观的。同时,对于一些软件厂商来说,可能出于保密的原因不方便公开源代码,这时,以库的形式为用户提供技术支持是最佳的选择。强烈建议用户以库文件的形式来汇集相关的流程,比如设备驱动等。

使用 IAR XAR 库创建器可以很方便地创建库,可以使用户完成如下工作:
- 将模块从应用程序类型(PROGRAM)变为库类型(LIBRARY),反之亦然;
- 从库文件中添加或删除模块;
- 可以列出模块名、入口名等。

下面,以一个实例来介绍如何创建和使用库。

1. Main.s79 程序

Main.s79 程序为一个 ARM 汇编程序。它使用名为 max 的程序流程来将寄存器 R1 的内容设置为字寄存器(Word Register)R1 和 R2 中的最大值;即使用名为 max 的函数来比较寄存器 R1 和 R2 中的值,并将较大值保存在 R1 中。EXTERN 汇编伪指令用于声明 max 是外部符号,其在链接时进行处理。程序的内容请参见例 3-1。

【例 3-1】 汇编语言源文件 Main.s79。

```
;-----------------------------------------
; $ Revision: 1.3 $
;-----------------------------------------
        NAME main
        ORG 0x00          ; reset vector address
        CODE32            ; ARM mode
        B main
        EXTERN max
        RSEG ICODE
        CODE32            ; ARM mode
main:
        MOV R2, #3
        MOV R1, #4
        BL max            ; return MAX(R1,R2) in R1
        MOV R2, #5
        MOV R1, #4
        BL max            ; return MAX(R1,R2) in R1
exit:   B exit
        END main
```

2. Maxmin.s79 文件

Maxmin.s79 文件中的两个流程组成一个独立的汇编库文件。该文件由被 main 调用的 max 流程和一个对应的 min 流程构成。这两个流程都用于操作寄存器 R1 和 R2，并在 R1 中保存返回值。程序的内容请参见例 3-2。

【例 3-2】 汇编语言源文件 Maxmin.s79。

```
;-----------------------------------------
; $ Revision: 1.2 $
;-----------------------------------------
        MODULE max
        PUBLIC max
        RSEG ICODE
        CODE32
max:    CMP R1, R2
        BGT endmax
        MOV R1, R2
endmax:
        MOV PC, R14       ; R1 := MAX(R1,R2)
        NOP
        ENDMOD
        MODULE min
```

```
        PUBLIC min
        RSEG ICODE
        CODE32
min:    CMP R2, R1
        BGT end
        MOV R1, R2
end:
        MOV PC, R14      ; R1 := MIN(R1,R2)
        NOP
        ENDMOD
        END
```

其中，汇编伪指令 MODULE 的作用是将函数定义为库模块，只有被其他模块调用时 IAR XLINK 链接器才会包含这些模块。伪指令 PUBLIC 的作用是将程序中的 max 和 min 定义为公共符号，以便于其他模块调用。关于 MODULE 和 PUBLIC 汇编伪指令的详细信息，请参考本书第 13 章的相关内容或 ARM IAR Assembler Reference Guide。

3. 创建库项目

步骤如下：

① 在工作区中创建一个名为 Library 的新项目，并向其中添加 Maxmin.s79 文件，完成后的工作区界面如图 3.18 所示。

② 在工作区中选择 Library 项目，右击并在弹出菜单中选择 Options，或选择 Project→Options 菜单项，弹出选项配置对话框。在左边的 Category 列表框中选择 General Options 项进入基本选项配置界面，并按表 3.1 进行配置。

图 3.18 Library 项目工作区界面

表 3.1 General Options 选项设置

选项卡	选项设置
Output	Output file: Library
Library Configuration	Library: None

注意，Library Builder 出现在 Categories 列表中，意味着 IAR XAR Library Builder 已经被加入到创建工具链。本例中无须对 XAR Library Builder 的任何选项做设定。

③ 选择 Project→Make 菜单项，或者单击快捷工具栏上 按钮，即可成功创建库文件 Library.r79，如图 3.18 所示。该文件位于当前项目所在目录的\Debug\Obj 目录下。

4. 创建应用程序项目

步骤如下：

① 在前面使用的同一工作区中创建一个名为 Application 的新项目，并向其中添加 Main.s79 文件，完成后的工作区界面如图 3.19 所示。

② 在工作区中选择 Application 项目，右击并在弹出级联菜单中选择 Options，或选择 Project→Options 菜单项，弹出选项配置对话框。在左边的 Category 列表框中选择 General Options 项进入基本选项配置界面，并在 Output 选项卡的 Output file 选项区中选择 Executable 单选按钮；在 Library Configuration 选项卡的 Library 下拉列表框中选择 None，即不链接标准 C/C++库；其他选项卡采用默认设置。

③ 选择 Application 项目中的 Main.s79 文件，选择 Project→Compile 菜单项，或者单击快捷工具栏的 Compile（编译） 按钮，或者在工作区窗口 Main.s79 所在行上右击，并从弹出的级联菜单中选择 Compile 命令，即可成功创建目标模块文件 Main.r79。该文件位于当前项目所在目录的\Debug\Obj 目录下。

5. 在应用程序项目中使用库

现在，将包含 maxmin 处理流程的库添加进 Application 项目，步骤如下：

① 在工作区窗口中单击 Application 标签。选择 Project→Add Files 菜单项，添加库项目所在目录的\Debug\Obj 目录下的 Maxmin.r79 文件，如图 3.20 所示。

② 单击 Make 按钮 创建项目。

③ 现在，库文件已经合并入可执行项目，应用程序已经可以运行。启动 C-SPY 调试器对 Application 项目进行仿真，打开寄存器窗口可以看到 R1 寄存器将总是保存一个最大值。

图 3.19　Application 项目工作区窗口

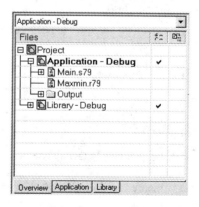

图 3.20　Application 项目

第 4 章

IAR Embedded Workbench 项目参数配置

本章主要介绍 IAR Embedded Workbench 集成开发环境中的各种项目参数配置,主要内容包括基本选项配置、编译器配置、汇编器配置、用户自定义工具链配置、链接器配置以及调试器配置等。其中,主要介绍了配置中各选项卡的内容及作用,并详细描述了选项卡中每个选项区和选项区中选项的意义、作用、用法以及适用情况等。对于某些难以理解的设置项目还给出了使用的实例演示。

此外,在讲解配置的过程中还对 IAR Embedded Workbench 的一些基本概念和组成部分进行了介绍。例如,设备描述文件、IAR 扩展关键字、预编译命令、本征函数以及 DLIB、CLIB 库等。同时,对常用嵌入式处理器的基本概念也做了详细的叙述,如大端存储、小段存储等。

由于基于 ARM 核的处理器更具有一般代表性,其结构相比与一般的 8 位或 16 位单片机也更为复杂。因此,本章以对 IAR Embedded Workbench for ARM 的配置为主线,同时也较详尽地介绍了 IAR Embedded Workbench for AVR 和 IAR Embedded Workbench for MSP430 的配置。另外,本章最后还介绍了 J-Link 的配置与使用,以及断点的高级使用方法等。

本章以项目参数配置为主线,在讲述中穿插了一定的篇幅来讲述相关背景知识。希望通过本章的学习,读者可以掌握 IAR Embedded Workbench 的项目配置,并学习到相关知识和原理,比如优化原理、下载器的工作机制、断点工作机制以及调试器的工作机制、观察点工作机制等。

4.1 General Options——基本选项配置

右击 Workspace 工作区中的欲设定项目并在弹出的级联菜单中选择 Options,或选择 Project→Options 菜单项弹出选项配置对话框。选择左边 Category 列表框中的 General Options 选项进入基本选项配置。

4.1.1 Target 选项卡

图 4.1 为基本选项配置的 Target 选项卡。在 Target 选项卡中可以对 Processor Variant (处理器类型)、FPU(浮点处理单元)、Interwork Code(混合编码)、Processor Mode(处理器模式)、Byte Order(存储模式)以及 Stack Alignment(堆栈对齐方式)等进行设置。

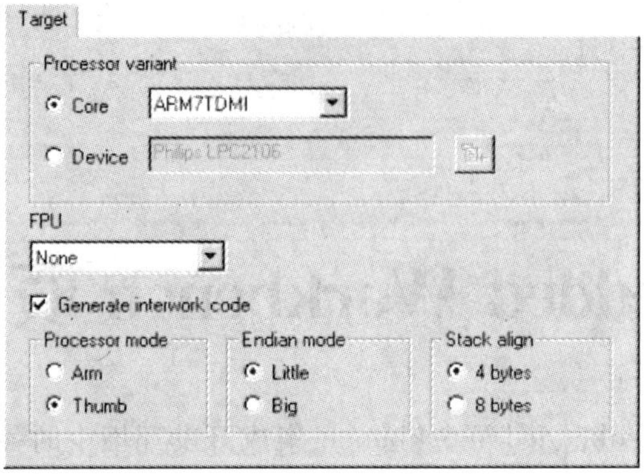

图 4.1　Target 选项卡

1. 处理器类型

处理器类型（Processor Variant）选项区包含 Core 和 Device 两个选项，两者只可选择其一。Core 选项用于选择 ARM 核，常用于一般性的算法开发或测试；Device 选项用于选择具体的芯片类型，用于编译具体的应用代码。

(1) Core 选项

Core 选项用于选择要使用的 ARM 核类型，默认为 ARM7TDMI；也可以从其右侧下拉列表框中选择其他 ARM 核，如 ARM9、ARM11、XScale 或 Cortex－M3 等。关于可用类型的详细介绍，请参看 ARM IAR C/C++ Compiler Reference Guide。

(2) Device 选项

Device 选项用于选择具体的芯片型号。选择 Device 单选框，单击 按钮，从弹出的文本列表框中选择所用器件，如图 4.2 所示。这样，IAR Embedded Workbench 会根据所选芯片自动设置默认连接器命令文件（Default Linker Command File）和 C-SPY 设备描述文件（Device DescriptionFile），大大方便调试。

2. 浮点处理单元

如果所选 ARM 芯片含有 VFP 协处理器（Vector Floating Point Coprocessor），则可以使用本选项来生成进行浮点运算（Floating－point Operations）的代码。在浮点处理单元（FPU）下拉列表框中可以选择合适的浮点处理单元。通过使用 VFP 协处理，用户可以不再使用软件浮点运算库（Software Floating－point Library）来进行浮点运算操作，从而得到更高的效率。

如果用户使用的浮点处理单元符合 VFPv1 架构（比如 VFP10 rev 0），则可以使用 VFPv1 选项；类似的，如果用户使用的浮点处理单元符合 VFPv2 架构（比如 VFP10 rev 1），则可以使用 VFPv2 选项。

VFP9－S 是 VFPv2 架构的一种类型，常用于 ARM9E 系列内核的处理器中。因此，使用 VFP9－S 协处理器时等同于选择 VFPv2 架构。

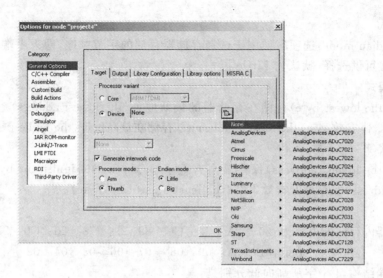

图 4.2　Device 选项

默认情况下,选项为 none,此时系统使用软件浮点运算库(Software Floating‑point Library)。

3. 产生混合代码

选择 Generate interwork code 复选框,则可在编译时生成 ARM 及 Thumb 混合代码,并且可以调用混合库函数[注]。本选项默认为选择状态。

4. 处理器模式

处理器模式(Processor mode)选项区域用于选择当前项目的处理器模式,有 Arm 和 Thumb 两种模式供选择,默认为 Thumb 模式。

1) Arm 模式

使用完整的 32‑bit 指令集产生代码。

2) Thumb 模式

使用简化的 16‑bit 指令集产生代码。Thumb 代码将存储器的使用量减至最低,且在 8/16‑bit 总线环境下提供更高的性能。

注：IAR C/C++编译器提供符合 ISO/ANSI C 和 C++标准的 DLIB 库,其中包含丰富的库函数,支持 IEEE754 浮点数格式,可以配置为支持不同的 locale 文件描述符、多字节操作等。大部分库函数不用修改,可以直接使用。XLINK 链接器只把那些应用中需要的库函数模块包含到目标代码中。可重入函数能同时供主程序和其他中断程序调用,使用已定位静态数据的函数为不可重入函数。大多数 DLIB 库函数为可重入函数,不可重入函数有 atexit 函数、堆函数、strerro 函数以及使用文件操作的 I/O 函数 printf、scanf、getchar 和 putchar 等。此外,还有一些共用相同存储器的函数也是不可重入函数。

5. 端模式

端模式(endian mode)选项区域用于选择存储器存储的字节顺序,即大小端模式,有 Little 和 Big 两种模式可供选择,默认为 Little 模式。

1) Little 模式

最低字节(the lowest byte)存储在存储器的最低地址(the lowest address)。最高字节(the highest byte)是最高有效字节(the most significant),存储在最高地址(the highest address)。

2) Big 模式

最低地址(the lowest address)保存最高有效字节(the most significant byte),最高地址(the highest address)保存最低有效字节(the least significant byte)。

3) 示　例

假设存储器内存储的内容为:20　4A　50　CC　89　21　73　20　C0　2F　FF　3A
　　　　　　　　　　　地址:0B　0A　09　08　07　06　05　04　03　02　01　00

如果是小端结构,4 个字从高向低分别是:

20　　4A　　50　　CC　；最高位
89　　21　　73　　20
C0　　2F　　FF　　3A　；最低位

如果是大端结构,4 个字从高向低分别是:

CC　　50　　4A　　20　；最高位
20　　73　　21　　89
3A　　FF　　2F　　C0　；最低位

如果是大端结构,8 个半字从高到低分别是:
CC 50、4A 20、20 73、21 89、3A FF、2F C0

6. 堆栈对齐方式

Stack align 用于选择堆栈对齐方式,可为 4 或 8 字节,默认为 4 字节。

4.1.2　Target 选项卡(适用于 IAR for AVR)

图 4.3 所示为基本选项配置的 Target 选项卡。Target 选项卡中包括 Processor configuration、Memory model 和 System configuration 这 3 个选项区域,该选项卡的具体内容介绍如下:

1. 处理器配置

处理器配置(processor configuration)选项区用于选择目标处理器类型以及最大的数据和代码容量。用户可以从下拉列表中选择项目所用的目标处理器。关于可用的处理器类型及选项的详细信息,请参阅 AVR IAR C/C++ Compiler Reference Guide。另外,用户在处理配置区域进行的设置决定了存储器模式(memory model)的可用选项。

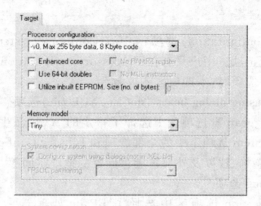

图 4.3 基本选项配置的选项卡

1) Enhanced core 选项

选择 Enhanced core 复选框将允许编译器使用某些 AVR 单片机派生型号的增强指令集中的指令来生成代码,例如 ATmega161。选择该复选框后将使能如下指令:MOVW、MUL、MULS、MULSU、FMUL、FMULS、FMULSU、LPM Rd,Z、LPM Rd,Z+、ELPM Rd,Z、ELPM Rd,Z+ 和 SPM。

2) Use 64-bit doubles 选项

选择 Use 64-bit doubles 复选框将强制编译器使用 64-bit double 类型,而不使用默认的 32-bit double 类型。

3) Utilize built-in EEPROM 选项

选择 Utilize built-in EEPROM 复选框将启用__eeprom 扩展关键字,用户需要在其后的文本框中指定内嵌 EEPROM 的容量,该容量以字节为单位,范围应当在 0~65 536。

4) No RAMPZ register 选项

No RAMPZ register 选项仅在使用通用处理器选项-v2 和-v3 时可用。RAMPZ 寄存器用于允许访问 128 KB 可用代码空间的高 64 KB 空间。如果所用芯片的程序存储器为 64 KB 或者更小,则该芯片内部没有 RAMPZ 寄存器,这时可能需要选择 No RAMPZ register 复选框以阻止编译器产生用于访问 RAMPZ 寄存器的代码,因为此时访问到的是与 RAMPZ 寄存器地址相同的其他寄存器。

5) No MUL instructions 选项

选择 No MUL instructions 复选框将允许编译器在生成的代码中使用 MUL 指令。

2. 存储器模式

用户可以从存储器模式 Memory model 选项区的下拉列表中为当前项目选择所需的存储器模式。另外,用户在处理配置区域进行的设置决定了存储器模式的可用选项。关于存储器模型的更多信息,请参阅 AVR IAR C/C++ Compiler Reference Guide。

3. 系统配置

系统配置(System Configuration)选项区中有 Configure system using dialog boxes 和 FPSLIC partitioning 两个选项。用户只有在 Processor configuration 选项区的下拉列表中选择的处理器配置支持这些选项时，本选项区才被激活。

1) Configure system using dialog boxes (not in .XCL file)选项

当在 Processor configuration 选项区中选择了特定的 AVR 派生型号时，本复选框激活。选择本复选框，则激活 System 选项卡中的全部选项和 Library Configuration 选项卡中的部分选项；这些选项可用于配置堆、栈以及外部扩展存储器的地址空间等。

2) FPSLIC partitioning 选项

当 Processor configuration 选项区中选择了 FPslic 处理器时，用户必须在下拉列表中选择与硬件设定相一致的代码和数据存储器分区，如图 4.4 所示。

图 4.4 FPSLIC partitioning 选项

4.1.3 Target 选项卡(适用于 IAR for MSP430)

图 4.5 为基本选项配置的 Target 选项卡，其中可以对 Device (处理器类型)、Floating-point size of type 'double' (double 型浮点数的大小)、Position-independent code (是否产生位置无关代码)、Hardware multiplier (硬件乘法器)以及 Assembler-only project (是否为纯汇编项目)等进行设置。

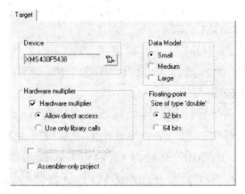

图 4.5 Target 选项卡

(1) 处理器类型

处理器类型(Device)选项区用于为当前项目选择要使用的处理器型号。这里选择的处理器型号决定了系统使用的链接器命令文件(Linker Command File)和设备描述文件(Device Description File)。

(2) 数据模型

只有在 Device 选项区中选择了基于 MSP430X 架构的处理器时，数据模型(Data model)选项区才被激活。本选项区用于权衡存储器的访问方式，其范围从仅能访问较小存储器区域的小代价访问方式,直至可以访问任何位置的大代价访问方式。

在适用于 MSP430 的 IAR C/C++ 编译器中,用户可以选择一个数据模型来覆盖默认的存储器访问方式。当然,也可以为单个变量设置访问方式来覆盖默认的存储器访问方式。适用于 MSP430 的 IAR C/C++ 编译器支持以下的数据模型:

- Small 数据模型指定 data16 作为默认的存储类型,这意味着存储器的头 64 KB 空间可以访问。要访问整个 1 MB 存储空间,则只能使用本征函数[注](Intrinsic Functions)。
- Medium 数据模型指定 data16 作为默认的存储类型,这意味着数据对象默认定位在存储器的头 64 KB 空间。如果需要,也可以访问整个 1 MB 空间。
- Large 数据模型指定 data20 作为默认的存储类型,这意味着所有存储器空间都可以被访问。

如果用户没有指定数据模型,则编译器使用 Small 数据模型。关于数据模型的更多信息,请查阅 MSP430 IAR C/C++ Compiler Reference Guide。

(3) 硬件乘法器

本选项区用于控制编译器生成访问 MSP430 硬件乘法器外设单元的代码。只有用户在 Device 选项区中选择了内含硬件乘法器的处理器类型时,本选项区才被激活。

如果要使用处理器中的硬件乘法单元,则选择 Hardware multiplier 复选框,并选择如下选项之一:

Allow direct access 选项

在可用的情况下,生成直接访问硬件乘法单元的代码。注意:典型情况下,直接访问硬件乘法单元速度较快,但是生成了大量的代码。

Use only library calls 选项

调用库函数来完成乘法运算。

对于每次操作来说,产生直接访问或库调用的决议是建立在优化设置的基础上的。

(4) 浮点数设置

IAR 编译器以标准 IEEE 754 格式的 32-bit 和 64-bit 数量来表征浮点值(Floating-Point)。用户可以在 Size of type 'double' 选项区指定 double 类型的大小,有如下选项:

32-bit 选项

double 数据类型以 32-bit 浮点格式来表征,该选项为默认选项。

64-bit 选项

double 数据类型以 64-bit 浮点格式来表征。

(5) 生成位置无关代码

本选项用于设置产生普通代码或位置无关代码(Position-Independent Code)。位置无关

注:采用本征函数可以直接进行处理器底层操作,这对于时序要求严格的场合十分有用。本征函数被编译成为内联汇编代码,如单条指令或一段指令序列。本征函数名以两个下划线开始,使用时应将头文件 intrinsics. h 包含到源程序文件中。有些 C 库函数在一定条件下将作为本征函数,并生成内联行汇编代码,而不是普通的函数调用。例如,memcpy、memset、strcat、strcmp、strcpy 和 strlen 等库函数。

代码适用于开发运行时可以被动态加载的模块等。注意,位置无关代码将会在代码容量上导致大的开销,且中断向量不能直接指定。另外,位置无关代码不支持 MSP430X 架构,且全局数据不是位置无关的。关于位置无关代码的详细信息,请参阅 MSP430 IAR C/C++ Compiler Reference Guide。

(6) 纯汇编项目

如果用户的项目中仅包含汇编源文件,则选择 Assembler – only projec 复选框。本选项用于为纯汇编项目(Assembler – Only Project)进行必要的设置。例如,禁用 C 或 C++ 运行库、禁用 cstartup 系统以及禁用 Run to 选项等。

4.1.4　Output 选项卡

图 4.6 为基本选项配置的 Output 选项卡。在这里可以对编译后生成的输出文件类型进行设置,可选择 Executable(执行代码)或 Library(库文件)。同时,还可以设定 Executable files、Object files 和 List files 的输出目录。

1. 输出文件类型

输出文件类型(Output file)选项区域用于设置编译后生成输出文件的类型,可选择 Executable(执行代码)或 Library(库文件)。

Executable 选项

选择该选项后,XLINK 链接器将产生一个可执行应用程序(Executable Output File)作为编译输出结果。同时,链接器选项(Linker)将被激活,且出现在 Category 列表框中,如图 4.2 所示。在产生可执行文件之前应该首先对链接器参数进行适当的设置。

Library 选项

选择该选项后,XAR 库创建器(XAR Library Builder)将产生一个库文件作为编译输出结果。同时,XAR 库创建器选项(Library Builder)将被激活,且出现在 Category 列表框中,链接器选项(Linker)将消失,如图 4.7 所示。在产生库文件之前应该首先对库创建器参数进行适当的设置。

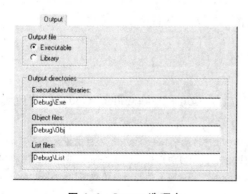

图 4.6　Output 选项卡

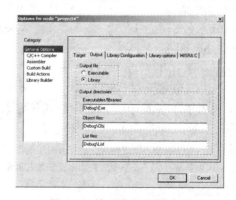

图 4.7　使用库创建器选项

2. 编译文件输出目录

编译文件输出目录(Output directories)选项区域用于设置编译文件的输出目录。Executables/libraries 文件的默认输出目录为 Debug\Exe；Object files 的默认输出目录为 Debug\Obj；List file 的默认输出目录为 Debug\List，用户可以依据需要设置为其他目录。注意：非完整的路径需是相对于当前工程目录的相对路径的。

4.1.5 Library Configuration 选项卡

图 4.8 为基本选项配置中的 Library Configuration 选项卡，使用该选项卡可以对系统使用的运行库进行设置。关于运行库(Runtime Library)、库配置(Library Configurations)、运行环境(Runtime Environment)以及用户化定制(Customizations)等内容，请参考 ARM IAR C/C++ Compiler Reference Guide。

图 4.8 Library Configuration 选项卡

1. 运行库选择

在运行库选择(Library)下拉列表框中选择希望采用的运行库。IAR C/C++ 编译器提供了 DLIB 库，支持 ISO/ANSI C、C++ 以及 IEEE 754 标准的浮点数。若选择 None，则表示应用程序不链接运行库；若选择 Normal，则表示链接普通运行库，其中，没有 locale 接口和 C locale，不支持文件描述符，printf and scanf 不支持多字节操作，strtod 不支持十六进制浮点数操作；若选择 Full，则表示链接完整运行库，其中，包含 locale 接口和 C locale，支持文件描述符，printf and scanf 支持多字节操作，strtod 支持十六进制浮点数操作；若选择 Custom，则表示链接用户自定义库。可以在 Library file 文本框中指定要链接的库文件，在 Configuration file 文本框中指定配置文件。关于运行库的详细信息，请参阅 IAR C/C++ Compiler Reference Guide。

另外，当前使用的库文件(Library Object File)和库配置文件(Library Configuration File)将分别显示在 Library file 和 Configuration file 文本框中，如图 4.9 所示。可以看出，Library file 和 Configuration file 文本框中的内容随库的不同选择而显示对应信息。

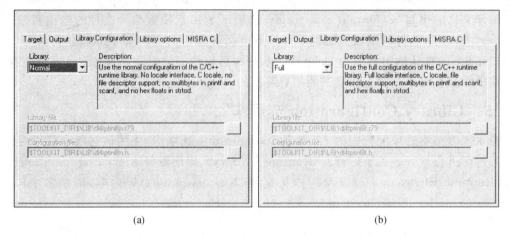

图 4.9 Library file 和 Configuration file 文本框

2. 库文件

库文件(Library file)文本框用于显示当前使用的库文件(Library Object File)。Library Object File 会根据用户对如下参数的设定而自动选择：Library、Core、ARM/Thumb、Interwork、Endian、Stack align 及 VFP。

若用户在 Library 下拉列表框中选择了 Custom，则必须在 Library file 文本框中指定用户自定义的库文件。

3. 配置文件

配置文件(Configuration file)文本框用于显示当前使用的库配置文件(Library Configuration File)。库配置文件会根据用户对当前项目的设定(Project Settings)而自动选择。若用户在 Library 下拉列表框中选择了 Custom，则必须在 Library Configuration file 文本框中指定用户自定义的库配置文件。

4.1.6 Library Options 选项卡

图 4.10 为基本选项配置中的 Library Options 选项卡，使用该选项卡可以对 Printf 和 Scanf 函数支持的输出和输入格式(formatter)进行设置。Printf 函数的可用格式有 Full、Large、Small 和 Tiny；Scanf 函数的可用格式有 Full、Large 和 Small。Full formatter 具有最大的内存消耗(Memory-consuming)，但是其中的很多功能在大多数嵌入式应用中并不需要。为了降低内存消耗，可以依据具

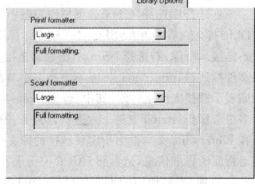

图 4.10 Library Options 选项卡

体情况选择合适的格式版本。

有关 Printf 和 Scanf 函数所支持的输出、输入格式以及不同格式效能(Formatting Capabilities)的更多细节,请参考 IAR C/C++ Compiler Reference Guide。

4.1.7 Heap Configuration 选项卡

图 4.11 为基本选项配置的 Heap Configuration 选项卡(适用于 IAR for AVR)。该选项卡包括 CLIB[①] heap size 和 DLIB[②] heap size 两个选项区,用户在这里可以对堆容量进行设置。另外,用户在 General Options 界面 Target 选项卡 Processor configuration 选项区中选择的处理器型号确定了堆的可用性。有关动态存储分配和堆的详细信息,请参阅 AVR IAR C/C++ Compiler Reference Guide。

4.1.8 Stack/Heap 选项卡

图 4.12 为基本选项配置的 Stack/Heap 选项卡(适用于 IAR for MSP430)。使用该选项卡可以对堆和栈的容量进行定制。有关堆和栈的使用,请参阅 MSP430 IAR C/C++ Compiler Reference Guide。

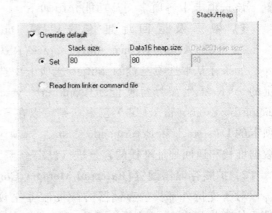

图 4.11 Heap Configuration 选项卡   图 4.12 Stack/Heap 选项卡

1. 覆盖默认设置(Override default)

本选项用于覆盖默认的堆容量和栈容量设置。

---

① CLIB 不完全兼容 ISO/ANSI C,也不支持 IEEE 754 格式的浮点数和嵌入式 C++。CLIB 是一个简便易用的库,在很多情况下比 DLIB 使用起来更容易,这是因为在 MSP430 这类存储器有限而总线又没有开放的芯片上,很多 C++特性实际上难以发挥。

② DLIB 是一个完整的 ISO/ANSI C 和嵌入式 C++库,支持遵循 IEEE 754 格式的浮点数,并且可以根据不同的需要进行裁减,以提高效率。应用 DLIB 库时需要注意,在中断服务程序中不要使用不可重入函数,用户可采用互斥等措施来防止调用不可重入函数。

2. 栈容量(Stack size)

Stack size 文本框用来输入所需的栈容量,使用十进制数。

3. DATA16 堆容量(Data16 heap size)

Data16 heap size 文本框用来输入所需的堆容量,使用十进制数。

4. DATA20 堆容量(Data20 heap size)

Data20 heap size 文本框用来输入所需的堆容量,使用十进制数。注意,本选项并非对于所有的处理器类型都可用。

5. 从链接器命令文件读取(Read from linker command file)

选择 Read from linker command filed 单选按钮后,系统将使用链接器命令文件中规定的堆容量和栈容量。

4.1.9 System 选项卡

图 4.13 为基本选项配置中的 System 选项卡(适用于 IAR for AVR),使用该选项卡可以对系统进行设置。该选项卡中各项含义及功能介绍如下:

1) 数据及返回地址堆栈设置 Data stack (CSTACK)/Return address stack(RSTACK)

如果在基本选项配置的 Target 选项卡中选择了特定的 AVR 派生型号且使能了 Configure system using dialog boxes (not in xcl file)复选框,则可以在 System 选项卡的 Data stack 和 Return address stack 选项区域中对数据堆栈和返回地址堆栈的容量进行设定。

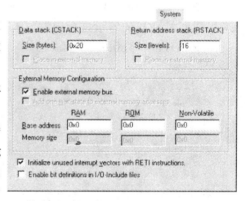

图 4.13 System 选项卡

2) 扩展存储器配置(External Memory Configuration)

对于支持外部扩展存储器的微控制器来说,选择 Enable external memory bus 复选框将激活外部扩展存储器总线上的存储设备。使用 Base address 和 Memory size 文本框可以对 RAM、ROM 以及非易失性(EEPROM)存储器的基址和容量进行设置。

3) 使用 RETI 指令初始化未使用的中断向量(Initializf unused interrupt vectors with RETI instructions)

未使用的中断向量可以填充 RETI 指令。使用 Initialize unused interrupt vectors can be filled with RETI instructions 功能可以用来捕捉或者忽略应用程序没有处理的中断。注意,本功能与 XLINK 中的 Fill unused code memory 功能相冲突,使用时只能任选其一,不可两者同时使用。

4) 在 I/O 包含文件中启用位定义(Enable bit definitions in I/O – Include files)

选择 Enable bit definitions in the I/O include files 复选框将使能 I/O 包含文件中的位定义。否则,用户需要在程序中或者在 C/C++编译器选项配置中 Preprocessor 选项卡的 Defined symbols 文本框中定义 ENABLE_BIT_DEFINITIONS 符号。

4.1.10 MISRA C 选项卡

图 4.14 为基本选项配置中的 MISRA C 选项卡,该选项用于控制 IAR Embedded Workbench 依照 MISRA C 规则对源代码进行检查。本设置将同时用于编译器(Compiler)和链接器(Linker)。如果用户希望编译器检查不同的规则组,则可以在 Category 列表框中选择 C/C++ Compiler 项并对相关参数进行设置。

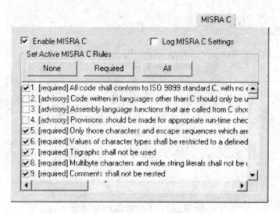

图 4.14 MISRA C 选项卡

1) Enable MISRA C 复选框

选择 Enable MISRA C 复选框后,在编译和链接期间系统将依据 MISRA C 规则对源代码进行检查。只有 Set Active MISRA C Rules 选项区被选中的规则会做检查。

2) Log MISRA C Settings 复选框

选择本复选框后,在编译和链接期间系统会产生一个 MISRA C 记录,里面会列出不需要检查但是被选中的规则以及真实检查过的规则。

3) Set Active MISRA C Rules 选项区

只有在 Set Active MISRA C Rules 选项区被选中的规则才会在编译和链接期间检查。单击 All 按钮选择所有 MISRA C 规则校验模块,单击 Required 按钮选择必须的 93 种 MISRA C 规则校验模块,单击 None 按钮将不选择任何 MISRA C 规则校验模块。用户也可以通过复选框增选或删除 MISRA C 规则校验模块。

4.2 C/C++编译器配置

右击 Workspace 工作区中欲设定项目并在弹出级联菜单中选择 Options,或选择 Project

→Options菜单项,则弹出选项配置对话框。在Category列表框中选择C/C++ Compiler项进入C/C++编译器配置;该配置选项对应有多个选项卡,用于设定不同的配置选项。

4.2.1 Language选项卡

图4.15为C/C++编译器配置中的Language选项卡。Language选项卡用于设定目标依赖的C或C++语言扩展。

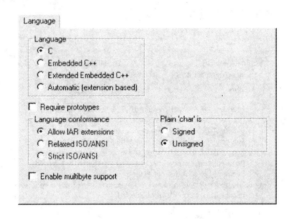

图4.15 Language选项卡

1. 语言选项

语言(Language)选项区域用于设置用户希望采用的编程语言,默认为C。

C选项

IAR C/C++编译器默认运行在ISO/ANSI C模式。此时,Embedded C++和Extended Embedded C++的特有功能将无法使用。

Embedded C++选项

在Embedded C++模式,编译器将源代码作为Embedded C++来处理。此时,Embedded C++的特性,比如类(Classes)和函数重载(Overloading)等,可以使用。

Extended Embedded C++选项

在Extended Embedded C++模式,用户可以使用比如命名空间(Namespaces)或Standard Template Library等功能。

Automatic选项

如果选择Automatic单选框,则根据源程序文件的扩展名自动选择。扩展名为".C"时,作为C源程序进行编译;扩展名为".CPP"时,作为扩展嵌入式C++源程序进行编译。

关于Embedded C++和Extended Embedded C++的详细信息,请参阅IAR C/C++ Compiler Reference Guide。

2. 函数原型选项

函数原型(Require prototypes)复选框用于强制编译器检查是否所有的函数都具有合适的原型。选择该复选框意味着源代码具有如下情况时将导致编译出错。

> 调用未声明的函数或者调用以 Kernighan & Ritchie 风格声明的 C 函数；

Kernighan & Ritchie 风格示例如下：

```
Kernighan & Ritchie C style
int test ();  /* declaration */
int test (a,b)  /* definition */
char a;
int b;
{…}
```

> 定义未声明的公共函数；
> 采用未包含原型的函数指针进行间接函数调用。

3. 语言扩展选项

语言扩展选项区域用于设置是否允许 IAR C/C++ 语言扩展。语言扩展必须使能，以便 ARM IAR C/C++ 编译器能够处理对标准 C 或 C++ 语言进行扩展的 ARM 专有关键字(ARM - specific keywords)。IAR Embedded Workbench IDE 中默认使用 Allow IAR extensions 选项。

若选择 Relaxed ISO/ANSI 单选框，则禁止 IAR C/C++ 语言扩展，但并不要求严格符合 ISO/ANSI 标准。若选择 Strict ISO/ANSI 单选框，则禁止 IAR C/C++ 语言扩展且要求严格符合 ISO/ANSI 标准。

关于语言扩展的详细信息，请参阅 IAR C/C++ Compiler Reference Guide。

4. Char 类型选项

Plain 'char' is 选项区域用于设置 Char 类型数据的符号。通常，编译器将 Char 作为无符号类型(unsigned char)对待。若选择 Signed 单选框，则编译器把 Char 作为有符号类型(signed char)对待。比如为了兼容其他编译器，可以使用本选项。

需要注意的是，运行库是按无符号类型编译的，因此链接运行库时选择 Sign 单选按钮可能导致类型不匹配警告。

5. 使用多字节支持

选择多字节支持(Enable multibyte support)复选框允许在 C/C++ 源程序文件中使用多字节字符。默认状态下不允许在 C/C++ 源程序文件中使用多字节字符。如果选择本复选框，则源代码中的多字节字符(multibyte characters)依据主机(host computer)对多字节支持的默认设置而进行解释。

多字节字符允许在 C/C++ 风格的注释中以字符串文字或字符串常量方式使用，因为它们不会影响产生的代码。

4.2.2 Code 选项卡(适用于 IAR for AVR)

图 4.16 为 C/C++编译器配置中的 Code 选项卡,使用该选项卡可以对段和寄存器的使用进行设置。注意,用户在 Target 选项卡中的设置决定了 Code 选项卡中可用的选项。

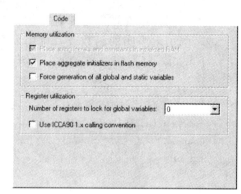

图 4.16 Code 选项卡(适用于 IAR for AVR)

1. 存储器规划

Place string literals and constants in initialized RAM 选项

选择 Place string literals and constants in initialized RAM 复选框,则覆盖系统对常数和字符串字符的默认定位。没有选择本复选框时,常数和字符串字符定位在外部 const 段——segment_C。选择本复选框后,常数和字符串字符定位在已初始化的 segment_I 数据段,初始数据由系统启动代码自 segment_ID 段复制过来。默认情况下,Place string literals and constants in initialized RAM 选项为选中状态且不可修改。只有在 Target 选项卡中选择了支持外部扩展总线的 AVR 处理器型号,且使能了外部存储器,并完成了相关配置后,本选项才可被修改。

注意,在 Tiny 存储器模式下,本选项不可修改。

Place aggregate initializers in flash memory 选项

选择 Place aggregate initializers in flash memory 复选框后,则聚合的初始化代码(Aggregate Initializers)定位在 Flash 存储器中。否则,这些初始化代码定位在外部的 segment_C 段,或者当编译器选项 Place string literals and constants in initialized RAM 被选中的情况下,被定位在已初始化的数据段。

Force generation of all global and static variables 选项

选择 Force generation of all global and static variables 复选框后,__root 扩展关键字[注]应用到所有的全局变量和静态变量,这将确保变量不会被 IAR XLINK 链接器删除。

注意,__root 扩展关键字永远可用,即使禁用语言扩展也不例外。

关于扩展关键字的参考信息,请查阅 AVR IAR C/C++ Compiler Reference Guide。

2. 寄存器规划

Number of registers to lock for global variables 选项

本选项用于为全局变量锁定寄存器。锁定的寄存器组有 13 种可选的不同组合,其值从

注:IAR C/C++编译器提供了许多支持 ARM 核特殊性能的扩展关键字,可以直接在源程序中使用这些关键字,或者使用预处理器命令"#pragma type_attribute"和"#pragma object_attribute"来指定关键字。

0~12。当使用本功能时,寄存器 R15 及其以下的寄存器将会锁定。例如,选择 0 表示不锁定任何寄存器;选择 1 表示锁定寄存器 R15;选择 2 表示锁定寄存器 R14~R15;选择 3 表示锁定寄存器 R13~R15;直至选择 12 表示锁定寄存器 R4~R15。

为了保持模块的一致性,请确保在所有的模块中锁定相同的寄存器分组。

Use ICCA90 1.x calling convention 选项

本选项用于实现向后兼容。选择 Use ICCA90 1.x calling convention 复选框,则所有的函数以及函数调用将使用 IAR A90 编译器的调用协议 ICCA90。要修改某个函数的调用协议,则可以使用 __version_1 扩展关键字作为函数的类型属性。

关于函数调用协议以及扩展关键字的详细信息,请参阅 AVR IAR C/C++ Compiler Reference Guide。

4.2.3 Code 选项卡(适用于 IAR for MSP430)

图 4.17 为 C/C++ 编译器配置中的 Code 选项卡,使用该选项卡可以对寄存器和堆栈的使用进行设置。注意,用户在 Target 选项卡中的设置决定了 Code 选项卡中可用的选项。

(1) 寄存器 R4 的用途设置

R4 的用途设置(R4 utilization)选项区用于设置寄存器 R4 的用途,有如下 3 种设置:

Normal use 选项

本选项允许编译器在生成的代码中以常规方式使用 R4 寄存器。

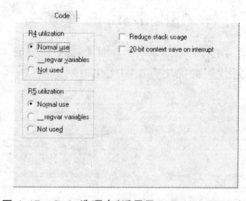

图 4.17 Code 选项卡(适用于 IAR for MSP430)

__regvar variables 选项

选择本单选按钮后,编译器将使用 R4 来定位以扩展关键字 __regvar 声明的全局寄存器变量。__regvar 扩展关键字表示永久地将一个变量定位在指定的寄存器中。

Not used 选项

如果选择了本选项,则 R4 被锁定,系统将不再使用 R4。用户可以在自己的应用程序中将 R4 用于特殊目的。

(2) 寄存器 R5 的用途设置

R5 的用途设置(R5 utilization)选项区用于设置寄存器 R5 的用途,有如下 3 种设置:

Normal use 选项

本选项将允许编译器在生成的代码中以常规方式使用 R5 寄存器。

__regvar variables 选项

选择本单选按钮后,编译器将使用 R5 来定位以扩展关键字 __regvar 声明的全局寄存器变量。__regvar 扩展关键字表示永久地将一个变量定位在指定的寄存器中。

Not used 选项

如果选择了本选项,则 R5 被锁定,系统将不再使用 R5。用户可以在自己的应用程序中将 R5 用于特殊目的。

(3) 减少堆栈使用

选择本复选框后,编译器将尽量减少对堆栈空间的使用(REDUCE STACK USAGE),其代价是产生的代码稍微有点庞大、且执行速度有点慢。

(4) 中断时保存寄存器的全部 20 - bit

选择本复选框后,所有的中断函数将被作为使用关键字 __save_reg_20 声明的函数处理,而不需要明确地使用 __save_reg20 关键字。如果用户的应用程序需要保护寄存器的所有 20-bit 内容,则本选项十分有用。其缺点是生成代码的执行速度略微显慢。另外,本选项只适用于 MSP430X 系列架构,对于 MSP430 系列架构的处理器没有影响。

4.2.4 Optimizations 选项卡

图 4.18 为 C/C++编译器配置中的 Optimizations 选项卡,本选项卡用于设置编译器对目标代码的优化方法和优化级别。

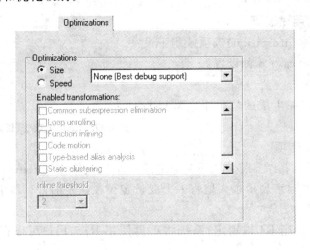

图 4.18 Optimizations 选项卡

1. 优化选项区

IAR C/C++编译器支持两种不同的优化模型,即代码容量优化(Size)和速度优化(Speed),且支持不同的优化级别。

在优化选项区(Optimizations)选择 Size 或 Speed 单选框可进行优化方法的选择,前者以代码大小进行优化,后者以运行速度进行优化。通过右侧的下拉列表框可以选择不同的优化级别,有 None(不优化,对调试支持最好)、Low(低级优化)、Medium(中级优化)和 High(高级优化)4 种级别可供选择。根据所选择的优化方法和优化级别,Enabled transformations 框自动选择不同的优化项目。

默认情况下,用于调试的项目(debug project)会进行可完整调试(fully debuggable)的尺寸优化;而一个发布项目(release project)会进行最小生成代码(absolute minimum of code)的尺寸优化。关于每种优化级别的优化内容,请参看 IAR C/C++ Compiler Reference Guide。

2. 优化项目选项区

在优化项目选择区中可以对不同的优化级别(Enabled transformations)按实际需要启用或禁用如下可选择项目:
- Common subexpression elimination;
- Loop unrolling;
- Function inlining;
- Code motion;
- Type-based alias analysis;
- Static variable clustering;
- Instruction scheduling。

启用优化时可以通过各项目左边的复选框来选择是否使用该优化。在一个调试项目中,默认关闭所有优化项目;在一个发布项目中,默认启用优化项目。

4.2.5 Output 选项卡

图 4.19 为 C/C++ 编译器配置中的 Output 选项卡,用于设置编译器目标文件的输出格式以及目标代码的调试信息级别。

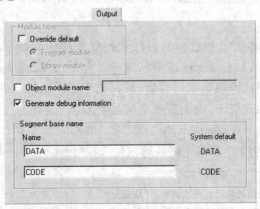

图 4.19 Output 选项卡

1. 模块类型

利用模块类型(Module type)选项区域提供的单选框可以设置模块类型,编译器默认生成程序模块(Program module)。若选择生成库模块(Library module),则只有其被程序调用时才会被包含到应用代码中。选择 Override default 复选框后可根据需要进行如下选择:

Program module 选项

相对于库模块(Library module)而言,目标文件将会作为程序模块(Program module)处理。

Library module 选项

相对于程序模块(Program module)而言,目标文件将会作为库模块(Library module)处理。

关于程序模块、库模块的更多信息以及如何使用库,请从 IAR Embedded Workbench 的 Help 菜单中查阅 IAR Linker and Library Tools Reference Guide 中关于 XLIB 和 XAR 的章节。

2. 目标模块文件名

通常,编译器生成的目标文件与源程序文件同名。用户可以通过选择 Object module name 复选框,然后在其文本框内明确地指出目标模块文件名。由于完全相同的模块名通常导致链接错误,因而该选项对于多模块编程特别有用,尤其是当若干模块具有同样的文件名时。例如,当源文件是预处理程序生成的暂存文件时。

3. 产生调试附加信息

默认状态下产生调试附加信息(Generate debug information)复选框使能,此时编译器生成的目标文件中包含了适用于 C-SPY 和其他调试器需要的附加信息,这将增加目标代码长度。若用户不希望编译器生成这些信息,则取消 Generate debug information 复选框。

4. 段基名称设定

IAR C/C++编译器将函数和数据的目标代码放入默认的指定段内,以供 IAR XLINK 链接器使用。利用 Segment base name 选项区域可以将任一部分应用代码和数据分别放入非默认段,这有助于用户控制代码或数据的位置,使其位于不同地址范围。如果仅仅使用@符号或者使用#pragma注 location 指令,则无法完全满足要求。

要替换系统默认的 Segment base name,则需要在 Name 文本框中指定新的段名(segment name)。新命名的段不可与编译器或链接器的预定义段(predefined segment)以及用户自定义

注:pragma 预编译命令用于控制编译过程。例如,存储器分配、是否允许扩展关键字、是否输出警告信息等。IAR C/C++编译器提供的预编译命令符合 ISO/ANSI C 标准。适当使用 pragma 预编译命令可使源程序清晰明了,同时编译后生成的目标代码也更为简捷。

段冲突。

采用非默认段时应避免与默认设置发生冲突而产生错误。修改段名后需要修改相应的链接器命令文件(linker command file)。关于段以及控制数据和代码位置的更多信息,请参考 IAR C/C++ Compiler Reference Guide。

注意:在预定义段对变量或者函数进行精确定位时,要格外小心。错误的位置分配会导致编译和链接期间出现错误,以致生成无效的应用程序。

4.2.6 List 选项卡

图 4.20 为 C/C++编译器配置中的 List 选项卡,用于设置是否生成列表文件以及列表文件所包含的信息。

编译器通常不生成列表文件。选择 Output list file 复选框将输出列表文件。选择 Output assembler file 复选框将输出汇编文件。生成的列表文件以源文件名为文件名,以". lst"作为扩展名,存放在 List 目录下。用户可以通过工作区窗口的 Output 目录直接打开列表文件。

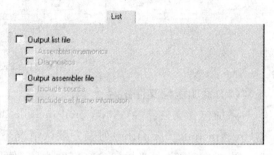

图 4.20 List 选项卡

(1) 输出列表文件

选择 Output list file 复选框后,可根据需要将如下信息类型包含在列表文件中:

Assembler mnemonics 选项　　在列表文件中包含汇编指令助记符;

Diagnostics 选项　　　　　　在列表文件中包含诊断信息。

(2) 输出汇编文件

选择 Output assembler file 复选框后,可根据需要将如下信息类型包含在列表文件中:

Include source 选项　　在汇编文件中的包含源代码以增强文件的可读性;

Include call frame information 选项　　在汇编文件中包含编译器生成的运行模块属性(runtime model attributes)、调用框架信息(call frame information)以及框架容量信息(frame size information)等信息。

4.2.7 Preprocessor 选项卡

图 4.21 为 C/C++编译器配置中的 Preprocessor 选项卡,用于符号定义以及规定编译器所需包含文件所在的目录路径(include paths)。该选项卡中各项含义及功能介绍如下:

(1) 忽略标准包含目录

若选择忽略标准包含目录(Ignore standard include directory)复选框,则在对项目进行创建时将不使用标准包含文件。

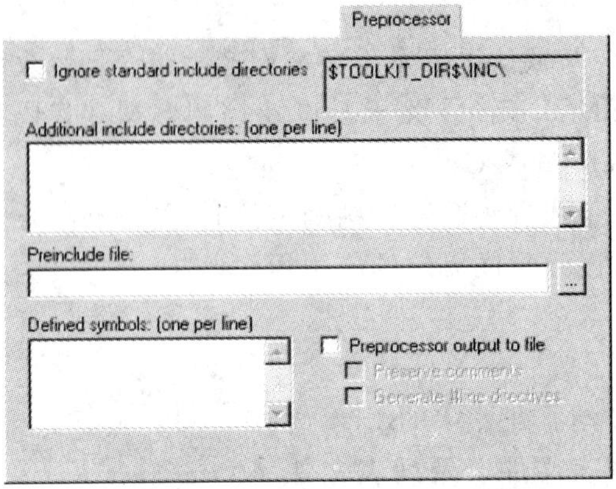

图 4.21　Preprocessor 选项卡

(2) 添加包含文件路径

添加包含文件路径(Additional include directories)列表框用于添加新的路径到包含文件路径(♯include file paths)列表。默认情况下,系统所需路径取决于用户选择的运行库。

注意:在编译器查找包含文件时,任何使用本选项添加的目录路径都会优先于标准包含目录(standard include directories)的路径。

添加路径时应输入包含文件(♯include files)所在的完整路径。为了使工程具有更好的移动性(比如在不同计算机的不同目录下使用同一工程),可以采用参数变量。当前项目所在路径为"$PROJ_DIR$",IAR Embedded Workbench 软件的安装目录路径为"$TOOLKIT_DIR$"。

(3) 预包含文件

预包含文件(Preinclude file)文本框用于指出编译器读取源文件之前所应当包含的文件,这对整体修改源代码中的某种事物特别有用,如定义某个新符号等。

(4) 定义符号

定义符号(Defined symbols)文本框用于指定原本应在源程序文件中定义的符号。使用本功能可以方便地定义符号或做出某种编译选择等。

使用时直接在文本框内输入希望定义的符号即可,如 TESTVER=1(注意,表达式中的"="两边没有空格)。该选项的作用与在源程序文件开始处使用♯define 语句相同。

例如,用户可以依据 TESTVER 符号是否定义将同样的源代码编译得到两种不同的应用,一种用于测试,另一种是最终的产品。要实现上述功能,用户需使用如下程序段:

```
♯ifdef   TESTVER
...;additional code lines for test version only
♯endif
```

这样,在进行调试时用户可以在 Defined symbols 文本框定义 TESTVER 符号;而发布最终代码时则无须定义该符号。

(5) 预处理器输出

预处理器是在真正的翻译开始之前由编译器调用的独立程序。预处理器可以删除注释、包含其他文件以及执行宏替代等。

默认状态下,编译器不产生预处理程序输出(Preprocessor output to file)。若用户希望产生预处理程序输出,可以选择 Preprocessor output to file 复选框,同时可以通过 Preserve comments 和(或)Generate #line directives 复选框决定是否在生成的预处理程序输出文件中保留注释或产生行号。

4.2.8 Diagnostics 选项卡

图 4.22 为 C/C++ 编译器配置中的 Diagnostics 选项卡,用于规定诊断信息的分类和显示。使用该选项可以覆盖指定诊断信息的默认分类。

注意:致命错误(Fatal Errors)的诊断信息无法禁止(Suppresse),且致命错误无法被重新分类(Reclassifiy)。

IAR 在编译过程中能产生 3 种级别的诊断信息,即 remarks(注意)、warnings(警告)和 errors(错误)。诊断信息以及本选项卡各部分的含义和功能如下:

(1) 允许产生 remarks 诊断信息

remarks 是一种次要的诊断信息,表明按源程序结构生成的代码可能出现异常。编译器在默认状态不产生 remarks 诊断信息,若选择 Enable remarks 复选框,则允许编译器产生 remarks 诊断信息。

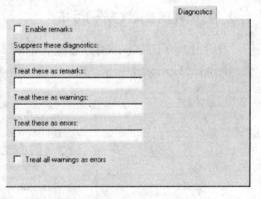

图 4.22 Diagnostics 选项卡

(2) 禁止汇报诊断信息

Suppress these diagnostics 功能用于禁止输出用户指定标签记号的诊断信息。使用时,只需在 Suppress these diagnostics 文本框内输入要禁止输出的诊断信息标签记号即可。例如,希望禁止 warnings 信息 Pe117 和 Pe177,则直接在该文本框内输入"Pe117,Pe177"即可。

(3) 将诊断信息作为 remarks 处理

remarks 是一种次要的诊断信息,表明按源程序结构生成的代码可能出现异常。Treat these as remarks 文本框用于将某些诊断信息作为 remarks 处理。例如,在该文本框内输入 Pe177 即可将 warnings 信息 Pe177 作为 remarks 处理。

(4) 将诊断信息作为 warning 处理

warning 表示源程序中存在某些错误或疏漏,但编译过程不会停止。使用 Treat these as warnings 选项可以将一些诊断信息作为 warnings 处理。例如,要将 remarks 信息 Pe826 作为 warnings 处理,只需在 Treat these as warnings 下方的文本框内输入 Pe826 即可。

(5) 将诊断信息作为 errors 处理

errors 表示源程序中存在违反 C/C++语言规则的现象,这将导致无法生成目标代码,且 exit code 将为非零值。要将某些诊断信息作为 errors 处理,只需在 Treat these as errors 文本框内输入相应的诊断信息标签记号即可。例如,要将 warnings 信息 Pe117 作为 errors 处理,则直接在该文本框内输入 Pe117 即可。

注意:Errors 信息不能被禁止,也不能重新分类。

(6) 将所有 warnings 诊断信息作为 errors 处理

选择 Treat all warnings as errors 复选框后,编译器会将所有 warnings 都作为 errors 处理。如果编译器遇到错误,则目标代码将不会产生。

4.2.9 MISRA C 选项卡

图 4.23 为 C/C++编译器配置中的 MISRA C 选项卡,用于覆盖(Override)基本选项配置(General Options)中 MISRA C 选项卡中的设置。

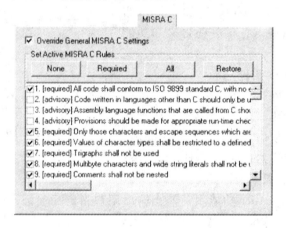

图 4.23 MISRA C 选项卡

(1) 覆盖通用 MISRA C 设置

基本选项配置的 MISRA C 选项卡中设置有对源代码进行检查的规则,如果用户希望编译器检查与此不同的规则组,则只须选择 Override General MISRA C Settings 复选框。

(2) 设置规则组

只有在设置规则组(Set Active MISRA C Rules)选项区被选中的规则才会在编译期间检

查。单击 None 按钮则不选择任何 MISRA C 规则校验模块,单击 Required 按钮则选择必须的 93 种 MISRA C 规则校验模块,单击 All 按钮则选择所有 MISRA C 规则校验模块,单击 Restore 按钮则可以恢复在 General Options 中对 MISRA C 所做的设置。用户也可以通过复选框增选或删除 MISRA C 规则校验模块。

4.2.10 Extra Options 选项卡

图 4.24 为 C/C++编译器配置中的 Extra Options 选项卡,其为用户提供了一个和编译器交流的命令行接口(Command Line Interface)。

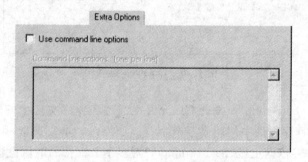

图 4.24 Extra Options 选项卡

选择 Use command line options 复选框,则可使用命令行选项对编译器进行控制。此时,只需在下面的文本框内逐行输入命令选项即可。本功能尤其适用于实现 GUI 界面不支持的命令选项。

4.3 汇编器配置

右击 Workspace 工作区中欲设定项目并在弹出的级联菜单中选择 Options,或选择 Project→Options 菜单项,则弹出选项配置对话框。在左边的 Category 列表框中选择 Assembler 项进入汇编器配置。该配置选项对应有多个选项卡,用于设定不同的配置。

4.3.1 Language 选项卡

图 4.25 为汇编器配置中的 Language 选项卡,用于控制汇编语言的代码产生。

(1) 汇编符号区分大小写

系统在默认情况下选中 User symbols are case sensitive 复选框,此时汇编器区分大小写。这表明默认情况下 LABEL 和 label 是不同的汇编符号,代表不同的程序地址。用户可以根据需要取消 User symbols are case sensitive 复选框,以阻止大小写敏感(Case Sensitivity),此时,LABEL 和 label 表示同一个符号。

图 4.25 Language 选项卡

（2）使用多字节支持

选择 Enable multibyte support 复选框以允许在汇编源程序文件中使用多字节字符，默认状态下不允许在汇编源程序文件中使用多字节字符。如果选择本复选框，则源代码中的多字节字符(multibyte characters)依据主机(host computer)对多字节支持的默认设置而进行解释。

多字节字符允许在注释中以字符串文字或字符串常量方式使用，因为它们不会影响产生的代码。

（3）宏引用符号

宏引用符号(Macro quote characters)选项用于设置宏参数(Macro Argument)的左右包含字符。默认情况下，系统使用"＜"和"＞"字符来包含宏参数。通过本选项，用户可以设定不同的引用符号以适用特殊的场合或协定。比如要在宏参数内使用"＜"和"＞"字符时，必须使用其他符号作为引用符号。此时，用户可以从 Macro quote characters 下方的下拉列表框中选择不同的宏引用符号对，如图 4.26 所示。

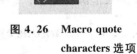

图 4.26 Macro quote characters 选项

例如，在汇编程序中定义如下宏：

```
macld    MACRO   op
         LDI     op
         ENDM
```

用户可以使用宏引用符号来调用该宏，如下：

```
macld    <R16,1>
END
```

汇编器会将上述程序段展开为：

```
LDI    R16,1
```

(4) 允许可替代的寄存器名、助记符和操作数

ARM IAR 汇编器允许可替代的寄存器名称、助记符和操作数，这有助于移植已有的汇编项目到 IAR 工程。欲将适用于 ARM ADS/RVCT 汇编器的汇编源代码移植到 IAR 工程，则须选择"Allow alternative register names, mnemonics and operands"复选框。更多信息请参看 ARM IAR Assembler Reference Guide。

4.3.2 Output 选项卡

图 4.27 为汇编器配置中的 Output 选项卡，用于生成 IAR C-SPY Debugger 以及其他调试器所需的信息。如果用户需要调试程序，则必须选择 Generate debug information 复选框，此时编译器生成的目标文件中包含了适用于 C-SPY 和其他调试器需要的附加信息，这将增加目标代码长度。默认状态下，Debug 项目中 Generate debug information 复选框为使能，Release 项目中 Generate debug information 复选框非使能。

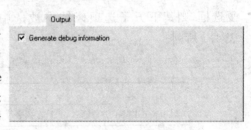

图 4.27 Output 选项卡

4.3.3 List 选项卡

图 4.28 为汇编器配置中的 List 选项卡，用于设置汇编器为所选的列表文件项目生成列表文件以及产生其他清单类型的输出文件。

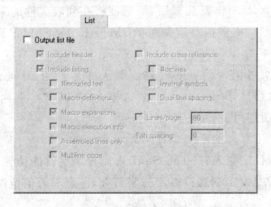

图 4.28 List 选项卡

默认情况下，汇编器不生成列表文件。选择 Output list file 复选框后，汇编器将产生列表并保存至 sourcename.lst 文件。另外，如果用户希望将该列表文件保存至非默认列表文件目录，则需要对 General Options 的 Output Directories 选项进行设置。该选项卡中各项含义及功能如下：

(1) 包含列表文件报头

汇编列表文件的报头包含有关于产品版本(Product Version)、代码生成的时间和日期(Date and Time of Assembly)以及产生代码时使用的汇编器命令(Command Line)等信息。选择 Include header 复选框,则生成的列表文件中包含报头。

(2) 列表文件的包含项目

Include listing 选项区用于指定在列表文件中包含何种类型的信息。选择 Include listing 复选框,则其下方子选项区域中被选中的项目将会包含在列表文件中。具体选项介绍如表 4.1 所列。

表 4.1 汇编列表文件选项

选 项	描 述
#included text	在列表文件中包含 #include 文件
Macro definitions	在列表文件中包含宏定义(Macro Definitions)
Macro expansions	在列表文件中包含宏扩展(Macro Expansions)
Macro execution info	每次调用宏时输出宏执行信息(Macro Execution Information)
Assembled lines only	从列表文件中去除非真条件汇编部分的信息,只包含有效的部分
Multiline code	在必要情况下列出若干行指令产生的代码

(3) 包含交叉参考

选择 Include cross reference 复选框后,汇编器将在列表文件的末尾生成一个交叉参考表(Cross-reference Table)。更多信息请参考 ARM IAR Assembler Reference Guide。

(4) 设定页行数

本选项用于设定每页可记录信息的行数。默认情况下,汇编列表文件每页记录 80 行信息。要修改此默认值,则可选择 Lines/page 复选框,并在其文本框内依据实际需要输入一个范围在 10~150 之间的值即可。

(5) 制表符设定

默认情况下,汇编器设定制表符(Tab Stop)占用 8 个字符的位置。用户可以在 Tab spacing 文本框内根据实际情况设定制表符占用的字符数,注意输入值范围需在 2~9 之间。

4.3.4 Preprocessor 选项卡

图 4.29 为汇编器配置中的 Preprocessor 选项卡,用于规定包含文件所在的目录路径(include paths)以及定义汇编程序中的符号。

(1) 忽略标准包含目录

若选择 Ignore standard include directory 复选框,则对项目进行创建时不使用标准包含文件。

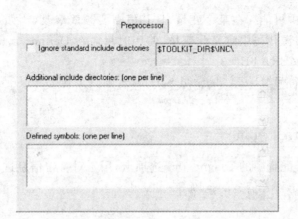

图 4.29 Preprocessor 选项卡

(2) 添加文件包含路径

Additional include directories 列表框用于添加新的路径到包含文件路径(#include file paths)列表。默认情况下,系统自动设定所需路径。另外,添加路径时应输入包含文件(#include files)所在的完整路径。

为了使工程具有更好的携带性(比如在不同计算机的不同目录下使用同一工程),可以采用参数变量。当前项目所在路径为"$PROJ_DIR$",IAR Embedded Workbench 软件的安装目录路径为"$TOOLKIT_DIR$"。

注意:默认情况下,汇编器从 AARM_INC 环境变量(AARM_INC environment variable)指定的路径去查找 #include 文件。但是并不建议用户在 IAR Embedded Workbench IDE 中使用环境变量。

(3) 定义符号

Defined symbols 文本框用于指定原本应在源程序文件中定义的符号。使用本功能可以方便地定义符号或做出某种编译选择等。

使用时,直接在文本框内输入希望定义的符号即可,如 TESTVER。注意,每行仅能定义一个符号(One per Line)。

例如,用户可以依据 TESTVER 符号是否定义,将同样的源代码编译得到两种不同的应用,一种用于测试,另一种是最终的产品。要实现上述功能,用户需使用如下程序段:

```
#ifdef TESTVER
... ; additional code lines for test version only
#endif
```

这样,在进行调试时用户可以在 Defined symbols 文本框定义 TESTVER 符号;而发布最终代码时则无需定义该符号。

又如用户源代码中可能存在某个变量,且其值需要频繁修改,比如 FRAMERATE。在此情况下,用户可以不在源代码中定义此变量,使用时只需在 Defined symbols 文本框内定义该变量即可,比如 FRAMERATE=3。

要删除用户定义符号(User-defined Symbol),则只需在 Defined symbols 文本框选择该符号并按下 Delete 键。

4.3.5 Diagnostics 选项卡

图 4.30 为汇编器配置中的 Diagnostics 选项卡,用于对警告信息进行管理,比如设置是否启用警告信息以及设定警告信息的范围等。

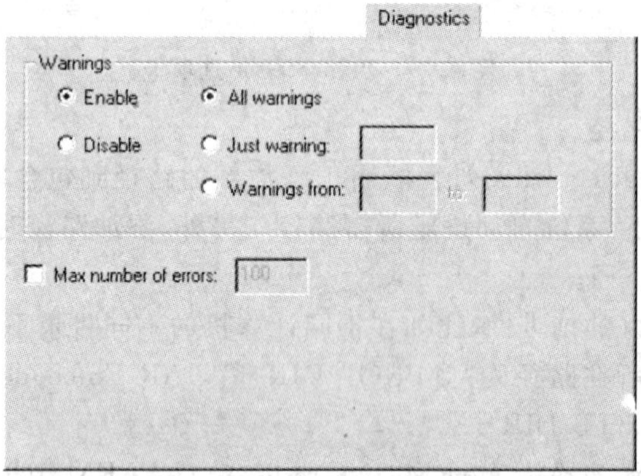

图 4.30 Diagnostics 选项卡

当汇编器发现源代码中的某些地方可能是一个程序设计错误时,即使其在语言规则上是合法的,汇编器仍会给出一个警告信息(Warning Message)。默认情况下,系统启用所有的警告信息。Diagnostics options 选项卡允许用户启用或关闭全部或部分的警告信息。

用户可以使用相应的单选按钮和文本框来指定需要启用或关闭的警告信息。关于汇编警告信息的更多信息,请参阅 ARM IAR Assembler Reference Guide。

默认情况下,汇编器的最大错误报告数为 100。用户可以选择 Max number of errors 复选框,并在其后的文本框中输入适当的值来增大或减小这个数值。

4.3.6 Extra Options 选项卡

图 4.31 为汇编器配置中的 Extra Options 选项卡,为用户提供了一个和汇编器交流的命令行接口(Command Line Interface)。

选择 Use command line options 复选框后,即可使用命令行选项对编译器进行控制。此时,只需在下面的列表框内逐行输入命令选项。本功能尤其适用于实现 GUI 界面不支持的命令选项。

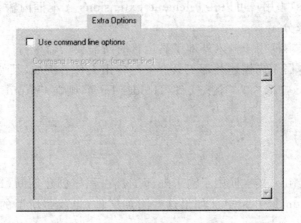

图 4.31 Extra Options 选项卡

4.4 自定义创建配置

右击 Workspace 工作区中欲设定项目并在弹出的级联菜单中选择 Options,或选择 Project→Options 菜单项,则弹出选项配置对话框。在左边的 Category 列表框中选择 Custom Build 项进入自定义创建配置界面。

图 4.32 为自定义创建配置的 Custom Tool Configuration 选项卡,用于设置与自定义工具相关的参数。

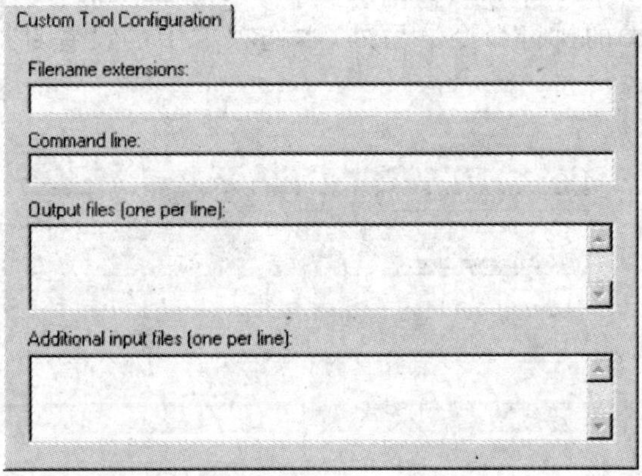

图 4.32 Custom Tool Configuration 选项卡

Filename extensions 文本框用于定义由自定义工具来处理的文件类型的文件扩展名

(Filename Extensions)。用户可以在 Filename extensions 文本框内输入多个文件扩展名,并以逗号、分号或空格来分隔。

Command line 文本框用于输入外部工具运行时所需要的命令行。

Output files 文本框用来描述外部工具产生的输出文件。例如,某外部工具会生成两种文件,一个源文件(Source File)和一个头文件(Header File),则在 Output files 文本框内输入:

```
$FILE_BPATH$.c
$FILE_BPATH$.h
```

来描述这两个文件。

Additional input files 文本框用于输入外部工具在程序创建期间(Building Process)所需要的附加文件(Additional Files)名。如果这些附加文件(也就是所谓的独立文件)被修改了,则项目需要重新创建。

关于这部分内容更详细的信息请参阅 EWARM UserGuide.pdf 中的 Extending the tool chain 部分。

4.5 项目生成配置

右击 Workspace 工作区中欲设定项目并在弹出的级联菜单中选择 Options,或选择 Project→Options 菜单项,则弹出选项配置对话框。在左边的 Category 列表框中选择 Build Actions 项进入项目生成配置。

图 4.33 为项目生成配置中的 Build Actions Configuration 选项卡,用于设置 IAR Embedded Workbench IDE 在项目创建时的附加命令,即在项目生成前(Pre-Build)需预先执行的命令和生成后(Post-Build)的执行命令。另外,本选项卡中的设置针对整个项目的创建,而不是针对组或文件进行配置。

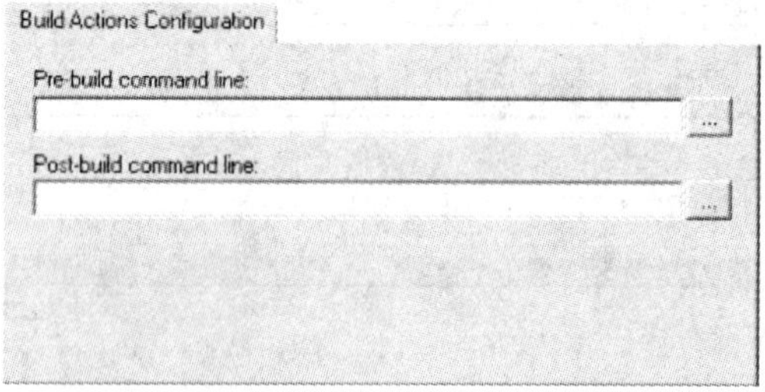

图 4.33 Build Actions Configuration 选项卡

(1) 项目预生成命令行

用户可以在 Pre-build command line 文本框内输入命令行或者单击 Pre-build command line 文本框后的浏览按钮 … 来选定扩展命令行文件。输入的命令行将在项目开始建立时(Before a build)立即执行。如果当前项目的系统数据库已是最新(up－to－date),则该命令不执行。

(2) 项目生成后命令行

本功能适用于对当前项目的输出文件进行复制或后处理(Post－processing)等。用户可以在 Post－build command line 文本框内输入命令行或者单击 Post－build command line 文本框后的浏览按钮 … 来选定命令文件。输入的命令行将在每次成功完成项目建立后(Successful build)立即执行。如果当前项目的系统数据库已是最新(up－to－date),则该命令不执行。

4.6 链接器配置

右击 Workspace 工作区中欲设定项目并在弹出的级联菜单中选择 Options,或选择 Project→Options 菜单项,则弹出选项配置对话框。在左边的 Category 列表框中选择 Linker 项进入链接器选项配置。该配置选项对应有多个选项卡,用于设定不同的配置选项。

注意,C/C++源文件和 C/C++模块是映射关系,且一个模块(module)包含许多部分段(segment parts),而每一种这里所谓的部分段又对应 XLINK 中相应类型的段。具体关系请参阅本书第7章的相关内容。本节后述的内容可能在字面上容易混淆这些概念,在此提前说明。

4.6.1 Output 选项卡

图 4.34 为链接器配置中的 Output 选项卡,用于设定输出文件的格式(Output Format)以及输出文件所包含调试信息的级别。

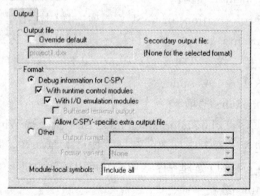

图 4.34 Output 选项卡

1. 输出文件

Output file 选项区用于设定 XLINK 的输出文件名。选择 Override default 复选框,并在下方的文本框中输入预设定的文件名。如果用户没有指定此文件名,则链接器使用项目名作为 XLINK 输出文件的名称。另外,XLINK 输出文件的扩展名类型取决于用户选择的输出文件类型。如果用户选择了生成 C-SPY 调试信息(Debug information),则输出文件将使用 d79 作为扩展名。

如果用户选择的输出类型产生两个输出文件,则用户指定的文件类型只作用于主输出文件(the Primary Output File)。

2. 输出格式

Output 选项卡用于设置 IAR XLINK 链接器的输出文件格式。XLINK 链接器的输出文件可用作调试器的输入或目标系统下载程序的输入。IAR Systems 系统内部的输出格式为 UBROF(Universal Binary Relocatable Object Format),也就是通用二进制可重定位目标格式。

系统默认情况下的输出格式如下:
- 在调试项目中(Debug Project),系统默认选择 Debug information for C-SPY、With runtime control modules 和 With I/O emulation modules 选项;
- 在发布项目中(Release Project),系统默认选择 elf/dwarf。

如果使用 C-SPY 之外的第三方调试器,比如 Atmel 的 AVR Studio 等,需要先阅读其所附带的用户文档中有关支持格式等信息。

Debug information for C-SPY 选项

本选项为 IAR C-SPY Debugger 创建 UBROF 格式的输出文件,且以 d79 作为文件扩展名。

With runtime control modules 选项

本选项产生与 Debug information for C-SPY 选项一样的输出文件,但是对应库函数的特殊派生(Special C-SPY variants)将链接至用户程序,以便在 C-SPY 调试器中增加对程序终止、退出和断言的调试支持。关于 Debugger Runtime Interface 的详细信息,请参阅 ARM IAR C/C++ Compiler Reference Guide。

With I/O emulation modules 选项

本选项的输出文件与单选 Debug information for C-SPY 且复选 With runtime control modules 时的输出文件相同,但是包含了对 I/O 处理的调试支持。选择本复选框后,stdin 和 stdout 重定向到 Terminal I/O window,且 I/O 处理程序在调试时可以访问主机上的指定文件。

Buffered terminal output 选项

当程序在 C-SPY 调试器中运行时,选择 Buffered terminal output 复选框则缓冲输出

(Buffer the Output)。本选项对于通信速度较慢的调试系统十分有用,可以将输出到 Terminal I/O window 的信息进行缓冲。

Allow C-SPY-specific extra output file 选项

选择 Allow C-SPY-specific extra output file 复选框后,Extra Output 选项卡将被激活。如果用户选择了 With runtime control modules 或 With I/O emulation modules 中的任何复选框,则链接器产生的输出文件将包含某些库函数的伪实现(Dummy Implementations),比如 putchar,且 C-SPY 需要额外的调试信息来模拟实现这些函数的功能。在此情况下,Extra Output 选项卡中的所有选项都不可用,也就是说,系统不能产生扩展输出文件(Extra Output File)。原因是很明显的,因为扩展文件将包含相关函数的伪实现,但又缺乏必要的调试信息,因此通常该扩展文件没有实用价值。

但是,对于某些调试系统而言,可能需要同时使用同一建立过程产生的两种类型的输出文件,一种类型的文件包含调试需要的信息,一种文件可以在调试前下载至目标系统。这对于调试存储在非易失性存储器(Non-volatile Memory)中的代码非常有用。在此情况下,用户必须选择 Allow C-SPY-specific extra output file 复选框,以便链接器产生 extra output file。

Other 选项

选择 Other 单选按钮可以产生不包含模拟调试信息的输出文件或普通输出文件。

使用 Output format 下拉列表可以选择适当的输出文件类型。此外,还可以从 Format variant 下拉列表框中选择与 Output format 中选择的输出文件类型对应的派生类型。Format variant 下拉列表框中的选项取决于用户在 Output format 选项中选择的输出文件类型。

如果用户在 Other→Output format 下拉列表中选择了 debug (ubrof)或 ubrof,则链接器将产生以 dbg 为扩展名的 UBROF 输出文件。但是此输出文件不包含比如 stop at program exit(程序退出时停止)、long jump instructions(长跳转指令)和 terminal I/O 等用于模拟功能(Simulating Facilities)的调试信息。如果用户在调试时需要这些模拟功能的支持,则选择 Debug information for C-SPY 单选框,并根据需要选择 With runtime control modules 和 With I/O emulation modules 复选框。

有关更多信息,请参阅 IAR Linker and Library Tools Reference Guide。

Module-local symbols 选项

本选项用于设定 IAR XLINK 链接器是否包含输入模块中的局部符号(non-public)。如果选择 suppressed,则局部符号不会出现在交叉参考列表中,且不会被传递到输出文件。

用户可以在 Module-local symbols 下拉列表中选择 ignore just the compiler-generated local symbols 项,如跳转标号或静态标号。通常这些信息只有在进行汇编级别的调试时才被关心。

只有使用适当的选项指明后,局部符号才会在编译或汇编时包含在输出文件中。

4.6.2　Extra Output 选项卡

图 4.35 为链接器配置的 Extra Output 选项卡。这里可以对扩展输出文件的格式进行设定以便产生扩展输出文件。

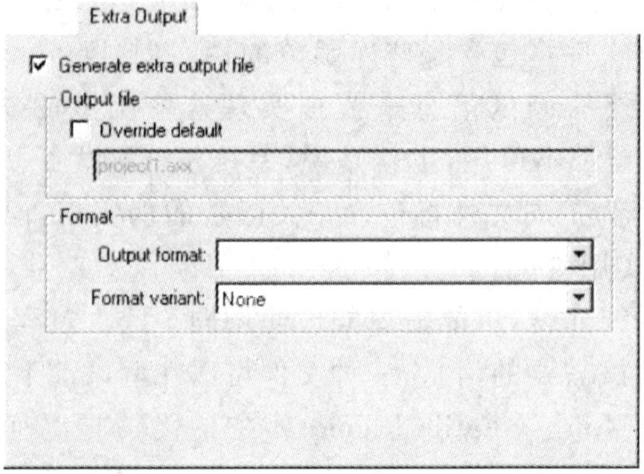

图 4.35　Extra Output 选项卡

如果用户希望输出扩展文件,且在 Output 选项卡中选择了 With runtime control modules 或 With I/O emulation modules 中的任何复选框,则用户必须选择 Allow C-SPY-specific extra output file 复选框以使能 Extra Output 选项卡。

Generate extra output file 复选框用于在项目建立过程中(Build Process)产生额外的输出文件。

选择 Override default 复选框可以覆盖默认的输出文件名。如果用户没有指定此文件名,则链接器将使用项目名作为输出文件的名称。另外,输出文件的扩展名类型取决于用户选择的输出文件类型。

如果用户选择的输出类型会产生两个输出文件,则用户指定的文件类型只会作用于主输出文件。

使用 Output format 下拉列表可以选择适当的输出文件类型。此外,还可以从 Format variant 下拉列表框中选择与 Output format 中选择的输出文件类型对应的派生类型。Format variant 下拉列表框中的选项取决于用户在 Output format 选项中选择的输出文件类型。

如果用户在 Output format 下拉列表框中选择了 debug(ubrof)或 ubrof,则链接器将产生以 dbg 为扩展名的 UBROF 输出文件。

4.6.3　#define 选项卡

图 4.36 为链接器配置的 #define 选项卡,用于定义符号。

Define symbols 文本框用于定义项目链接时(Link Time)的绝对符号(Absolute Sym-

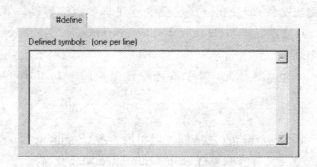

图 4.36 #define 选项卡

bols),该功能尤其适用于进行相关配置。

使用时直接在文本框内输入希望定义的符号即可,如 TESTVER=1。注意,表达式中的"="两边没有空格。

在链接器命令文件中可以定义不限数量的符号。使用此方法定义的符号将会被定位在一个由链接器生成的名为?ABS_ENTRY_MOD 的特殊模块中。

如果用户试图重定义一个已有的符号,则 XLINK 将给出错误信息。

4.6.4 Diagnostics 选项卡

图 4.37 为链接器配置中的 Diagnostics 选项卡,用于规定 XLINK 链接器产生的诊断信息的分类和显示。

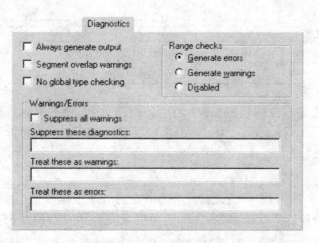

图 4.37 Diagnostics 选项卡

(1) 始终输出文件

通常,XLINK 在遇到错误时不会产生输出文件。选择 Always generate output 复选框后，系统将始终产生输出文件，即使在链接过程中遇到非致命性错误。例如，找不到全局入口(Missing Global Entry)或重复声明(Duplicate Declaration)等。XLINK在遇到致命性错误时将会终止，即使选择本选项。

Always generate output 选项允许事后在绝对输出映像(Absolute Output Image)中对丢失的入口进行修正。

(2) 段重叠警告

选择 Segment overlap warnings 复选框可以将段重叠(Segment Overlap)从错误级别变为警告级别，这有利于产生交叉参考映象(Cross-reference Maps)等。

(3) 禁止全局类型检查

选择 No global type checking 复选框可以在链接时禁止类型检查(Type Checking)。本选项有其适用场合，如一个编写严谨的程序可能并不需要链接器对其进行类型检查。

默认情况下，XLINK 链接时会通过比较对某个公共入口(PUBLIC entry)的外部引用(如果包含本入口的模块被数个其他模块引用)在模块间进行类型检查。如果存在不匹配现象，则会产生警告信息。

(4) 检查范围设定

Range checks 选项区域用于设定地址范围检查(Address Range Check)。表4.2列出了 IAR Embedded Workbench IDE 中的范围检查选项(Range Check Options)及其描述。

表 4.2　XLINK 范围检查选项

选项	描述
Generate errors	产生错误信息
Generate warnings	将范围错误作为警告处理
Disabled	禁止地址范围检查

如果某个地址被重定位到目标 CPU 的地址范围之外，比如 code address、external data address 或者 internal data address，则系统会产生一个错误信息。这通常表明在汇编语言模块或在段分配中发生错误。

(5) 信息设定

默认情况下，IAR XLINK 链接器在检测到潜在的可能错误时会产生警告信息，即使生成的代码也许并没有错误。Warnings/Errors 选项区域允许用户禁用或启用警告信息，并对错误信息和警告信息的级别分类进行调整(Severity Classification)。

用户可以参考 IAR Linker and Library Tools Reference Guide 以获取关于各种错误和警告信息的详情。

用户可以使用如下选项来控制警告和错误信息的产生：

➢ Suppress all warnings 选项：选择本复选框以阻止所有警告信息。
➢ Suppress these diagnostics 选项：本选项用于阻止用户指定标签的诊断信息，例如，要阻止警告信息 w117 和 w177，则在 Suppress these diagnostics 文本框内输入"w117，w177"。
➢ Treat these as warning 选项：使用 Treat these as warnings 选项可以将错误诊断信息作为 warnings 处理。例如，要将错误 s 信息 error106 作为 warnings 处理，则只需在 Treat these as warnings 文本框内输入 e106 即可。
➢ TREAT THESE AS ERRORS 选项：要将警告诊断信息作为 errors 处理，则只需在 Treat these as errors 文本框内输入相应的诊断信息标签记号即可。例如，要将警告信息 warning 26 作为 errors 处理，直接在该文本框内输入 w26 即可。

4.6.5 List 选项卡

图 4.38 为链接器配置中的 List 选项卡，用于设置是否生成 XLINK 交叉参考列表文件（Cross-reference Listing）以及列表文件所包含的信息。

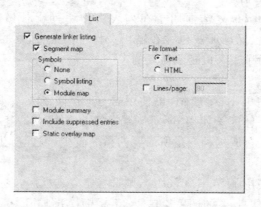

图 4.38 List 选项卡

链接器通常不生成列表文件。选择 Generate linker listing 复选框将生成链接器列表文件。生成的列表文以项目名为文件名，以".map"或".html"作为扩展名，存放在 List 目录下。用户可以通过工作区窗口的 Output 目录直接打开列表文件。

1）产生链接器列表文件

选择 Generate linker listing 复选框将使链接器产生列表信息，并写入 projectname.map 文件。

2）段地址分配

选择 Segment map 复选框后，生成的 XLINK 列表文件将会包含段地址分配信息。其中，段地址分配信息将依照堆放顺序列出所有段。

3) 列表文件选项

Symbols 选项区有如表 4.3 所列的可用选项。

表 4.3 XLINK 列表文件选项

选 项	描 述
None	链接器列表不包含符号信息
Symbol listing	链接器列表将包含每个模块中所有入口(global symbol)的简要列表,本入口表(Entry Map)可以帮助用户快速找到某段程序(Routine)或数据元素的地址
Module map	链接器列表中将包含应用程序中所有模块的所有段信息(segments)、局部符号信息(local symbols)和入口信息(public symbols)

4) 模块信息概要

选择 Module summary 复选框以产生各个模块使用的存储器的组成摘要。只有使用了存储器的模块(Non-zero Contribution to Memory Use)才会列出。

5) 包含不必要的入口信息

Include supressed entries 复选框用于在列表文件中列出被链接模块中的所有部分段(segment parts)信息,不仅仅是那些包含在输出文件中的部分段,也包括那些被丢弃段的信息。这可以帮助用户判断哪些入口是不需要的。

6) 静态重叠信息

Static overlay 是某些 IAR 系统编译器使用的一种存储方法,指局部数据和函数参数存储在存储器中的静态重叠存储区。使用 overlay 局部变量的优点是其存储空间是静态分配的,也就是说,在一般情况下,存取这种变量所需要的指令较少(因此所生成代码占用的程序存储空间也较小)。

如果当前的编译器使用了 Static overlay,则选择本复选框后,在产生的列表文件中将会包含有关 Static overlay 的信息。关于更多信息,请参考 IAR Linker and Library Tools Reference Guide。

7) 列表文件格式

链接器的输出列表文件可以保存为文本格式(Text)或网页格式(HTML)。用户根据需要在 File format 选项区内选择合适的单选按钮即可。

8) 设定页行数

本选项用于设定每页可记录信息的行数。要修改此默认值,可选择 Lines/page 复选框,并在其后的文本框内依据实际需要输入一个范围在 10~150 内的值即可。

4.6.6 Config 选项卡

图 4.39 为链接器配置中的 Config 选项卡,用于设置链接器命令文件的路径和名称、覆盖

默认的程序入口以及指定库文件的查询路径等。

1. 链接器命令文件

默认情况下,链接器命令文件(Linker command file)由系统依据用户在 General Options 选项中选择的目标处理器自动选择。用户可以选择 Override default 复选框以覆盖系统的默认设置,并在文本框中指定一个替换文件。

用户可以采用参数变量"$PROJ_DIR$"和"$TOOLKIT_DIR$"等来指出本项目专用的或者预定义的链接器命令文件。

注意:链接器命令文件配置工具只适用于简单存储器布局(Simple Memory Layouts)的项目,对于复杂布局以及特殊需求的项目必须由用户自己编写命令文件。由于链接器命令文件的扩展名为 xcl,因此也把链接器命令文件称为 XCL 文件。

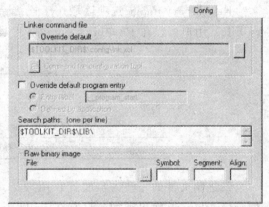

图 4.39 Config 选项卡

2. 修改默认程序入口

默认情况下,程序入口为__program_start 标签。链接器会确保链接包含程序入口标签(Program Entry Label)的模块,且确保包含此标签的段不会被丢弃。

通过选择 Override default program entry 复选框可以覆盖系统默认的程序入口。

选择 Entry label 单选按钮,并在其文本框中输入用户指定的程序入口标签即可取代系统默认的程序入口__program_start。

选择 Defined by application 单选按钮禁止使用系统启动标签(Start Label),但链接器仍像往常一样,直接或间接地包含所有的程序模块(Program Modules)和所有用到的库模块,并保留所有被引用的和所有具有 root 属性的部分段。

3. 查找路径

Search paths 选项区域用于添加新的路径到目标文件路径列表。当 XLINK 在当前的工作目录下无法找到要被链接的目标文件时,链接器将会在此路径及目录下查找。添加路径时应输入目标文件所在的完整路径。

默认情况下,系统所需路径取决于用户选择的运行库。如果用户没有添加新的路径,则 XLINK 链接器只在当前工作目录中查找目标文件。

为了使工程具有更好的移动性(比如在不同计算机的不同目录下使用同一工程),可以采用参数变量。当前项目所在路径为"$PROJ_DIR$",IAR Embedded Workbench 软件的安装目录路径为"$TOOLKIT_DIR$"。

4. 原始二进制映像

Raw binary image 选项区域用于连接除了普通输入文件之外的纯二进制文件(Pure Binary File),用户可以在 Raw binary image 区域中的文本框指定如表 4.4 所列的参数。

表 4.4 Raw binary image 参数表

File	欲链接的纯二进制文件
Symbol	symbol 用于指出二进制数据的位置
Segment	segment 用于指出二进制数据存放的段
Align	指出用于存放二进制数据的段的对齐方式

二进制文件的完整内容放置在用户指定的段中,这表明本段只能包含纯二进制数据,例如,raw-binary 输出类型。只有在应用程序使用到原始二进制文件的符号时,含有该文件的部分段才会被包含。用户可以使用链接器选项"-g"来强制引用该符号。

5. 命令文件配置工具

如果用户希望覆盖默认链接器配置文件且选择了 Override default 复选框,则可以通过单击 Command file configuration tool 按钮 ,在弹出的 Linker command file configuration tool 对话框中配置自己的链接命令文件,如图 4.40 所示。

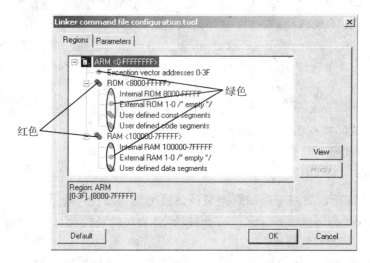

图 4.40 Linker command file configuration tool 对话框

如图 4.40 所示,存储器配置以树形显示。绿色的符号表示可修改的条目,红色和灰色的符号表示只读条目。当用户选择列表中的某个条目时,相应的信息就显示在下方的属性文本框中。

存储器配置使用如下 5 种不同的符号来显示:

▪ 存储空间,用于描述 ARM 核的整个存储区。

● 存储区组,虽然存储区组中可能同时包含可修改区域、不可修改区域和用户定义段,但是存储区组仍然为红色。

● 存储区,大部分区域是只读的(红色的),但是某些可修改的区域为绿色。当用户选择了某个可修改区域并单击 Modify 按钮 Modify 或者双击此区域时,就弹出如图 4.41 所示的 Edit Region 对话框。

单击 Edit Region 对话框中的 Add 按钮可以添加新的 16 进制格式的地址范围。如果用户在列表中选择了一个已有的地址范围,则可以使用 Del 按钮删除该地址范围,使用 Up 按钮和 Down 按钮可以在地址列表中对其上下移动。

地址范围不能超出芯片存储器空间的边界,且不能与当前存储区或其他存储区中的地址范围重叠。

● 存储器段组(memory segments),段是可以被编辑的,所以存储器段组总是绿色。双击段组将会弹出 Edit Segments 对话框,在这里用户可以添加或删除段。

■ 单个段,在树形列表中选择编辑的段,单击 Modify 按钮或双击欲编辑的段,将弹出如图 4.42 所示的 Edit Segments 对话框。

图 4.41　Edit Region 对话框

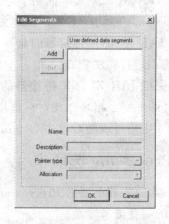

图 4.42　Edit Segments 对话框

Add 按钮用于增加新的段,Del 按钮用于删除选择的已有段。新段必须有唯一的名称。由于新增段的名称不会与已有的 IAR-defined 段设置进行检查(这些段都是大写字母组成的名称),因此最好给用户定义段(user-defined)以小写字母命名,这样可以防止发生冲突。

用户必须为新增的段类型选择许可的指针类型(pointer type)和分配类型(allocation)。另外,用户可以在 Description 文本框中输入对本段的简要描述。

用户可以随时浏览 ARM 核的地址映射图,单击 View 按钮,则弹出如图 4.43 所示的 Address Map 对话框。Address Map 对话框将以图形化的方式向用户描述不同的存储器区域如何映射。

为了完成 IAR XLINK 链接器设置,用户还需要在链接器命令文件配置工具(Linker command file configuration tool)的 Parameters 选项卡定义一些参数,如图 4.44 所示。

图 4.43　Address Map 对话框

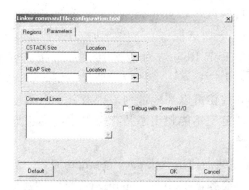

图 4.44　Linker command file configuration tool
　　　　对话框——Parameters page 选项卡

其中,CSTACK Size 文本框用于定义用户栈的大小;STACK Size 文本框用于定义中断栈(Interrupt Stack)的大小;HEAP Size 文本框用于定义堆的大小;Command Lines 列表框用于输入发送给 IAR XLINK 链接器的命令行选项(Command Line Options),每行只能输入一条命令,且系统不进行句法检查。

当用户完成 IAR XLINK 链接器的设置后,可以单击 OK 按钮关闭对话框,此时,一个标准的 Save 对话框将会出现。此对话框用于设置作为上述操作结果的链接器命令文件的名称和保存路径。用户可以随时单击 Default 按钮将所有设置恢复为 IAR 原定默认设置。

4.6.7　Processing 选项卡

图 4.45 为链接器配置的 Processing 选项卡。用户可以使用 Processing 选项卡来设定用于代码产生的一些细节参数。

1. 填充未使用程序存储空间

由于处于段分配选项规定区间的末端或对齐约束(Alignment Restriction)等原因,链接器会引入空隙。选择 Fill unused code memory 复选框后,系统将使用户在 Fill pattern 文本框设定的值填充所有由链接器引入的段间(Between segment parts)空隙(Gaps)。

当没有选择 Fill unused code memory 复选框时,默认情况下输出文件中的这些空隙将保留(Not given a value)。

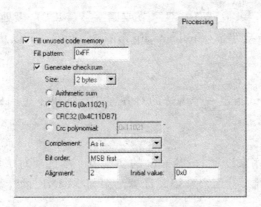

图 4.45　XLINK Processing 选项卡

1）填充样式（Fill pattern）

Fill pattern 文本框以 16 进制格式给出用于填充段间（Between segment parts）空隙（Gaps）的值。

2）产生校验和（Generate checksum）

选择 Generate checksum 复选框将校验所有的原始数据字节。只有当 Fill unused code memory 复选框使能时，本功能才可使用。

3）Size 选项

Size 下拉列表框用于指定校验和的字节数，其值可以是 1 字节、2 字节或 4 字节。

4）Algorithms 选项

检验和的运算法则，有如表 4.5 所列的可用选择。

表 4.5　XLINK 检验和计算法则

运算法则	描述信息
Arithmetic sum	简单算术和（Simple arithmetic sum）
CRC16	CRC16，生成多项式为 0x11021（默认选择）
CRC32	CRC32，生成多项式为 0x104C11DB7
Crc polynomial	用户自定义生成多项式

5）Complement 选项

Complement 下拉列表用于指定使用 one's complement 还是 two's complement。

其中，一的补码（one's complement）指的是正数＝原码，负数＝反码；二的补码（two's complement）指的就是通常所指的补码。

6）Bit order 选项

Bit order 选项用于设定 checksum 的有效字节。默认情况下，checksum 是 CRC 校验运算输出结果中的最高有效字节、最高有效双字节或四字节(MSB),以处理器自然字节顺序排列。如果用户希望输出最低有效字节(the least significant bytes),可以从 Bit order 下拉列表框中选择 LSB。

7) Alignment 选项

本选项可为 checksum 指定一个可选的对齐方式。如果不想明确指定对齐方式,应在 Alignment 文本框中输入 2。

8) Initial value 选项

Initial value 文本框用来设置 checksum 的初始值。本选项对于用户使用的 ARM 核有其自己的 checksum 计算机制,且用户希望其计算结果与 XLINK 的计算值一致时非常有用。

2. 校验和计算

CRC 校验和的计算过程就好像为输入的每一位调用如下的代码:

CRC 的初始值为 0 时:

```
unsigned long
crc(int bit, unsigned long oldcrc)
{
    unsigned long newcrc = (oldcrc << 1) ^ bit;
    if (oldcrc & 0x80000000)
        newcrc ^= POLY;
    return newcrc;
}
```

其中,POLY 是生成多项式。checksum 是最后一次调用本例程的执行结果。如果 complement 选项被指定,则 checksum 是最后一次调用本例程的执行结果的 one's or two's complement。

如例 4.1 所示,链接器会把 checksum byte(s)放置在 CHECKSUM 段的__checksum 标签处。CHECKSUM 段必须像其他段一样使用段分配选项(segment placement options)来放置。

【例 4.1】 链接器输出列表中的 checksum 信息。

```
...
- Z(CONST)CHECKSUM = ROMSTART - ROMEND

    DEFINED ABSOLUTE ENTRIES
    PROGRAM MODULE, NAME : ? CHECKSUM
    SEGMENTS IN THE MODULE
      = = = = = = = = = = = = = = = = = = = =
    CHECKSUM
```

```
Relative segment, address: 0000030C - 0000030D (0x2 bytes), align: 0
Segment part 1. ROOT.
         ENTRY                ADDRESS           REF BY
         ====                 =====             ====
         __checksum           0000030C
...

******************************************************
*           MODULE SUMMARY          *
******************************************************

Module          CODE    DATA    CONST
------          ----    ----    -----
                (Rel)   (Rel)   (Rel)
? CHECKSUM                       2
? FILLER_BYTES  261 364          2
? RESET         260
? memcpy        26
? memset        22
? segment_init  56
Cstartup_SAM7   164
main            200     4        48
---             ---     --       --
Total:          262 0924         52
...

******************************************************
*         SEGMENTS IN ADDRESS ORDER          *
******************************************************

SEGMENT           SPACE   START ADDRESS   END ADDRESS   SIZE    TYPE   ALIGN
=======           =====   =============   ===========   ====    ====   =====
ICODE                     00000000    -   0000013B      13C     rel    2
CODE                      0000013C    -   000002D9      19E     rel    2
? FILL1                   000002DA    -   000002DB      2       rel    0
INITTAB                   000002DC    -   000002E7      C       rel    2
DATA_ID                   000002E8    -   000002EB      4       rel    2
DATA_C                    000002EC    -   0000030B      20      rel    2
CHECKSUM                  0000030C    -   0000030D      2       rel    0
? FILL2                   0000030E    -   0003FFFF      3FCF2   rel    0
INTRAMSTART_REMAP                         00200000              rel    2
DATA_I                    00200000    -   00200003      4       rel    2
INTRAMEND_REMAP                           00201114              rel    2
```

```
*************************************************
*                    CHECKSUMS                   *
*************************************************

Symbol        Checksum    Memory     Start               End          Initial value
------        --------    ------     -----               ---          -------------
__checksum    0x8e0d      CODE       00000000    -    0000030B         0x0
                          CODE       0000030E    -    0003FFFF
```

有关段控制的更多信息,请参阅本书相关章节或 IAR Linker and Library Tools Reference Guide。

4.6.8 Extra Options 选项卡

图 4.46 为链接器配置中的 Extra Options 选项卡,为用户提供了一个和链接器交流的命令行接口(Command Line Interface)。

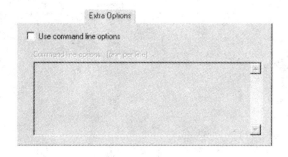

图 4.46　XLINK Extra Options 选项卡

选择 Use command line options 复选框后,即可以命令行方式为链接器提供参数。此时,用户可以在 Command line options 文本框输入用于链接器的额外命令行参数(Additional command line arguments)。本功能尤其适用于实现 GUI 界面不支持的命令选项。

4.7　库生成器配置

本节讲述 IAR Embedded Workbench IDE 的 XAR Library builder 选项配置。作为编译过程的结果,XAR Library Builder 将生成一个库文件。默认情况下,XAR 配置选项不可用。

右击 Workspace 工作区中选定项目并在弹出的级联菜单中选择 Options,或选择 Project→Options 菜单项,则弹出选项配置对话框。在左边的 Category 列表框中选择 General Options 项进入基本选项配置。在基本选项配置的 Output 选项卡的 Output file 选项区选择 Library 单选按钮,此时,在左边的 Category 列表框将出现 Library Builder 项,选择 Library Builder 项进入 XAR 库生成器选项配置。

图4.47为库生成器配置的Output选项卡。

单击Factory Settings按钮可以恢复所有设置到默认状态。Output file选项区域用于覆盖默认的输出文件名称。选择Override default复选框后,用户可以在下面的文本框中输入新名称。

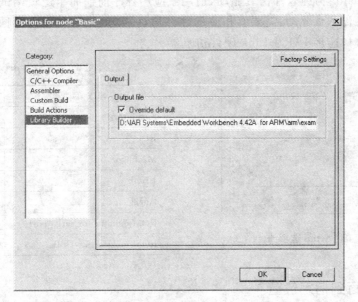

图4.47 Library Builder Output 选项卡

4.8 调试器配置

右击Workspace工作区中欲设定项目并在弹出的级联菜单中选择Options,或选择Project→Options菜单项,则弹出选项配置对话框。在左边的Category列表框中选择Debugger项进入调试器配置。

4.8.1 Setup 选项卡

图4.48为调试器配置的Setup选项卡,其中包含通用C-SPY选项。在该选项卡中可以对Driver(C-SPY驱动)、Run to(复位后,使程序运行到指定位置)、Setup macros(启动C-SPY时自动加载选定的宏文件)以及Device description file(设备描述文件)等进行设置。另外,单击Factory Settings按钮,则可以将所有设置恢复至默认状态。

Setup选项卡具体内容如下:

1. C-SPY 驱动选择

Driver 选项区用于选择 C-SPY 调试驱动,例如,软件仿真驱动或仿真器驱动。用户可以根据需要从 Driver 选项区的下拉列表框中选择合适的驱动类型。具体的可用类型介绍见表 4.6。其中,Simulator 为纯软件仿真驱动,适用于应用程序前期简单逻辑调试或一般运算程序调试;其他均为硬件仿真驱动,需要有相应的硬件仿真器与之配合使用。例如,J-Link 驱动就需要通过 USB 接口连接 IAR J-Link 硬件仿真器。

图 4.48　Setup 选项卡

表 4.6　C-SPY driver 选项

C-SPY 驱动器	驱动文件名
Simulator	armsim.dll
RDI	armrdi.dll
Macraigor	armjtag.dll
J-Link	armjlink.dll
Angel	armangel.dll
ROM-monitor for serial port	armrom.dll
ROM-monitor for USB	armromUSB.dll

2. 程序运行到指定位置

选择 Run to 复选框,并在其文本框中输入一个 C 语言函数名、汇编语言标号或者直接指定程序地址,就可以使程序在启动 C-SPY 调试器并完成复位后运行到指定的位置。

默认位置为 C 语言的 main 函数处。如果不选择 Run to 复选框,则每次复位后程序计数器将为硬件复位地址,即程序停止在系统入口地址。

使用 Run to 命令,实际上是在指定位置处设置一个断点。程序运行到此断点处时 C-SPY 将使其暂停。如果当前系统的断点资源有限,则 C-SPY 启动时没有可用的断点,系统将给出警告信息以提示用户进行单步调试。这种情况下,用户可以选择执行单步调试或者选择在第 1 条指令处暂停。如果选择在第 1 条指令处暂停,则调试器将用 PC(程序计数器)来记录默认的复位地址,而不是用户在 Run to 文本框中指定的地址。

3. 加载宏文件

选择 Setup macros 选项区域中的 Use macro file 复选框,并在其下面的文本框中输入欲加载的宏文件名(或通过浏览按钮选择带路径的宏文件名),则 C-SPY 启动时自动加载选定的宏文件。用户可以依据实际需要来定义宏文件、使用宏函数和系统宏命令等。

4. 设备描述文件

本选项用于加载包含设备专有(device-specific)信息的设备描述文件(Device Description File)。如果用户在调试过程中需要使用设备描述文件中的设备专有信息,则必须选定适当的设备描述文件。选择 Device description file 选项区域内的 Override default 复选框,并在其文本框中输入欲加载的设备描述文件名(或通过浏览按钮选择带路径的设备描述文件名),则 C-SPY 启动时自动加载选定的设备描述文件。设备描述文件位于 cpuname\config 目录下,其扩展名为 ddf。

通常情况下,用户不需要对设备描述文件进行修改。但是,如果设备描述文件中的预定义信息因为某些原因而显得不完备时,用户可以按照文件中相应的语法规则说明对其进行编辑修改。

4.8.2 Download 选项卡

默认情况下,当调试器启动时,C-SPY 可以将应用程序下载至目标系统的 RAM 或者 Flash。用户可以通过图 4.49 所示的 Download 选项卡中的 4 个复选框:Attach to program(粘贴到程序)、Verify download(下载校验)、Suppress download(禁止下载)和 Use flash loader(使用 flash 下载器)来设定 C-SPY 的下载方式。

(1) 粘贴到程序

Attach to program 复选框可以在不复位目标系统的情况下将调试器绑定到正在运行程序的当前位置。为避免不可预料的意外,当使用本功能时,Debugger 界面 Setup 选项卡中的 Run to 复选框应当处于非选中状态。

(2) 下载校验

选择 Verify download 复选框后,调试器将从目标系统存储器读回之前下载的代码映像,并校验其内容是否正确。

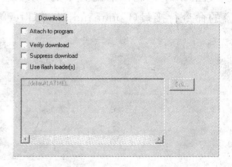

图 4.49 Download 选项卡

(3) 禁止下载

Suppress download 选项用于调试目标系统存储器中已有的应用程序,该程序可能之前已经被下载至目标系统。当选择 Suppress download 复选框后,代码下载功能将被禁用,以保护目标系统 Flash 存储器中的当前内容并延长目标系统 Flash 存储器的寿命。对同一目标系统(最终代码不变的情况下)分期进行调试时,本功能十分有用。

如果本选项和 Verify download 选项组合使用,即同时选择 Suppress download 复选框和 Verify download 复选框,则调试器将从目标系统的非易失性存储器中(non-volatile memory)中读回代码映像(code image),并校验该映像是否与被调试程序(debugged program)一致。

注意:已装在目标存储器中代码映像的链接状况是否与 C-SPY 中调试程序的链接状况一致很重要。例如,如果用户使用不包含调试信息的输出格式来链接应用程序(比如 Intel-hex

格式),并使用 C-SPY 以外的装载程序将其下载至目标系统。之后,如果用户欲使用 C-SPY 来调试,则不能使用链接选项 With runtime control modules 来建立调试程序(debugged application),因为使用本选项将增加额外的代码从而导致两个代码映像不完全相同。

(4) 使用 Flash 下载器

Use flash loader(s)选项用于使用一个或多个 flash loaders 来下载用户应用程序到 Flash 存储器。如果当前选择的芯片有可用的 flash loader,则默认使用该 flash loader。

使用 J-Link 进行硬件仿真时,如果要将目标代码下载至目标系统的 Flash 存储器,则应选择 Use flash loader 复选框,否则不要选择该复选框。如果在图 4.48 的 Driver 下拉列表框中选择了 Simulator 驱动,则 Download 选项卡将被禁用。

另外,单击 Edit 按钮 将弹出 Flash Loader Overview 对话框。关于 flash loader(s)的详细内容,请参阅本书第 7 章的相关内容。

4.8.3　Extra Options 选项卡

图 4.50 为调试器配置中的 Extra Options 选项卡,为用户提供了一个和 C-SPY 调试器交流的命令行接口(Command Line Interface)。

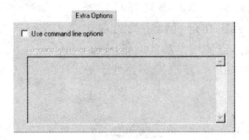

图 4.50　Extra Options 选项卡

选择 Use command line options 复选框后,即可使用命令行选项对调试器进行控制。此时,只需在下面的文本框内逐行输入扩展命令选项。本功能尤其适用于实现 GUI 界面不支持的命令选项。关于可用选项的更多信息,请参阅 arm\doc 目录下的说明文件。

4.8.4　Plugins 选项卡

图 4.51 为 Debugger 配置中的 Plugins 选项卡,用于指定在调试阶段需要加载的 C-SPY 插件模块(plugin modules)并使其使能。插件模块可以是 IAR Systems 提供的,也可以是第三方提供的。

默认情况下,在 Select plugins to load 列表中列出了与 IAR 产品一起安装的插件模块。如果用户安装了第三方发布的模块,则也会出现在列表中。另外,所有实时操作系统(Real-time Operating Systems)的插件模块也会出现在本列表中。

IAR Embedded Workbench 项目参数配置

适当地选用和正确地使用插件模块可以大大提高程序的开发和调试效率。例如,选用实时操作系统(RTOS)插件模块,应用任务列表、队列、信号量、邮箱和各种系统变量等 RTOS 特定组件,可以使用户对基于实时操作系统的应用程序有更直观的认知和更全面的控制,同时使调试任务变得更轻松。

另外,系统的 common\plugins 目录用于保存一般插件模块,arm\plugins 用于保存目标专用(target-specific)的插件模块。

C-SPY 调试器配置完毕后,就可以用来调试用户的应用程序了。选择 View→Messages→Debug Log 菜单项,则打开调试日志窗口,从中可以查看调试器的日志信息。

某些情况下,比如为了方便日后查阅相关调试信息等,用户可能需要将调试器的日志信息保存到一个文件中。这时,可以在调试状态下选择 Debug→Logging→Set Log File 菜单项,弹出如图 4.52 所示的 Log File 对话框。在该对话框中可以启用日志文件,并对写入日志文件的内容进行设定,如错误、警告、系统信息、用户信息等,并可以在 Log file 文本框中设定日志文件的保存路径和名称。

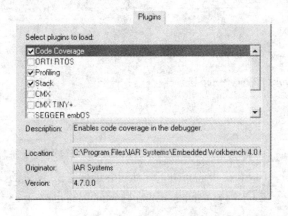

图 4.51　C-SPY plugins 选项

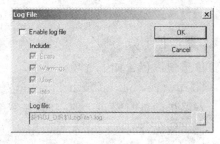

图 4.52　Log File 对话框

4.9　IAR J-Link 驱动配置

C-SPY 调试器除了可以使用 Simulator 驱动进行纯软件模拟仿真外,还可以采用 RDT、IAR J-Link、Macraigor、Angel 以及 ROM-monitor 等硬件仿真器驱动,对用户目标系统进行实时在线仿真调试。

采用硬件驱动对用户应用系统进行在线实时仿真时,既可以将用户程序下载到芯片的 Flash 中进行调试,也可以将用户程序下载到芯片的 RAM 中进行调试,还可以利用 C-SPY 的宏系统对调试过程进行设置。相关内容请参考本节的第 6 章。这里我们仅对 IAR J-Link 驱动配置进行讲解,关于其他几种驱动的配置和使用,请读者自行参阅 IAR 的相关文档和说明。

在 Debugger 选项配置 Setup 选项卡的 Driver 选项区中选择 J-Link/J-Trace 项,并完成对其他参数的配置后,选择 Category 列表框中的 J-Link/J-Trace 选项进行 J-Link 仿真器配置。

4.9.1　Setup 选项卡

J-Link/J-Trace 配置的 Setup 选项卡如图 4.53 所示,在这里可以对 J-Link/J-Trace 的接口进行设定。

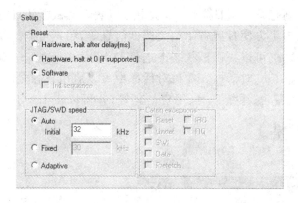

图 4.53　J-Link/J-Trace Setup 选项卡

1. 复　位

复位选项区包含如下选项:

> Hardware,halt after delay(ms)选项:硬件复位。本选项用于指定硬件复位后到处理器停机的延时时间。使用时,选择"Hardware,halt after delay"单选框并在其后的文本框中输入延时时间。本选项用于确保在 C-SPY 访问系统时,目标处理器已处于完全可操作状态。默认情况下,延时值为 0。

> Hardware,halt at 0 选项:硬件复位。处理器通过在 0 地址处放置一个断点来停机。注意:ARM 处理器不支持本方式。

> Software 选项:软件复位。使用 Init sequence 选项来为 Analog Devices ADuC7xxx 系列 ARM 处理器指定一个专用的复位序列(reset sequence)。

目标系统的软件复位(software reset)不会改变目标系统的设置,仅仅是将程序计数器(program counter)恢复为复位状态。通常情况下,C-SPY 复位只是一个软件复位。如果用户使用硬件复位选项,则 C-SPY 在开始调试时产生一个初始硬件复位信号。若用户将代码映像下载到 Flash 中进行调试,则复位信号在下载前后各产生一次。

在用户程序的底层设置(low-level setup)还没有完成时,发生硬件复位可能会导致出现问题。若底层设置还没有完成对存储器和时钟的配置,则应用程序发生硬件复位后将不能工作。这个问题可以通过调用 C-SPY 宏配置函数 execUserReset()来解决。更多详细信息请参阅 J-Link / J-Trace User's Guide。

2. JTAG 速度设定

JTAG speed 选项区域用于设置 J-Link 仿真器的通信速度,单位为 kHz。JTAG speed 选项区包含如下选项:

1) Auto 选项

选择 Auto 单选按钮,则 J-Link 仿真器自动选择可稳定工作的最高频率。Initial 文本框用于设定 J-Link 仿真器找到可稳定运行的最高速度之前的初始速度,默认值为 32 kHz。当需要调试器在初始复位后尽可能快地暂停 CPU 时,可以采用更高的初始速度,但必须在 1~12 000 kHz。

较高的初始速度(initial speed)有时是必要的,例如,当 CPU 执行无用的指令时(比如复位后从 flash 或 RAM 中执行的掉电模式指令)。在这样的情况下,较高的初始速度可以确保调试器在复位后能够尽快暂停(halt)CPU。

2) Fixed 选项

Fixed 文本框用于设定 JTAG 的固定通信速度,单位为 kHz,其值必须在 1~12 000 kHz 范围内。当进行 JTAG 通信或者向目标系统的存储器写入数据时发生问题(比如下载程序时),适当降低通信速度可能会解决问题。

3) Adaptive 选项

仅当 ARM 设备具有 RTCK JTAG 信号时,Adaptive 才可使用。更多信息请参阅 J-Link/J-Trace User's Guide。

4.9.2 Connection 选项卡

图 4.54 为 J-Link/J-Trace 配置的 Connection 选项卡,其中各项含义及功能如下:

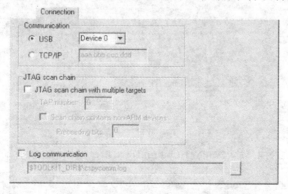

图 4.54 C-SPY J-Link/J-Trace Connection 选项卡

1. 通信接口设定

Communication 选项区域中的 USB 和 TCP/IP 单选按钮用于设置 J-Link 仿真器的连接方式。选择 USB 单选按钮后,可以在其下拉列表框中选择合适的设备;选择 TCP/IP 单选按钮后,可以在其文本框中输入 J-Link 服务器(J-Link server)的 IP 地址。TCP/IP 方式用于连接远程计算机上的 J-Link 服务器。

2. JTAG 扫描链

JTAG scan chain 选项区域用于设置 JTAG 扫描链。如果在 JTAG 扫描链中存在多个器件,则应选择 JTAG scan chain with multiple targets 复选框,同时,应在 TAP number(Test Access Port)文本框内指定欲连接设备的测试访问端口号(TAP position),TAP number 从 0 开始编号。

选择 Scan chain contains non - ARM devices 复选框将允许对 ARM 器件和其他器件进行混合调试,如 FPGA 等。此时,在对 ARM 设备调试前,需在 Preceeding bits 文本框内指定 IR bits 号码。

3. 记录通信文件

选择 Log communication 复选框可以将 C-SPY 与目标系统之间的通信以文件形式记录下来。另外,需要对 JTAG 接口有详细的了解才可以对这些记录信息进行分析。

4.9.3 Breakpoints 选项卡

图 4.55 是 J-Link/J-Trace 配置的 Breakpoints 选项卡。在 Breakpoints 选项卡中可以对默认断点类型等进行设置。

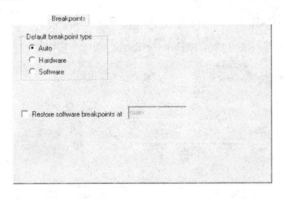

图 4.55 C-SPY J-Link/J-Trace Breakpoints 选项卡

1. 默认断点类型

Default breakpoint type 选项区用于选择设置断点时使用的断点资源类型,有如下可选项：
> Auto 选项：选择 Auto 选项后，C-SPY 调试器将使用软件断点（software breakpoint）；如果软件断点不可用，则调试器使用硬件断点（hardware breakpoint）。调试器将使用读/写序列（read/write sequences）来测试目标存储器是否为 RAM。如果是 RAM 存储器，则调试器使用软件断点。

> Hardware 选项：选择本单按钮后，调试器将使用硬件断点。如果硬件断点不可用，则不设置任何断点。

> Software 选项：选择本单按钮后，调试器将使用软件断点。如果软件断点不可用，则不设置任何断点。

Auto 选项适用于大部分应用程序。但是，某些情况下执行读/写序列（read/write sequences）将导致 flash 存储器出现错误或故障。在此情况下，须使用 Hardware 选项。

关于如何使用断点及其详细信息，请参阅 IAR 相关文档，在此不再赘述。

2. 重建软件断点

使用 Restore software breakpoints at 复选框可以自动重建在系统启动期间被破坏的任何断点。

如果用户的某些应用程序在启动期间复制至 RAM 并在 RAM 中执行，则该功能十分有用。典型情况是，用户使用-Q 链接器选项（-Q linker option）链接程序或者在程序中使用__ramfunc 关键字声明函数。

在此情况下，当 C-SPY 调试器启动时，在 RAM 复制期间，所有的断点将被破坏。使用 Restore software breakpoints at 选项可以让 C-SPY 重建被破坏的断点。

Restore software breakpoints at 文本框用于指定用户希望 C-SPY 来重建断点的应用程序位置。另外，系统宏函数__restoreSoftwareBreakpoint()与本选项功能相同。

3. J-Link 菜单

当用户使用 J-Link 硬件仿真器进行应用程序调试时，在 C-SPY 调试状态下会出现一个有 3 栏内容的 J-Link 菜单。该菜单可用于设定硬件观察点和查看已使用的断点情况等，如图 4.56 所示。

其中，J-Link 下拉菜单第 1 栏中的 Vector Catch 选项只适用于基于 ARM9 核的芯片，使用该选项可以直接在中断向量表的向量上设置断点，而不需要使用硬件观察点；J-Link 下拉菜单第 3 栏的 Breakpoint Usage 用于查看系统断点的使用情况。单击 Breakpoint Usage 打开断点使用窗口，显示当前已经激活的所有断点信息。

图 4.56　The J-Link 菜单

4. JTAG 观察点对话框

C-SPY J-Link 驱动可以利用 ARM 核中的 JTAG 观察点机制（JTAG watchpoint mechanism)在应用程序中设置断点。观察点可以使用 J-Link→Watchpoints 菜单命令来定义。

(1) 观察点工作机制

观察点是通过 ARM EmbeddedICE™ macrocell（ARM 嵌入式在线仿真宏单元）提供的功能来实现的。宏单元是所有支持 JTAG 接口的 ARM 核的一部分。

EmbeddedICE 观察点比较器将地址总线、数据总线、CPU 控制信号以及外部输入信号与设定条件进行实时比较，当所有条件都满足时中断将被触发。

C-SPY 调试器隐含（implicitly）使用观察点来在应用程序中设置断点。当在可读/写存储器中设置断点时，调试器只需要使用一个观察点；当在只读存储器中设置断点时，每一个断点都需要一个观察点。因此，如果某 ARM 核中的宏单元（macrocell）只提供两个硬件观察点，则在只读存储器中最多只能设置两个断点。

关于 ARM JTAG watchpoint 机制更为详细的描述信息，请参阅 Advanced RISC Machines Ltd 的相关文档如：

> ARM7TDMI (rev 3) Technical Reference Manual：chapter 5，Debug Interface，and appendix B，Debug in Depth.
> Application Note 28，The ARM7TDMI Debug Architecture.

(2) 定义观察点

在调试状态下，选择 J-Link→Watchpoints 菜单项，则弹出如图 4.57 所示的 JTAG Watchpoints 对话框，用户可以在这里定义 JTAG 观察点。

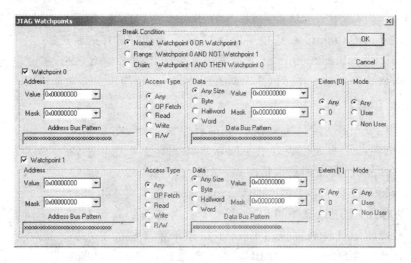

图 4.57 JTAG Watchpoints 对话框

在 JTAG Watchpoints 对话框中可以直接控制 ARM 核内的两个硬件观察点单元。选择 Watchpoint0 或 Watchpoint1 复选框，可以设置单个或两个观察点。如果需要的观察点数目

(包含由 IAR 中断系统隐含使用的观察点)超过两个,则当用户单击 OK 按钮时将显示出错提示信息。单击工具栏的 GO 按钮时,系统也会进行同样的检查。

(3) Address 选项

Address 选项区域用于设置观察点欲寻找的地址。在 Value 文本框中,输入地址或计算值为地址的 C-SPY 表达式。另外,用户可以从下拉列表框中选择一个先前寻找过的地址。关于 C-SPY 表达式的详细信息,请参阅本书第 6.1 节。

Mask 文本框用于输入掩码数值,用于限定 Value 文本框中的输入值的各个位。Mask 文本框中为 0 的位将使得 Value 文本框中的对应位在比较时被忽略。

Address Bus Pattern 区域用于显示地址比较器(address comparator)使用的位组合(bit pattern),即显示进行地址总线比较时的符合值。Mask 文本框中指定的忽略位将被显示为 x。

若要与所有地址匹配,则应该在 Mask 文本框中输入 0。注意,mask values 与在 ARM hardware manuals 中使用的标记法是相反的。

(4) Access Type 选项

Access Type 选项区域用于设置观察点欲寻找的数据的访问类型,可用的类型如表 4.7 所列。

(5) Data 选项

Data 选项区域用于设置观察点欲寻找的数据。数据存取方式可以是 Byte、Halfword 或 Word。如果数据存取方式选择了 Any Size 方式,则 Mask 文本框应当设置在 0~0xFF 之间,因为数据总线的高位可能根据不同的指令而包含有随机数据。

表 4.7 Access types

类 型	描 述
Any	匹配任意访问类型
OP Fetch	指令操作码读取
Read	数据读
Write	数据写
R/W	数据读/写

在 Value 文本框中输入数据或 C-SPY 表达式。另外,用户可以从下拉列表框中选择一个先前寻找过的数据。

Mask 文本框用于输入掩码数值,用于限定 Value 文本框中的输入值的各个位。Mask 文本框中为 0 的位将使得 Value 文本框中的对应位在比较时被忽略。

Data Bus Pattern 区域用于显示数据比较器(address comparator)使用的位组合(bit pattern),即显示进行数据总线比较时的符合值。Mask 文本框中指定的忽略位将被显示为 x。

若要与所有数据匹配,则应该在 Mask 文本框中输入 0。注意 mask values 与在 ARM hardware manuals 中使用的标记法是相反的。

(6) Extern 选项

Extern 选项区域用于定义外部输入信号状态。若选择单选按钮 Any,则忽略外部输入信号状态。

(7) Mode 选项

Mode 选项区域用于定义观察点需满足的 CPU 模式。可用的模式如表 4.8 所列。

表 4.8 CPU modes

模式	描述
User	CPU 必须工作于用户模式
Non User	CPU 必须工作于除用户模式之外的其他模式之一。例如，SYSTEM SVC、UND、ABORT、IRQ 或 FIQ 模式
Any	忽略 CPU 工作模式

(8) Break Condition 选项

Break Condition 选项区域用于设置观察点的中断条件。可用的中断条件如表 4.9 所列。

表 4.9 Break conditions

中断条件	描述
Normal	单独使用两个观察点(OR)
Range	将两个观察点结合使用以观察一段范围。观察点 0 定义范围的起始值，观察点 1 定义范围的终止值。可选择的范围受限于两个观察点
Chain	观察点 1 的触发将使观察点 0 准备好。当观察点 0 触发时中断应用程序运行

例如，要在访问 0x20～0xFF 范围时触发中断，可以进行如下设置：
① 在 Break Condition 选项区选择 Rang 单选按钮。
② 将 watchpoint 0 的 value 设为 0，mask 设为 0xFF。
③ 将 watchpoint 1 的 value 设为 0，mask 设为 0x1F。

5. 在向量上设置中断

基于 ARM9 核的设备可以直接在中断向量表的向量上设置断点，而不需要使用硬件观察点。首先，用户必须选择正确的设备。在启动 C-SPY 前，选择 Project→Options 菜单项，则弹出选项配置对话框。在左边的 Category 列表框中选择 General Options 项进入基本选项配置，并从 Target 选项卡 Processor variant 选项区中的下拉列表中选择适当的设备，然后启动 C-SPY。

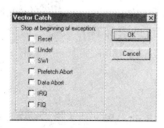

要直接在中断向量表的向量上设置断点，需从 J-Link 菜单中选择 Vector Catch 项，弹出如图 4.58 所示的对话框。在该对话框中选择用户欲设置断点的向量，单击 OK 按钮，则中断只会在异常伊始触发（be triggered at the beginning of the exception）。

图 4.58 Vector Catch 对话框

第 5 章

存储方式与段定位

本章主要讲述 IAR Embedded Workbench 集成开发环境中 C/C++编译器和链接器的一些相关机制,主要内容包括数据存储方式和段定位等。

在数据存储方式部分,首先简要介绍了目前广泛使用的 3 种不同架构单片机存储空间的相关信息,分别是代表 8 位单片机的 AVR 架构、代表 16 位单片机的 MSP430 架构以及嵌入式的主流代表——32 位的 ARM 架构。之后,介绍了栈和堆的工作机制以及在使用时需要注意的事项,并对栈和堆这两种数据结构各自的潜在问题做了简要介绍。

在代码和数据的段定位部分,首先介绍了部分段和段的概念、相互关系以及它们在编译系统中的作用。之后,在对数据段和代码段分析的基础上,以 IAR Embedded Workbench for ARM 为例,对段在存储器中的定位方式以及如何定位变量、段进行了介绍,同时还简要介绍了段错误对链接过程可能造成的问题。

5.1 数据存储方式

5.1.1 存储空间

在一个典型应用中,数据可以按如下 3 种不同的方法存储在存储器中:
- 堆栈(Stack)。在函数执行期间使用的存储空间,函数执行完毕系统返回其调用者时,该存储空间不再有效。
- 静态存储空间(Static Memory)。该存储空间一旦分配,则在整个应用程序执行期间保持有效。全局和静态变量位于该空间。这里"静态"是指在程序运行期间分配给变量的存储器数量不会发生改变。
- 堆(Heap)。一旦分配了存储空间,该空间将一直保持有效,直到应用程序明确将其释放回系统。这种存储空间对只有当程序执行期间才知道对象个数的应用特别有用,但对于存储器容量有限或需要长期运行的应用系统存在潜在危险。

1. AVR 架构

AVR 系列微控制器基于哈佛架构——代码和数据有各自的存储空间且访问代码和数据

需要不同的访问机制。代码和不同类型的数据被定位在如下的存储空间：
- 内部 flash 存储空间。该空间用于存放程序代码和使用__flash 关键字声明的对象以及初始化式。
- 数据空间。该数据空间由用于保存常量的外扩 ROM 和用于存放堆栈、保存变量的 RAM 区域以及寄存器组成。
- EEPROM 存储空间。该空间用于保存变量。

2. MSP430 架构

MSP430 IAR C/C++编译器同时支持 MSP430 指令集和 MSP430X 扩展指令集，这意味着可以使用 64 KB 和 1 MB 的连续存储空间。但是，扩展指令集要求包括常量数据和中断函数在内的数据以及中断向量必须位于存储空间的低 64 KB。

存储空间中可以有不同类型的物理存储器。一个典型的应用系统同时包含只读存储器(ROM 或 flash)和随机存储器(RAM)。另外，存储空间的一部分包含处理器控制寄存器和外设单元的存储器映射寄存器。

MSP430X 架构可以使用普通指令访问存储空间的低 64 KB 和使用具有较大开销的扩展指令访问整个存储范围。编译器通过存储类型来支持上述功能。其中，data16 存储对应于低 64 KB；data20 存储对应于整个 1 MB 存储范围。

3. ARM 架构

ARM 核可以寻址 4 GB 连续性存储器空间，地址范围从 0x0000000～0xFFFFFFFF。存储范围中可以有不同类型的物理存储器。一个典型的应用系统同时包含只读存储器(ROM 或 flash)和随机存储器(RAM)。另外，存储范围的一部分包含处理器控制寄存器和外设单元。

5.1.2 栈与自动变量

函数内部定义的非静态变量称为自动变量，其中一小部分位于处理器的工作寄存器中，其余部分都位于堆栈中。从语义的观点来看，其是等同的。主要不同点是访问寄存器的速度更快，而且与堆栈中的变量相比，所需要的存储空间更少。自动变量的生存期为函数的执行时间，函数返回时其在堆栈中分配的存储器空间将被释放。

栈可以包含如下内容：
- 没有保存在寄存器中的变量和函数参数。
- 表达式的临时结果。
- 非寄存器传递的函数返回值。
- 中断期间的处理器状态。
- 函数返回之前需要恢复的处理器内部寄存器。

栈是一块固定的存储区域,分为两部分:第一部分包含已经分配给主调和被调用函数的存储器空间,第二部分包含可自由分配的存储空间。两个部分之间的分界称为"栈顶(Top of Stack)","栈顶"由处理器的一个专用寄存器——堆栈指针 SP 来表征。调整堆栈指针即可进行堆栈存储器分配。

函数不能引用包含自由存储区的栈区域,因为一旦发生中断,中断服务函数可以分配、修改,当然也可以取消栈中分配的存储空间。

(1) 栈的优势

栈的主要优点是程序不同部分的函数可以使用相同的存储空间来存储各自的数据。与堆不同,栈不会产生碎片或者存储泄漏。函数可以自我调用,即所谓的递归函数,每次调用都可将其自身数据保存到栈中。

(2) 栈的潜在问题

栈的工作方式决定了它不可能保存那些期望在函数返回后仍然有效的数据。例如,下面的函数演示了一个常见的编程错误。该函数返回指向变量 x 的指针,而在函数返回时变量 x 的生存期已经结束。

```
int * MyFunction()
{
    int x;
        ... do something ...
        return &x;
}
```

另一个问题是栈溢出风险。这种情况发生在一个函数调用另一个,被调用的再顺次调用下一个,依次类推。当多个函数嵌套调用且每个函数所需栈空间之和大于总栈空间时,或者在栈中保存庞大的数据对象时,或者采用递归函数时——函数直接或者间接的自我调用时,都是栈溢出的高风险情况。

5.1.3 堆中的动态存储分配

在堆中为对象分配的存储空间将一直保持有效,直到该对象被明确释放。这种存储方式对于在运行期间才能决定数据量的应用特别有用。

在 C 语言中,可以使用标准库函数 malloc,或相关函数 calloc 及 realloc 之一来分配存储空间。使用库函数 free 来释放存储空间。

在 C++ 中,有一个特殊的关键字——new,该关键字用于存储空间分配以及运行构造器。使用关键字 new 分配的存储空间必须使用关键字 delete 来释放。

使用到堆分配对象(Heap-allocated Objects)的应用必须谨慎地设计,因为如果不能在堆中分配对象,应用将很容易被中止。

如果应用程序中使用了过多的存储空间,将导致堆耗尽;如果不再使用的存储空间未及时释放,将导致堆被占满。

每个已分配的存储区块都需要若干字节用于管理。对于分配了大量小存储空间的应用来说,这种管理导致的开销将十分可观。堆也同样存在碎片问题,这意味着堆中许多小片的自由存储空间被已分配给对象的存储空间隔开。如果此时要为一个新对象分配存储空间,即使总的自由空间容量大于该对象所需容量,由于每片自由空间的容量均小于对象所需容量,故将不能进行存储空间分配。

遗憾的是,随着存储空间的分配和释放,碎片越来越多。因此,需要长时间运行的程序要尽量避免使用在堆中分配的存储空间。

5.2 代码与数据的定位

在现代嵌入式系统中,通常会有多种不同类型的物理存储器。因而,开发人员需要关心的关键问题之一就是用户的代码和数据部分定位在物理存储器的什么地方,本节以 IAR EWARM 开发环境为例进行介绍。

5.2.1 段的定义

段是一个包含一块数据或代码的逻辑实体(Logical Entity),会被映射至存储器的某个物理位置。也就是说,段实际上是一种包含有数据或代码的存储器逻辑映像。每个段由若干部分段组成。通常情况下,静态函数和静态变量被定位在一个部分段中。部分段是最小的可链接单元(Linkable Unit),其允许链接器只对那些被引用的部分段进行链接。段可以位于 RAM 中,也可以位于 ROM 中。被定位在 RAM 中的段没有任何内容,它们仅占有空间。

5.2.2 段的作用

IAR C/C++编译器具有许多用途不同的预定义段。每个段都有一个描述段内容的段名和一个表示内容类型的段存储器类型(简称段类型)。除了预定义段之外,用户也可以定义自己的段。

编译器在编译时为每个段分配内容。IAR XLINK 链接器依据链接器命令文件(Linker Command File)指定的规则将各个段定位到物理存储器中。IAR 为用户提供了现成的链接器命令文件。此外,用户在需要时可以很方便地依据目标系统和具体应用需求对链接器命令文件进行修改。对用户来说很重要的一点就是,从链接器的观点来看所有段都是相同的,它们只是存储器中不同名字的各个部分而已。

5.2.3 段存储类型

XLINK 链接器为每个段分配一个段存储类型。某些情况下,个别段的段名可能与其所属的段类型名相同,如 CODE,注意这种情况下不要将段名与其类型名混淆。

默认状态下,ARM IAR C/C++编译器只使用如表 5.1 所列的 XLINK 段存储类型。事实上,XLINK 支持多种段存储类型,远远不止这 3 种,只是其他段存储类型通常用于 ARM 外的 CPU 核。

表 5.1 适用于 ARM 核的 XLINK 段类型

段存储类型	说明
CODE	用于可执行代码
CONST	ROM 中的数据
DATA	RAM 中的数据

表 5.2 为 ARM IAR C/C++编译器可用的各种段及其功能说明,其中"已定位的(located)"表示采用"@"操作符或预编译命令"#pragma located"给定的绝对地址,段存储类型——CODE、CONST 和 DATA,指出该段应位于 ROM 存储器还是位于 RAM 存储器。

表 5.2 适用于 ARM IAR C/C++编译器的段

段	描述	段类型	存储器分配	访问类型 读/写
CODE	保存将在 ROM 中执行的程序代码,系统初始化代码和 __ramfunc 关键字声明的代码除外	CODE	可位于任意存储空间	只读
CODE_I	保存声明为 __ramfunc 的程序代码,在 RAM 中执行。代码在初始化期间自 CODE_ID 段复制	DATA	可位于任意存储空间	读/写
CODE_ID	永久保存声明为 __ramfunc 的程序代码,代码在 RAM 中执行。代码在初始化期间复制到 CODE_I 段	CONST	可位于任意存储空间	只读
CSTACK	用于函数的变量存储以及函数的其他局部信息存储。该段及其长度由链接器命令文件中的下述命令控制: -Z(DATA)CSTACK+_CSTACK_SIZE =RAMSTART-RAMEND 其中,_CSTACK_SIZE 为不包含 0x 标记的十六进制数	DATA	可位于任意存储空间	读/写
DATA_AC	保存用 CONST 声明的已定位初始化对象。对象采用"@"操作符或#pragma location"给定绝对地址,不需要由链接器命令文件定义段地址	CONST	可位于任意存储空间	只读
DATA_AN	保存用关键字 __no_init 声明的已定位对象。不需要链接器命令文件定义段地址	DATA	可位于任意存储空间	只读
DATA_C	保存常数数据,包括文字字符串	CONST	可位于任意存储空间	只读
DATA_I	保存用非 0 值初始化的静态和全局变量。初值由启动代码在初始化期间从 DATA_ID 段复制	DATA	可位于任意存储空间	读/写
DATA_ID	保存位于 DATA_I 段的静态和局部变量的初值	CONST	可位于任意存储空间	只读

续表 5.2

段	描述	段类型	存储器分配	访问类型 读/写
DATA_N	保存位于非易失性存储器中用关键字 __no_init 声明的静态和全局变量	DATA	可位于任意存储空间	读/写
DATA_Z	保存无初始值或用 0 初值声明的静态和全局变量。变量由启动代码在初始化期间清 0	DATA	可位于任意存储空间	读/写
HEAP	保存动态分配的数据，即保存 C 语言中的 malloc 和 free、C++ 语言中 new 和 delete 分配的数据。该段及其长度由链接器命令文件中的如下命令控制： −Z(DATA)HEAP+_HEAP_SIZE =RAMSTART−RAMEND	DATA	可位于任意存储空间	读/写
ICODE	保存启动代码。可通过分支指令从 INTVEC. 段到达	CODE	可位于前 32 MB 存储器的任意空间	只读
INITAB	保存启动后初始化期间所需要的段地址和段长度表	CONST	可位于任意存储空间	只读
INTVEC	保存复位与异常向量	CODE	必须定位于 0X00～0X3F 地址之间	只读
IRQ_STACK	用于保存 IRQ 异常服务的堆栈。需要时可增加以下异常服务堆栈：FIQ、SVC、ABF 和 UND，同时需要修改 cstartup.s79 文件以便初始化用到的各个堆栈指针	DATA	可位于任意存储空间	读/写
SWITAB	保存软件中断向量表	CODE	可位于任意存储空间	只读

5.2.4 段在存储器中的定位

XLINK 链接器负责根据链接器命令文件在存储器中进行段定位。链接器命令文件中的命令行选项规定段的位置，从而保证应用系统能够在目标芯片上运行。用户可以对同一个源代码采用适当的链接器命令文件重新创建，以便程序可以在同系列派生芯片上运行。

链接器命令文件必须规定如下内容：
➢ 段在存储器中的位置。
➢ 栈的最大容量。
➢ 堆的最大容量。

编译器运行环境使用"占位符段（placeholder segments）"，即用于存储器中占用位置的空段，来标记一段位置。任意段类型都可用作占位符段。

下面介绍在存储器中进行段定位的方法，以便用户能够自定义链接器命令文件以适用目标系统的存储器布局。

1. 定制链接器命令文件

通常，用户需要对链接器命令文件做的唯一改变就是对其进行定制，以符合目标系统的存储器布局。

假设，某个应用系统的存储器布局如下：

0x000000～0x00003F　　　ROM 或 RAM
0x008000～0x0FFFFF　　　ROM 或其他非易失性存储器
0x100000～0x7FFFFF　　　RAM 或其他可读/写存储器

ROM 可用于保存 CONST 和 CODE 段存储类型。RAM 存储器用于保存 DATA 段类型。定制链接器命令文件的主要目的，就是要保证应用代码和数据在存储器范围之内不发生越界，从而避免错误。

在默认链接器命令文件 lnkarm.xcl 中使用 XLINK 链接器的"-D"命令来规定 ROM 和 RAM 段的起始和终止地址，例如：

－DROMSTART = 08000
－DROMEND = FFFFF
－DRAMSTART = 100000
－DRAMEND = 7FFFFF

2. 链接器命令文件的内容

现成的链接器命令文件位于 IAR 安装路径的 arm\config 目录下。另外，在 arm\src\examples 子目录下保存了一些适用于各种 ARM 评估板的现成链接器命令文件，这些文件包含链接器工作时需要的信息可以直接使用。用户可以参考这些现成的文件并对其进行修改，以适用于自己的应用系统。例如，如果用户在应用中使用了外扩 RAM，则需要在链接器命令文件中增加外部 RAM 存储区的详细信息。注意，不要直接修改这些原始文件，应该先备份然后修改备份文件。另外，系统提供的链接器命令文件中包含了对其内容的注解，用户可以自行学习。

链接器命令文件包含 3 种不同类型的 XLINK 命令行选项，如下：
- 要使用的 CPU：-carm，用于指定目标处理器核。
- 文件后面要使用的常数定义，使用 XLINK 选项：-D。
- 段定位命令，这是链接器命令文件中最大的部分。可以使用-Z 和-P 选项进行段定位。前者按段出现的顺序对其进行定位，后者将尝试对其进行重新定位以更有效地利用存储器。-P 命令对于非连续方式定位的段十分有用。

关于更多信息，请参阅 IAR Linker and Library Tools Reference Guide。

3. 使用-Z命令按次序定位

当需要保持部分段在整个段中的顺序,或需要以特定顺序来定位段,甚至以指定的顺序来定位段时(虽然不可能),用户可以使用-Z命令。

下面的示例演示了如何使用-Z命令在CONST存储器(即ROM)的0x008000～0x0FFFFF范围内对MYSEGMENTA段定位,并将MYSEGMENTB段定位在其后面。

-Z(CONST)MYSEGMENTA,MYSEGMENTB = 008000 - 0FFFFF

如果不指定第2个段的范围,则两个不同类型的段可以定位在同一个存储区域内。在下面示例中,先将段MYSEGMENTA定位在CONST存储器的008000～0FFFFF内,存储器的其余范围用来定位MYCODE段:

-Z(CONST)MYSEGMENTA = 008000 - 0FFFFF
-Z(CODE)MYCODE

两段存储范围可以覆盖,这将允许具有不同定位要求的段共享部分存储空间,例如:

-Z(CONST)MYSMALLSEGMENT = 008000 - 000FFF
-Z(CONST)MYLARGESEGMENT = 008000 - 0FFFFF

虽然IAR没有严格要求每个存储范围必须指定其终点,但是建议用户还是指定为好。这样,用户的段不恰当时IAR XLINK链接器会进行提示。

4. 采用-P命令压缩定位

-P命令不同于-Z命令-P命令不是必须按次序定位段(或部分段)的,而是以非连续方式来定位段,从而可以将部分段定位在前面段定位的"剩余缝隙"中。

下面的例子演示了如何使用XLINK的-P选项来充分利用存储空间。数据段MYDATA定位在DATA存储器(即RAM)的虚构范围中:

-P(DATA)MYDATA = 100000 - 101FFF,110000 - 111FFF

如果用户的应用系统还有一段RAM区域位于存储器范围0x10F000～0x10F7FF,则只要将这段范围加到上述命令中即可。

-P(DATA)MYDATA = 100000 - 101FFF,10F000 - 10F7FF,110000 - 111FFF

5.2.5 数据段

数据段用于保存静态(Static)、栈(Stack)、堆(Heap)以及已定位(Located)的数据。

1. 静态存储段

全局变量或已声明的静态变量保存在静态存储空间。已声明的静态变量可分为以下几类:

- 初始化值为非 0 的变量；
- 初始化值为 0 的变量；
- 使用@操作符或♯pragma location 指令定位的变量；
- 被声明为 const,因而可存储在 ROM 中的变量；
- 使用__no_init 关键字定义,即不允许被初始化的变量。

对于静态存储段来说,用户需要熟悉以下内容：
- 段的命名；
- 段保存已初始化数据的规则；
- 静态存储段的定位(placement)限制和范围(size)限制。

(1) 段命名

实际的段名由两部分组成——段基名和一个说明段用途的后缀。在 ARM IAR C/C++ 编译器中,段基名是 HUGE。表 5.3 列出了各个段的后缀及其意义。

一些已声明的数据定位在非易失性存储器中,如 ROM；一些定位在 RAM 中。因此,必须知道每个段的 XLINK 段存储类型。

表 5.3 Segment name suffixes

已声明数据的分类	段类型	后缀
绝对地址定位常量	CONST	AC
关键字__no_init 声明的绝对地址定位数据	DATA	AN
常数	CONST	C
初始化值非 0 数据	DATA	I
上述数据的初始化程序	CONST	ID
未初始化数据	DATA	N
初始化值为 0 数据	DATA	Z

应用示例：

```
int j;
int i = 0;          在系统启动时,被初始化为 0 的变量将放入 DATA_Z 段
__no_init int j;    __no_init 关键字定义的,即不允许被初始化的变量将放入 DATA_N 段
int j = 4;          初始化值非 0 的变量将放入 DATA_I 段
```

(2) 已初始化数据

系统启动时,启动模块 cstartup module 按如下两个步骤来初始化静态变量和全局变量：

① 清除将被初始化为 0 的变量所在的存储区的内容。

② 复制一块 ROM 区域到 RAM 中相应变量所在位置来实现对非 0 变量的初始化,即将后缀为 ID 的 ROM 段中的数据复制到对应的后缀为 I 的 RAM 段中。

当两个段以连续方式定位时上述方法有效。如果其中一个段被分成更小的部分,则：

> 另一个段也必须按完全相同的方式划分；
> 对部分段之间的缝隙进行读/写操作是合法的。

例如，按以下方式划分的段将不能完成数据复制：

DATA_I   0x100000 - 0x1000FF and 0x100200 - 0x1002FF
DATA_ID   0x020000 - 0x0201FF

在如下的示例中，链接器将按同样的次序对段内容进行定位，这表明以下方式划分的段将能够完成数据复制。另外，范围间的缝隙也将被复制。

DATA_I   0x100000 - 0x1000FF and 0x100200 - 0x1002FF
DATA_ID   0x020000 - 0x0200FF and 0x020200 - 0x0202FF

(3) 默认链接器命令文件中的静态存储数据段

默认链接器命令文件中包含如下静态数据段(Static Data Segments)定位命令：

// 各种常数(Constants)和初始化表(Initializers)
-Z(CONST)INITTAB,DATA_ID,DATA_C = ROMSTART - ROMEND
// 数据段
-Z(DATA)DATA_I,DATA_Z,DATA_N = RAMSTART - RAMEND

2. 栈

栈用于为函数保存局部变量和其他临时信息，是一段由处理器堆栈指针寄存器 SP 指向的一块连续的存储区。

用于放置栈的数据段称为 CSTACK。初始化模块 cstartup module 对栈指针进行初始化，将其指向 CSTACK 段的尾部。

默认链接器命令文件的开头设置了表示栈大小的常数。注意，这里的数字为十六进制，但没有前缀 0x。

-D_CSTACK_SIZE = 2000

链接器命令文件的后面部分，在可用存储器区域中定义了栈段：

-Z(DATA)CSTACK + _CSTACK_SIZE = RAMSTART - RAMEND

(1) 栈容量

编译器使用内部数据栈——CSTACK，来完成各种用户程序操作，所需栈容量在很大程度上取决于这些操作的细节。如果给定的栈容量太小，则通常会使栈与其他存储区发生覆盖，从而可能导致程序出错。如果给定的栈容量太大，则会浪费 RAM 空间。

(2) 异常栈(仅用于 ARM 核)

ARM 核处理器支持 5 种异常工作模式，每种异常模式都有其自己的栈，以避免破坏系统模式和(或)用户模式的栈。表 5.4 列出了建议使用的各种异常栈的段名,当然也可以使用其他名称。

表 5.4 Exception stacks

处理器模式	建议栈名	说 明
Supervisor(管理)	SVC_STACK	操作系统堆栈
IRQ	IRQ_STACK	通用(IRQ)中断句柄堆栈
FIQ	FIQ_STACK	快速(FIQ)中断句柄堆栈
Undefined(未定义)	UND_STACK	未定义指令中断堆栈,支持硬件协处理器的软仿真和指令集扩展
Abort(中止)	ABT_STACK	取指中止和数据中止中断句柄堆栈

对于每种处理器模式所需的栈,用户必须在启动代码中对相应的栈指针初始化,并在链接器命令文件中进行段定位设定。IAR Embedded Workbench IDE 提供的启动文件 cstartup.s79 和链接器命令文件 lnkarm.xcl 仅对 IRQ 异常栈进行了预配置,其他异常栈需要用户自行配置。

注意,要在 IAR Embedded Workbench IDE 的 Stack 窗口中查看这些栈,则必须使用这些预配置的段名,而不能使用用户自定义的段名。

3. 堆

堆用于保存使用 C 函数 malloc(或其亲属函数)或 C++运算符 new 动态分配的数据。

分配给堆的存储空间位于 HEAP 段内。只有真实使用动态存储空间分配(Dynamic Memory Allocation)时,HEAP 段才会被包含到应用系统中。

链接器命令文件中,HEAP 段容量和定位的命令与栈段十分相似。如下的示例来自于默认的链接器命令文件:

```
-D_HEAP_SIZE = 8000
-Z(DATA)HEAP + _HEAP_SIZE = RAMSTART - RAMEND
```

如果用户没有使用 DLIB 运行环境的文件描述符,将库配置为 Normal,则不会存在输入/输出缓冲区。否则,比如库配置为 Full,在标准 I/O 库头文件(Stdio Library Header File)中,输入/输出缓冲区大小将设置为 512 字节。如果 HEAP 容量太小,则输入/输出将不进行缓冲,其速度与进行缓冲相比大为降低。

如果用户使用 IAR C-SPY Debugger 的 simulator driver 来执行程序,则可能不会注意到速度带来的影响。但是,当程序在 ARM 核中运行时,其效果是显而易见的。

如果用户使用标准输入/输出库(standard I/O library),则应将 HEAP 容量设置为满足标准输入/输出缓冲要求的值,如 1 KB。

4. 已定位数据

明确指定了地址的变量,如使用@操作符号指明地址的变量,将被定位在 DATA_AC 段或 DATA_AN 段。前者用于保存初始化为常数的数据,后者用于保存声明为 __no_init 的变量。每个部分段的位置是确定的,不需要在链接器命令文件中对其定位。

5.2.6 代码段

1. 启动代码

ICODE 段包含了在系统设置期间所需的代码(cstartup)、运行时初始化代码(cmain)和系统终止代码(cexit)等。系统设置代码通过复位向量调用。此外 ICODE 段必须定位在一段连续的存储空间,因此链接器命令文件中不能对 ICODE 段使用-P 命令。

在默认链接器命令文件中,如下命令行将 ICODE 段定位在 0x08000~0xFFFFF 地址范围内的任意一段连续存储空间:

    -Z(CODE)ICODE = 08000 - FFFFF

2. 普通代码

真正的段名形式如 NAME_SUFFIX,即由名字和后缀两部分组成。例如,CODE_I 段保存由 CODE_ID 段初始化并在 RAM 中执行的代码。普通函数的执行代码保存在 CODE 段中。对于每一种段组(Segment Groups),表 5.5 列出了段分组及其后缀。

表 5.5　Segment groups

内　　容	类　型	后　缀
Code(代码)	只读	无
Code executing in RAM(RAM 中运行的代码)	读/(写)	I
Initializer for A_I(A_I 初始化式)	只读	ID

为了简化,链接器命令文件采用 XLINK 的-Q 选项来自动完成段初始化复制,又称为分散加载(Scatter Loading)。这将导致链接器生成一个新的初始化式段,其中,放置了代码段的所有内容。此外,代码段还与符号、调试信息有关。应用代码必须在运行时将 ROM 存储器中初始化式段的内容复制到 RAM 存储器的代码段,这与编译器对已初始化变量的处理过程十分相似。

    /* __ramfunc 代码拷贝至 RAM 并在其中运行   */
    -Z(DATA)CODE_I = RAMSTART - RAMEND
    -QCODE_I = CODE_ID

3. 异常向量

异常向量定位在 INTVEC 段,通常定位于 0x00 地址。链接器命令如下:

    -Z(CODE)INTVEC = 00 - 3F

如果在异常向量处使用跳转，指令跳至异常句柄；则异常句柄必须位于跳转指令能够到达的范围之内。如果使用 PC 加载指令，如"LDR PC"指令，则不存在这个问题。

上述要求同样适用于 IAR Embedded Workbench IDE 提供的软件中断处理函数__iar_swi_handler。该函数包含在 C 函数库并定位在 SWITAB 段中。其源代码 swi_handler.s79 位于 arm\src\lib 目录下，用户需要时可以对其修改。

5.2.7 C++动态初始化

在 C++中，所有全局对象（包括结构体）都在调用 main 函数之前创建。对象的创建可以是构造器（Constructor）执行的结果。

DIFUNCT 段包含一个指向初始化代码地址的向量。向量中的所有入口都将在系统初始化时被调用。例如：

    -Z(CODE)DIFUNCT=08000-FFFFF

关于更多信息，请参阅 IAR 文档中有关 DIFUNCT 的内容。

5.2.8 变量与函数在存储器中的定位

编译器提供了 3 种不同的方法来控制函数与变量在存储器中的位置。为了有效地使用存储器，用户应当熟悉这些方法，且能够为不同的应用选出最适合的方法。这 3 种方法如下：

(1) 使用"@"操作符和"#pragma location"命令进行绝对地址定位

单个全局变量（global）和静态变量（static）可以使用"@"操作符和"#pragma location"命令进行绝对地址定位。这些变量应声明为__no_init 或 const。这种方法适用于将单个数据对象定位在固定地址，例如，具有外部需求（External Requirements）的变量，或写入类似于中断向量表的硬件表（Populating any hardware tables）等。注意这种方法不能用于单个函数的绝对定位。

(2) 使用"@"操作符和"#pragma location"命令进行段定位

使用"@"操作符和"#pragma location"命令可以将函数组或全局变量和静态变量定位在指定段（NamedSegments）中，而不需要明确控制每个对象。变量应声明为__no_init 或 const。该指定段可以位于指定的存储区域，或者使用段起始和段结束操作符以预定的方法被初始化或被复制。这种方法也适用于在分开链接的单元间建立接口，例如，应用项目和 bootloader 项目等。当不需要对单个变量进行绝对定位时可以使用指定段定位。

(3) 使用__segment 选项

使用__segment 选项可以将函数和(或)变量放入指定段。例如，该方法适用于将函数和(或)变量放入不同速度的存储器。与使用"@"操作符和"#pragma location"命令不同，使用__segment 选项对于放入指定段的数据类型没有限制。关于__segment 选项的详细信息，请参阅 IAR 相关文档。

编译器在编译时将数据和函数分别放入数据段和代码段。链接时,链接器的一个重要功能是为应用程序的各个段分配装载地址(Load Addresses)。除了保存绝对定位数据的段外,其他所有段都依据链接器命令文件中的存储范围说明自动分配给存储空间。

1. 变量的绝对位置定位

使用"@"操作符,或者"♯pragma location"命令,可以对全局和静态变量进行绝对地址定位。变量应声明为__no_init或const。如果变量被声明为const,则其可以带有初始化式(initializers),也可以省略初始化式。若省略初始化式,则运行系统(Runtime System)不在其指定的地址赋值。要对一个变量进行绝对地址定位,则"@"操作符和"♯pragma location"命令的参数应为表示真实地址的数字。且地址应满足被定位变量的对齐要求。

C++静态成员变量可以像其他静态变量一样被定为在绝对地址。

注意:绝对定位变量应该在包含文件中定义,且应当包含在使用该变量的所有模块中。模块中未使用的定义将被忽略。没有使用绝对定位命令的普通 extern 声明可以引用位于绝对地址的变量,但是不能执行基于绝对地址的优化操作。

(1) 将已定位变量声明为 extern 和 volatile

在 C++中,const 变量为静态类型(模块局部,module local),即每个有此声明的模块都包含一个不同的变量。将若干这样的模块链接成一个应用程序时,链接器将会报告多个变量被定位在同一个地址上。为避免出现这种问题,且使 C 和 C++的处理过程一致,用户应该将其声明为 extern,例如:

```
extern volatile const __no_init int x @ 0x100;
```

(2) 示 例

下列示例将一个__no_init 声明的变量定位在绝对地址上。这对在多进程间或多应用间建立接口十分有用。

```
__no_init char alpha @ 0x1000; /* OK */
```

在下面的例子中,有两个用 const 声明的对象,第一个被初始化为 0,第二个被初始化为特定值。两个对象都被放入 ROM 中。这有利于实现从外部接口访问配置参数。注意,在第二种情况下,编译器不需要实际读取变量值,因为变量值为已知。要强制编译器读取变量值,则应将其声明为 volatile:

```
♯pragma location = 0x1004
volatile const int beta;  /* OK */
volatile const int gamma @ 0x1008 = 3; /* OK */
```

在下面例子中,变量值不由编译器初始化,而是通过其他方法设置。其常用于配置将变量值分别装入 ROM,或是具有只读属性的特殊功能寄存器。要强制编译器读取变量值,则应将

其声明为 volatile:

```
volatile __no_init const char c @ 0x1004;
void foo(void)
{
    ...
    a = b + c + d;
    ...
}
```

下面是错误应用举例：

```
int delta @ 0x100C;           /* Error, neither "__no_init" nor "const". */
const int epsilon @ 0x1011;   /* Error, misaligned. */
```

2. 变量和函数在指定段中的定位

用于将变量或函数定位在除默认段之外的指定段中的方法如下：

- 使用"@"操作符，或者"#pragma location"命令，可以将单个变量或函数定位在指定段。该指定段可以是预定义段，也可以是用户自定义段。变量应声明为__no_init 或 const。如果变量声明为 const，则其可以带有初始化式。
- 使用__segment 选项可以将整个编译单元中的变量和函数定位在指定段内。

C++静态成员变量可以像其他静态变量一样定位在指定段内。

如果使用用户自定义段，则这些段必须在链接器命令文件中用-Z 或-P 段控制命令对其进行定义。

注意：当明确地对变量或函数在自定义段中定位时，需格外小心。尽管这种方法在某些场合很有用，但是错误的定位将导致编译链接出错——可能是从编译期间的错误信息到链接产生一个无效应用程序的任何情况。应仔细考虑应用场合是否对变量或函数的声明和使用上有严格的要求或限制。

(1) 在指定段中定位变量的示例

在如下的 3 个示例中，对象数据被定位在用户自定义段 MYSEGMENT 中：

```
__no_init int alpha @ "MYSEGMENT";      /* OK */
#pragma location = "MYSEGMENT"
const int beta;                         /* OK */
const int gamma @ "MYSEGMENT" = 3;      /* OK */
```

下面是错误应用示例：

```
int delta @ "MYSEGMENT";    /* Error, neither"__no_init" nor "const" */
```

(2) 在指定段中定位函数的示例

```
void f(void) @ "MYSEGMENT";
void g(void) @ "MYSEGMENT"
{
}
#pragma location = "MYSEGMENT"
void h(void);
```

3. 代码和数据定位的链接结果

链接器有若干可以帮助用户管理数据和代码定位的功能。例如,输出链接时的信息和产生链接分布文件。

(1) 段过长错误和范围错误

所有放置在可重定位段(Relocatable Segments)的代码和数据都将在链接时确定其绝对地址。也只有在链接时才能知道是否所有段都能够定位到保留的存储范围之内。如果段内容不适合链接器命令文件中定义的地址范围,则 XLINK 链接器将产生 segment too long error(段过长错误)。

有些指令只有在链接后满足一定条件下才会执行。例如,分支指令必须在一定地址范围之内或者地址必须是偶数时才可使用。XLINK 链接器将在文件链接完毕后检查条件是否满足。如果条件不满足,则 XLINK 将产生 range error(段范围错误)或其他警告信息,并输出错误信息的描述。

关于这些错误种类的进一步信息,请参阅 IAR Linker and Library Tools Reference Guide。

(2) 链接分布图文件

XLINK 链接器可以产生广泛的交叉参考列表,其中可以有选择地包含如下信息:

➢ 按堆放顺序列出所有段的段分布图(Segment Map)。
➢ 列出所有段、局部符号和程序中所有模块入口(Public Symbols)的模块分布图。未包括在输出文件中的所有符号也可以列在该列表中。
➢ 列出每个模块所占用字节数的模块概要。
➢ 包含每个模块中所有全局符号入口(Global Symbol)的符号列表。

要生成链接器列表,可以在 IAR Embedded Workbench 的 Linker 选项设置中选择 Generate linker listing 复选框,或在命令行中使用-X 选项,并选择相关的子选项。

通常,XLINK 链接器在链接过程中如果产生错误,如范围错误,则不会产生输出文件。在 IAR Embedded Workbench 的 Linker 选项设置中,选择 Range checks disabled 复选框或在命令行中使用-R 选项,则即使遇到段范围错误也会生成输出文件。

第 6 章

IAR C-SPY 宏系统

IAR Embedded Workbench 集成开发环境中的 C-SPY 调试器包含一个综合性的宏系统，该宏系统能够自动化仿真调试过程，并可以模拟片内外设的运作。宏可以与复杂断点及中断仿真结合使用来实现广泛多样的任务。本章主要介绍宏系统及其特性、它所能完成的任务以及如何使用等。

6.1 节首先对宏和宏系统的概念、作用进行了简要介绍。之后，在这些概念的基础上详细地叙述了宏的组成、宏的编写以及宏的使用。在这部分内容中，介绍了宏语言、宏变量、宏语句以及宏文件等。最后还给出了详细的系统宏和设置宏列表，以供读者参考（由于基于 ARM 核的处理器更具有一般代表性，且其结构相比一般的 8 位或 16 位单片机也更为复杂，因此，相关列表以 ARM 为主线，某些内容对于其他处理器可能不适用）。

在 6.1 节内容的基础上，6.2 节主要介绍了使用 C-SPY 宏的几种方法，分别是：使用 Macro Configuration 交互对话框注册宏；在设置宏文件(Setup Macro File)中定义设置宏函数(Setup Macro Function)来运行宏；使用系统宏__registerMacroFile 注册包含宏函数定义的文件；使用 Quick Watch 窗口执行宏函数；通过把宏连接至一个断点来执行宏。

6.3 节主要介绍如何使用 IAR C-SPY 模拟器来进行中断仿真模拟。C-SPY 模拟器的内建中断仿真系统允许在调试程序时进行中断仿真，以模拟实际的硬件中断系统。本节中介绍了使用 C-SPY 模拟器进行模拟中断仿真的流程、各种仿真参数的配置以及如何结合 C-SPY 宏函数和断点一起使用来完成复杂的仿真过程，以及对中断服务程序的逻辑功能进行测试。

6.4 节通过一个实例演示了如何通过中断函数、断点设置和 C-SPY 宏函数来对一个串口设备的中断处理函数进行中断仿真。希望通过这部分的实例分析可以帮助读者了解使用 IAR C-SPY 进行中断仿真的流程以及相关设置等，以便在日后的程序开发和调试工作中提升效率。

6.1 C-SPY 宏系统

C-SPY 宏可以单独使用，也可以与复杂断点及中断仿真结合使用来实现广泛多样的任务。C-SPY 宏的几种使用场合如下：

➢ 自动执行调试过程,例如,跟踪输出信息、打印变量值以及设置断点等;
➢ 配置硬件设置,例如,初始化硬件寄存器等;
➢ 开发小型实用功能辅助调试,例如,计算堆栈深度等;
➢ 当采用纯软件仿真调试时可对外围设备进行仿真。

宏系统具有如下特点:
➢ 宏语言与 C 语言类似,用户可以编写自己的宏函数。
➢ 预定义的系统宏函数提供了一系列有用的功能,例如,打开和关闭文件、设置断点和定义中断仿真等。
➢ 保留的设置宏函数可用于规定何时运行宏函数,用户可以在宏设置文件中定义自己的宏函数。
➢ 可将自定义宏函数保存在一个或多个宏文件中。
➢ 可以采用对话框方式对宏函数和宏文件进行查看、编辑、注册和运行。

许多 C-SPY 任务都可以通过对话框方式或者宏函数来实现。使用对话框的优势在于它基于图形界面,用户可以交互地将任务属性调整为最佳设置。例如,设置一个断点,则用户可以添加参数并能够快速地测试该断点是否符合预期效果。

另一方面,宏命令对于用户定义的断点十分有用,可以使断点完全符合用户的需求。只要编写一个宏文件并执行,就可以自动建立特定的仿真环境。C-SPY 的另一个优点是记录调试的进程,当若干工程师参与同一个项目时,可以共享宏文件。

6.1.1 宏语言

宏语言的文法规则与 C 语言很类似,用户可以定义全局和局部变量。使用自定义宏函数,还可以像使用 C 语言库函数一样使用系统内置宏函数。

【例 6-1】 宏函数示例。

```
CheckLatest(value)
{
  oldvalue;
  if (oldvalue != value)
  {
  __message "Message: Changed from ", oldvalue, " to ", value;
  oldvalue = value;
  }
}
```

注意:宏语言中的保留字由两个下划线开始,以避免名称冲突。

1. 宏变量

宏变量是一种在用户应用程序之外定义并用于 C-SPY 表达式的变量。宏变量在使用之

前必须先声明,格式如下:

　　__var nameList;

其中,以两个下划线开头的__var 关键字用于定义宏变量;nameList 为变量名称,可以是单个宏变量,也可以是多个用逗号隔开的宏变量列表。

宏变量可分为全局宏变量和局部宏变量两种。全局宏变量在宏函数之外定义,整个调试期间都保持有效。局部变量在宏函数内部定义,只有在定义它的宏函数被执行时才有效,当宏函数执行完返回时则失效。

宏变量默认为带符号整数并初始化为 0,在 C-SPY 表达式中使用宏变量时,其值和类型取决于表达式,如表 6.1 所列。

表 6.1　C-SPY 表达式中宏变量的值类型示例

表达式	对应值含义
myvar = 3.5;	myvar 为 float 类型,值为 3.5
myvar = (int *)i;	myvar 为 int 型指针,值与 i 相同

某些情况下,C 语言符号与 C-SPY 宏变量的名称可能相同,此时宏变量具有较高优先级。注意:宏变量仅仅在调试的主机中有效,对目标应用程序没有影响。

2. 宏字符串

不同于 C 语言中的变量,宏变量可以保存宏字符串;但是宏字符串不同于 C 语言中的字符串。对于一个字符串,比如"Hello!"。在 C-SPY 表达式中,该字符串是一个宏字符串;但该变量不是 C 语言字符串指针 char *,因为字符串指针必须指向目标存储器中的一串连续字符,而 C-SPY 显然不可能将字符串存放于目标系统的存储空间中。

用户可以使用一些内置宏函数来处理宏字符串,如__strFind 和__subString,结果可以得到新的宏字符串。也可以使用"+"操作符连接宏字符串,如 str+"tail"。还可以使用标号来访问单独的字符,如 str[3]。为了获得字符串的长度,可以使用 sizeof(str)。需要注意的是,宏字符串没有 NULL 终结符。

宏函数__toString 可以将用户程序中具有 NULL 终结符的 C 语言字符串(char * 或者 char[])转换为宏字符串。例如,假设用户程序中有如下 C 语言字符串定义:

　　char const * cstr = "Hello";

参看下述样例:

　　__var str;　　　　　　　　/* 声明宏变量 */
　　str = cstr;　　　　　　　　/* str 是指向字符的指针 */
　　sizeof str　　　　　　　　/* 等效于 sizeof (char *),通常为 2 或者 4 */

```
str = __toString(cstr,512)   /* str 是宏字符串 */
sizeof str                   /* 字符串的长度为 5 */
str[1]                       /* 'e' 的 ASCⅡ 码为 101 */
str += " World!"             /* str 现在为 "Hello World!" */
```

3. 宏语句

宏语句与 C 语句类似,包括一般语句、if 条件语句、for 循环语句、while 循环语句、return 返回语句以及复合语句等。

C-SPY 允许用户在调试应用程序的过程中对源代码的 C 变量、C 表达式以及在程序中定义的汇编符号进行检查。此外,C-SPY 还允许用户定义 C-SPY 宏变量和宏函数来计算表达式的值。C-SPY 表达式由运算符、常数及变量等构成,可以包含除函数调用外的任何类型的 C 表达式。C-SPY 表达式可使用如下符号类型:

➢ C/C++ symbols;
➢ Assembler symbols (register names and assembler labels);
➢ C-SPY macro functions;
➢ C-SPY macro variables。

以下是有效的 C-SPY 表达式示例:

```
i + j
i = 42
#asm_label
#R2
#PC
my_macro_func(19)
```

其中,C symbols 为 C 语言标识符。在 C 语言中,标识符是对变量、函数、标号和其他各种用户定义对象的命名。C 标识符可通过其名称访问。

另外,按照 ISO/ANSI C 标准,sizeof 有两种格式,即 sizeof(type) 和 sizeof expr。前者适用于数据类型,而后者适用于表达式。在 C-SPY 中,当使用 sizeof 运算符时,不要在表达式的左右使用圆括号。例如,应该写作 sizeof x+2,而不是 sizeof (x+2)。

Assembler symbols 为汇编语言符号,可以是汇编语言中的标记(labels)或寄存器名称。寄存器可以为通用寄存器(general purpose registers),比如 R0~R14;也可以是特殊功能寄存器(special purpose registers),比如程序计数器(program counter)、状态寄存器(status register)等。如果在 C-SPY 中使用了设备描述文件(device description file,该文件扩展名为 ddf),则存储器映射(memory-mapped)到的全部外设单元(比如 I/O 端口等)都可以用作 Assembler symbols,用法与普通寄存器相同。

汇编标识符用于 C-SPY 表达式时需要在标识符前加"#"前缀,如表 6.2 所列。

表 6.2　汇编标识符表达式

表达式	作 用
♯pc++	程序计数器(program counter)的值加 1
myptr ＝ ♯label7	将标号♯label7 的整体地址赋给 myptr

当汇编标号与系统的寄存器名称相同时,系统寄存器有效。在此情况下,如果希望汇编标号有效,则必须在汇编标号名前后添加单引号"'"(其 ASCⅡ值为 0x60),比如表 6.3 所列情况。

表 6.3　汇编标号与系统的寄存器名称相同时的处理方法

示　例	作　用
♯pc	程序计数器(program counter)PC
♯`pc`	汇编标号 PC

宏语句示例如下:

1) 一般表达式

```
i + j
i = 42
♯asm_label
♯R2
♯PC
my_macro_func(19)
```

2) 条件语句

```
If (expression)
  statement
if (expression)
  statement
else
  statement
```

3) 循环语句

```
for (init_expression; cond_expression; update_expression)
  statement
while (expression)
  statement
do
  statement
```

```
while (expression);
```

4) return 返回语句

```
return;
return expression;
```

注意,如果语句中没有明确指出返回值,则默认返回 signed int 值 0。

5) 复合语句(Blocks)

```
{
    statement1
    statement2
    ...
    statementN
}
```

4. 格式化输出

C-SPY 可以用几种不同的方法产生格式化输出,具体格式如表 6.4 所列。

表 6.4 C-SPY 格式化输出

格式化方式	描 述
__message argList;	打印输出信息到调试日志窗口(Debug Log window)
__fmessage file, argList;	打印输出信息到指定文件(designated file)
__smessage argList;	返回包含格式化输出信息的字符串

其中,__message 、__fmessage 和 __smessage 是输出宏语句关键字,argList 是使用逗号分隔的 C-SPY 表达式或字符串列表,file 是系统宏函数 __openFile 的返回值。

注意:输出宏语句必须在宏函数中使用,当宏函数被执行时输出语句才有效。宏输出语句如下例所示。

【例 6-2】 __message 输出宏语句示例。

```
var1 = 42;
Var2 = 37;
__message "The value of var1 and var2 are", var1, "and", var2;
```

上述语句的运行结果是在调试日志窗口中输出:"The value of avr1 and var2 are 42 and 37"。

【例 6-3】 __fmessage 输出宏语句示例。

```
__fmessage myfile, "Result is ", res, "! \n";
```

【例 6-4】 __smessage 输出宏语句示例。

myMacroVar = __smessage 42, " is the answer.";

上述语句的运行结果是 myMacroVar 中保存了如下字符串:"42 is the answer"。
输出宏语句中可以在输出变量后面使用格式化字符。有效的格式化字符如下:

:%b   //按二进制输出
:%o   //按八进制输出
:%d   //按十进制输出
:%x   //按十六进制输出
:%c   //按字符输出

这些格式化信息可以在 Watch 和 Locals 窗口中输出,但是某些前缀和被引号标记的字符串以及字符可能不能输出。对于不同的数据类型,其有不同的默认输出格式,例如,'A'在默认情况下会格式化为整形数值。注意,用单引号引用的字符(a character literal)是整形常量,在输出语句中不自动显示为字符,如例 6-6。

【例 6-5】 格式化输出宏语句示例。

__message "The character", cvar:%c, "has the decimal value", cvar;

输出结果为:

The character 'A' has the decimal value 65

【例 6-6】 输出宏语句示例。

__message 'A', " is the numeric value of the character ", 'A':%c;

输出结果:

65 is the numeric value of the character A。

假设要输出 char * 类型的值,可以使用%x 格式符以十六进制显示其地址值,也可以使用 __toString 系统宏来得到完整的字符串。

6.1.2 宏函数

C-SPY 宏函数由宏变量定义和宏语句组成。宏变量在应用程序外部进行定义和分配,分配宏变量时要同时指定其值和类型。在一个 C-SPY 表达式中,当 C 符号名与 C-SPY 宏变量名相同时,C-SPY 宏变量具有较高的优先权。只有当宏被调用时宏语句才得以执行,且宏函数接收参数的数量不受限制。宏函数执行完毕在退出时可以有返回值。

宏函数的格式如下:

macroName (parameterList)

```
{
    macroBody
}
```

其中，macroName 是符合宏语言规则的标识符，注意不要与宏语言关键字相同；parameterList 是用逗号分隔的宏参数；macroBody 是一系列宏变量和宏语句。宏函数在调用过程中对参数类型及返回值不做检查。

C-SPY 允许用户使用 3 种类型的宏函数：自定义宏函数、设置宏函数和系统宏函数。自定义宏函数是由用户为满足某种特殊需要而定义的一种宏函数。

1. 设置宏函数

设置宏函数实际上是以特殊宏语言关键字为函数名的一种自定义函数，C-SPY 调试器运行到某些特殊阶段则调用这些设置宏函数来完成特定功能。这些阶段如下：

- C-SPY 已经与目标系统建立通信，在下载目标应用程序之前；
- 在目标应用程序下载完成之后；
- 每次发出复位命令时；
- 调试任务结束时。

用户必须使用指定的设置宏函数名来定义和注册宏函数，才能使得相应的宏函数在调试器的特定阶段被调用。例如，用户在加载应用程序之前可以使用 execUserPreload() 宏函数对特定的存储区域进行清理、初始化 CPU 寄存器或存储器映像 I/O 等。

由于大部分设置宏函数都在 main 函数执行前被调用，所以用户应该把所有的设置宏函数都写在同一个宏文件中（设置宏文件）。

C-SPY 系统提供了 7 种用于设置宏函数名的特殊关键字：execUserPreload、execUserFlashInit、execUserSetup、execUserFlashReset、execUserReset、execUserExit 和 execUserFlashExit，具体内容见表 6.5。

表 6.5 设置宏函数

设置宏函数	功能
execUserPreload	C-SPY 与目标系统建立通信后，在下载目标应用程序之前调用。一般用于对正确装入数据至关重要的存储器和寄存器进行初始化
execUserFlashInit	在 Flash Loader 下载到 RAM 之前调用，通常用于为 Flash Loader 建立存储器映像。只有对 Flash 编程时该宏函数才被调用，其作用仅限于闪存写入
execUserSetup	在目标应用程序下载完成之后调用，用于建立存储器映像、断点、中断等
execUserFlashReset	在 Flash Loader 已下载至 RAM 但还未运行之前调用。该宏函数只有对闪存编程时才调用，并且仅用于闪存写入

续表 6.5

设置宏函数	功能
execUserReset	发生复位命令时调用,用于建立和恢复数据
execUserExit	结束调试任务时调用,用于保存状态数据等
execUserFlashExit	当 Flash Loader 执行完毕后调用,本宏函数用于保存状态信息等,作用仅限于闪存写入

注意:如果宏文件中定义有在系统启动时执行的中断或断点(使用 execUserSetup),则强烈建议用户在系统关闭时移除这些中断或断点(使用 execUserExit)。原因在于模拟器会在两次调试任务之间保存中断或断点,如果这些中断或断点没有移除,则 execUserSetup 每次执行时会再次复制,这将严重影响执行速度。

2. C-SPY 系统宏函数及其功能

系统宏函数是 C-SPY 系统内部预定义的宏函数,函数名前面有两个下划线,可以直接调用。表 6.6 列出了所有适用于 IAR Embedded Workbench for ARM 环境的 C-SPY 系统宏函数及其功能。要了解适用于其他处理器的 C-SPY 系统宏,请参阅 IAR 帮助文档。

表 6.6 IAR Embedded Workbench for ARM 的 C-SPY 系统宏

系统宏函数	功能
__cancelAllInterrupts() 参数:无 返回值:int 0	取消所有已定义的中断,仅用于 C-SPY 模拟器
__cancelInterrupt(interrupt_id) 参数:interrupt_id 为 unsigned long 类型,其值为对应宏函数 __orderInterrupt() 调用的返回值 返回值:成功返回 int 0;否则,返回非 0 值	取消指定中断,仅用于 C-SPY 模拟器
__clearBreak(break_id) 参数:break_id 为任意设置断点宏的返回值 返回值:int 0	清除用户定义的断点
__closeFile(filehandle) 参数:filehandle 宏变量是 __openFile 宏的文件句柄 返回值:int 0	关闭由宏函数 __openFile 打开的文件
__disableInterrupts() 参数:无 返回值:成功返回 int 0;否则返回非 0 值	禁止产生中断,仅用于 C-SPY 模拟器

续表 6.6

系统宏函数	功　能
__driverType(driver_id) 参数:driver_id 为如下字符串之一,其值对应于用户待检测的驱动: "sim"对应于 simulator driver "rom"对应于 ROM-monitor driver "jtag"对应于 Macraigor driver "rdi"对应于 RDI driver "jlink"对应于 J-Link/J-Trace driver "angel"对应于 Angel driver "generic" c 对应于第三方 drivers 返回值:成功返回 1;否则返回 0	检查当前 IAR C-SPY 调试器驱动是否与 driver_id 宏参数一致。 例:__driverType("sim") 　　如果当前采用模拟器驱动,则返回 1,否则返回 0
__emulatorSpeed(speed) 参数:speed 是以 Hz 为单位的仿真器速度。0 为速度自动检测;-1 为自适应速度(仅用于支持速度自适应的仿真器) 返回值:成功返回仿真器原先的速度值或 0(如果速度未知),否则当仿真器不支持设置的 speed 值或失败时返回-1	设置仿真器时钟。对于 JTAG 接口,本时钟即为 JTAG 时钟,亦为 TCK 信号。本系统宏适用于 J-Link/J-Trace 例:__emulatorSpeed(0) 　　仿真器速度设置为自动检测
__emulatorStatusCheckOnRead(status) 参数:status 可为 0 或 1。0 值启用检测;1 值禁用检测。默认情况下为 0 值。 返回值:int 0	设置在每次读操作完成后是否 CPSR(current processor status register)驱动校验。通常,本宏用于初始化某些 CPU 的 JTAG 连接。例如,TI 的 TMS470R1B1M。 注意:对于某些 CPU,启用该校验可能产生问题,如返回无效的 CPSR 值。但是如果该校验被禁止(SetCheckModeAfterRead=0),则读操作的成功执行将无法验证,同时,可能的数据中止不被识别。 本系统宏适用于 J-Link/J-Trace 例:__emulatorStatusCheckOnRead(1) 　　禁止检测存储器读取中的数据中止
__enableInterrupts() 参数:无 返回值:成功返回 int 0,否则返回非 0 值	允许产生中断,仅用于 C-SPY 模拟器
__evaluate(string, valuePtr) 参数:string 为表达式字符串; 　　valuePtr 为指针,其指向保存结果的宏变量 返回值:成功返回 int 0,否则返回 int 1	本宏将输入的字符串解释为表达式并进行计算,结果存储在变量指针 valuePtr。 例:假设变量 i 已经定义,其值为 5 __evaluate("i + 3", &myVar) 宏变量 myVar 指向的值为 8

续表 6.6

系统宏函数	功能
__hwReset(halt_delay) 参数：halt_delay 复位脉冲终点到 CPU 复位之间的延时值，单位 ms。参数设为 0，则 CPU 复位后立即暂停。 返回值：≥0 为仿真器实际延时值 　　　　-1 为仿真器不支持延时暂停 　　　　-2 为仿真器不支持硬件复位	使仿真器产生硬复位，并暂停 CPU，可用于所有 JTAG 接口。 例：__hwReset(0) 　　复位并立即暂停 CPU
__hwResetWithStrategy(halt_delay, strategy) 参数：halt_delay 复位脉冲终点到 CPU 复位之间的延时值，单位 ms。参数设为 0，则 CPU 复位后立即暂停(仅当 strategy 设置为 0 时)。 Strategy 停止内核(halting the core)的复位策略(reset strategy)。参数设为 0，则复位后立即停机；参数设为 1，则使用断点在 0x00 地址停机；参数设为 3，则为软件复位(用于 Analog devices)。 返回值：≥0 为仿真器实际延时值 　　　　-1 为仿真器不支持延时暂停 　　　　-2 为仿真器不支持硬件复位 　　　　-3 为仿真器不支持复位策略	执行硬件复位，并经过设定的延时后停机。本系统宏适用于 J-Link/J-Trace 例：__hwResetWithStrategy(0,1) 　　复位 CPU，并使用一个断点使其在存储器 0 地址处停机
__jlinkExecCommand(cmdstr) 参数：cmdstr 为 J-Link/J-Trace 命令字符串 返回值：int 0	向 J-Link/J-Trace 驱动发送一个底层命令。细节请参考 J-Link / J-Trace User's Guide 本系统宏适用于 J-Link/J-Trace
__jtagCommand(ir) 参数：ir　2　　SCAN_N 命令 　　　　　4　　RESTART 命令 　　　　　12　INTEST 命令 　　　　　14　IDCODE 命令 　　　　　15　BYPASS 命令 返回值：int 0	向 JTAG 指令寄存器(instruction register IR)发送底层命令，本系统宏适用于 J-Link/J-Trace 例：__jtagCommand(14); 　　Id = __jtagData(0,32); 　　返回 ARM 设备的 JTAG ID
__jtagData(dr, bits) 参数：dr 为 32 位数据寄存器值 bits 为 dr 中的有效位数(Number of valid bits)，用作参数和返回值。以最低有效位起始。 返回值：返回操作结果，结果中的位数由 bits 给出	向 JTAG 数据寄存器(data register DR)发送底层命令，返回移出(shift out)DR 的位。本系统宏适用于 J-Link/J-Trace 例：__jtagCommand(14); 　　Id = __jtagData(0,32); 　　返回 ARM 设备的 JTAG ID

续表 6.6

系统宏函数	功能

__openFile(file, access)
参数：file 为文件名
access 为访问类型。"r" 为 ASCII 读；"w" 为 ASCII 写
返回值：成功时，返回文件句柄(The file handle)；否则，返回无效文件句柄(invalid file handle)
	打开一个用于 I/O 操作的文件。本宏的默认目录是当前项目所在目录。__openFile 的参数也可以是相对于默认目录的位置。另外，也可用参数变量（如 $PROJ_DIR$ 和 $TOOLKIT_DIR$）指定文件目录。
	例：
	　__var filehandle;
	　filehandle=__openFile("Debug\\Exe\\test.tst", "r");
	　if (filehandle)
	　{
	　　/* successful opening */
	　}

__orderInterrupt(specification, first_activation, repeat_interval, variance, infinite_hold_time, hold_time, probability) 参数：specification 为中断字符串，本参数可以是在设备描述文件(device description file)中使用的完整说明(full specification)，也可以只是其名称(name)。在后一种情况下，中断系统将自动从设备描述文件获得说明。 　　first_activation 为首次激活时间，以周期为单位的整数值 　　repeat_interval 为重复间隔，以周期为单位的整数值 　　variance 为百分比形式的时间变化率，其值为 0～100 之间的整数 　　infinite_hold_time 为为无限保持，值 1 为无限，其他为 0 　　hold_time 保持时间（整数） 　　probability 百分比形式的概率数，其值为 0～100 之间的整数 返回值：本宏返回一个无符号长整型中断标识符(interrupt identifier)。若发生中断字符串(specification 参数)错误，则返回 −1	产生中断，仅用于 C-SPY 中断模拟器 例： __orderInterrupt("IRQ", 4000, 2000, 0, 1, 0, 100); 产生 IRQ 中断，在 4 000 个周期后首次激活，重复间隔为 2 000，时间变化率为 0，采用无限保持，保持时间为 0，概率值为 100%
__popSimulatorInterruptExecutingStack(void) 参数：无 返回值：无	通知中断模拟系统中断处理程序执行完毕，类似于执行从中断处理程序返回的普通指令。这种手段对于使用中断时没有在中断处理程序中使用返回指令的用户非常有用。例如，在具有任务切换的操作系统中，中断模拟系统不能自动检测到中断处理完毕。其中，仅用于 C-SPY 中断模拟器

续表 6.6

系统宏函数	功　能

__readFile(file, valuePtr)
参数：file　文件句柄
　　　valuePtr　指向宏变量的指针
返回值：成功返回 0，否则返回非 0 值
	从指定文件中顺序读取十六进制数，将其转换为无符号长整型并指向宏变量的指针参数 value。
	例：__var number;
	if (__readFile(myFile, &number) == 0)
	{
	　// Do something with number
	}

__readFileByte(file)
参数：file　文件句柄
返回值：出错或到达文件末尾时(end－of－file)返回－1，否则返回 0～255 之间的数
	从指定文件读取 1 字节的数据
	例：__var byte;
	while ((byte = __readFileByte(myFile)) != －1)
	{
	　// Do something with byte
	}

__readMemoryByte(address, zone) __readMemory8(address, zone) __readMemory16(address, zone) __readMemory32(address, zone) 参数：address　存储器地址（整形） 　　　zone　为存储器区域名（字符串） 返回值：返回存储器内容	分别从给定存储器位置读取单字节、双字节和 4 字节例： __readMemory8(0x0108, "Memory"); __readMemory16(0x0108, "Memory"); __readMemory32(0x0108, "Memory");
__registerMacroFile(filename) 参数：filename 要注册的文件名（字符串） 返回值：int 0	注册设置宏文件中的宏函数，使用该函数可以在 C-SPY 启动时注册多个宏。 例：__registerMacroFile("c:\\testdir\\macro.mac");
__resetFile(filehandle) 参数：filehandle　为用于__openFile 宏的文件句柄 返回值：int 0	倒回先前用__openFile 宏打开的文件
__restoreSoftwareBreakpoint() 参数：无 返回值：int 0	自动恢复在系统启动期间破坏的所有断点。 如果用户的某些应用程序在启动期间复制至 RAM 并在 RAM 中执行，则该宏函数十分有用。典型情况是，用户使用－Q 链接器选项(－Q linker option)链接程序或者在程序中使用了__ramfunc 关键字声明函数。在此情况下，当 C-SPY 调试器启动时，在 RAM 复制期间，所有的断点将被破坏。使用该宏函数可以让 C-SPY 恢复破坏的断点。 本宏函数适用于 J-Link / J-Trace 和 Macraigor

续表 6.6

系统宏函数	功　能
__setCodeBreak(location, count, condition, cond_type, action) 参数：location 为断点位置描述字符串，可用以下格式： 　　原地址格式：{filename}.line.col 　　例如：{D:\\src\\prog.c}.12.9} 　　绝对地址格式：zone:hexaddress 或者简化为 hexaddress 　　例如：Memory:0x42 　　指明位置的表达式，例如，main count 为产生中断前断点条件必须满足的次数（整型） condition 为断点条件（字符串） cond_type 为条件类型，字符串"CHANGED"或"TRUE" action 为表达式，通常是一个宏调用。该宏在断点检测到时执行 返回值：成功时，返回一个唯一标识该断点的无符号整型数，其值必须用于清除断点。失败时，返回 0	设置代码断点，当处理器在指定位置取指前断点被触发。 例： __setCodeBreak("{D:\\src\\prog.c}.12.9", 3, "d＞16", "TRUE", "ActionCode()"); 如下的例子在汇编代码的 main 标签处放置一个代码断点。 __setCodeBreak("#main", 0, "1", "TRUE", "");
__setDataBreak(location, count, condition, cond_type, access, action) 参数：location 为断点位置描述字符串，可用以下格式： 　　原地址格式：{filename}.line.col 　　例如：{D:\\src\\prog.c}.12.9} 　　但是本格式在数据断点中不经常使用。 　　绝对地址格式：zone:hexaddress 或者简化为 hexaddress 　　例如：Memory:0x42 　　指明位置的表达式，例如 my_global_variable count 为产生中断前断点条件必须满足的次数（整型） condition 为断点条件（字符串） cond_type 为条件类型，字符串"CHANGED"或"TRUE" access 为存储器访问类型：R 只读，W 只写，RW 可读可写 action 为表达式，通常是一个宏调用。该宏在断点检测到时执行 返回值：成功时返回一个唯一标识该断点的无符号整型数，其值必须用于清除断点。失败时返回 0	设置数据断点，当处理器在指定位置读取或写入数据后，断点立即触发。本系统宏仅用于 IAR C-SPY 模拟器 例： __var brk; brk = __setDataBreak("Memory:0x4710", 3, "d＞6", "TRUE", 　　　　　"W", "ActionData()"); … __clearBreak(brk);

续表 6.6

系统宏函数	功　能
__setSimBreak(location, access, action) 参数：location 为断点位置描述字符串，可以以下格式： 　　原地址格式：{filename}.line.col 　　例如：{D:\\src\\prog.c}.12.9) 　　但是本格式在数据断点中不经常使用。 　　绝对地址格式：zone:hexaddress 或者简化为 hexaddress 　　例如：Memory:0x42 　　指明位置的表达式，如 my_global_variable 　　access 为存储器访问类型：R 只读，W 只写 　　action 为表达式，通常是一个宏调用。该宏在断点检测到时执行 返回值：成功时返回一个唯一标识该断点的无符号整型数，其值必须用于清除断点。失败时返回 0	本系统宏用于设置立即断点（set immediate breakpoints），该断点将暂时终止指令执行。这使得 C-SPY 宏函数在处理器将要在指定位置读取数据时被调用，或写完数据后立即被调用。上述过程完毕后，指令将继续执行。 本类型的断点适用于模拟各种存储器映射外设（memory-mapped devices），如串口或定时器。当处理器在一个存储器映射位置读取数据时，C-SPY 宏函数可以介入并提供合适的数据。类似的，当处理器在一个存储器映射位置写入数据时，C-SPY 宏函数可以对写入的数据做出相应响应。本系统宏仅用于 IAR C-SPY 模拟器
__sleep(time) 参数：time 为调试器休眠时间，单位为 ms 返回值：int 0	使调试器休眠指定的时间 例：__sleep(1000000)使调试器休眠 1 s
__sourcePosition(linePtr, colPtr) 参数：linePtr 为指向存储行号码（line number）变量的指针 　　colPtr 为指向存储列号码（column number）变量的指针 返回值：成功时返回文件名字符串；否则，返回空字符串("")	如果当前的执行位置对应一个源代码位置，则本宏以字符串形式返回文件名；同时也通过参数给出了源位置的行列号码
__strFind(macroString, pattern, position) 参数：macroString　为被查找字符串 　　pattern　为待查找的字符串 　　position　起始查找位置，默认为 0 返回值：找到时返回该位置，未找到时返回 -1	在一个字符串中查找另一个字符串 例：__strFind("Compiler", "pile", 0)　= 3 　　__strFind("Compiler", "foo", 0)　= -1
__subString(macroString, position, length) 参数：macroString 为欲从中摘取子字符串的给定字符串 　　position 为子字符串的起始位置 　　length 子字符串的摘取长度 返回值：从给定字符串中摘取的子字符串	从给定字符串中摘取子字符串 例：__subString("Compiler", 0, 2) 　　摘取的子字符串为 Co 　　__subString("Compiler", 3, 4) 　　摘取的子字符串为 pile

续表 6.6

系统宏函数	功 能
__toLower(macroString) 参数:macroString 为任意字符串 返回值:转换后的字符串	将给定字符串转换为小写 例:__toLower("IAR") 　　得到的字符串为 iar 　　__toLower("Mix42") 　　得到的字符串为 mix42
__toString(C_string, maxlength) 参数:C_string 任意没有终结符(null—terminated)的 C 字符串 　　　maxlength 欲获取字符串的最大长度 返回值:宏字符串	将 C 字符串(char * or char[])转换为宏字符串 例:假设应用程序中有如下定义: 　　char const * hptr = "Hello World!"; 　　如下宏调用:__toString(hptr, 5) 　　将得到宏字符串 Hello
__toUpper(macroString) 参数:macroString 为任意宏字符串 返回值:转换后的字符串	将给定字符串转换为大写 例:__toUpper("string") 　　得到的字符串为 STRING
__writeFile(file, value) 参数:file 为文件句柄 　　　value 为整型数 返回值:int 0	将整型参数 value 以十六进制写入文件。 __fmessage 语句可以实现一样的效果,__writeFile 通常与__readFile 配套使用
__writeFileByte(file, value) 参数:file 为文件句柄 　　　value 为 0~255 的整型数 返回值:int 0	向文件中写入 1 字节数据

__writeMemoryByte(value, address, zone)
__writeMemory8(value, address, zone)
__writeMemory16(value, address, zone)
__writeMemory32(value, address, zone)
参数:value 为待写入值(整型数)
　　　address 为存储器地址(整型数)
　　　zone 为存储区域名(字符串)
返回值:int 0
	向指定存储器位置写入单、双或 4 字节
	例:__writeMemoryByte(0x2F, 0x8020, "Memory");
	　　__writeMemory8(0x2F, 0x8020, "Memory");
	　　__writeMemory16(0x2FFF, 0x8020, "Memory");
	　　__writeMemory32(0x5555FFFF, 0x8020, "Memory");

6.1.3　宏文件

用户可以将宏变量和宏函数保存在一个或多个文件中。在定义一个宏变量或实现一个宏函数之前,首先要创建一个用于保存这些信息的文本文件。用户可以依照自己的习惯使用任意文本编辑器来编写这个文件,之后选择恰当的文件名,并以 mac 作为扩展名保存该文件。这样的文件称为宏文件,由于其以 mac 作为扩展名,所以很多时候也将宏文件称为 MAC 文件。

1. 设置宏文件

设置宏文件(setup macro file)在 C-SPY 系统启动时载入,它可以在装载用户程序到目标系统之前控制 C-SPY 系统进行某些操作,比如初始化 CPU 寄存器、初始化存储器映射外设单元;也可以用于自动初始化 C-SPY 系统或注册多个设置宏文件。

2. 存储器重映射

存储器重映射是大部分基于 ARM 架构处理器的共同特点。系统复位后,存储器管理单元通常会把 0 地址映射至非易失性存储器,比如 Flash 存储器。通过配置存储器管理单元,系统存储器可以进行重映射,将 RAM 存储器映射至 0 地址,把 Flash 存储器映射至较高的空间。进行存储器重映射可以将异常向量表保存在 RAM 存储器中,并能够对异常向量表进行修改,这样可以方便用户在评估板上调试应用程序。为了让 C-SPY 系统实现存储器重映射,需要使用设置宏函数 execUserPreload()。

如上所述,用户应当在下载应用程序代码之前配置存储器管理单元,这个工作最好由 C-SPY 宏函数完成,即在下载用户代码之前调用设置宏函数 execUserPreload()。宏函数 __writeMemory32() 可以对存储器管理单元进行必要的初始化。

下面的示例演示了如何使用宏函数配置存储器管理单元以及对 Atmel AT91EB55 芯片进行重映射,其他 ARM 芯片的处理过程类似。

【例 6-7】 宏函数使用示例。

```
execUserPreload()
{
__message "Setup memory controller, do remap command\n";
// Flash at 0x01000000, 16MB, 2 hold, 16 bits, 3 WS
__writeMemory32(0x01002529, 0xffe00000, "Memory");
// RAM   at 0x02000000, 16MB, 0 hold, 16 bits, 1 WS
__writeMemory32(0x02002121, 0xffe00004, "Memory");
// unused
__writeMemory32(0x20000000, 0xffe00008, "Memory");
// unused
__writeMemory32(0x30000000, 0xffe0000c, "Memory");
// unused
__writeMemory32(0x40000000, 0xffe00010, "Memory");
// unused
```

```
    __writeMemory32(0x50000000, 0xffe00014, "Memory");
    // unused
    __writeMemory32(0x60000000, 0xffe00018, "Memory");
    // unused
    __writeMemory32(0x70000000, 0xffe0001c, "Memory");
    // REMAP command
    __writeMemory32(0x00000001, 0xffe00020, "Memory");
    // standard read
    __writeMemory32(0x00000006, 0xffe00024, "Memory");
}
```

如果用户将硬件调试系统（hardware debugger system）配置为在 C-SPY 复位的同时进行硬件复位（如使用了 Reset asserts hardware reset pin 选项），则需要以相同的方法对设置宏函数 execUserReset() 进行定义，以便在 C-SPY 复位后重新进行存储器重映射。

6.2　使用 C-SPY 宏

使用 C-SPY 宏之前，需要创建一个宏文件并在其中定义宏函数。为了告知 C-SPY 系统用户期望使用这些已定义的宏函数，需要在 C-SPY 调试器中对该宏文件进行注册、加载，以便在程序调试过程中运行其中的宏函数。

在程序调试过程中，用户可能需要列出所有可用的宏函数并执行它们。要列出已注册的宏函数，则用户可以使用 Macro Configuration 对话框；要注册、加载并运行 C-SPY 宏函数，则可以采用如下几种方法：

➤ 使用 Macro Configuration 交互对话框注册宏。
➤ 用户可以在设置宏文件（Setup Macro File）中定义设置宏函数（Setup Macro Function），以便在 C-SPY 启动时注册并运行宏函数。
➤ 使用系统宏 __registerMacroFile 注册包含宏函数定义的文件，这样用户可以根据运行时的具体情况（Runtime Conditions）动态地选择要注册的宏文件。使用本系统宏也可以在同一时刻注册多个文件。
➤ 使用 Quick Watch 窗口计算表达式或者执行宏函数。
➤ 通过把宏连接至一个断点来执行宏，则当断点触发时宏将被执行。

6.2.1　使用设置宏函数和设置文件来注册、运行宏

宏文件在 C-SPY 启动时可以很方便地注册，特别是当用户有一些现成的宏函数时。之后，C-SPY 可以在 main 函数执行之前运行这些宏。要实现上述目的，用户只需在调试器启动前指定一个加载宏文件，该文件将调用系统宏函数 __registerMacroFile 动态地注册宏文件。

这样，每次启动 C-SPY 调试器时指定的宏文件将自动注册。

使用设置宏函数来定义宏，用户就可以精确地定义宏函数在什么阶段被执行。用户可以在加载宏文件中依据具体情况从表 6.5 中选择合适的设置宏函数，并根据需要从表 6.6 中选择用于不同阶段运行的不同系统宏函数。

要实现上述目的，请执行以下步骤：

① 创建一个文本文件作为加载宏文件，用于定义自己的宏函数，例如：

```
execUserSetup()
{
    ...
    __registerMacroFile(MyMacroUtils.mac);
    __registerMacroFile(MyDeviceSimulation.mac);
}
```

其中，设置宏函数 execUserSetup 在应用程序下载到目标系统之后运行，其通过调用系统宏函数__registerMacroFile 来注册 MyMacroUtils.mac 和 MyDeviceSimulation.mac 两个宏文件。

② 以 mac 为扩展名保存该文件。

③ 在启动 C-SPY 前，选择 Project→Options 菜单项，在弹出对话框的 Category 列表框中选择 Debugger 项。单击 Setup 标签，在该选项卡中选择 Setup macros 选项区域的 Use macro file 复选框，并在其文本框中选择刚刚创建的宏文件，如图 6.1 所示。该文件在 C-SPY 启动时被加载，且当应用程序下载到目标系统之后运行设置宏函数 execUserSetup，以注册两个指定的宏文件。

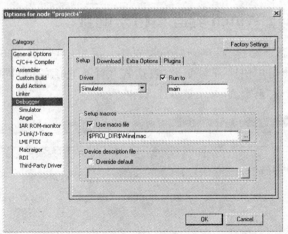

图 6.1　配置加载宏文件

6.2.2 使用 Macro Configuration 对话框注册宏文件

使用 Macro Configuration 对话框可以在 C-SPY 调试器运行过程中注册宏。在 C-SPY 调试状态下选择 Debug→Macros 菜单项,则弹出如图 6.2 所示的 Macro Configuration 对话框。Macro Configuration 对话框为用户提供了一个用于注册宏函数的交互接口。当用户开发宏函数并且希望进行连续的装载和测试时,使用 Macro Configuration 对话框将非常便利。

在 Macro Configuration 对话框的 Registered Macros 选项区可以查看已注册的宏函数。选择 All 单选框将列出所有已注册的宏函数,选择 User 单选框将列出已注册的用户宏函数,选择 System 单选框将列出所有系统宏函数。

在 Macro Configuration 对话框的 File name 下拉列表框中选择带路径的宏文件名后单击 Add 按钮,则可以将其加入到 Selected Macro Files 列表框中。然后单击 Register 按钮,即可注册选中的宏文件。

当退出 C-SPY 调试器后,使用 Macro Configuration 对话框注册的宏函数将被释放且在下一次调试任务中不会被自动注册。关于 Macro Configuration 对话框的详细使用,请参见 IAR 的相关帮助文档。

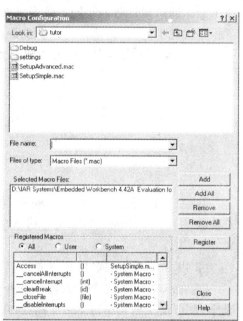

图 6.2 使用 Macro Configuration 对话框注册宏文件

6.2.3 使用 Quick Watch 界面运行宏函数

在 C-SPY 调试状态下选择 View→Quick Watch 菜单项,弹出如图 6.3 所示 Quick Watch 界面。该界面可以帮助用户快速查看变量、表达式并计算它们的值,同时还可以利用该界面动态地选定何时运行一个宏函数。

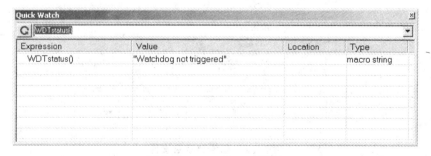

图 6.3 Quick Watch 界面

下面是一个检查看门狗定时器(Watchdog Timer)溢出位状态的简单宏函数:

```
WDTstatus()
{
    if (#WD_SR & 0x01 != 0)  /* Checks the status of WDOVF */
        return "Watchdog triggered";  /* C-SPY macro string used */
    else
        return "Watchdog not triggered";  /* C-SPY macro string used */
}
```

要执行该宏函数,应执行如下步骤:

① 以 mac 为扩展名保存该函数,并打开该文件。

② 注册宏文件。启动 C-SPY 调试器,选择 Debug→Macros 菜单项,则弹出如图 6.2 所示 Macro Configuration 对话框。单击 Add 按钮,则将其加入到 Selected Macro Files 列表框中,然后单击 Register 按钮,注册选中的宏文件。这时,宏函数将出现在 Registered Macros 选项区的列表中。

③ 在源代码编辑窗口中打开宏文件,在宏函数 WDTstatus() 上拖动左键以全部选择,然后右击,在弹出的快捷菜单中选择 Quick Watch 选项,则该宏函数自动出现在 Quick Watch 界面,如图 6.3 所示。

在 Quick Watch 界面的下拉列表框中选择要执行的宏函数,单击 Quick Watch 界面左上角的 G 按钮,则可运行该宏函数,且运行结果立即显示在窗口中。Quick Watch 界面对于动态运行宏函数特别有用,用户可以在调试应用程序的过程中随时根据需要启动一个宏函数,根据其运行状态判断当前目标程序的逻辑功能是否正确。

6.2.4 将宏函数与断点相连以执行宏函数

用户可以把宏函数连接到一个断点,当断点触发时宏函数自动运行,从而使应用程序在某些特殊位置停止运行,并完成特殊操作。例如,生成包含相关信息的日志报告文件,将变量值、字符或寄存器如何改变等信息记录在一个文件中以便后续分析。要实现上述功能,用户需要在程序执行的可疑位置放置一个断点,并将记录日志的宏连接到此断点。这样,当程序运行完毕后,用户就可以通过日志文件对变量和寄存器的变化过程做分析。

下面举例说明如何创建一个日志宏函数并将它与一个断点相连,具体过程如下:

① 假设如下是用户应用程序源代码中的一个 C 函数框架:

```
int fact(int x)
{
    ...
}
```

② 创建一个简单的日志宏函数，如下：

```
logfact()
{
    __message "fact(",x,")";
}
```

其中，__message 语句的作用是将日志信息传到调试日志窗口（Log window）。将该宏函数保存至以 mac 为扩展名的宏文件中。

③ 用户执行该宏前必须先将其注册。选择 Debug→Macros 菜单项，则弹出如图 6.2 所示 Macro Configuration 对话框。按照前面内容讲述的方法，将宏文件添加至 Selected Macro Files 区域，单击 Register 按钮，则该宏函数将出现在 Registered Macros 区域的列表中。

④ 添加一个代码断点。在源代码窗口中打开用户程序源文件并将光标放在 fact 函数的第 1 条语句处，单击快捷工具栏 按钮设置一个断点。然后选择 Edit→Breakpoint 菜单项，从弹出的 Breakpoint 对话框中选择并右击刚设置的断点，将弹出如图 6.4 所示的界面。

⑤ 单击快捷菜单中的 Edit 项，则弹出如图 6.5 所示的 Edit Breakpoint 对话框。在 Action 选项区输入宏函数名 logfact() 并单击 OK 按钮，即可将该断点与日志宏函数 logfact() 相连。

⑥ 单击 按钮全速运行用户程序。当断点被触发后，日志宏函数 logfact() 会自动执行，将日志信息传到调试日志窗口。

图 6.4　Breakpoints 界面

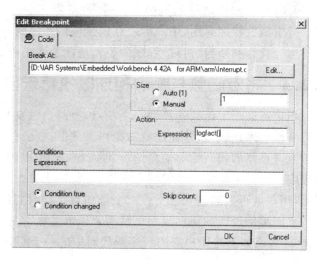

图 6.5　在 Edit Breakpoint 对话框中连接断点与宏函数

用户可以使用 __fmessage 等系统宏函数来增强日志功能，__fmessage 宏将把日志信息保存到文件，方便后续分析处理。

6.3 使用 C-SPY 模拟器进行中断仿真

C-SPY 模拟器具有软件仿真中断功能,可以在使用真实硬件设备之前测试程序逻辑是否正确。本节主要介绍 C-SPY 模拟器的中断仿真系统以及如何进行相关配置,使其模拟用户目标硬件的中断响应,并介绍中断系统宏的相关信息。

6.3.1 C-SPY 中断仿真系统

IAR C-SPY 模拟器内建中断仿真系统,允许在调试程序时进行中断仿真。用户可以对中断仿真系统进行配置,以模拟实际的硬件中断系统。在进行中断仿真时,结合 C-SPY 宏函数和断点一起使用,可以完成复杂的仿真过程,如中断驱动的外围设备等。使用中断仿真功能,还可以对中断服务程序的逻辑功能进行测试。C-SPY 中断仿真系统具有如下特点:

- 支持 ARM 核中断仿真。
- 基于周期计数器的单次中断或周期性中断。
- 对于不同设备的预定义中断。
- 可以对保持时间、概率、时间变化进行配置。
- 查找时序问题的状态信息。
- 两种类型的中断仿真配置接口,即对话框和 C-SPY 系统宏。前者为交互方式,后者为自动处理方式。
- 可以采用立即方式或基于用户定义参数的方式激活中断。
- 中断日志窗口可以连续显示每个已定义中断的状态。

中断仿真系统默认为启用状态,如果不需要使用,则可以关闭中断仿真功能以加快 C-SPY 模拟器的运行。用户可以使用系统宏函数或者在中断设置对话框中(Interrupt Setup dialog box),按自己的需求开启或关闭中断系统。已定义的中断会被系统保护,除非用户移除这些中断。在不同的调试任务中(between debug sessions),所有使用中断设置对话框(Interrupt Setup dialog box)定义的中断会被保护。

1. 中断属性

模拟中断(Simulated interrupt)由一系列属性组成,其参数配置如图 6.6 所示。通过调整这些属性,可以使模拟中断更接近于真实硬件系统的中断。这些属性包括 Activation Time(激活时间)、Repeat Interval(重复间隔)、Hold Time(保持时间)和 Variance(变化量)。

模拟中断仿真系统使用周期计数器(Cycle Counter)作为时钟源,以确定何时在模拟器中产生一个中断。用户须指定基于周期计数器

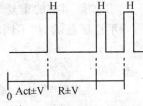

注:Act-First activation time
R-Repeat interval
H-Hold time
V-Variance

图 6.6 模拟中断参数配置

的触发时间,C-SPY模拟器在周期计数器运行到该指定触发时间(Activation Time)时就会生成一个中断。模拟中断不会打断指令的执行,也就是说,只有当前完整的汇编指令执行完毕后中断才会产生,而不管这条指令需要执行多少周期。

用户可以指定 Repeat Interval(重复间隔)来定义中断生成周期(Periodicity of the Interrupt generation),即 Repeat Interval 规定了多少个周期之后一个新的中断应该产生。此外,中断周期还与参数 Probability(概率)和 Variance(变化量)有关,这两个参数都为百分比形式;前者用于统计一个周期时间内实际出现的中断次数,后者用于统计重复间隔。利用这些参数来确保中断仿真的随机性。用户还可以设定 Hold Time(保持时间)参数来描述一个中断在没有被执行时需要保持多长时间,直至被删除。如果 Hold Time 被设置为 infinite,则对应的中断会始终挂起,直到被应答或删除。

2. 中断模拟状态信息

中断仿真系统可在中断设置对话框(Interrupt Setup)显示有效状态信息,以帮助用户判断应用程序的时序问题。中断触发信号(interrupt activation signal)有 Idle 和 Pending 两种状态。对于中断来说,可以显示如下 3 种状态:Executing、Removed 和 Expired。

对于一个指定了重复时间(Repeat Time)的重复性中断,有如下情况:

① 当重复时间(Repeat Time)大于执行时间(Execution Time)时,不同时间段的状态信息如图 6.7 所示。

图 6.7 模拟状态示例

② 如果当前的重复时间(Repeat Time)小于执行时间(Execution Time),且中断是可重入的或不可屏蔽的,则不同时间段的状态信息如图 6.8 所示。

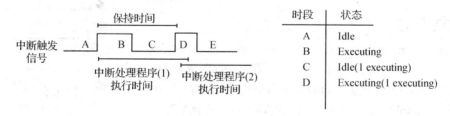

图 6.8 模拟状态示例

在第二种情况下,中断处理程序的执行时间相对于中断重复时间来说过于长久,这表明用户需要重写中断处理程序以减少其执行时间,或者用户应该为中断模拟系统指定一个较长的重复时间。

6.3.2 中断仿真系统的使用

IAR C-SPY 中断仿真系统非常容易上手,但要高效地使用中断仿真系统,用户必须熟悉如何将其适用到目标系统,同时也需要掌握如下基本功能的使用:

- 强制中断窗口(The Forced Interrupt window);
- 中断(Interrupts)对话框和中断设置(Interrupts)对话框;
- 用于中断的 C-SPY 系统宏;
- 中断日志窗口(The Interrupt Log window)。

模拟中断与硬件中断具有同样的行为,这表明中断是否能执行取决于全局中断使能位的状态,可屏蔽中断也一样取决于其对应中断使能位的状态。

1. 中断设置对话框

选择 Simulator→Interrupt Setup 菜单项即可打开中断设置对话框,如图 6.9 所示。其中,列出了所有已定义的中断。

选项 Enable interrupt simulation 用于启用或禁用中断仿真。如果中断仿真被禁用,已定义的中断会保留,但是所有中断都不会发生。通过选择已设置中断列表中对应中断名左边的小方框,用户可以单独启用或禁用某个已设置的中断。中断设置对话框中各项参数意义如表 6.7 所列。

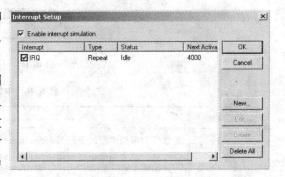

图 6.9 中断设置对话框

表 6.7 中断设置对话框参数意义

参 数	意 义
Interrupt	列出所有已定义中断
Type	中断类型,可用的类型有 Forced、Single 和 Repeat
Status	中断状态,可以是 Idle、Removed、Pending、Executing 或 Expired
Next Activation	中断再次激活所需时间,以周期为单位

注意,对于可重复中断(Repeatable Interrupts),在 Type 中可能有关于同一类型中断同时执行数量的附加信息(n executing)。若 n 大于 1,则中断仿真系统出现再次进入同一中断的

行为,这样将不能完成执行,表明用户应用程序可能存在问题。

只有非强制中断(Non-forced Interrtupts)才可以编辑或删除。在图 6.9 中,单击 New 或 Edit 可以打开中断编辑(Edit Interrupt)对话框。

2. 中断编辑对话框

中断编辑对话框为用户提供了一个图形化的界面,如图 6.10 所示。用户在本窗口可以增加或修改中断、对模拟中断的各项参数进行交互式微调以及对产生的中断进行快速测试。每个中断都有如下可设置参数,如表 6.8 所列。

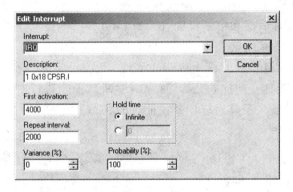

图 6.10 中断编辑窗口

表 6.8 中断设置参数表

参 数	意 义
Interrupt	包含所有可用中断的下拉列表框,当选择不同的中断时,Description 列表框会自动更新显示以对应相应中断。列表中的中断取决于用户选择的设备描述文件
Description	如该列表框激活,则显示所选中断的描述信息。描述信息来自设备描述文件,内容包含向量地址、中断优先级、中断允许位、中断挂起位等,并由空格分割各项。若中断是由__orderInterrupt 系统宏指定的,则 Description 列表框不可用
First activation	首次激活中断所需要的周期数
Repeat interval	以周期数计算的中断重复周期
Variance/(%)	时间变化率,以重复间隔的百分数表示。在该时间范围内,中断可在任意时刻发生。例如,重复间隔为 100,变化率为 5%,那么中断将发生在 T=95 和 T=105 之间的任一时刻,以此仿真计时的变化
Hold time	保持时间,以周期为单位,表示一个未被处理的中断从挂起到被删除之间的保持时间。如果选择 Infinite,则相应中断的悬挂标志位将保持置位状态,直到该中断被响应或删除
Probability/(%)	在指定时间段内中断会发生的概率,以百分比为单位

3. 强制中断界面

选择 Simulator→Forced Interrupt 即可打开强制中断界面,如图 6.11 所示,在这里,用户可以强制一个中断立即发生。用户可以使用本功能测试中断逻辑与中断流程的正确与否。

中断强制界面列出了所有可用的中断及其定义,由两个区域组成。描述区域(Description)包含了由空格分割的描述信息,这些信息由向量地址、中断优先级、中断允许位、中断挂起位等组成。Interrupt 区域列出了所有可用的中断。在 Interrupt 区域选择相应中断并单击 Trigger 按钮即可产生所选类型的中断。要使用中断强制功能,则必须启用中断模拟系统。强制触发的中断具有如表 6.9 所列的规格参数。

表 6.9 强制中断参数表

属 性	值
First Activation	As soon as possible (0)
Repeat interval	0%
Hold time	Infinite
Variance	0%
Probability	100%

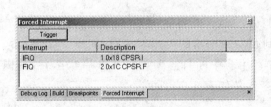

图 6.11 强制中断界面

4. 用于中断功能的 C-SPY 系统宏

如果用户已经了解被模拟中断的详细细节,则可以使用系统宏来满足各种要求。在 C-SPY 模拟器进行中断仿真时使用系统宏函数,则可以在启动 C-SPY 模拟器时自动完成中断设置。另外,使用宏文件可以将中断仿真的定义存为文本,以便与参与项目开发的多个工程师共享文件。

C-SPY 模拟器为中断仿真系统提供了一系列预定义系统宏函数。采用系统宏的方式进行中断仿真的好处是可以使得过程自动化。与中断有关的系统宏函数有:

　　__enableInterrupts
　　__disableInterrupts
　　__orderInterrupt
　　__cancelInterrupt
　　__cancelAllInterrupts
　　__popSimulatorInterruptExecutingStack

第一~五个宏的参数对应于中断对话框(Interrupts dialog box)的等效条目。

5. 使用设置文件在 C-SPY 启动期间定义模拟中断

要使用设置文件在 C-SPY 启动期间定义模拟中断,请按照 6.2.1 小节介绍的流程进行。
如果中断处理程序没有使用常规返回指令,比如具有任务切换功能的操作系统,则此情况下使用中断仿真功能时，模拟器将不能自动检测到中断执行完毕。虽然中断仿真系统仍然可以正常工作，但中断设置对话框的状态信息可能不会出现预期的结果。如果有过多的中断同时执行，则系统可能给出警告信息。为避免这些问题，用户可以使用__popSimulatorInterruptExecutingStack 宏来通知中断仿真系统中断处理程序已经执行完毕，这种做法就像执行了中断返回指令。具体步骤如下：

① 在中断函数的返回指令处放置一个代码断点(Code Breakpoint)。

② 将宏__popSimulatorInterruptExecutingStack 设置为断点条件。

当中断触发时，__popSimulatorInterruptExecutingStack 宏被执行，使得应用程序自动继续执行。

6. 中断日志界面

选择 Simulator→Interrupt Log 菜单项即可打开中断日志界面，在中断日志界面可以查看由用户在中断对话框(Interrupts)中激活的或强制触发的中断的运行时信息，如图 6.12 所示。这些信息对于目标系统的中断处理流程调试非常有用。中断日志窗口处于开启状态时，其内容将随着程序的执行而连续更新。其中，各项内容含义如表 6.10 所列。

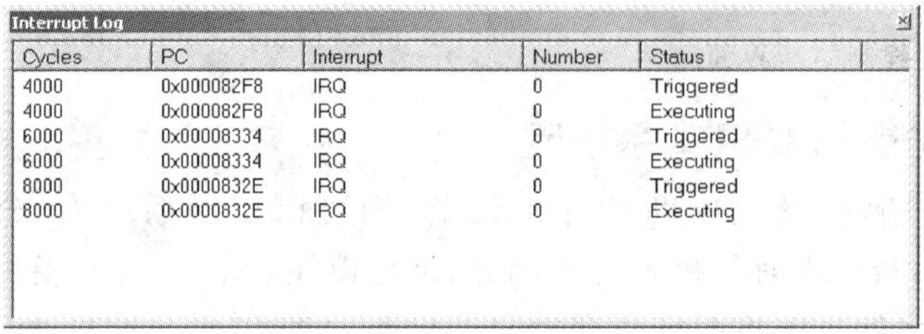

Cycles	PC	Interrupt	Number	Status
4000	0x000082F8	IRQ	0	Triggered
4000	0x000082F8	IRQ	0	Executing
6000	0x00008334	IRQ	0	Triggered
6000	0x00008334	IRQ	0	Executing
8000	0x0000832E	IRQ	0	Triggered
8000	0x0000832E	IRQ	0	Executing

图 6.12　中断日志窗口

表 6.10　中断日志窗口项目说明

项　目	说　明
Cycles	中断触发的时间点，以计数周期为单位
PC	中断触发时程序计数器 PC 的值
Interrupt	设备描述文件中定义的中断
Number	中断号，用于区分相同类型的不同中断
Status	中断状态(Trigged、Forced、Executed 和 Expired)，其中 Trigged：中断超过其激活时间，已被触发 Forced：与 Trigged 相同，但是该中断由强制中断窗口触发 Executing：中断正在执行 Expired：中断没有被响应，中断保持时间已过

6.4 中断仿真实例

本节通过一个串口设备的中断处理函数,从串行口(UART)读取 Fibonacci 数列并模拟打印输出,以演示如何通过中断、断点设置和 C-SPY 宏函数来实现中断仿真,以及如何使用 ARM IAR C/C++编译器关键字__irq 和__arm。注意,只有 IAR C-SPY 模拟器才能进行中断仿真。本实例的完整代码请参见本书配套程序包。

6.4.1 添加中断句柄

这里演示了如何使用一种简单的方法来编写中断处理程序,先是简单描述项目中的应用程序,之后讲述如何建立中断仿真工程。

1. 应用程序的简单描述

在 C 语言编写的中断处理源程序 Interrupt.c 中,中断处理函数从串行口接收寄存器(RBRTHR)读取数据,然后输出对应值。主程序允许中断并在等待中断过程中输出点号"."。

2. 编写中断处理程序

文件中采用如下程序行定义中断句柄:

```
/* define the IRQ handler */
__irq __arm void irqHandler( void )
```

其中,关键字_irq 用于声明中断函数,其指示编译器使用中断函数需要的调用协议;关键字_arm 用于指示编译器对 IRQ 句柄采用 ARM 模式编译。本例仅使用 UART 接收中断,因此,不需要检查中断源。但一般情况下,系统中会存在多个中断源,中断服务程序在响应中断前必须对中断源进行检查。关于本例中使用的其他 C 语言扩展关键字的详细解释,请参考 ARM IAR C/C++ Compiler Reference Guide。

3. 建立项目

步骤如下:

① 在工作区 tutorials 中建立一个新项目 project4。

② 在项目 project4 中添加文件 Utilities.c 和 Interrupt.c,添加完成后的工作区如图 6.13 所示。

③ 在工作区中选择项目 project4 - Debug,然后选择 Project→Options 菜单项,在弹出的对话框中选择 General Options 项,然后单击 Target 选项卡并从 Core 下拉菜单中选择 ARM7TDMI。其他选项都使用默认设置。

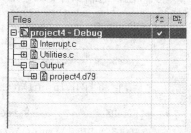

图 6.13 工作区窗口

6.4.2 设置仿真环境

C-SPY 中断系统基于周期计数器,用户可以指定在 C-SPY 产生一个中断之前需要经过的周期数。

要仿真 UART 输入,则需要从存有 Fibonacci 数列的文本文件 InputData.txt 中读取数据,同时要在 UART 接收寄存器 UARTRBRTHR 上设置一个"立即读取断点"(Immediate Read Breakpoint),然后将其连接到用户定义的宏函数(本例中为 Access 宏函数);该宏函数可从文本文件中读取 Fibonacci 数列。

无论何时产生中断,中断服务程序都将读取 UARTRBRTHR 寄存器且断点也被触发。之后,Access( )宏函数被执行从而将 Fibonacci 数列写入 UART 接收寄存器。

"立即读取断点"将在处理器读取 UARTRBRTHR 寄存器前被触发,从而运行宏函数 Access( ),将通过指令直接读取的数据存入寄存器。

采用模拟器实现串口中断仿真的步骤如下:
① 编写用于打开 InputData.txt 文件和定义 Access 宏函数的 C-SPY 设置文件。
② 设置 C-SPY 选项。
③ 编译、链接、建立项目。
④ 启动 C-SPY 模拟器。
⑤ 设置中断需求。
⑥ 建立断点并联合 Access 宏函数。

下面分别详细介绍这些过程:

1. 编写 C-SPY 设置宏文件

在 C-SPY 中,用户可以定义在 C-SPY 启动时注册的设置宏文件,本例使用的 C-SPY 宏文件 SetupSimple.Mac 结构如下:

宏文件中首先定义了设置宏函数 execUserSetup,它在 C-SPY 启动时自动执行,以建立仿真环境;在日志窗口中(Log window)会打印相关信息,以确认本宏的执行。

```
execUserSetup()
{
    __message "execUserSetup() called\n";
```

之后,它将打开 InputData.txt 文件,以便从中读取 Fibonacci 数列。

```
    _fileHandle = __openFile(
"$TOOLKIT_DIR$\\tutor\\InputData.txt", "r" );
```

然后定义 Access 宏函数,它将从 InputData.txt 文件中读取 Fibonacci 数列,并将这些数值附给接收寄存器。

```
Access()
{
  __message "Access() called\n";
  __var _fibValue;
  if( 0 = = __readFile( _fileHandle, &_fibValue ) )
  {
    UARTRBRTHR = _fibValue;
  }
}
```

用户需要将 Access 宏函数连接到一个"立即读取断点"(Immediate Read Breakpoint)，具体方法见后续步骤。最后，宏文件包含两个在复位和退出时用于文件纠错管理的宏函数。

2. 设置 C-SPY 选项

步骤如下：

① 在工作区窗口选择项目 project4 - Debug，然后选择 Project→Options 菜单项，在弹出对话框的 Category 列表框中选择 Debugger 项，在 Setup 选项卡的 Driver 下拉列表框中选择 Simulator，并选择 Run to 复选框，然后在其文本框中输入 main，如图 6.14 所示。这样可以确保调试任务开始前系统执行至 main 函数。

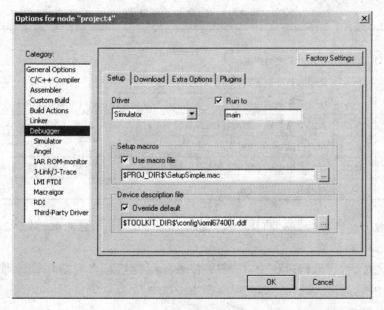

图 6.14　设置 C-SPY 选项

② 在 Setup macros 选项区域内选择 Use macro file 复选框，并通过浏览按钮指定宏文件 SetupSimple.Mac 的存放路径，例如 $TOOLKIT_DIR$\tutor\SetupSimple.mac。

③ C-SPY 中断系统需要中断定义,这些定义由设备描述文件提供。在 Device description file 选项区域内选择 override defeat 复选框,并通过浏览按钮指定合适的设备描述文件,本实例使用 ioml674001.ddf。

3. 编译、链接、建立项目

选择 Project→Make 菜单项,编译并链接项目;另外,也可以单击工具栏的 Make 按钮实现。Make 命令将编译、链接被修改过的文件。

4. 启动 C-SPY 模拟器

① 选择 Project→Debug 菜单项或单击工具栏的 Debug 按钮,启动 IAR C-SPY 调试器进入模拟调试状态,运行 project4 项目,并使 Interrupt.c 出现在源代码窗口中。

② 检查 Debug Log(调试日志)窗口。确认已经加载 SetupSimple.Mac 宏文件,并且 execUserSetup 宏函数已被调用。

5. 设置中断仿真

设定一个中断,使其每 2 000 周期模拟一次中断。选择 Simulator→Interrupt Setup 菜单项,则弹出如图 6.9 所示的 Interrupt Setup 对话框。再单击 New 按钮,则弹出如图 6.15 所示的 Edit Interrupt 对话框,并按表 6.11 的内容对参数进行设置。

表 6.11 中断配置参数表

配置	值	说明
Interrupt	IRQ	指定所采用的中断
Description	As is	使模拟器能够正确模拟中断
First activation	4000	指定首次激活中断的时间,当周期计数器达到指定值时中断被激活
Repeat Interval	2000	指定中断的重复间隔,以时钟周期为单位
Hold time	Infinite	保持时间,本例没有使用
Probability/(%)	100	指定产生中断的概率。100%表示将指定的频率产生中断,采用其他百分数将随机产生中断
Variance/(%)	0	时间偏差,本例没有使用

当用户完成上述设置后,单击 OK 按钮关闭 Edit Interrupt 对话框,再次单击 OK 按钮关闭 Interrupt Setup 对话框。

上述设置完成后,在运行过程中,C-SPY 将处于等待状态直到循环计数器超过激活时间时产生第一次中断,以后大约每 2 000 周期产生一次中断。

6. 设置立即断点

通过定义一个宏函数并将其连接到一个立即断点,用户可以使用宏函数来模拟硬件设备,如本例使用的 UART 串行口。立即断点不会中断程序运行,仅使程序临时挂起以便检查是否满足条件并执行相关联的宏函数。

本例中,串行口 UART 的输入是用一个设置在 UARTRBRTHR 地址上的立即读断点,通过与宏文件中已定义的 Access 宏函数相连接来模拟实现的。具体步骤如下:

① 选择 View→Breakpoints 菜单项打开 Breakpoints 窗口,并在窗口中右击,在弹出的窗口中选择 New Breakpoint→Immediate 项,打开如图 6.16 所示的 Immediate 选项卡。

② 在该对话框中输入表 6.12 所列的相应参数。

③ 单击 OK 按钮关闭 New Breakpoint 对话框。

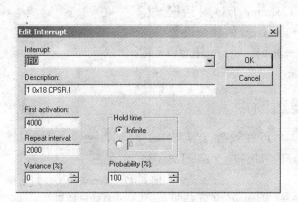

图 6.15　Edit Interrupt 对话框

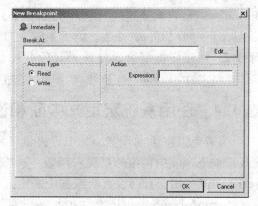

图 6.16　Immediate 选项卡

表 6.12　立即断点相应参数列表

配　置	值	描　述
Break at	UARTRBRTHR	接收缓存地址
Access Type	Read	断点类型(Read or Write)
Action	Access()	连接到断点的宏

在运行过程中,当 C-SPY 在 UARTRBRTHR 地址上检测到一个读访问时,C-SPY 会暂时挂起仿真进程而执行 Access 宏函数。Access 宏函数从 InputData.txt 文件中读取数值,并将其写入 UARTRBRTHR。C-SPY 在读取 UARTRBRTHR 接收缓冲器的值后将恢复仿真进程。

6.4.3　运行仿真中断

现在可以运行程序并进行串口的中断仿真了,步骤如下:

① 单步执行程序到 while 循环处暂停。

② 在 Interrupt.c 源代码窗口中找到 irqHandler 函数。

③ 选择 Edit→Toggle Breakpoint 菜单项或单击工具栏的 Toggle Breakpoint 按钮，在 irqHandler 函数的"++callCount;"语句行设置一个断点。也可以在背景界面上单击，在弹出的级联菜单中选择 Toggle Breakpoint。使用 Edit→Breakpoints 菜单项可以查看断点的详细信息。

④ 打开 Terminal I/O 窗口，选择 Debug→Go 菜单项或在工具栏单击 GO 按钮，则全速运行程序，到达断点时程序将暂停。

⑤ 再次使用 GO 功能，此时 Terminal I/O 对话框将输出一个 Fibonacci 数；再次全速运行程序到断点处，Terminal I/O 对话框将输出下一个 Fibonacci 数。因为主程序对 Fibonacci 的数量设置了上限，则程序将很快运行到 exit 段并停止，此时 Terminal I/O 对话框将显示 Fibonacci 数列，如图 6.17 所示。

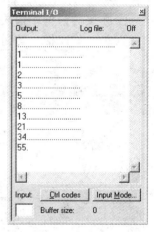

图 6.17　Terminal I/O 对话框将输出结果

6.4.4　使用系统宏定义中断和设置断点

为避免用户手动配置，C-SPY 提供了 2 个可在设置宏函数 execUserSetup 中调用的系统宏函数 __setSimBreak 和 __orderInterrupt，其可用于自动设置断点和中断定义。

SetupAdvanced.mac 文件中扩展了系统宏调用，可以自动设置断点和定义中断，主要扩展部分如下：

```
SimulationSetup()
{...
  _interruptID = __orderInterrupt( "IRQ", 4000,2000, 0, 1, 0, 100 );
  if( -1 == _interruptID )
  {
    __message "ERROR: failed to order interrupt";
  }
  _breakID = __setSimBreak( "UARTRBRTHR", "R", "Access()" );
}
```

可以使用 SetupAdvanced.mac 宏文件替换 SetupSimple.mac 宏文件，这样在 C-SPY 启动时将自动设置断点并完成中断定义，用户就不需要手动在 Interrupts 和 Breakpoints 对话框中输入参数了。

注意：在加载 SetupAdvanced.mac 宏文件前，应该先除去以前定义的断点和中断。

第 7 章

IAR Embedded Workbench 的工作机制与应用

一般来说，C 编译器用于将源代码转换为可被处理器执行的目标代码。目标代码被分成不同的模块，模块包含数据和代码块。编译器的输出文件是可重定位的，这意味着该文件没有任何的绝对存储器地址。

当编译器的输出文件被 XLINK 链接器链接后，代码被定为在存储器中的真实地址。链接器也负责添加已经预编译的外部库文件到最终的映像文件，但是链接器只会加载外部库模块中被用户程序所调用的那部分模块。

XLINK 的输出是可执行代码。该代码可以下载至目标系统的存储器，或进行仿真调试。XLINK 的行为由链接器命令文件来指导，包含了一系列用于 XLINK 的命令。在某些情况下，根据实际需求修改命令文件可以更有效地利用存储器。整个编译链接过程的流程图如下：

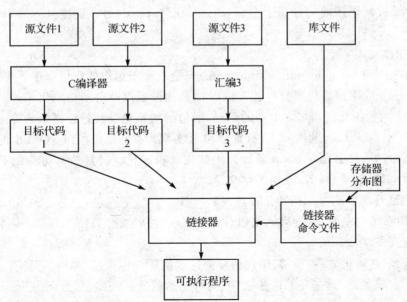

这是 IAR 编译系统的一般性原理概述，也同样适用于其他编译系统。关于这些过程的详细流程和机制请读者查阅相关资料，这里就不再赘述。

本章的内容分为两个部分。一部分讲述与 IAR Embedded Workbench 相关的工作机制，如系统初始化过程、全局变量的运行时定位、程序入口方式、重映射机制以及调试方式等；另一部分讲述一些具有实用价值的应用，如程序完整性校验、使用 EWARM 下载 BIN 文件等。

希望通过本章的学习，能够使读者在了解 IAR Embedded Workbench 工作机制的基础上，更加熟练、高效地从事开发工作。

7.1 系统的初始化过程

系统初始化过程执行在应用程序启动之后（CPU 复位后）且进入 main 函数之前。系统初始化过程可以简单地分为如下几步：

1）硬件初始化

通常来说，这个步骤中至少要初始化堆栈指针（Stack Pointer）。典型情况下，硬件初始化在系统启动代码中执行。如果必要的话，用户可以提供额外的底层处理流程（Extra Low-level Routine）来执行硬件初始化。硬件初始化流程可以对硬件中的其他设备进行复位操作或者启动操作、设置 CPU 模式等，以便为 C/C++ 软件系统初始化做好准备。

2）软件 C/C++ 系统初始化

典型情况下，软件 C/C++ 系统初始化（Software C/C++ system initialization）部分包含了在 main 函数被调用前确保每个全局（Statically Linked，静态链接）C/C++ 符号获得其初始值的代码。

3）应用初始化

应用程序初始化（Application initialization）完全取决于用户的应用程序。典型地，对于基于 RTOS 的应用，应用初始化部分包含 RTOS 内核的设置以及启动初始化任务。对一个前后台应用来说，应用初始化应当包含中断的设置、通信的初始化以及外设初始化等。

对于基于 ROM/Flash 的系统来说，常量和函数等事实上是保存在 ROM 中的。所有运行时位于 RAM 中的符号必须在 main 函数调用前完成初始化。链接器将可用的 RAM 区域分割为不同的存储区，如堆、栈等，以便保存变量。

如下示例流程简单演示了初始化各阶段的任务：

① 当应用系统启动时，系统启动代码首先执行硬件初始化，如图 7.1 所示。例如，将堆栈指针指向预定义的堆栈区域。

② 完成硬件初始化之后，'0' 初始化的存储区被清除。也就是，使用 '0' 填充这些存储区，如图 7.2 所示。典型地，这些存储区是被 '0' 初始化的数据。例如，变量声明 "int i = 0;"。

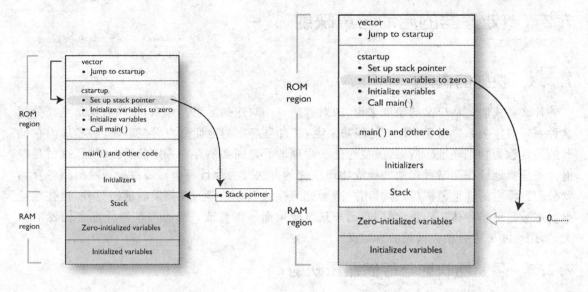

图 7.1 硬件初始化　　　　　图 7.2 '0'初始化变量

③ 对于具有初始值的数据。例如，数据声明"int i = 6;"，则初始式将从 ROM 复制至 RAM，如图 7.3 所示。

④ 最后，调用 main 函数，如图 7.4 所示。

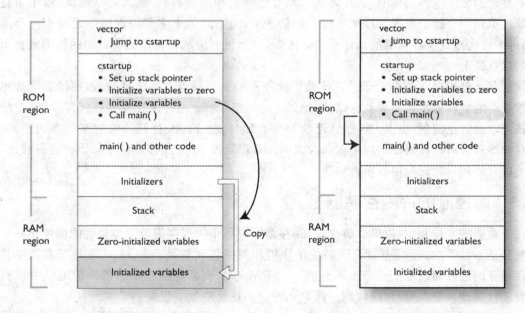

图 7.3 初始化变量　　　　　图 7.4 调用 main 函数

7.2 微处理器的启动与重映射

7.2.1 映射的概念

什么是映射？从广义的角度来说，映射就是一一对应的意思。那么，重映射就是重新分配这种一一对应关系。对于 ARM 处理器来说，其自身产生的地址称为虚拟地址，而芯片内存储器的地址称为物理地址。所以，虚拟地址和物理地址之间必然存在一定的转换关系，这就是映射。把虚拟地址按照某种规则转换成物理地址的方法就为地址映射。通过地址映射将各存储器分配到特定的地址范围后，这时用户所看见的存储器分布即为存储器映射。另外，这些地址绝大多数是由半导体厂商预定好的，用户只能使用而不能修改。只有在扩展外部存储器的情况下，用户才可进行相关区域的自定义。

7.2.2 存储器映射与存储器重映射

为存储器分配地址的过程称为存储器映射，那么什么叫存储器重映射呢？为了增加系统的灵活性，系统中有部分真实的地址区间可以同时出现在不同的地址上，这就叫存储器重映射。

为了方便地阐述这个概念，可以把存储器看成一个具有输出和输入口的黑盒子（这个黑盒子是由复杂的数字电路实现的，其具体的实现可以查阅相关资料）。输入量是地址，输出量是对应地址单元中存储的数据。存储单位一般是字节。这样，每个字节的存储单元对应一个地址，当一个合法地址从存储器的地址总线输入后，该地址对应的存储单元中存储的数据就会出现在数据总线上。

存储器重映射是大部分基于 ARM 架构处理器的共同特点。系统复位后，存储器管理单元通常把 0 地址映射至非易失性存储器，比如 Flash 存储器。通过配置存储器管理单元，系统存储器可以进行重映射，将 RAM 存储器映射至 0 地址，把 Flash 存储器映射至较高的空间。进行存储器重映射可以将异常向量表保存在 RAM 存储器中，并能够对异常向量表进行修改，这样可以方便用户调试应用程序。

7.2.3 微控制的片内存储器

对于普通的 8 位和 16 位单片机来说，其存储器中每个物理存储单元与相应的地址是一一对应而且是不可变的。而基于 ARM 核的单片机相对来说比较复杂。ARM 芯片与普通单片机在存储器地址方面的一个显著不同点就是，ARM 芯片中某些物理存储单元的地址可以根据设置进行变换。变换后，相应物理存储单元对应的地址将发生改变。

对于某个具体的 ARM 芯片来说，其地址重映射方式通常会依据不同的半导体厂商而采用不同的实现技术。并且对于不同的ARM芯片来说，其内部的存储器组织也不完全相同。

总的来说，一个ARM芯片片内至少应当包含一种存储器（这里的存储器泛指除了ARM核的寄存器以及片内外设寄存器之外的储存器），单纯的ARM核芯片几乎是没有的。比如Atmel的AT91R40008系列ARM芯片，其内部仅有RAM储存器。但是大多数ARM芯片片内会同时置有Flash、RAM储存器以及一个Boot区（Boot区可能是一个被单独划分的区域，也可能是片内ROM的某个范围，本章中不做细分。功能主要是裁定运行哪个存储器上的程序、检查用户代码是否有效、判断芯片是否被加密、芯片在应用以及在系统编程等功能，同时Boot区的代码可能包含有相应的中断向量表）。有些ARM芯片片内还有EEPROM储存器，甚至包含有OTP（One-Time Programmable）储存器，比如ST公司的STR912Fx系列ARM9处理器就含有一个用来记录芯片序列号以及以太网MAC地址等的OTP存储区。

7.2.4　ARM处理器的Boot技术

对于ARM芯片的片内Boot区，不同的半导体厂商有不同的处理技术。不同的技术意味着这块ARM芯片的原生态Boot功能各不相同。这种不相同不仅体现在Boot区的地址不同，还体现在实现电路和实现的功能、实现的方式各不相同。

比如，ST的STM32系列芯片具有3种不同的启动模式，即从内部用户Flash存储区（Main Flash memory）、系统存储区（System memory）或者片内SRAM存储区（Embedded SRAM）启动。究竟从什么区启动，取决于STM32系列芯片的两个启动引脚的配置。由于Cortex-M3 CPU是哈佛结构，其总是从Icode总线来取复位向量，这意味着Boot区只能位于代码存储器（典型为Flash存储器），但是STM32系列控制器使用了特殊的机制以便从SRAM也可以启动。另外，由ST掩膜在System memory中的Boot Loader支持串口、USB和CAN接口等。某种程度上也可以说，芯片本身在Boot区中有串口服务程序、USB支持程序和片内Flash的驱动程序等。STM32系列ARM芯片的0x00地址区域示意如图7.5所示。

对于NXP公司的LPC系列ARM7芯片来说，其启动时0x00地址起始区域的映射方式与ST公司的STM32系列ARM芯片有很大不同。上电或复位后，其Boot Block中的Boot Loader开始运行，且ROM boot sector中的低64字节被映射至0x00地址起始区域，如图7.6所示。也就是说，其0x00地址起始区域的头64字节是可重映射区域，该区域可以根据需要重映射至Boot Block、User flash、User RAM或User External memory的低64字节。另外，其Boot Loader原生态通过UART进行ISP程序下载，但是需将P0.14拉低。相比之下，ATMEL的AT91SAM7S系列芯片就比较另类，其Boot功能可以原生支持USB下载或者串口下载。设置方法是通过外部的引脚进行，但是与STM32和LPC系列不同。

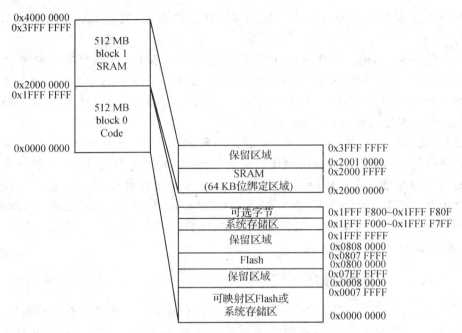

图 7.5　STM32 处理器的 0x00 地址区域

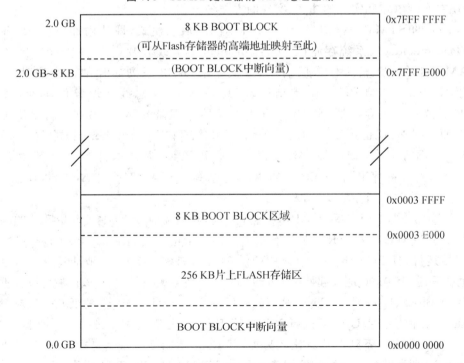

图 7.6　LPC 处理器复位后的 0x00 地址区域

AT91SAM7S 系列芯片对相关的引脚进行操作后,需要等待数 10 s 的时间。在这期间,内部 ROM 中的 RomBOOT 引导程序会被复制到片内 Flash 存储区的头两个扇区。所以,可以预料的一个问题就是,如果进行了相关配置操作,并且没有进行下载操作,那么,芯片上电后将永远在 ROM Boot 引导代码的等待状态,直到完成一次代码的下载或者将 Flash 擦除。AT91SAM7S 系列处理器 0x00 地址区域的示意图如图 7.7 所示。

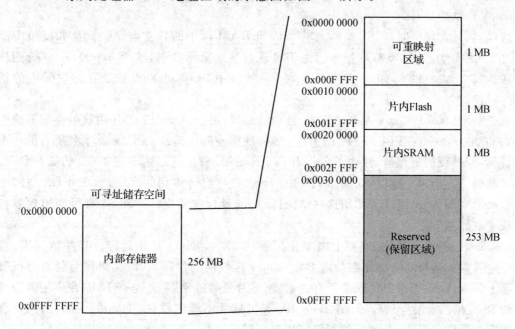

图 7.7　AT91SAM7S 系列处理器的 0x00 地址区域

7.2.5　与映射和重映射相关的实例

下面,举几个与映射以及重映射有关的例子:

假设应用程序存放在外部 Flash 中,并且外部 Flash 的起始地址是 0x80000000。那么,应用程序的异常向量表会存放在 0x80000000 起始的 64 个(其中有 32 个存放异常向量)物理存储单元中。但是当 ARM 核发生异常(中断)时,则需要从 0x00000000~0x0000003F 地址范围取异常向量。所以,我们需要把 0x80000000~0x8000003F 范围内的存储单元重新映射到 0x00000000~0x0000003F 地址范围上。这样,CPU 存取 0x00000000~0x0000003F 范围内的地址实际上就是存取 0x80000000~0x8000003F 范围内的存储单元。

当把应用程序存放在片内 Flash 的时候,异常向量表存放在 0x00000000~0x0000003F 范围的存储单元内。每次发生异常时,CPU 会从 0x00000000~0x0000003F 范围的地址上取异常向量。由于 RAM 的存取速度远高于 Flash 的存取速度,所以为了提高异常响应速度可以

采取以下做法:

① 先把 0x00000000～0x0000003F(假设为片内 Flash 的地址范围)存储单元内的异常向量表复制到 0x40000000～0x4000003F(假设为片内 RAM 的最低端 64 个字节的存储单元)范围的存储单元中。

② 把 0x40000000～0x4000003F 范围内的存储单元地址重新映射到 0x00000000～0x0000003F 地址范围。

这样,当异常发生时,CPU 实际上就是访问 RAM 区中的异常向量表。比如复位中断发生,CPU 从地址 0x00000000 取指令。由于已进行地址重新映射,这个 0x00000000 被地址转换器转换成 0x40000000,CPU 实际上是取 RAM 区中 0x40000000 这个存储单元内的指令(异常向量)。

对于 NXP 的 LPC2xxx 系列 ARM7 处理器来说,由于 ARM7TDMI 内核的存储器映射范围为 0x00000000～0xFFFFFFFF,即为 4 GB 的映射空间。但是 LPC2xxx 系列所有的片内资源(包括各种外设的寄存器、片内 RAM、片内 Flash 等)肯定远远达不到 4 GB 的储存空间,如图 7.8 和图 7.9 所示。所以,除去图 7.9 中所示的这些已经占用的区域,整个 4 GB 空间中仍然有很大的空闲区域,用户若使用这些空闲区域,或者自定义指针访问,就有可能出现取指令异常或者取数据异常。

LPC2xxx 系列 ARM 处理器上电复位后将从 0x00000000 开始运行。某些情况下,我们需要上电后首先运行厂商固化在片内 Boot Block 区域内的代码,这段代码将会判断运行哪个存储器上的程序、检查用户代码是否有效、判断芯片是否加密、芯片是否 IAP(在应用编程)、芯片是否 ISP(在系统编程)等。但是,Boot Block 区域并不能定位在 Flash 的头部,因为这块区域必须存放异常向量表。这时,就需要使用重映射。

另外,由于 LPC2xxx 系列 ARM7 芯片有多种子型号,其片内 Flash 容量各不相同。某些情况下,用户需要调用 Boot Block 区域中的代码。例如,擦写片内 Flash 的 IAP 代码等。为了增强用户代码的可移植性,我们希望把 Boot Block 代码固定在某个确定的地址区域内。由于 Boot Block 不能位于片内 Flash 的头部,为了使用方便,就将 Boot Block 这段代码放在 Flash 的尾部区域。但是,由于片内 Flash 容量各不相同,把 Boot Block 安排在内部 Flash 结束的位置上,将无法明确 Boot Block 的地址。

为了解决上述问题,NXP 将 Boot Block 的地址重映射到片内存储器空间的最高端,即接近 2 GB 的地方。这样,无论片内存储器的大小如何,都不会影响 Boot Block 区的地址。这样,当用户调用 Boot Block 区域中的代码时,不用修改相关的地址就可以在不同型号的芯片上运行了。当访问 2 GB 地址时,实际上访问到的是保存在 Flash 尾部的 Boot Block 区域了,如图 7.10 所示。

IAR Embedded Workbench 的工作机制与应用

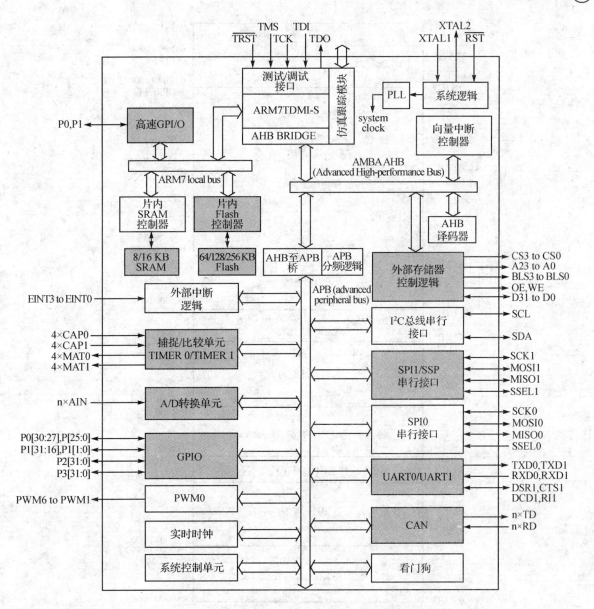

图 7.8　LPC2xxx 系列 ARM 处理器的内部资源示意

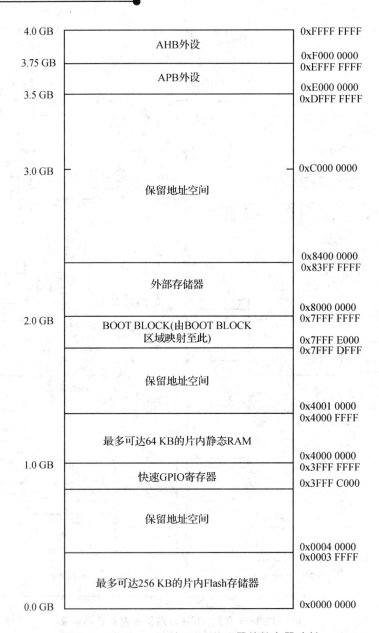

图 7.9 LPC2xxx 系列 ARM 处理器的储存器映射

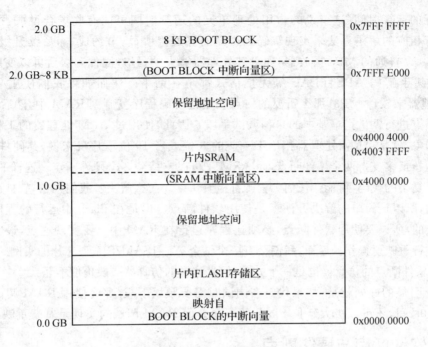

图 7.10　BOOT BLOCK 区域

7.3　重映射的意义与实现过程

通过 7.2 节的内容，我们可以对映射以及重映射的作用和意义有所了解。下面列出和实际密切相关的几种应用：

一个典型的应用是应用程序存储在 ROM 中（多为 Flash），ROM 存储器地址一般是从 0x00 地址开始的，也许其编址就是从 0x00 开始，也许被重映射到 0x00 地址。由于 ROM 存储器的读取时间比 RAM 长，这样导致其内部执行频率不高。所以，可以在实际的应用程序前写一段代码，这段代码会将应用程序代码搬到 RAM 中去，然后重新映射存储器空间，将相应 RAM 映射到地址 0x00，然后重新执行程序。这样可以达到高速运行的目的。此外，由于一般情况下处理器的异常（中断）向量区都位于 0x00 起始的地址，因此，重映射的另一个好处是允许用户通过软件动态地对这些向量重新进行定义。

与此类似的另一个典型应用就是音频或者视频的软解。对于过去的一些音频或者视频播放器，其解码的方式通常都是采用专门的解码芯片。这样做的好处是简化了程序设计，提升了稳定性。但是，其弊端也是显然的，这样的播放器失去了后续的升级能力；如果有所升级，可能也只是用户界面上的某些改进。对比当今的播放器产品，其解码方式几乎都是软解。所谓软解，我们可以简单地理解为采用 DSP 或者采用具有 DSP 核的处理器或者通用处理器，通过占用处理单元的运算时间(这里说的占用处理单元的运算时间可能有些场合说成占用CPU的MIPS)执行相应的解码算法来实现解码。这样的好处很明显,节约成本,后续升级能力强劲。所以,当今一个普通的MP3播放器,如果其处理器够强劲,经过固件升级后可以变成一个强大的播放器,甚于解码APE、FLAC等无损格式都不在话下。然而如果我们使用一个普通的ARM7处理器来软件MP3,那么重要的一点就是把解码程序复制到RAM中,然后执行。

设置断点进行调试是最基本的一种调试手段。因此,使用过ARM处理器的工程师会有一个深刻的印象,就是ARM处理器相比于一般的8位或者16位单片机来说,其硬件断点太少。ARM7/9内核最多支持两个硬件断点,而ARM11可以支持到8个硬件断点。这样的情况下,如果调试一个复杂的代码,可能让任何工程师都极其头疼。怎么解决?我们知道,软件断点理论上是无限制的,所以最简单的解决办法就是使用软件断点。但是在Flash中运行的程序是无法使用软件断点的,所以要使用软件断点,必须让程序运行在RAM中。要实现这点,最常用的方法之一就是进行重映射操作。后面,我们会有一个结合AT91SAM7S系列芯片的实例。另外,使用支持Flash软件断点的仿真器也是一个方法,但是这样的仿真器一般价值不菲。

另一个明显的好处就是,如果代码在调试时需要频繁下载,那么使用RAM调试不但可以节省下载的时间,还可以极大延长Flash的寿命。而RAM调试的实现是基于重映射的。

7.3.1 软件断点与硬件断点

硬件断点需要目标CPU的硬件支持,当前流行的ARM7/9内部硬件设计提供两组寄存器用来存储断点信息,所以ARM7/9内核最多支持两个硬件断点,而ARM11则可以支持到8个硬件断点。这与调试器无关。

软件断点则是通过在代码中设置特征值的方式来实现的。当需要在某地址代码处设置软件断点时,仿真器会先将此处代码进行备份保护,然后将预先设定好的断点特征值(一般为不易与代码混淆的值)写入此地址,覆盖原来的代码数据。当程序运行到此特征值所在的地址时,仿真器识别出此处是一个软断点,便会产生中断。当取消断点时,之前受保护的代码信息会被自动恢复。

硬件断点可以设置在任何位置的代码上,包括ROM和RAM;而软件断点由于需要修改相应地址的值,所以一般只能设在RAM上,但是数量可以不受限制。由于硬件断点设置灵活,所以是最优先选用的断点资源;但是两个断点往往很难满足工程师深入调试的需要,于是软件断点可以作为硬件断点的补充资源来使用。

由于通常的软件断点只能设在RAM运行的代码上,而随着系统的代码量越来越大,特别是在移动通信领域,扩充大容量的RAM势必会增加产品的成本,所以现在大部分系统都直接在Flash ROM上运行代码。对于这种在Flash ROM上运行代码的系统,一般的软件断点是无法设置的,这也是软件断点的局限性。对于这样的系统,只能通过交替使用两个硬件断点满足需要,但是会带来一定的不便。

要很好地解决这一矛盾,只有使仿真器增加在Flash ROM上设置软件断点的功能。

在 Flash ROM 上设置软件断点的原理与在 RAM 上设置软断点类似,也是在设定的断点处用特征码替换原有代码,通过识别特征码使断点事件发生。不同的是,在 Flash ROM 上设置软件断点需要对 Flash 进行擦写操作,这就需要仿真器能够有 Flash 编程功能,并且能够在尽可能短的时间内完成特征码的写入。

但是,由于对 Flash 进行擦写需要一定的时间,所以在执行到 Flash 断点的时候会感觉到有一个停顿的时间。虽然这一点比 RAM 上的软件断点要差些,但是相对于给工程师调试工作整体上带来的便利而言,这一点是完全可以接受的。

7.3.2 重映射的作用与实现举例

1. 加快运行速度及其实现

下面,用两个实例来演示重映射的作用,一个实例是采用 AT91SAM7S 系列芯片,将其 0x00000000 地址重映射至实际地址为 0x00200000 的片内 RAM 区域,如图 7.11 所示。从而实现重映射的一个重要作用,通过改变存储器来加快运行速度。

图 7.11　AT91SAM7S 系列芯片的片内存储器映射

后面的内容会使用 __ramfunc 功能将相关函数复制至 RAM 后再运行,从而加快相关程序的执行速度。这里,使用重映射功能可以实现一样的效果,即加快程序的执行速度。

这个实例的具体实现是基于 IAR 的 RAM DEBUG。因此,为了同时阐述重映射的作用、RAM DEBUG 的机理以及 MAC 文件的作用,这个实例放在后续内容中讲解。

2. 动态修改异常向量及其实现

这个实例是将异常向量表复制到 AT91SAM7S 系列芯片的片内 RAM 区,然后进行重映射。这样,就可以用程序来动态地修改异常中断向量的地址,从而实现某些特殊要求的应用。

本实例使用了 4 种不同的方法来分别控制 4 个 LED 灯的闪烁,即直接写 PIO 寄存器、软件 AIC 中断、定时器 1 和定时器 0 中断；并且定义了两个按键来进行一些相关的操作。

图 7.12 和图 7.13 分别是进行重映射所必须的 XCL 文件和启动代码中的部分关键内容。从图 7.12 可以看出映射前后的相关地址变化，从图 7.13 可以看出程序将中断向量区复制到 RAM 区域。

```
//*****************************************************
// Inform the linker about the CPU family used.
// AT91SAM7S256 Memory mapping
// No remap
//   ROMSTART
//   Start address 0x0000 0000
//   Size  256 Kbo  0x0004 0000
//   RAMSTART
//   Start address 0x0020 0000
//   Size  64 Kbo   0x0001 0000
// Remap done
//   RAMSTART
//   Start address 0x0000 0000
//   Size  64 Kbo   0x0001 0000
//   ROMSTART
//   Start address 0x0010 0000
//   Size  256 Kbo  0x0004 0000

//*****************************************************
-carm
//*****************************************************
// Internal Ram segments mapped AFTER REMAP 64 K.
//*****************************************************
// Base address used to stack before remap
-Z(CONST)INTRAMSTART=00200000
-Z(CONST)INTRAMEND_BEFORE_REMAP=00210000
// Base address used to RAM after Reamp
-Z(CONST)INTRAMEND_REMAP=00010000

//*****************************************************
// Read-only segments mapped to Flash 256 K.
//*****************************************************
-DROMSTART=00100000
-DROMEND=0013FFFF
//*****************************************************
// Read/write segments mapped to RAM.
//*****************************************************
// the first space it used for interrupt vector
-DRAMSTART=00000100
-DRAMEND=00003FFF

//*****************************************************
// Address range for reset and exception
// vectors (INTVEC).
// The vector area is 32 bytes,
// an additional 32 bytes is allocated for the
// constant table used by ldr PC in cstartup.s79.
//*****************************************************
-Z(CODE)INTVEC=00-3F
```

图 7.12 XCL 文件中的部分内容

(1) 动态复制异常向量过程的实现

下面对代码的实际执行过程进行分析。

正常情况下(即非重映射情况下),AT91SAM7S 系列芯片的 0x00 地址起始的 1 MB 空间被映射在内部 Flash 区域。执行重映射后,AT91SAM7S 系列芯片的 0x00 地址起始的 1 MB 空间被映射在内部 RAM 区域。显然,这时的中断向量区域也相应的在 RAM 区域中。

```
;-------------------------------------------------------------
; ?CSTARTUP
;-------------------------------------------------------------
; copy the flash code to RAM code this product use a very littel RAM
; and no need to get the code size
#define    __intram     SFB(INTRAMSTART)

           ldr      r12,=__intram

; get the relative address offset
           EXTERN   reset

add_pc:    sub      r11,pc,#((add_pc+8)-InitReset)
#ifndef RAM_DEBUG
add_pc_1:  sub      r10,pc,#((add_pc_1+4)-reset)
; copy the UndefVec at Software vec to protect a software reset
           ldr      r1,[r10],#4
           str      r1,[r12],#4
#else
add_pc_1:  sub      r10,pc,#((add_pc_1+8)-reset)
; copy the UndefVec at Software vec to protect a software reset
           ldr      r1,[r10],#4
           str      r1,[r12],#4
           ldr      r1,[r10],#4
#endif
           str      r1,[r12],#4

; copy next address
copy:
           ldr      r1,[r10],#4
           str      r1,[r12],#4
           cmp      r10,r11
           BNE      copy
```

图 7.13 启动代码中的部分内容

但是,上电后系统入口仍然在 Flash 中,这意味着系统的初始化程序仍然在 Flash 中运行。待相关的底层初始化过程运行完毕,并将中断向量复制到 RAM 中后,系统将首先获取 InitRemap 程序段的绝对地址,之后通过"ldr r0,=AT91C_MC_RCR"、"mov r1,♯1"和"str r1,[r0]"三条指令完成重映射。此时,系统的中断向量区已经在 RAM 中。现在,系统需要通过"mov pc,r12"指令来跳转至原先位于 Flash 中的 InitRemap 程序段继续执行。因为,用户的 main 函数等仍然位于 Flash 中,如图 7.14 所示。此时的中断向量区已经位于 RAM 中,我们可以依据实际需要在程序中对其进行更高级的操作。例如,动态修改中断服务程序的入口地址等。

注意,当把 RAM 区域映射至片内 0x00 地址起始的 1 MB 空间时,需要在 XCL 文件中使用片内 Flash 的真实物理地址,同时要在项目 Debugger 选项配置的 Download 选项卡中将 Flash loader 的 Base Address 设置为片内 Flash 的真实物理起始地址,如图 7.15 所示。

(2) 动态复制异常向量的实例分析

下面实例分析一下异常向量的复制过程。

图 7.16 为程序上电后的状态,可以看出程序停在 0x00 地址处。此时的系统处于非映射状态,系统 0x00 地址起始的 1 MB 区域映射在片内的 Flash 区域。可以从 IAR 的 Memory 窗口观察,如图 7.17、图 7.18 和图 7.19 所示。图 7.17 是系统上电后 0x00 地址起始的区域,图 7.18 是系统上电后 0x00100000 地址起始的区域,图 7.19 是系统上电后 RAM 区域。可以看出,图 7.17 和图 7.18 的内容完全相同。

```
;------------------------------------------
;- Remap Command and jump on ABSOLUT address
;------------------------------------------
            ldr     r12, PtInitRemap      ; Get the real jump address ( after remap )
            ldr     r0,=AT91C_MC_RCR      ; Get remap address
            mov     r1,#1                 ; Get the REMAP value

#ifndef RAM_DEBUG
            str     r1,[r0]
#endif
;- Jump to LINK address at its absolut address
            mov     pc, r12               ; Jump and break the pipeline
PtInitRemap:
            DCD     InitRemap             ; Address where to jump after REMAP
InitRemap:
;----------------------------------------------
; ?CSTARTUP
;----------------------------------------------
            EXTERN  __segment_init
            EXTERN  main
; Initialize segments.
; __segment_init is assumed to use
; instruction set and to be reachable by BL from the ICODE segment
; (it is safest to link them in segment ICODE).
            ldr     r0,=__segment_init
            mov     lr, pc
            bx      r0

            PUBLIC  __main
?jump_to_main:
            ldr     lr,=?call_exit
            ldr     r0,=main
__main:
            bx      r0
```

图 7.14 启动代码中的部分内容

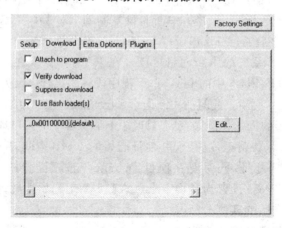

图 7.15 Base Address 设置

```
00000000  EA000027  B      0x0000A4              RESET
00000004  EAFFFFFE  B      0x000004            ; UND
00000008  EAFFFFFE  B      0x000008            ; SWI
0000000C  EAFFFFFE  B      0x00000C            ; P ABT
00000010  EAFFFFFE  B      0x000010            ; D ABT
00000014  EAFFFFFE  B      0x000014
00000018  EA000009  B      0x000044            ; IRQ
0000001C  E1A09000  MOV    R9, R0              ; FIQ
00000020  E5980104  LDR    R0, [R8, #+260]
00000024  E321F0D3  MSR    CPSR_c, #0xD3
00000028  E92D500E  STMDB  SP!, {R1,R2,R3,R12,LR}
0000002C  E1A0E00F  MOV    LR, PC
00000030  E12FFF10  BX     R0
00000034  E8BD500E  LDMIA  SP!, {R1,R2,R3,R12,LR}
00000038  E321F0D1  MSR    CPSR_c, #0xD1
0000003C  E1A00009  MOV    R0, R9
00000040  E25EF004  SUBS   PC, LR, #0x4
00000044  E24EE004  SUB    LR, LR, #0x4
00000048  E92D4000  STMDB  SP!, {LR}
0000004C  E14FE000  MRS    LR, SPSR
00000050  E92D4000  STMDB  SP!, {LR}
00000054  E92D0001  STMDB  SP!, {R0}
00000058  E59FE040  LDR    LR, [PC, #+64]      ; [0xA0] =AIC_SMR
0000005C  E59E0100  LDR    R0, [LR, #+256]
00000060  E58EE100  STR    LR, [LR, #+256]
00000064  E321F013  MSR    CPSR_c, #0x13
00000068  E92D500E  STMDB  SP!, {R1,R2,R3,R12,LR}
0000006C  E1A0E00F  MOV    LR, PC
00000070  E12FFF10  BX     R0
```

图 7.16 程序上电后的状态

```
Go to  0x00          Memory

00000000  27 00 00 ea fe ff ff ea fe ff ff ea  '...............
00000010  fe ff ff ea fe ff ff ea 09 00 00 ea 00 90 a0 e1  ...............
00000020  04 01 98 e5 d3 f0 21 e3 0e 50 2d e9 0f e0 a0 e1  ......!..P-.....
00000030  10 ff fe e1 0e 50 bd e8 d1 f0 21 e3 09 00 a0 e1  .....P....!.....
00000040  04 f0 5e e2 04 e0 4e e2 00 40 2d e9 00 e0 4f e1  ..^...N..@-...O.
00000050  00 40 2d e9 01 00 2d e9 40 e0 9f e5 00 01 9e e5  .@-...-.@.......
00000060  00 e1 8e e5 13 f0 21 e3 0e 50 2d e9 0f e0 a0 e1  ......!..P-.....
00000070  10 ff 2f e1 0e 50 bd e8 92 f0 21 e3 1c e0 9f e5  .././.P....!.....
00000080  30 e1 8e e5 00 e0 40 bd e8 f8 0e 0e 6f e1  0.....@.....o.
00000090  00 80 fd e8 fe ff ff ea fe ff ff ea fe ff ff ea  ...............
000000a0  00 f0 ff ff 8c d0 9f e5 8c 00 9f e5 8c 10 9f e5  ...............
000000b0  01 00 00 e0 0f e1 ff ff 2f e1 80 c0 9f e5 0e e0  ......../.......
000000c0  24 b0 4f e2 c8 a0 4f e2 04 10 9a e4 04 10 8c e4  $.O...O.........
000000d0  04 10 8c e4 04 10 9a e4 04 10 8c e4 0b 00 5a e1  ..............Z.
000000e0  fb ff ff 1a 5c 00 9f e5 d1 f0 21 e3 58 80 9f e5  ....\.....!.X...
000000f0  d2 f0 21 e3 00 d0 a0 e1 60 00 40 e2 13 f0 21 e3  ..!....`.@...!.
00000100  00 d0 a0 e1 0c c0 9f e5 ff 00 e0 e3 01 10 a0 e3  ................
00000110  01 10 80 e5 0c f0 a0 e1 1c 01 10 00 2c 00 9f e5  ............,...
00000120  0f e0 a0 e1 10 ff 2f e1 24 e0 9f e5 24 00 9f e5  ....../.$...$...
00000130  10 ff 2f e1 fe ff ff ea 00 00 21 00 5d 01 10 00  ../.......!.]...
00000140  fe ff 2f e1 00 00 00 00 01 00 f0 ff ff  ../.............
00000150  05 02 10 00 34 01 10 00 65 04 10 00 10 b5 9f 20  ....4...e......
00000160  c0 43 1b 49 01 60 1b 48 80 21 00 02 01 60 1a 48  .C.I.`.H.!...`.H
```

图 7.17 系统上电后 0x00 地址起始的区域

接下来运行程序,并让程序单步执行图 7.13 所示的代码,同时观察 IAR 的 Memory 窗口,如图 7.20、图 7.21 和图 7.22 所示。图 7.20 是单步执行代码时的状态,图 7.21 和图 7.22 是相应的 Memory 窗口。观察图 7.18、图 7.21 和图 7.22,并仔细对比这 3 张图片。显然,每次执行循环时,系统的相应中断向量就被复制到片内的 RAM 区域。注意,请仔细阅读图 7.14 所示的代码,上述复制过程并不是完全的复制,而是对部分向量进行了修改。

图 7.18 系统上电后 0x00100000 地址起始的区域

图 7.19 系统上电后的 RAM 区域

图 7.20 单步执行

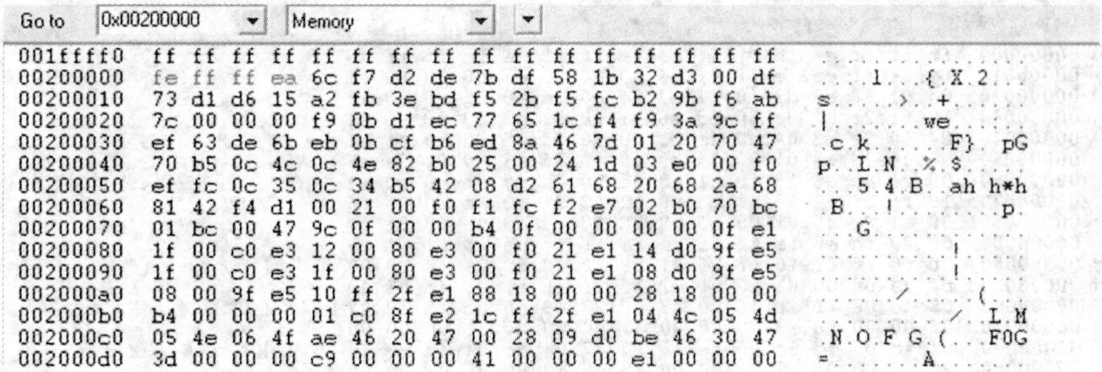

```
Go to  0x00200000  ▼  Memory  ▼  ▼

001ffff0  ff ff ff ff ff ff ff ff ff ff ff ff ff ff ff ff  ................
00200000  fe ff ff ea 6c f7 d2 de 7b df 58 1b 32 d3 00 df  ....l...{.X.2...
00200010  73 d1 d6 15 a2 fb 3e bd f5 2b f5 fc b2 9b f6 ab  s.....>..+......
00200020  7c 00 00 00 f9 0b d1 ec 77 65 1c f4 f9 3a 9c ff  |.......we...:..
00200030  ef 63 de 6b eb 0b cf b6 ed 8a 46 7d 01 20 70 47  .c.k......F}. pG
00200040  70 b5 0c 4c 0c 4e 82 b0 25 00 24 1d d3 e0 00 f0  p..L.N..%.$.....
00200050  ef fc 0c 35 0c 34 b5 42 08 f2 61 68 20 68 2a 68  ...5.4.B..ah h*h
00200060  81 42 f4 d1 00 21 00 f0 f1 fc f2 e7 02 b0 70 bc  .B...!........p.
00200070  01 bc 00 47 9c 0f 00 00 b4 0f 00 00 00 00 0f e1  ...G............
00200080  1f 00 c0 e3 12 00 80 e3 00 f0 21 e1 14 d0 9f e5  ..........!.....
00200090  1f 00 c0 e3 1f 00 80 e3 00 f0 21 e1 08 d0 9f e5  ..........!.....
002000a0  08 00 9f e5 10 ff 2f e1 88 18 00 00 28 18 00 00  ....../.....(...
002000b0  b4 00 00 00 01 c0 8f e2 1c ff 2f e1 04 4c 05 4d  ........../..L.M
002000c0  05 4e 06 4f ae 46 20 47 00 28 09 d0 be 46 30 47  .N.O.F G.(...F0G
002000d0  3d 00 00 00 c9 00 00 00 41 00 00 00 e1 00 00 00  =.......A.......
```

图 7.21 执行一次

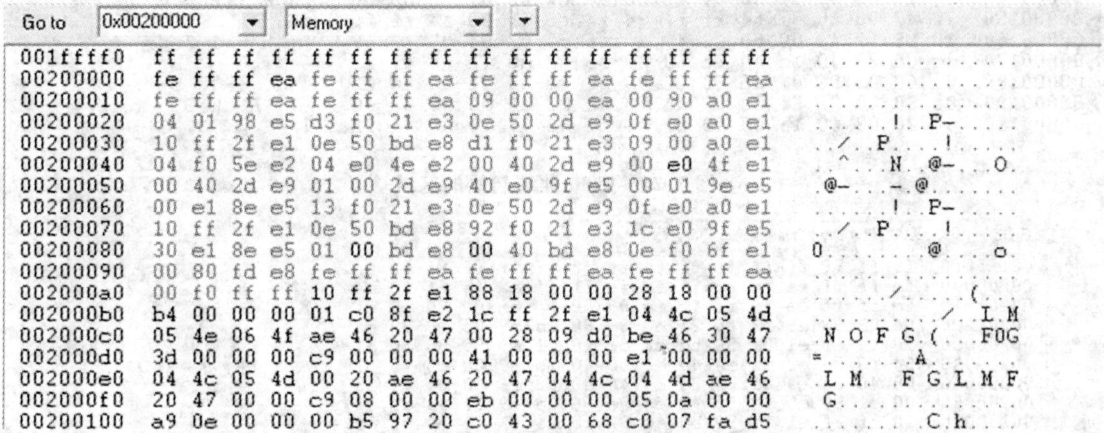

```
Go to  0x00200000  ▼  Memory  ▼  ▼

001ffff0  ff ff ff ff ff ff ff ff ff ff ff ff ff ff ff ff  ................
00200000  fe ff ff ea fe ff ff ea fe ff ff ea fe ff ff ea  ................
00200010  fe ff ff ea ff ff ff ea 09 00 00 ea 00 90 a0 e1  ................
00200020  04 01 98 e5 d3 f0 21 e3 0e 50 2d e9 0f e0 a0 e1  ......!..P-.....
00200030  10 ff 2f e1 0e 50 bd e8 d1 f0 21 e3 09 00 a0 e1  ../..P....!.....
00200040  04 f0 5e e2 04 e0 4e e2 00 40 2d e9 00 e0 4f e1  ..^...N..@-...O.
00200050  00 40 2d e9 01 00 2d e9 40 e0 9f e5 00 01 9e e5  .@-...-.@.......
00200060  00 e1 8e e5 13 f0 21 e3 2d e9 f0 21 e0 a0 e1  ......!.-..!....
00200070  10 ff 2f e1 0e 50 bd e8 92 f0 21 e3 1c e0 9f e5  ../..P....!.....
00200080  30 e1 8e e5 01 00 be e8 40 bd 8e 0e f0 6f e1  0.......@....o..
00200090  00 80 fd e8 fe ff ff ea 2d e9 fe ff ff ea        ........-.......
002000a0  00 f0 ff ff 10 ff 2f e1 88 18 00 00 28 18 00 00  ....../.....(...
002000b0  b4 00 00 00 01 c0 8f e2 1c ff 2f e1 04 4c 05 4d  ........../..L.M
002000c0  05 4e 06 4f ae 46 20 47 00 28 09 d0 be 46 30 47  .N.O.F G.(...F0G
002000d0  3d 00 00 00 c9 00 00 00 41 00 00 00 e1 00 00 00  =.......A.......
002000e0  04 4c 05 4d 00 20 ae 46 20 47 04 4c 04 4d ae 46  .L.M. .F G.L.M.F
002000f0  20 47 00 00 c9 08 00 00 eb 00 00 00 05 0a 00 00   G..............
00200100  a9 0e 00 00 00 b5 97 20 c0 43 00 68 c0 07 fa d5  ....... .C.h....
```

图 7.22 复制完成后的状态

让系统正常运行一段时间,然后停止。观察此时的 Memory 窗口,如图 7.23 和图 7.24 所示。图 7.23 是 0x00 地址起始的区域,图 7.24 是片内 RAM 区域。对比图 7.23、图 7.24 和图 7.18 可以看出,此时 0x00 地址起始的区域被重映射至片内 RAM 区域。

下面可以进一步证明。如果 0x00 地址起始的区域没有映射至 RAM 区域,那么在 Memory 窗口对 0x00 地址起始的区域做值的修改将无效。这是因为 Flash 的写需要特定的时序和流程,并不像对 RAM 进行写入一样随意。反过来,如果 0x00 地址起始的区域被映射至 RAM 区域,那么就可以对 0x00 地址起始的区域随意修改值。现在,修改 0x00 地址起始的 4 个字节的值,将其分别修改为 0x01、0x02、0x03 和 0x04,如图 7.25 所示。此时,RAM 区域和 Flash 区域分别如图 7.26 和图 7.27 所示。

```
Go to  0x00         ▼  Memory        ▼ ▼
00000000  fe ff ff ea fe ff ff ea fe ff ff ea fe ff ff ea  ................
00000010  fe ff ff ea fe ff ff ea 09 00 00 ea 00 90 a0 e1  ................
00000020  04 01 98 e5 d3 f0 21 e3 0e 50 2d e9 0f e0 a0 e1  ......!..P-.....
00000030  10 ff 2f e1 0e 50 bd e8 d1 f0 21 e3 09 00 a0 e1  ../..P....!.....
00000040  04 f0 5e e2 04 e0 4e e2 00 40 2d e9 00 e0 4f e1  ..^...N..@-...O.
00000050  00 40 2d e9 01 00 2d e9 40 e0 9f e5 00 01 9e e5  .@-...-.@.......
00000060  00 e1 8e e5 13 f0 21 e3 0e 50 2d e9 0f e0 a0 e1  ......!..P-.....
00000070  10 ff 2f e1 0e 50 bd e8 92 f0 21 e3 1c e0 9f e5  ../..P....!.....
00000080  30 e1 8e e5 01 00 bd e8 00 40 bd e8 0e f0 6f e1  0........@....o.
00000090  00 80 fd e8 fe ff ff ea fe ff ff ea fe ff ff ea  ................
000000a0  00 f0 ff ff 10 ff 2f e1 88 18 00 00 28 18 00 00  ....../.....(...
000000b0  b4 00 00 00 01 c0 8f e2 1c ff 2f e1 04 4c 05 4d  ........../..L.M
000000c0  05 4e 06 4f ae 46 20 47 00 28 09 d0 be 46 30 47  .N.O.F G.(...F0G
000000d0  3d 00 00 00 c9 00 00 00 41 00 00 00 e1 00 00 00  =.......A.......
000000e0  04 4c 05 4d 5c 00 ae 46 20 47 04 4c 04 4d ae 46  .L.M\..F G.L.M.F
000000f0  20 47 00 00 c9 08 00 00 eb 00 00 00 05 0a 00 00   G..............
00000100  00 00 00 00 03 00 00 00 14 00 00 00 0a 48 01 68  .............H.h
00000110  00 29 01 d1 01 21 00 e0 00 21 01 60 0d 48 01 68  .)...!...!.`.H.h
00000120  02 22 11 42 01 d0 0c 49 00 e0 0c 49 0a 60 01 68  .".B...I...I.`.h
00000130  09 04 fc d5 00 b0 70 47 00 01 00 05 48 00 68     ......pG....H.h
00000140  04 21 08 42 01 d0 04 48 00 e0 04 48 01 60 00 b0  .!.B...H...H.`..
00000150  70 47 00 00 3c f4 ff ff 34 f4 ff ff 30 f4 ff ff  pG..<...4...0...
00000160  10 b5 12 48 00 68 12 49 12 4a c3 07 04 d5 13 68  ...H.h.I.J.....h
00000170  cc 0d 23 40 1c 40 0c 60 83 06 02 d5 12 68 4f 22  ..#@.@.`.....hO"
00000180  0a 60 02 06 01 d5 50 22 0a 60 42 06 01 d5 46 22  .`....P".`B...F"
00000190  0a 60 80 22 52 00 08 4b 10 42 03 d0 d0 00 18 60  .`."R..K.B.....`
000001a0  54 20 08 60 1a 60 10 bc 01 bc 00 47 14 00 fc ff  T .`.`.....G....
```

图 7.23 0x00 地址起始的区域

```
Go to  0x00200000   ▼  Memory        ▼ ▼
001ffff0  ff ff ff ff ff ff ff ff ff ff ff ff ff ff ff ff  ................
00200000  fe ff ff ea fe ff ff ea fe ff ff ea fe ff ff ea  ................
00200010  fe ff ff ea fe ff ff ea 09 00 00 ea 00 90 a0 e1  ................
00200020  04 01 98 e5 d3 f0 21 e3 0e 50 2d e9 0f e0 a0 e1  ......!..P-.....
00200030  10 ff 2f e1 0e 50 bd e8 d1 f0 21 e3 09 00 a0 e1  ../..P....!.....
00200040  04 f0 5e e2 04 e0 4e e2 00 40 2d e9 00 e0 4f e1  ..^...N..@-...O.
00200050  00 40 2d e9 01 00 2d e9 40 e0 9f e5 00 01 9e e5  .@-...-.@.......
00200060  00 e1 8e e5 13 f0 21 e3 0e 50 2d e9 0f e0 a0 e1  ......!..P-.....
00200070  10 ff 2f e1 0e 50 bd e8 92 f0 21 e3 1c e0 9f e5  ../..P....!.....
00200080  30 e1 8e e5 01 00 bd e8 00 40 bd e8 0e f0 6f e1  0........@....o.
00200090  00 80 fd e8 fe ff ff ea fe ff ff ea fe ff ff ea  ................
002000a0  00 f0 ff ff 10 ff 2f e1 88 18 00 00 28 18 00 00  ....../.....(...
002000b0  b4 00 00 00 01 c0 8f e2 1c ff 2f e1 04 4c 05 4d  ........../..L.M
002000c0  05 4e 06 4f ae 46 20 47 00 28 09 d0 be 46 30 47  .N.O.F G.(...F0G
002000d0  3d 00 00 00 c9 00 00 00 41 00 00 00 e1 00 00 00  =.......A.......
002000e0  04 4c 05 4d 00 20 ae 46 20 47 04 4c 04 4d ae 46  .L.M. .F G.L.M.F
002000f0  20 47 00 00 c9 08 00 00 eb 00 00 00 05 0a 00 00   G..............
00200100  00 00 00 00 03 00 00 00 14 00 00 00 0a 48 01 68  .............H.h
00200110  00 29 01 d1 01 21 00 e0 00 21 01 60 0d 48 01 68  .)...!...!.`.H.h
00200120  02 22 11 42 01 d0 0c 49 00 e0 0c 49 0a 60 01 68  .".B...I...I.`.h
00200130  09 04 fc d5 00 b0 70 47 00 01 00 05 48 00 68     ......pG....H.h
00200140  04 21 08 42 01 d0 04 48 00 e0 04 48 01 60 00 b0  .!.B...H...H.`..
00200150  70 47 00 00 3c f4 ff ff 34 f4 ff ff 30 f4 ff ff  pG..<...4...0...
00200160  10 b5 12 48 00 68 12 49 12 4a c3 07 04 d5 13 68  ...H.h.I.J.....h
00200170  cc 0d 23 40 1c 40 0c 60 83 06 02 d5 12 68 4f 22  ..#@.@.`.....hO"
00200180  0a 60 02 06 01 d5 50 22 0a 60 42 06 01 d5 46 22  .`....P".`B...F"
00200190  0a 60 80 22 52 00 08 4b 10 42 03 d0 d0 00 18 60  .`."R..K.B.....`
002001a0  54 20 08 60 1a 60 10 bc 01 bc 00 47 14 00 fc ff  T .`.`.....G....
```

图 7.24 片内 RAM 区域

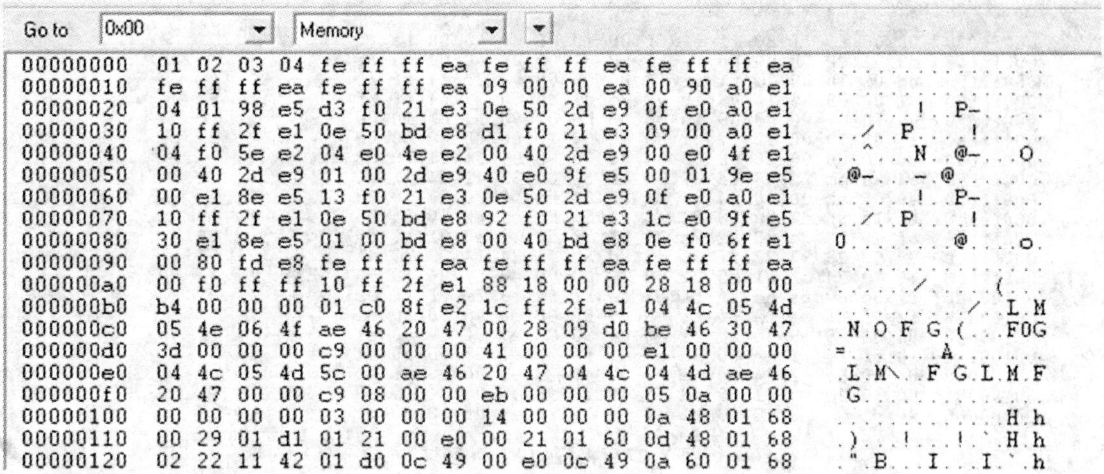

```
Go to  0x00         Memory
00000000  01 02 03 04 fe ff ff ea fe ff ff ea fe ff ff ea  ................
00000010  fe ff ff ea fe ff ff ea 09 00 00 ea 00 90 a0 e1  ................
00000020  04 01 98 e5 d3 f0 21 e3 0e 50 2d e9 0f e0 a0 e1  ......!..P-.....
00000030  10 ff 2f e1 0e 50 bd e8 d1 f0 21 e3 09 00 a0 e1  ../..P....!.....
00000040  04 f0 5e e2 04 e0 4e e2 00 40 2d e9 00 e0 4f e1  ..^...N..@-...O.
00000050  00 40 2d e9 01 00 2d e9 40 e0 9f e5 00 01 9e e5  .@-...-.@.......
00000060  00 e1 8e e5 13 f0 21 e3 0e 50 2d e9 0f e0 a0 e1  ......!..P-.....
00000070  10 ff 2f e1 0e 50 bd e8 92 f0 21 e3 1c e0 9f e5  ../..P....!.....
00000080  30 e1 8e e5 01 00 bd e8 00 40 bd e8 0e f0 6f e1  0........@....o.
00000090  00 80 fd e8 fe ff ff ea fe ff ff ea fe ff ff ea  ................
000000a0  00 f0 ff ff 10 ff 2f e1 88 18 00 00 28 18 00 00  ....../.....(...
000000b0  b4 00 00 00 01 c0 8f e2 1c ff 2f e1 04 4c 05 4d  ........../..L.M
000000c0  05 4e 06 4f ae 46 20 47 00 28 09 d0 be 46 30 47  .N.O.F G.(...F0G
000000d0  3d 00 00 00 c9 00 00 00 41 00 00 00 00 00 00 00  =.......A.......
000000e0  04 4c 05 4d 5c 00 ae 46 20 47 04 4c 04 4d ae 46  .L.M\..F G.L.M.F
000000f0  20 47 00 00 c9 08 00 00 eb 00 00 05 0a 00 00      G..............
00000100  00 00 00 00 00 03 00 00 00 14 00 00 0a 48 01 68  .............H.h
00000110  00 29 01 d1 01 21 00 e0 00 21 01 60 0d 48 01 68  .)...!...!.`.H.h
00000120  02 22 11 42 01 d0 0c 50 00 e0 0c 49 0a 60 01 68  .".B...P...I.`.h
```

图 7.25 修改 0x00 地址起始的 4 个字节的值

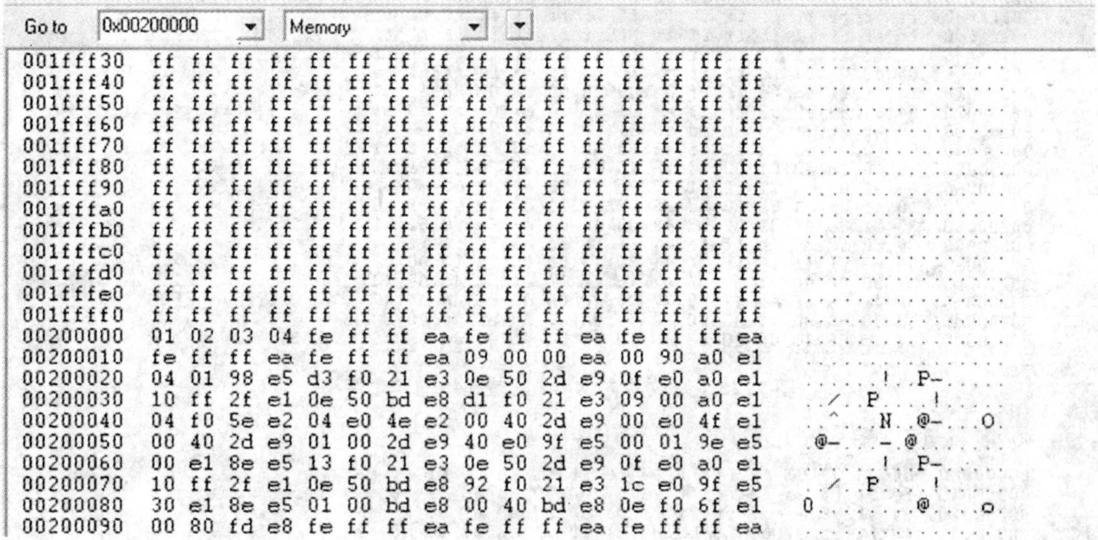

```
Go to  0x00200000      Memory
001fff30  ff ff ff ff ff ff ff ff ff ff ff ff ff ff ff ff  ................
001fff40  ff ff ff ff ff ff ff ff ff ff ff ff ff ff ff ff  ................
001fff50  ff ff ff ff ff ff ff ff ff ff ff ff ff ff ff ff  ................
001fff60  ff ff ff ff ff ff ff ff ff ff ff ff ff ff ff ff  ................
001fff70  ff ff ff ff ff ff ff ff ff ff ff ff ff ff ff ff  ................
001fff80  ff ff ff ff ff ff ff ff ff ff ff ff ff ff ff ff  ................
001fff90  ff ff ff ff ff ff ff ff ff ff ff ff ff ff ff ff  ................
001fffa0  ff ff ff ff ff ff ff ff ff ff ff ff ff ff ff ff  ................
001fffb0  ff ff ff ff ff ff ff ff ff ff ff ff ff ff ff ff  ................
001fffc0  ff ff ff ff ff ff ff ff ff ff ff ff ff ff ff ff  ................
001fffd0  ff ff ff ff ff ff ff ff ff ff ff ff ff ff ff ff  ................
001fffe0  ff ff ff ff ff ff ff ff ff ff ff ff ff ff ff ff  ................
001ffff0  ff ff ff ff ff ff ff ff ff ff ff ff ff ff ff ff  ................
00200000  01 02 03 04 fe ff ff ea fe ff ff ea fe ff ff ea  ................
00200010  fe ff ff ea fe ff ff ea 09 00 00 ea 00 90 a0 e1  ................
00200020  04 01 98 e5 d3 f0 21 e3 0e 50 2d e9 0f e0 a0 e1  ......!..P-.....
00200030  10 ff 2f e1 0e 50 bd e8 d1 f0 21 e3 09 00 a0 e1  ../..P....!.....
00200040  04 f0 5e e2 04 e0 4e e2 00 40 2d e9 00 e0 4f e1  ..^...N..@-...O.
00200050  00 40 2d e9 01 00 2d e9 40 e0 9f e5 00 01 9e e5  .@-...-.@.......
00200060  00 e1 8e e5 13 f0 21 e3 0e 50 2d e9 0f e0 a0 e1  ......!..P-.....
00200070  10 ff 2f e1 0e 50 bd e8 92 f0 21 e3 1c e0 9f e5  ../..P....!.....
00200080  30 e1 8e e5 01 00 bd e8 00 40 bd e8 0e f0 6f e1  0........@....o.
00200090  00 80 fd e8 fe ff ff ea fe ff ff ea fe ff ff ea  ................
```

图 7.26 相应的 RAM 区域

现在对从 0x00200000(即片内 RAM 区域)地址起始的 4 个字节进行修改,分别修改为 0x04、0x03、0x02 和 0x01,如图 7.28 所示。对应的 0x00 地址起始的区域如图 7.29 所示。可见,前面的分析和阐述是正确的。

如果系统没有进行重映射,即 0x00 地址起始的区域映射在片内 Flash 区域。那么,此时在 Memory 窗口中对 0x00 地址起始区域中的值进行修改会有什么反映?答案是修改无效,即无论怎么修改,其值都保持原值不变。

```
Go to  0x00100000  ▼  Memory  ▼  ▶

000fff30  00 00 fa ff 20 f1 ff ff 00 10 00 00 40 00 fa ff    .... ......@...
000fff40  d9 01 00 00 00 00 fa ff bd 01 00 00 00 00 fa ff    ................
000fff50  0d 05 10 00 2c f1 ff ff 00 00 00 00 2c f1 ff ff    ....,.......,...
000fff60  01 00 00 00 11 05 10 00 3d f1 ff ff 74 f4 ff ff    ........=...t...
000fff70  00 50 07 00 0d 05 10 00 00 50 07 00 1c 01 10 00    .P.......P......
000fff80  1f 05 10 00 c2 f7 01 00 65 04 10 00 00 00 00 00    ........e.......
000fff90  00 00 00 00 00 00 00 00 00 00 00 00 34 01 10 00    ............4...
000fffa0  a4 8a ac 70 43 4d e7 bb a8 fa 0e 37 41 54 21 41    ...pCM.....7AT!A
000fffb0  a6 09 ab d6 20 44 94 c4 9a 0f ea bf 33 54 19 59    .... D......3T.Y
000fffc0  be 15 8f d7 80 58 84 a6 21 55 50 cc 82 10 3f a6    .....X..!UP...?.
000fffd0  6f ec b5 7e 80 a2 7e 21 65 7f d8 22 e8 91 b6 d7    o..~..~!e.."....
000fffe0  9d 57 28 97 72 2f 96 e2 0d 58 4a 84 14 22 27 4f    .W(.r/...XJ.."'O
000ffff0  45 7e 74 c2 b1 c5 01 00 33 00 00 00 54 04 10 00    E~t.....3...T...
00100000  27 00 00 ea fe ff ff ea fe ff ff ea 00 00 00 00    '...............
00100010  fe ff ff ea fe ff ff ea 09 00 00 ea 00 90 a0 e1    ................
00100020  04 01 98 e5 d3 f0 21 e3 0e 50 2d e9 0f e0 a0 e1    ......!..P-.....
00100030  10 ff 2f e1 0e 50 bd e8 d1 f0 21 e3 09 00 a0 e1    ../..P....!.....
00100040  04 f0 5e e2 04 e0 4e e2 00 40 2d e9 00 e0 4f e1    ..^...N..@-...O.
00100050  00 40 2d e9 01 00 2d e9 40 e0 9f e5 00 01 9e e5    .@-...-.@.......
00100060  00 e1 8e e5 13 f0 21 e3 0e 50 2d e9 0f e0 a0 e1    ......!..P-.....
```

图 7.27 相应的 Flash 区域

```
Go to  0x00200000  ▼  Memory  ▼  ▶

001fffc0  ff ff ff ff ff ff ff ff ff ff ff ff ff ff ff ff    ................
001fffd0  ff ff ff ff ff ff ff ff ff ff ff ff ff ff ff ff    ................
001fffe0  ff ff ff ff ff ff ff ff ff ff ff ff ff ff ff ff    ................
001ffff0  ff ff ff ff ff ff ff ff ff ff ff ff ff ff ff ff    ................
00200000  04 03 02 01 fe ff ff ea fe ff ff ea fe ff ff ea    ................
00200010  fe ff ff ea fe ff ff ea 09 00 00 ea 00 90 a0 e1    ................
00200020  04 01 98 e5 d3 f0 21 e3 0e 50 2d e9 0f e0 a0 e1    ......!..P-.....
00200030  10 ff 2f e1 0e 50 bd e8 d1 f0 21 e3 09 00 a0 e1    ../..P....!.....
00200040  04 f0 5e e2 04 e0 4e e2 00 40 2d e9 00 e0 4f e1    ..^...N..@-...O.
00200050  00 40 2d e9 01 00 2d e9 40 e0 9f e5 00 01 9e e5    .@-...-.@.......
00200060  00 e1 8e e5 13 f0 21 e3 0e 50 2d e9 0f e0 a0 e1    ......!..P-.....
00200070  10 ff 2f e1 0e 50 bd e8 92 f0 21 e3 1c e0 9f e5    ../..P....!.....
00200080  30 e1 8e e5 01 00 bd e8 00 40 bd e8 0e f0 6f e1    0........@....o.
00200090  00 80 fd e8 fe ff ff ea fe ff ff ea fe ff ff ea    ................
002000a0  00 f0 ff ff 10 ff 2f e1 88 18 00 00 28 18 00 00    ....../.....(...
002000b0  b4 00 00 00 01 c0 8f e2 1c ff 2f e1 04 4c 05 4d    ........../..L.M
002000c0  05 4e 06 4f ae 46 20 47 00 28 09 d0 be 46 30 47    .N.O.F G.(...F0G
002000d0  3d 00 00 00 c9 00 00 00 41 00 00 00 e1 00 00 00    =.......A.......
002000e0  04 4c 05 4d 00 20 ae 46 20 47 04 4c 04 4d ae 46    .L.M. .F G.L.M.F
```

图 7.28 修改片内 RAM 区域起始的 4 个字节

```
Go to  0x00  ▼  Memory  ▼  ▶

00000000  04 03 02 01 fe ff ff ea fe ff ff ea fe ff ff ea    ................
00000010  fe ff ff ea fe ff ff ea 09 00 00 ea 00 90 a0 e1    ................
00000020  04 01 98 e5 d3 f0 21 e3 0e 50 2d e9 0f e0 a0 e1    ......!..P-.....
00000030  10 ff 2f e1 0e 50 bd e8 d1 f0 21 e3 09 00 a0 e1    ../..P....!.....
00000040  04 f0 5e e2 04 e0 4e e2 00 40 2d e9 00 e0 4f e1    ..^...N..@-...O.
00000050  00 40 2d e9 01 00 2d e9 40 e0 9f e5 00 01 9e e5    .@-...-.@.......
00000060  00 e1 8e e5 13 f0 21 e3 0e 50 2d e9 0f e0 a0 e1    ......!..P-.....
00000070  10 ff 2f e1 0e 50 bd e8 92 f0 21 e3 1c e0 9f e5    ../..P....!.....
00000080  30 e1 8e e5 01 00 bd e8 00 40 bd e8 0e f0 6f e1    0........@....o.
00000090  00 80 fd e8 fe ff ff ea fe ff ff ea fe ff ff ea    ................
000000a0  00 f0 ff ff 10 ff 2f e1 88 18 00 00 28 18 00 00    ....../.....(...
000000b0  b4 00 00 00 01 c0 8f e2 1c ff 2f e1 04 4c 05 4d    ........../..L.M
000000c0  05 4e 06 4f ae 46 20 47 00 28 09 d0 be 46 30 47    .N.O.F G.(...F0G
000000d0  3d 00 00 00 c9 00 00 00 41 00 00 00 e1 00 00 00    =.......A.......
000000e0  04 4c 05 4d 5c 00 ae 46 20 47 04 4c 04 4d ae 46    .L.M\..F G.L.M.F
000000f0  20 47 00 00 c9 f3 08 00 00 eb 00 00 05 0a 00 00     G..............
00000100  00 00 00 00 03 00 00 14 00 00 0a 48 01 00 68 00    ...........H..h.
00000110  00 29 01 d1 01 21 00 e0 00 21 01 60 0d 48 01 60    .)...!...!.`.H.`
00000120  02 22 11 42 01 d0 0c 49 00 e0 0c 49 0a 60 01 68    .".B...I...I.`.h
```

图 7.29 对应的 0x00 地址

7.4 程序入口与启动代码

7.4.1 程序入口的概念

这里的程序入口是指一个完整程序的入口地址。这个地址的最终确定有赖于具体的嵌入式处理器。在这里,要明确两个要点:

程序入口用来描述整个系统程序的入口地址。该程序不仅仅包括我们所写的那些源代码,还包括了编译系统自动生成、自动加入的,系统正常运行所必须的代码。可能某些情况下我们并没有在代码中涉及 memcpy 函数和 memset 函数,但是基本上每个程序都包含有这两个函数,否则程序无法运行。

这个入口的最终地址由具体的嵌入式处理器来决定。当我们下载代码到目标处理器时,系统的入口通常必须装载在嵌入式处理器的上电复位地址处。否则,系统可能无法正常运行。但是,如果使用了 Boot Loader 或者其他的启动程序,这个入口地址可能会依照具体的情况有所改变。

现在,有了如上的两个基本认识,就能很方便地找到一个程序的入口。这个地址通常是 0x00 地址,有些处理器的上电地址并不是 0x00,但大多数的处理器还是把 0x00 作为系统的上电复位地址。对于这点,还要认识到即使是基于同一个架构的处理器,由于来自不同的半导体厂商,某些方面的过程可能也不尽相同。

7.4.2 程序入口的实例分析

本质上,系统的上电复位和系统的其他中断一样,可以看作是一个中断处理过程(主要指入口方式)。只不过这个过程一般不需要去处理断点和保存寄存器等。所以,系统的入口方式和中断入口的方式具有很大程度的一致性。

1. AT91SAM7S 系列 ARM7 芯片的启动代码

AT91SAM7S 系列 ARM7 芯片的启动代码如下示例程序所示。正常情况下(指非重映射状态下),这段代码将被定位在片内储存空间的 0x00 地址。注意,由于 AT91SAM7S 系列芯片具有重映射机制,因此这段代码实际上位于片内 ROM 存储空间。另外,AT91SAM7S 系列芯片是普林斯顿结构,其基于 ARM7TDMI 内核。

【示例程序 1】AT91SAM7S 系列 ARM7 芯片的启动代码。

```
#include "AT91SAM7S256_inc.h"
;--------------------------------------
;- Area Definition
;--------------------------------------
```

```
; ? RESET
; Reset Vector.
; Normally, segment INTVEC is linked at address 0.
; For debugging purposes, INTVEC may be placed at other
; addresses.
; A debugger that honors the entry point will start the
; program in a normal way even if INTVEC is not at address 0.
;- - - - - - - - - - - - - - - - - - - - - - - - - - - - - -
        PROGRAM    ? RESET
        RSEG       INTRAMSTART_REMAP
        RSEG       INTRAMEND_REMAP
        RSEG       ICODE:CODE:ROOT(2)
        CODE32     ; Always ARM mode after reset
        org        0
reset
;- - - - - - - - - - - - - - - - - - - - - - - - - - - - - -
; - Exception vectors
;- - - - - - - - - - - - - - - - - - -
; - These vectors can be read at address 0 or at RAM address
; - They ABSOLUTELY requires to be in relative addresssing mode in order to
; - guarantee a valid jump. For the moment, all are just looping.
; - If an exception occurs before remap, this would result in an infinite loop.
; - To ensure if a exeption occurs before start application to infinite loop.
;- - - - - - - - - - - - - - - - - - - - - - - - - - - - - -
              B         InitReset              ; 0x00 Reset handler
undefvec:
              B         undefvec               ; 0x04 Undefined Instruction
swivec:
              B         swivec                 ; 0x08 Software Interrupt
pabtvec:
              B         pabtvec                ; 0x0C Prefetch Abort
dabtvec:
              B         dabtvec                ; 0x10 Data Abort
rsvdvec:
              B         rsvdvec                ; 0x14 reserved
irqvec:
              B         IRQ_Handler_Entry      ; 0x18 IRQ
fiqvec:                                        ; 0x1c FIQ
;- - - - - - - - - - - - - - - - - - - - - - - - - - - - - -
; - Function        : FIQ_Handler_Entry
```

```
;   -   Treatments              : FIQ Controller Interrupt Handler.
;   -   Called Functions        : AIC_FVR[interrupt]
;   - - - - - - - - - - - - - - - - - - - - - - - - - - - - - - - - -
FIQ_Handler_Entry:
;   -   Switch in SVC/User Mode to allow User Stack access for C code
;   because the FIQ is not yet acknowledged
;   -   Save and r0 in FIQ_Register
            Mov         r9,r0
            Ldr         r0 , [r8, #AIC_FVR]
            Msr         CPSR_c, #I_BIT | F_BIT | ARM_MODE_SVC
;   -   Save scratch/used registers and LR in User Stack
            Stmfd       sp!, { r1 - r3, r12, lr}
;   -   Branch to the routine pointed by the AIC_FVR
            Mov         r14, pc
            Bx          r0
;   -   Restore scratch/used registers and LR from User Stack
            Ldmia       sp!, { r1 - r3, r12, lr}
;   -   Leave Interrupts disabled and switch back in FIQ mode
            Msr         CPSR_c, #I_BIT | F_BIT | ARM_MODE_FIQ
;   -   Restore the R0 ARM_MODE_SVC register
            Mov         r0,r9
;   -   Restore the Program Counter using the LR_fiq directly in the PC
            Subs        pc,lr,#4
InitReset:
; - - - - - - - - - - - - - - - - - - - - - - - - - - - - - - - - -
;   -   Low level Init (PMC, AIC, ? ....) by C function AT91F_LowLevelInit
; - - - - - - - - - - - - - - - - - - - - - - - - - - - - - - - - -
                EXTERN      AT91F_LowLevelInit
#define     __iramend       SFB(INTRAMEND_REMAP)
;   -   minumum C initialization
;   -   call    AT91F_LowLevelInit( void)
            ldr         r13, = __iramend         ; temporary stack in internal RAM
;   - - Call Low level init function in ABSOLUTE through the Interworking
            ldr         r0, = AT91F_LowLevelInit
            mov         lr, pc
            bx          r0
; - - - - - - - - - - - - - - - - - - - - - - - - - - - - - - - - -
;   -   Stack Sizes Definition
; - - - - - - - - - - - - - - - - - - - - - - - - - - - - - - - - -
;   -   Interrupt Stack requires 2 words x 8 priority level x 4 bytes when using
```

```
;  -  the vectoring. This assume that the IRQ management.
;  -  The Interrupt Stack must be adjusted depending on the interrupt handlers.
;  -  Fast Interrupt not requires stack If in your application it required you must
;  -  be definehere.
;  -  The System stack size is not defined and is limited by the free internal
;  -  SRAM.
;  -------------------------------------------------------------------

;  -------------------------------------------------------------------
;  -  Top of Stack Definition
;  -------------------------------------------------------------------
;  -  Interrupt and Supervisor Stack are located at the top of internal memory in
;  -  order to speed the exception handling context saving and restoring.
;  -  ARM_MODE_SVC (Application, C) Stack is located at the top of the external memory.
;  -------------------------------------------------------------------
IRQ_STACK_SIZE          EQU     (3 * 8 * 4)          ; 3 words per interrupt priority level
ARM_MODE_FIQ            EQU     0x11
ARM_MODE_IRQ            EQU     0x12
ARM_MODE_SVC            EQU     0x13
I_BIT                   EQU     0x80
F_BIT                   EQU     0x40
;  -------------------------------------------------------------------
;  -  Setup the stack for each mode
;  -------------------------------------------------------------------
                ldr     r0, = __iramend
;  -  Set up Fast Interrupt Mode and set FIQ Mode Stack
                msr     CPSR_c, #ARM_MODE_FIQ | I_BIT | F_BIT
;  -  Init the FIQ register
                ldr     r8, = AT91C_BASE_AIC
;  -  Set up Interrupt Mode and set IRQ Mode Stack
                msr     CPSR_c, #ARM_MODE_IRQ | I_BIT | F_BIT
                mov     r13, r0                      ; Init stack IRQ
                sub     r0, r0, #IRQ_STACK_SIZE
;  -  Enable interrupt & Set up Supervisor Mode and set Supervisor Mode Stack
                msr     CPSR_c, #ARM_MODE_SVC
                mov     r13, r0
;  -------------------------------------------------------------------
; ? CSTARTUP
;  -------------------------------------------------------------------
                EXTERN  __segment_init
                EXTERN  main
```

```
; Initialize segments.
; __segment_init is assumed to use
; instruction set and to be reachable by BL from the ICODE segment
; (it is safest to link them in segment ICODE).
        ldr     r0, = __segment_init
            mov     lr, pc
        bx      r0
        PUBLIC      __main
? jump_to_main:
        ldr     lr, = ? call_exit
        ldr     r0, = main
__main:
        bx      r0
;- - - - - - - - - - - - - - - - - - - - - - - - - - - - - - - - - -
; - Loop for ever
;- - - - - - - - - - - - - - - -
; - End of application. Normally, never occur.
; - Could jump on Software Reset ( B 0x0 ).
;- - - - - - - - - - - - - - - - - - - - - - - - - - - - - - - - - -
? call_exit:
End
            b       End
;- - - - - - - - - - - - - - - - - - - - - - - - - - - - - - - - - -
; - Manage exception
;- - - - - - - - - - - - - -
; - This module The exception must be ensure in ARM mode
;- - - - - - - - - - - - - - - - - - - - - - - - - - - - - - - - - -
;- - - - - - - - - - - - - - - - - - - - - - - - - - - - - - - - - -
; - Function             : IRQ_Handler_Entry
; - Treatments           : IRQ Controller Interrupt Handler.
; - Called Functions     : AIC_IVR[interrupt]
;- - - - - - - - - - - - - - - - - - - - - - - - - - - - - - - - - -
IRQ_Handler_Entry:
; - Manage Exception Entry
; - Adjust and save LR_irq in IRQ stack
            sub         lr, lr, #4
            stmfd       sp!, {lr}
; - Save SPSR need to be saved for nested interrupt
            mrs         r14, SPSR
            stmfd       sp!, {r14}
```

```
; - Save and r0 in IRQ stack
            stmfd       sp!, {r0}
; - Write in the IVR to support Protect Mode
; - No effect in Normal Mode
; - De-assert the NIRQ and clear the source in Protect Mode
            ldr         r14, = AT91C_BASE_AIC
        ldr         r0 , [r14, #AIC_IVR]
        str         r14, [r14, #AIC_IVR]
; - Enable Interrupt and Switch in Supervisor Mode
            msr         CPSR_c, #ARM_MODE_SVC
; - Save scratch/used registers and LR in User Stack
            stmfd       sp!, { r1 - r3, r12, r14}
; - Branch to the routine pointed by the AIC_IVR
            mov         r14, pc
            bx          r0
; - Restore scratch/used registers and LR from User Stack
            ldmia       sp!, { r1 - r3, r12, r14}
; - Disable Interrupt and switch back in IRQ mode
            msr         CPSR_c, #I_BIT | ARM_MODE_IRQ
; - Mark the End of Interrupt on the AIC
            ldr         r14, = AT91C_BASE_AIC
            str         r14, [r14, #AIC_EOICR]
; - Restore R0
            ldmia       sp!, {r0}
; - Restore SPSR_irq and r0 from IRQ stack
            ldmia       sp!, {r14}
            msr         SPSR_cxsf, r14
; - Restore adjusted  LR_irq from IRQ stack directly in the PC
            ldmia       sp!, {pc}^
;-----------------------------------------
; ? EXEPTION_VECTOR
; This module is only linked if needed for closing files.
;-----------------------------------------
            PUBLIC      AT91F_Default_FIQ_handler
            PUBLIC      AT91F_Default_IRQ_handler
            PUBLIC      AT91F_Spurious_handler
            CODE32      ; Always ARM mode after exeption
AT91F_Default_FIQ_handler
            b           AT91F_Default_FIQ_handler
AT91F_Default_IRQ_handler
```

```
            b       AT91F_Default_IRQ_handler
AT91F_Spurious_handler
            b       AT91F_Spurious_handler
    ENDMOD
    END
```

2. STM32 系列 Cortex – M3 芯片的启动代码

示例程序 2 是 ST 公司的 STM32 系列 ARM 芯片的启动代码。STM32 系列芯片是基于 Cortex – M3 结构的 ARM 处理器。这段代码也被定位在片内储存空间的 0x00 地址。注意，STM32 系列芯片具有独立的指令总线和数据总线，为哈佛结构。

【示例程序 2】ST 公司的 STM32 系列芯片的启动代码。

```c
/* Includes ------------------------------------------------ */
#include "stm32f10x_lib.h"
#include "stm32f10x_it.h"
/* Private typedef ----------------------------------------- */
typedef void( * intfunc )( void );
typedef union { intfunc __fun; void * __ptr; } intvec_elem;
/* Private define ------------------------------------------ */
/* Private macro ------------------------------------------- */
/* Private variables --------------------------------------- */
/* Private function prototypes ----------------------------- */
/* Private functions --------------------------------------- */
#pragma language = extended
#pragma segment = "CSTACK"
void __program_start( void );
#pragma location = "INTVEC"
/* STM32F10x Vector Table entries */
const intvec_elem __vector_table[] =
{
    { .__ptr = __sfe( "CSTACK" ) },
    __program_start,
    NMIException,
    HardFaultException,
    MemManageException,
    BusFaultException,
    UsageFaultException,
    0, 0, 0, 0,             /* Reserved */
    SVCHandler,
```

```
        DebugMonitor,
        0,                          /* Reserved */
        PendSVC,
        SysTickHandler,
        WWDG_IRQHandler,
        PVD_IRQHandler,
        TAMPER_IRQHandler,
        RTC_IRQHandler,
        FLASH_IRQHandler,
        RCC_IRQHandler,
        EXTI0_IRQHandler,
        EXTI1_IRQHandler,
        EXTI2_IRQHandler,
        EXTI3_IRQHandler,
        EXTI4_IRQHandler,
        DMAChannel1_IRQHandler,
        DMAChannel2_IRQHandler,
        DMAChannel3_IRQHandler,
        DMAChannel4_IRQHandler,
        DMAChannel5_IRQHandler,
        DMAChannel6_IRQHandler,
        DMAChannel7_IRQHandler,
        ADC_IRQHandler,
        USB_HP_CAN_TX_IRQHandler,
        USB_LP_CAN_RX0_IRQHandler,
        CAN_RX1_IRQHandler,
        CAN_SCE_IRQHandler,
        EXTI9_5_IRQHandler,
        TIM1_BRK_IRQHandler,
        TIM1_UP_IRQHandler,
        TIM1_TRG_COM_IRQHandler,
        TIM1_CC_IRQHandler,
        TIM2_IRQHandler,
        TIM3_IRQHandler,
        TIM4_IRQHandler,
        I2C1_EV_IRQHandler,
        I2C1_ER_IRQHandler,
        I2C2_EV_IRQHandler,
        I2C2_ER_IRQHandler,
```

```
    SPI1_IRQHandler,
    SPI2_IRQHandler,
    USART1_IRQHandler,
    USART2_IRQHandler,
    USART3_IRQHandler,
    EXTI15_10_IRQHandler,
    RTCAlarm_IRQHandler,
    USBWakeUp_IRQHandler,
};
```

理论上,采用哈佛结构的嵌入式处理器比较适合用于工业控制,因为具有较快的相应速度和较好的稳定性。

3. 4 种处理器的入口地址图示

图 7.30 为 AT91SAM7S 系列芯片的程序入口示例,图 7.31 为 STM32 系列芯片的程序入口示例,图 7.32 为 AVR 系列芯片的程序入口示例,图 7.33 为 MSP430 系列芯片的程序入口示例。

```
reset:
  00000000  EA000010  B         0x000048              ; RESET
undefvec:
  00000004  EAFFFFFE  B         undefvec              ; UND    0x4
svivec:
  00000008  EAFFFFFE  B         svivec                ; SWI    0x8
pabtvec:
  0000000C  EAFFFFFE  B         pabtvec               ; P ABT  0xC
dabtvec:
  00000010  EAFFFFFE  B         dabtvec               ; D ABT  0x10
rsvdvec:
  00000014  EAFFFFFE  B         rsvdvec               ; 0x14
irqvec:
  00000018  EA00001C  B         IRQ_Handler_Entry     ; IRQ    0x90
FIQ_Handler_Entry:
fiqvec:
  0000001C  E1A09000  MOV       R9, R0                ; FIQ
  00000020  E5980104  LDR       R0, [R8, #+260]
  00000024  E321F0D3  MSR       CPSR_c, #0xD3
  00000028  E92D500E  STMDB     SP!, {R1,R2,R3,R12,LR}
  0000002C  E1A0E00F  MOV       LR, PC
  00000030  E12FFF10  BX        R0
  00000034  E8BD500E  LDMIA     SP!, {R1,R2,R3,R12,LR}
  00000038  E321F0D1  MSR       CPSR_c, #0xD1
  0000003C  E1A00009  MOV       R0, R9
  00000040  E25EF004  SUBS      PC, LR, #0x4
InitReset:
  00000044  E59FD0A0  LDR       SP, [PC, #+160]       ; [_?0 (0xEC)] =0x210000
  00000048  E59F00A0  LDR       R0, [PC, #+160]       ; [_?1 (0xF0)] =AT91F_LowLevelInit (0x13D)
```

图 7.30　AT91SAM7S 系列芯片的程序入口示例

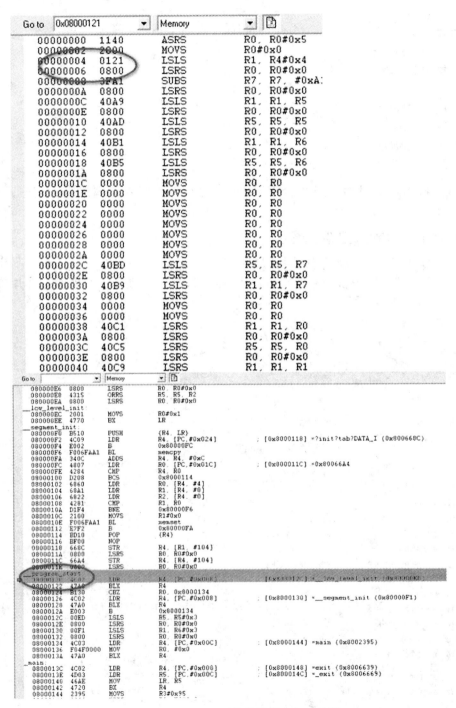

图 7.31 STM32 系列芯片的程序入口示例

IAR Embedded Workbench 的工作机制与应用

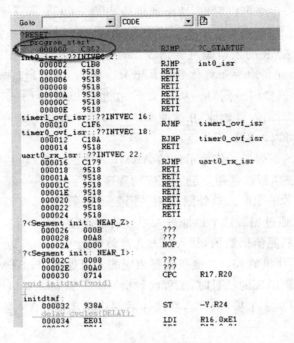

图 7.32　AVR 系列芯片的程序入口示例

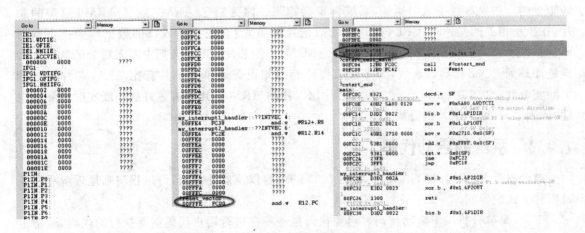

图 7.33　MSP430 系列芯片的程序入口示例

4. 程序入口地址分析

来讨论一下程序的入口。对比 2 个示例程序和 4 张图片可以看到，AT91SAM7S 系列芯片的入口地址处写了跳转指令，而 STM32 系列的芯片则写了函数指针（函数的入口地址）。仔细观察图 7.31 的内容，注意 0x00000004 号单元和 0x00000006 号单元的内容是

0x08000121，对照示例程序2可以看出，这个地址应当是void __program_start(void)函数的入口地址，也就是图7.31中void __program_start(void)函数的入口地址(注意是小端存储)。从图7.32中可以看出AVR的入口是跳转指令。对于图7.33中的MSP430系列芯片，其上电入口不是0x00地址，而是取决于具体的芯片型号。因为0x00地址起始的区域是MSP430单片机内部的一些寄存器空间。同时，从图7.33中也可以看出0x00FFE4和0x00FFE6这两个地址是两个外部中断的入口地址，在这两个16bits的单元中分别存放着相应中断服务程序的入口地址。这样，可以发现如下几点：

① 以AT91SAM7S系列芯片作为示例的ARM7的中断入口(包括程序入口)处放置的是一条跳转指令，芯片通过执行这条指令进入相应的程序段。

② STM32系列芯片的中断入口处则是相关函数的函数指针，实际上也就是函数的入口地址。芯片内处理单元通过加载这个地址进入相应的程序段。

③ AVR系列单片机是哈佛结构，其入口方式是跳转指令。

④ MSP430系列单片机的入口处也是储存相应的入口地址，与STM32类似。

实际上，当我们创建IAR的项目时，工程向导会有一个窗口。窗口中有空白项目、汇编项目、C项目和C++项目这4个项目选项，当选择后两个选项时，IAR会自动生成启动代码并最终融入我们的程序。

对于上述的第①点，其实不仅仅是ARM7系列，ARM9系列芯片的入口也是需要放置跳转指令的。如果放置了入口地址，系统肯定会跑飞。因为对于ARM7或者ARM9这类的芯片，在执行相关的操作时，CPU(指片内的数据处理单元)会把中断入口的数据作为指令来译码；而对于大多数普通单片机或者Cortex-M3架构的芯片，CPU会把中断入口处的数据作为地址加载到PC寄存器。显然，大多数工程师们都知道普通单片机具有比ARM芯片更好的中断实时性，也知道Cortex-M3系列芯片比以往的ARM芯片具有更好的中断实时性和稳定性，原因之一，就是刚才的分析。

7.4.3 系统的启动代码

结合图7.30、图7.31、图7.32和图7.33的内容以及前述分析，可以很清晰地理解程序入口两种方式的异同。

下面，简单分析一下启动代码。启动代码是一段在执行用户代码前所执行的代码，通常由汇编或者汇编和C混合编写。它的主要作用是进行一些初始化操作，或者执行一些在用户代码执行之前必须完成的某些任务。例如，时钟系统的设置、电源系统的设置、初始化某些具有特殊作用的GPIO等，以满足具体实际需要。

关于启动代码，本书的其他章节还会有不同侧重点的详细介绍。这里以AT91SAM7S256芯片为例，简单叙述一下启动代码的工作流程。

汇编语言模块以MODULE开始，以ENDMOD结束。每个模块在逻辑上分为若干部分段,部分段是最小的可链接单元。每个部分段以 RSEG 开头。XLINK 在链接应用项目时首先从用关键字 __root 声明的模块或带有程序入口标号的模块开始,然后再包含其他模块,未使用的模块将被丢弃。

参见示例程序 1,代码的首部进行了相关的段定义和代码性质定义。之后,从 0x00 地址开始,依次在各个中断入口地址处放置相应的跳转指令。紧接着是快速中断入口处理程序,这里主要进行寄存器的相关处理工作和切换 CPU 模式。快速中断的入口代码之后是如图 7.34 所示的一段代码。这段代码通过交互模式直接调用一个 C 语言写的底层初始化函数。之后,是堆栈的定义和各种模式的堆栈设置。最后进行 __segment_init 段初始化并跳入用户程序 main。在启动代码的最后还有 3 个部分,即无穷循环、IRQ 异常管理和 EXEPTION_VECTOR。

在图 7.34 的这段代码中有一个定义:♯define __iramend SFB(INTRAMEND_RE-MAP),这个定义在启动代码中使用了两次。一次用来进行临时堆栈设置,一次用来设置各种模式的堆栈。本质上,这个定义相当于使 __iramend 获得片内 RAM 末端地址的地址对齐值。也就是说,由 SFB(INTRAMEND_REMAP)获得 INTRAMEND_REMAP 的对齐地址,如图 7.35 和图 7.36 所示。图 7.35 是 XCL 文件中的相关内容,图 7.36 中的寄存器 R13 得到了图 7.35 中 INTRAMEND_REMAP 地址+1 的值。因为这个地址作为堆栈的栈顶,实际上这个地址在使用时是依次递减的。

对于其他处理器,情况可能会有较大差异。当然,无论什么处理器,无外乎是空栈递增、空栈递减、满栈递增和满栈递减 4 种情况之一。

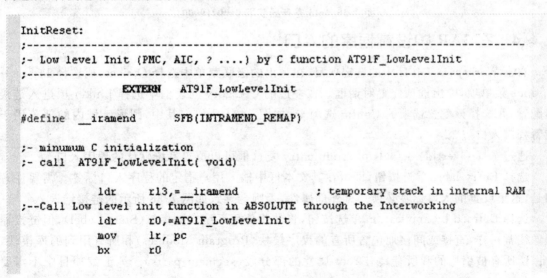

图 7.34 调用 C 语言底层函数

```
//****************************************************************
// Internal Ram segments mapped AFTER REMAP 64 K.
//****************************************************************
// Use these addresses for the .
// Use these addresses for the .
-Z(CONST)INTRAMSTART_REMAP=00200000
-Z(CONST)INTRAMEND_REMAP=0020FFFF
```

图 7.35　相应的 XCL 文件

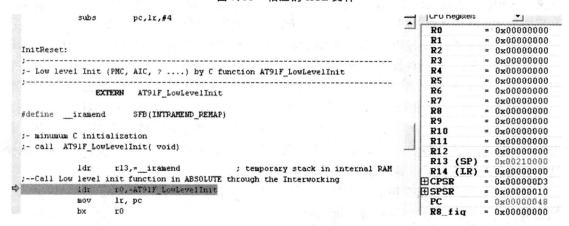

图 7.36　r13 寄存器获取 0x00210000

7.4.4　在 IAR 中设置程序的入口

右击 Workspace 工作区中的选定项目,在弹出的级联菜单中选择 Options,或选择 Project→Options 菜单项,弹出选项配置对话框。在左边的 Category 列表框中选择 Linker 项进入链接器配置,并选择该配置选项的 Config 选项卡,如图 7.37 所示。其中,圆形区域内的部分用于设置程序入口点[注]。

通过选择 Override default program entry 复选框可以覆盖系统默认的程序入口。

选择 Entry label 单选按钮,即可在其文本框中输入用户指定的程序入口标签。需要注意的是,这里设置的入口标签必须具有外部属性,否则会导致如图 7.38 所示的链接错误。

选择 Defined by application 单选按钮,将禁止使用系统启动标签(Start Label),但链接器仍像往常一样,直接或间接地包含所有的程序模块(Program Modules)和所有用到的库模块,并保留所有被引用的和所有具有 root 属性的部分段(segment parts)。纯汇编项目中不需要

注：对某一具体的程序来说,其 __program_start 标签可以是用户自己定义的,也可以由 IAR 的运行库提供。究竟是哪种情况,取决于实际的程序。

IAR Embedded Workbench 的工作机制与应用 7

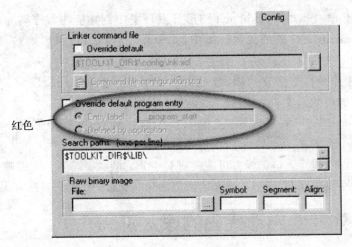

图 7.37 Config 选项卡

启动标签,此时应在链接器配置选项中使用 Defined by application 项。

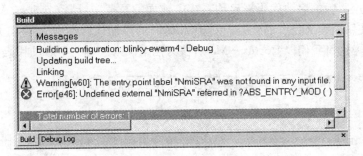

图 7.38 程序入口链接错误

默认情况下,建立应用程序时链接器将包含程序模块中所有具有 root 属性的部分段。同时,IAR 也提供了一种用于干预装载过程的机制,即 Entry label(-s)。Entry label 用于指定一个起始标签。链接器会确保链接包含起始标签的模块,且确保包含此标签的部分段不会被丢弃。通过指定起始标签,链接器将在所有模块中查找匹配的起始标签,并从该点开始装载。与通常的装载机制一样,任何包含 root 属性部分段的程序模块将同样被装载。

在 IAR EWARM 4.x、IAR EW AVR 4.x 以及 IAR EW430 3.x 版本中,cstartup.s79、cstartup.s90 和 cstartup.s43 文件中的默认程序入口标签均为 __program_start[注],这意味着链接器将从该点开始装载。这种机制的优势在于其更容易覆写 cstartup.s79、cstartup.s90 和 cstartup.s43 文件。

注:对某一具体的程序来说,__program_start 标签可以是用户自定义的,也可以由 IAR 的运行库提供。究竟是哪种情况,取决于实际的程序。

用户在 IAR Embedded Workbench 图形开发环境中创建应用程序时,可以用项目中添加的自己定制的 cstartup 文件来替代运行库中的 cstartup 模块,也可以通过覆写程序入口点的名称来切换 startup 文件。

如果用户使用命令行来建立应用程序,则在链接 C/C++ 应用程序时必须明确指定 -s 选项。否则,输出空的可执行文件,因为没有模块被引用。

另外,对于 Cortex-M 设备来说,复位时 Cortex-M CPU 将根据向量表的内容来对 PC 和 SP 进行初始化。

注意,某些情况下,程序入口的设置可能会对 C-SPY 调试器产生一定影响;另外,IAR 中的程序入口不仅仅是一个设置问题,还与系统库的使用情况以及启动代码的写法有很大关系。

7.5 ARM 处理器启动代码的深入研究

一般情况下,普通 8 位和 16 位单片机系统的启动代码由编译系统提供,而基于 ARM 内核的处理器需要使用明确的启动代码来启动系统。前面的章节中,已经分析过 ARM7 内核的启动代码,这是一段使用汇编来完成的代码。对于 ARM9 的启动代码本书的第 13 章中也有介绍,读者可以自行查阅。这里我们以 Cortex-M3 内核为例来深入发掘一下启动代码的实现。

7.5.1 需要 IAR 运行库支持的纯 C 语言启动代码

首先看如下的启动代码:

```
/* Private typedef -------------------------------------------------- */
typedef void( * intfunc )( void );
typedef union { intfunc __fun; void * __ptr; } intvec_elem;
/* Private define ---------------------------------------------------- */
/* Private macro ----------------------------------------------------- */
/* Private variables ------------------------------------------------- */
/* Private function prototypes --------------------------------------- */
/* Private functions ------------------------------------------------- */
#pragma language = extended
#pragma segment = "CSTACK"
void __program_start( void );
#pragma location = "INTVEC"
/* Vector Table entries */
const intvec_elem __vector_table[] =
{
  { .__ptr = __sfe( "CSTACK" ) },
  __program_start,
  NMIException,
```

```
HardFaultException,
MemManageException,
BusFaultException,
UsageFaultException,
0, 0, 0, 0,                  /* Reserved */
SVCHandler,
DebugMonitor,
0,                           /* Reserved */
PendSVC,
SysTickHandler,
WWDG_IRQHandler,
PVD_IRQHandler,
TAMPER_IRQHandler,
RTC_IRQHandler,
FLASH_IRQHandler,
RCC_IRQHandler,
EXTI0_IRQHandler,
EXTI1_IRQHandler,
EXTI2_IRQHandler,
EXTI3_IRQHandler,
EXTI4_IRQHandler,
DMAChannel1_IRQHandler,
DMAChannel2_IRQHandler,
DMAChannel3_IRQHandler,
DMAChannel4_IRQHandler,
DMAChannel5_IRQHandler,
DMAChannel6_IRQHandler,
DMAChannel7_IRQHandler,
ADC_IRQHandler,
USB_HP_CAN_TX_IRQHandler,
USB_LP_CAN_RX0_IRQHandler,
CAN_RX1_IRQHandler,
CAN_SCE_IRQHandler,
EXTI9_5_IRQHandler,
TIM1_BRK_IRQHandler,
TIM1_UP_IRQHandler,
TIM1_TRG_COM_IRQHandler,
TIM1_CC_IRQHandler,
TIM2_IRQHandler,
TIM3_IRQHandler,
TIM4_IRQHandler,
I2C1_EV_IRQHandler,
```

```
    I2C1_ER_IRQHandler,
    I2C2_EV_IRQHandler,
    I2C2_ER_IRQHandler,
    SPI1_IRQHandler,
    SPI2_IRQHandler,
    USART1_IRQHandler,
    USART2_IRQHandler,
    USART3_IRQHandler,
    EXTI15_10_IRQHandler,
    RTCAlarm_IRQHandler,
    USBWakeUp_IRQHandler,
};
```

在分析这段代码之前,先讲解一下 IAR 的♯pragma命令。♯pragma命令是由 ISO/ANSI C 标准规定的一种以预定方式使用厂商专有扩展的机制,该机制用以确保源代码的可移植性。IAR 编译器提供了一系列预定义 pragma 命令,这些命令可用于控制编译器的行为。例如,控制编译器分配存储空间等。

分析上述启动代码中的如下语句:

1)♯pragma segment="CSTACK"

本 pragma 命令用于定义一个可以通过段操作符__segment_begin 和__segment_end 来使用的段名。对于指定段的所有段声明必须具有相同的存储类型属性和对齐方式,句法如下:

句法　♯pragma segment="SEGMENT_NAME"

参数　"SEGMENT_NAME"　段名

另外,__segment_begin(__sfb)、__segment_end(__sfe)和__segment_size(__sfs)是专用段操作符。其句法如下:

```
void * __segment_begin(segment)
void * __segment_end(segment)
```

前面的两个操作符分别返回指定段内的首字节地址和段后首字节的地址。当用户使用@操作符或者♯pragma location 命令将数据对象或函数定位在用户自定义段时,这两个操作符十分有用。

2)♯pragma location= "INTVEC"

```
const intvec_elem __vector_table[] =
{
    { .__ptr = __sfe( "CSTACK" ) },
    __program_start,
    ...
};
```

IAR Embedded Workbench 的工作机制与应用

♯pragma location 命令用于指定在其后声明的全局变量或者静态变量的绝对地址。变量必须声明为__no_init 或者 const。♯pragma location 命令后也可以选择使用字符串来指定用于定位在 pragma 指令之后声明的变量或者函数的段。该命令句法如下：

句法　　♯pragma location＝{address|SEGMENT_NAME}

参数　　address　　　　　　用户希望全局或者静态变量定位的绝对地址

　　　　SEGMENT_NAME　用户定义的段名。注意，不是为编译器和链接器预定义的段名

使用示例：

```
♯pragma location = 0xFFFF0400
__no_init volatile char PORT1;          /* PORT1 位于地址 0xFFFF0400 */
♯pragma location = "foo"
char PORT1;                             /* PORT1 定位在 foo 段 */
♯define FLASH _Pragma("location = \"FLASH\"")
...
FLASH int i;                            /* i 定位在 FLASH 段 */
```

在进行下述分析之前，请读者参考本书的 5.2 节，以便加深对上述♯pragma 命令的理解。

本书的前述章节中已经讲到过，CSTACK 段是用于函数的变量存储以及函数的其他局部信息存储的栈；INTVEC 段用于保存复位与异常向量。结合上述♯pragma 命令和本章的前几节内容可以看出，该启动文件使用纯 C 语言并结合 IAR 编译器的功能完整实现了各种向量的入口。根据 Cortex－M3 内核的架构设计，本 C 语言文件从 0x00 地址起，依次放置了栈顶地址、系统入口地址等。intvec_elem __vector_table[]数组中的内容皆为地址。从 C 语言的角度看，从复位向量起往后的内容皆为函数指针。这部分内容在本章的前述章节已经提到过，读者可以自行查阅。

但是，系统的入口为__program_start，我们并没有定义这个函数，那么它在哪里？答案是肯定的，在本例中它是 IAR 以库的形式提供的。请看如下的 MAP 文件片段。注意，这些内容是 MAP 文件片段，而非完整的 MAP 文件。

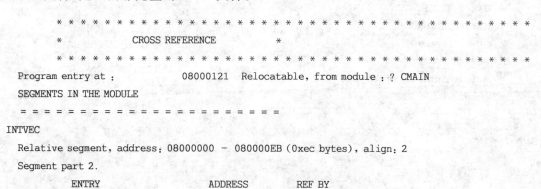

```
        *************************************************
        *           CROSS REFERENCE                     *
        *************************************************
  Program entry at :      08000121  Relocatable, from module : ? CMAIN
  SEGMENTS IN THE MODULE
  = = = = = = = = = = = = = = = = = = = =
INTVEC
  Relative segment, address: 08000000 - 080000EB (0xec bytes), align: 2
  Segment part 2.
           ENTRY              ADDRESS         REF BY
```

```
                    ====              ======              =====
                    __vector_table    08000000            __program_start (? CMAIN)
- - - - - - - - - - - - - - - - - - - - - - - - - - - - - - - - - - - - - - - - - -

   FILE NAME : D:\IAR Systems\Embedded Workbench 4.42A for ARM\arm\LIB\dl7mptnnl8n.r79
   LIBRARY MODULE, NAME : ? low_level_init
   SEGMENTS IN THE MODULE
   = = = = = = = = = = = = = = = = = = = = =
. ICODE
   Relative segment, address: 080000EC - 080000EF (0x4 bytes), align: 2
   Segment part 2.
           ENTRY              ADDRESS             REF BY
           ====               ======              =====
           __low_level_init   080000ED            __program_start (? CMAIN)
- - - - - - - - - - - - - - - - - - - - - - - - - - - - - - - - - - - - - - - - - -

CSTACK
   Segment part 1. NOT NEEDED.
- - - - - - - - - - - - - - - - - - - - - - - - - - - - - - - - - - - - - - - - - -

   LIBRARY MODULE, NAME : ? segment_init
   SEGMENTS IN THE MODULE
   = = = = = = = = = = = = = = = = = = = = =
ICODE
   Relative segment, address: 080000F0 - 0800011F (0x30 bytes), align: 2
   Segment part 2.
           ENTRY              ADDRESS             REF BY
           ====               ======              =====
           __segment_init     080000F1            __program_start (? CMAIN)
             stack 1 = 00000000 ( 00000008 )
- - - - - - - - - - - - - - - - - - - - - - - - - - - - - - - - - - - - - - - - - -

   LIBRARY MODULE, NAME : ? CMAIN
   SEGMENTS IN THE MODULE
   = = = = = = = = = = = = = = = = = = = = =
DIFUNCT
   Relative segment, address: 08000150, align: 2
   Segment part 0. ROOT.
- - - - - - - - - - - - - - - - - - - - - - - - - - - - - - - - - - - - - - - - - -

ICODE
   Relative segment, address: 08000120 - 08000133 (0x14 bytes), align: 2
   Segment part 1.
           ENTRY              ADDRESS             REF BY
```

```
        ====                    ======              =====
        __program_start         08000121            Absolute parts (? ABS_ENTRY_MOD)
                                                    __vector_table (stm32f10x_vector)
- - - - - - - - - - - - - - - - - - - - - - - - - - - - - - - - - - - - - - - -
ICODE
    Segment part 2. NOT NEEDED.
        ENTRY                   ADDRESS             REF BY
        ====                    ======              =====
        ? call_ctors
- - - - - - - - - - - - - - - - - - - - - - - - - - - - - - - - - - - - - - - -
ICODE
    Relative segment, address: 08000134 - 0800014F (0x1c bytes), align: 2
    Segment part 3.             Intra module refs:  __program_start
        ENTRY                   ADDRESS             REF BY
        ====                    ======              =====
        _main                   0800013D
- - - - - - - - - - - - - - - - - - - - - - - - - - - - - - - - - - - - - - - -
```

结合该 MAP 文件的内容、本章的前几节内容分析以及本节的前述内容可以得出,系统的入口 __program_start 来自 IAR 提供的 ? CMAIN 库模块[注]。同时,__program_start 调用了 __low_level_init 和 __segment_init 等函数以完成初始化操作,并最终调用用户的 main() 函数。其中,__segment_init 通过调用 memset 和 memcpy 函数完成变量和函数等运行时的初始化。

至此,这段 C 语言的启动代码就分析完毕了,但是好像遗漏了点内容。什么内容呢?就是既然系统入口是 IAR 以库的形式提供的,那么,我们如何知道是否选择了正确的库呢?

右击 Workspace 工作区中选定项目,在弹出的级联菜单中选择 Options,或选择 Project→Options 菜单项,弹出选项配置对话框。在左边的 Category 列表框中选择 General Options 项进入基本选项配置。

在基本选项配置中 Library Configuration 选项卡的 Library 下拉列表框中可以选择我们所需的库,通常这个选择至少应该是 Normal,如图 7.39 所示。除非我们自己写代码来完整地实现启动过程;否则,对于我们刚才分析的这段 C 语言启动代码来说,如果选择了 None,则程序链接时将提示如图 7.40 和图 7.41 所示的链接错误。注意,对于 IAR EWARM 5.xx 版本来说,其程序运行所需要的基本运行库的设置位于如图 7.42 所示的选项卡。

注:对于不同目标系统的 IAR 开发环境来说,具体情况有所差异。例如,对于 IAR EW430 来说,其默认的程序入口 __program_start 位于 ? cstart 库模块,且其用于对全局变量等进行初始化的函数为 ? cstart_init_zero 和 ? cstart_init_copy 等;又如对于 IAR EWAVR 来说,其默认的程序入口 __program_start 位于 ? RESET 库模块,且其用于对全局变量等进行初始化的函数为 ? segment_init 库模块中的 __flashcpy 和 __memclr 等。

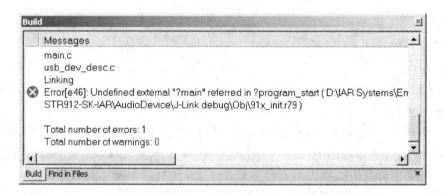

图 7.39　Library Configuration 选项卡设置

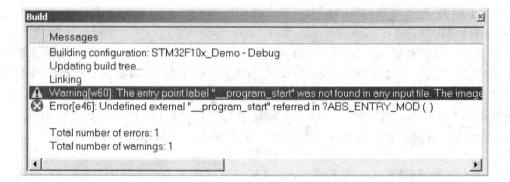

图 7.40　链接错误示例一

图 7.41　链接错误示例二

IAR Embedded Workbench 的工作机制与应用 7

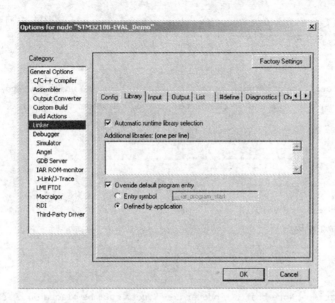

图 7.42　IAR EWARM 5.xx 版本的运行库设置

7.5.2　不需要 IAR 运行库支持的纯 C 语言启动代码

那么,有没有办法使用纯 C 语言来实现启动代码且不需要库的支持呢？办法是肯定有的。秘密还是刚才提到的 #pragma 命令,请看如下的 C 语言启动代码：

```
//*****************************************************
// Enable the IAR extensions for this source file.
//*****************************************************
#pragma language = extended
//*****************************************************
// Forward declaration of the default fault handlers.
//*****************************************************
void ResetISR(void);
static void NmiSR(void);
static void FaultISR(void);
static void IntDefaultHandler(void);
//*****************************************************
// The entry point for the application.
//*****************************************************
extern int main(void);
//*****************************************************
// Reserve space for the system stack.
```

```c
//************************************************
static unsigned long pulStack[64];
//************************************************
//
// A union that describes the entries of the vector table. The union is needed
// since the first entry is the stack pointer and the remainder are function
// pointers.
//
//************************************************
typedef union
{
    void (* pfnHandler)(void);
    unsigned long ulPtr;
}
uVectorEntry;
//************************************************
// The vector table.  Note that the proper constructs must be placed on this to
// ensure that it ends up at physical address 0x0000.0000.
//************************************************
__root const uVectorEntry g_pfnVectors[] @ "INTVEC" =
{
    { .ulPtr = (unsigned long)pulStack + sizeof(pulStack) },
                                            // The initial stack pointer
    ResetISR,                               // The reset handler
    NmiSR,                                  // The NMI handler
    FaultISR,                               // The hard fault handler
    IntDefaultHandler,                      // The MPU fault handler
    IntDefaultHandler,                      // The bus fault handler
    IntDefaultHandler,                      // The usage fault handler
    0,                                      // Reserved
    0,                                      // Reserved
    0,                                      // Reserved
    0,                                      // Reserved
    IntDefaultHandler,                      // SVCall handler
    IntDefaultHandler,                      // Debug monitor handler
    0,                                      // Reserved
    IntDefaultHandler,                      // The PendSV handler
    IntDefaultHandler,                      // The SysTick handler
    IntDefaultHandler,                      // GPIO Port A
    IntDefaultHandler,                      // GPIO Port B
    IntDefaultHandler,                      // GPIO Port C
```

```
    IntDefaultHandler,              // GPIO Port D
    IntDefaultHandler,              // GPIO Port E
    IntDefaultHandler,              // UART0 Rx and Tx
    IntDefaultHandler,              // UART1 Rx and Tx
    IntDefaultHandler,              // SSI0 Rx and Tx
    IntDefaultHandler,              // I2C0 Master and Slave
    IntDefaultHandler,              // PWM Fault
    IntDefaultHandler,              // PWM Generator 0
    IntDefaultHandler,              // PWM Generator 1
    IntDefaultHandler,              // PWM Generator 2
    IntDefaultHandler,              // Quadrature Encoder 0
    IntDefaultHandler,              // ADC Sequence 0
    IntDefaultHandler,              // ADC Sequence 1
    IntDefaultHandler,              // ADC Sequence 2
    IntDefaultHandler,              // ADC Sequence 3
    IntDefaultHandler,              // Watchdog timer
    IntDefaultHandler,              // Timer 0 subtimer A
    IntDefaultHandler,              // Timer 0 subtimer B
    IntDefaultHandler,              // Timer 1 subtimer A
    IntDefaultHandler,              // Timer 1 subtimer B
    IntDefaultHandler,              // Timer 2 subtimer A
    IntDefaultHandler,              // Timer 2 subtimer B
    IntDefaultHandler,              // Analog Comparator 0
    IntDefaultHandler,              // Analog Comparator 1
    IntDefaultHandler,              // Analog Comparator 2
    IntDefaultHandler,              // System Control (PLL, OSC, BO)
    IntDefaultHandler,              // FLASH Control
    IntDefaultHandler,              // GPIO Port F
    IntDefaultHandler,              // GPIO Port G
    IntDefaultHandler,              // GPIO Port H
    IntDefaultHandler,              // UART2 Rx and Tx
    IntDefaultHandler,              // SSI1 Rx and Tx
    IntDefaultHandler,              // Timer 3 subtimer A
    IntDefaultHandler,              // Timer 3 subtimer B
    IntDefaultHandler,              // I2C1 Master and Slave
    IntDefaultHandler,              // Quadrature Encoder 1
    IntDefaultHandler,              // CAN0
    IntDefaultHandler,              // CAN1
    IntDefaultHandler,              // CAN2
    IntDefaultHandler,              // Ethernet
    IntDefaultHandler               // Hibernate
```

```c
};
//*****************************************
//
// The following are constructs created by the linker, indicating where the
// the "data" and "bss" segments reside in memory.    The initializers for the
// for the "data" segment resides immediately following the "text" segment.
//
//*****************************************
#pragma segment = "DATA_ID"
#pragma segment = "DATA_I"
#pragma segment = "DATA_Z"
//*****************************************
//
// This is the code that gets called when the processor first starts execution
// following a reset event.   Only the absolutely necessary set is performed,
// after which the application supplied entry() routine is called.   Any fancy
// actions (such as making decisions based on the reset cause register, and
// resetting the bits in that register) are left solely in the hands of the
// application.
//
//*****************************************
void
ResetISR(void)
{
    unsigned long * pulSrc, * pulDest, * pulEnd;
    //
    // Copy the data segment initializers from flash to SRAM.
    //
    pulSrc = __segment_begin("DATA_ID");
    pulDest = __segment_begin("DATA_I");
    pulEnd = __segment_end("DATA_I");
    while(pulDest < pulEnd)
    {
        * pulDest++ = * pulSrc++;
    }
    //
    // Zero fill the bss segment.
    //
    pulDest = __segment_begin("DATA_Z");
    pulEnd = __segment_end("DATA_Z");
    while(pulDest < pulEnd)
```

```
    {
        *pulDest++ = 0;
    }
    //
    // Call the application's entry point.
    //
    main();
}
//****************************************
//
// This is the code that gets called when the processor receives a NMI.   This
// simply enters an infinite loop, preserving the system state for examination
// by a debugger.
//
//****************************************
static void
NmiSR(void)
{
    //
    // Enter an infinite loop.
    //
    while(1)
    {
    }
}
//****************************************
//
// This is the code that gets called when the processor receives a fault
// interrupt.   This simply enters an infinite loop, preserving the system state
// for examination by a debugger.
//
//****************************************
static void
FaultISR(void)
{
    //
    // Enter an infinite loop.
    //
    while(1)
    {
    }
```

```
}
// * * * * * * * * * * * * * * * * * * * * * * * * * * * * * * * * * * *
//
// This is the code that gets called when the processor receives an unexpected
// interrupt.   This simply enters an infinite loop, preserving the system state
// for examination by a debugger.
//
// * * * * * * * * * * * * * * * * * * * * * * * * * * * * * * * * * * *
static void
IntDefaultHandler(void)
{
    //
    // Go into an infinite loop.
    //
    while(1)
    {
    }
}
```

和前面一样,我们首先来讲解一些基础知识。

```
__root const uVectorEntry g_pfnVectors[] @ "INTVEC" =
{
    { .ulPtr = (unsigned long)pulStack + sizeof(pulStack) },
                                        // The initial stack pointer
    ResetISR,                           // The reset handler
...
};
```

这里的@所起的作用其实和前面的#pragma location命令是一样的。本书的相关章节已经多次讲述,这里我们再讲述一次。使用@操作符或者#pragma location命令可以将函数组或者全局变量、静态变量定位在指定段,但不明确控制每个对象。变量必须声明为__no_init或者const。该段可以位于指定的存储区,或者使用段起始和段结束操作符来控制其初始化或者复制。本功能十分适宜在分开的链接单元间建立一个接口。

上述组数的内容和前面分析的C启动代码保存的内容完全一致,不过方法差别较大。前面的启动代码中使用了段操作符来获得栈顶地址,而这里则使用了栈区的起始地址加上栈容量来得到栈顶地址。这部分这里不做详细介绍,如果读者有疑惑,请参阅C语言书籍。

接下来看这段代码,这段代码是本启动代码的关键。

```
void
ResetISR(void)
```

```
{
    unsigned long * pulSrc, * pulDest, * pulEnd;
    //
    // Copy the data segment initializers from flash to SRAM.
    //
    pulSrc = __segment_begin("DATA_ID");
    pulDest = __segment_begin("DATA_I");
    pulEnd = __segment_end("DATA_I");
    while(pulDest < pulEnd)
    {
        *pulDest++ = *pulSrc++;
    }
    //
    // Zero fill the bss segment.
    //
    pulDest = __segment_begin("DATA_Z");
    pulEnd = __segment_end("DATA_Z");
    while(pulDest < pulEnd)
    {
        *pulDest++ = 0;
    }
    //
    // Call the application's entry point.
    //
    main();
}
```

仔细分析这段代码,并结合前面的分析可以看出,这段代码中使用了__segment_begin 和__segment_end 段操作符来得到 DATA_ID 段和 DATA_I 段的相应地址,并在后面使用 C 代码实现了 memset 和 memcpy 函数同样的功能。之后,调用用户的 main 函数。注意,__segment_begin 和__segment_end 段操作符使用的段名必须是先前使用 #pragma segment 命令声明的字符。

现在,有了这段启动代码,我们不需要任何 IAR 的库支持,就可以运行我们的程序了。

现在,我们再看一下 MAP 文件。

```
*******************************************
*           CROSS REFERENCE                *
*******************************************
Program entry at :    00000151  Relocatable, from module : startup_ewarm4
```

```
    CODE
      Relative segment, address: 00000150 - 0000018B (0x3c bytes), align: 2
      Segment part 4.        Intra module refs:   g_pfnVectors
           ENTRY                 ADDRESS          REF BY
           ====                  =======          =====
           ResetISR              00000151         Absolute parts (? ABS_ENTRY_MOD)
             stack 1 = 00000000 ( 00000004 )
```

结合该 MAP 文件的内容、本章的前几节内容分析以及本节的前述内容可以得出,系统的入口 ResetISR 来自 startup_ewarm4 模块。是不是有读者怀疑 startup_ewarm4 模块来自何方？不用怀疑啦,因为这个启动文件的文件名就是 startup_ewarm4.c。

7.5.3 纯 C 语言启动代码的适用情况

值得注意的是,并非所有处理器都适合使用纯 C 语言来编写启动代码。只有像 Cortex-M3 这类异常向量区需要放置函数入口地址的 CPU 内核比较适宜使用纯 C 语言来实现启动代码,因为 C 语言中的函数指针其实就是函数的入口地址；但是对于 ARM7 或者 ARM9 这类 CPU 内核,由于其异常向量区需要放置跳转指令,亦即需要汇编指令,因此不便使用纯 C 语言来实现启动代码。这些内容,其实本章的前几节已经讲过。

最后需要说明的是,以上的全部代码及分析均基于 EWARM 4.xx。由于 EWARM 5.xx 里使用了全新的链接器 ILINK 来取代原先的 XLINK,从而导致链接器配置文件也使用了新的 ICF 格式,而不再是原先的 XCL。同时,IAR 提供的默认系统入口也由 __program_start 改为 __iar_program_start。关于其他更多更新的信息,请读者自行分析。

例如,上述 C 语言启动代码的 EWARM 5.xx 版本部分示例如下。关于版本迁移的详细内容,请参阅本书的第 8 章。

EWARM 5.xx 版本的 C 语言启动代码部分示例。

```
//*****************************************************
// Reserve space for the system stack.
//*****************************************************
static unsigned long pulStack[64] @ ".noinit";

//*****************************************************
//
// The vector table.  Note that the proper constructs must be placed on this to
// ensure that it ends up at physical address 0x0000.0000.
//
```

```
//***************************************************
__root const uVectorEntry g_pfnVectors[] @ ".intvec" =
{
    { .ulPtr = (unsigned long)pulStack + sizeof(pulStack) },
    ...
};
```

7.5.4 使用纯 C 语言气动代码的注意事项

使用纯 C 语言为基于 Cortex-M3 等内核的处理器编写启动代码，且不使用 IAR 运行库时，尤其注意不要丢掉入口向量表前面的__root 关键字。否则，链接器在链接代码时会丢弃__vector_table，从而导致最终的目标可执行映像文件失效。另外，如果丢弃链接__vector_table，则 IAR EW 在软件仿真调试时可能给出如图 7.43 所示的信息；而此时如果使用仿真器进行硬件仿真或下载，则依据不同芯片厂商的设计，有可能发生从仿真失效到芯片锁死的任何情况。发生芯片锁死时，可以使用 SEGGER 的 J-Flash ARM 软件对芯片进行适当的擦除操作来恢复芯片。

图 7.43　丢失入口向量表时 IAR EW 的警告信息

针对同一应用程序，在丢失和没有丢失入口向量表两种情况下查看复位入口地址起始的区域。图 7.44(a)为正常情况下的内容，可以看出其内容正是入口向量表，在 J-Flash 中读到其内容如图 7.45(a)所示。丢失入口向量表的情况如图 7.45(b)和图 7.44(b)所示，可以看出其复位入口地址起始区域的实际内容为用户的主函数 main。可见，在丢失入口向量表的情况下，绝大多数应用程序无法正常运行，因为其丢掉了系统的初始化代码和各种中断向量。在使用纯 C 语言编写启动代码且不使用 IAR 运行库时一定不要丢掉向量表前的__root 关键字。

在入口向量表中使用 IAR 运行库的程序入口__program_start 时，入口向量表__vector_table 前面的__root 关键字却可以省略。因为，IAR 的？CMAIN 库模块中使用了 REQUIRE 指令来强制导入__vector_table。

REQUIRE 指令用于强制引用符号。为了使代码正常运作，当包含某符号的部分段必须被装载且没有其他明显的依赖关系时，应当使用 REQUIRE 指令。IAR 的库源文件 cmain_

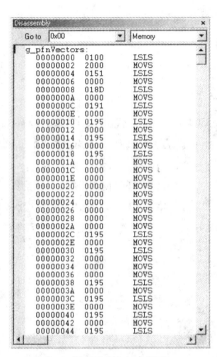

(a) 没有丢失入口向量表　　　　　(b) 丢失入口向量表

图7.44　复位入口地址起始区域情况

ctx.s79中的部分代码示例如下,从中可以看出__vector_table被强制引用。

```
;------------------------------------------------------------
;                    ? CMAIN
;------------------------------------------------------------
        MODULE      ? CMAIN

; Declare segment used with SFE below

        RSEG        DIFUNCT(2)
        RSEG        ICODE:CODE:NOROOT(2)
        PUBLIC      __program_start
        EXTERN      __vector_table
        EXTERN      __segment_init
        EXTERN      __low_level_init
```

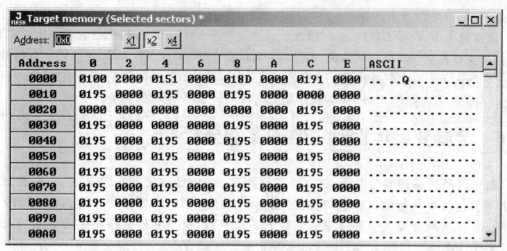

(a) 没有丢失入口向量表时J-Flash读回的内容

(b) 丢失入口向量表时J-Flash读回的内容

图 7.45 J-Flash 中读到的内容

```
        EXTERN    __call_ctors
        EXTERN    main
        EXTERN    exit
        EXTERN    _exit


        THUMB
        REQUIRE __vector_table
```

__program_start

通常情况下,向量表定位在 0x00 地址。当进行 RAM Debug 时,向量表会被定位在 RAM 中,且至少对齐至 0x2000000 地址。同时,__vector_table 对于 C-SPY 来说还具有特殊的意义:__vector_table 用来查找 SP 的起始地址;当 __vector_table 没有定位在 0x00 地址时,NVIC 向量表寄存器(VTOR)将被初始化为 __vector_table 所在的地址。

7.6 全局变量运行时定位的实例分析

源代码经过编译器的编译、链接并最终得到一个 HEX 文件或者 BIN 文件,在这个文件中不仅包含可执行的目标语句,同时也包含程序中用到的各种变量的初值以及常量等数据信息。所有开发人员都丝毫不怀疑的一点就是,这个文件最终将装载在目标处理器的片内 ROM 或者片外 ROM 中(Flash 等非易失性储存器)。但是,在程序执行时变量必须定位在 RAM 中。那么,变量初值何时从 Flash 复制到 RAM 中以及这个过程的细节,就是这一节的话题。注意,本节中的变量如果没有特别说明,默认都指全局变量,且这些变量没有使用"@"操作符或"#pragma location"预编译命令进行绝对地址或段定位,也没有声明为 __no_init。

7.6.1 变量的简单分类

在一个完整的应用程序中不可避免地要使用到各种变量,比如全局变量、局部变量或者静态局部变量等。单从是否有初始值的角度讲,可以把变量简单的分为两类:一类是有初始值的变量;另一类是没有初始值的变量。

无论是局部变量、全局变量还是其他的变量,无非是作用域或者是生命周期不同。基于变量是否有初始值的简单分类,我们将对变量的整个定位过程做一个简单的分析。

7.6.2 变量定位至 RAM 的时间

首先,分析一下变量被重定位至 RAM 的时间。显然,我们自己并没有写任何的代码来对变量进行 RAM 定位,开发人员所编写的应用程序入口是 main 函数。这样很容易理解,这个过程就发生在 CPU 执行 main 函数之前。

实际上,CPU 从上电起始到执行 main 函数之前,一直在执行初始化处理程序。这部分代码并不是开发人员所写的应用程序,而是由 IAR Embedded Workbench 开发环境(在不会引起混淆的情况下,后续内容简称其为 IAR)在编译、链接过程中加入的一些代码。这些代码有各种各样的功能,比如从 RAM 中分配一个或若干单元,并赋以我们程序中设定的初始值,或者进行一个 __ramfunc 函数的 RAM 定位等。

对于从事 ARM 开发的工程师来说,可能对这个过程有不少的体会。有时使用 IAR 默认的 ARM 的启动代码并不能完全满足要求,这时需要修改或者重写相关的启动代码。但是通常来说,变量的 RAM 定位对程序员来说仍然是透明的。对于不同的 ARM 核,其启动代码也不尽相同,甚至有很大差异。对于这个部分,本书的相关章节有详细的介绍,这里就不再赘述。

本质上讲,程序中的变量就是 RAM 中的区域,一个变量就对应一个相应的区域。这个区域可以是 RAM 中的自由存储区,也可以是栈区,还可以是堆区。相应地,对变量的读写也就是对这块 RAM 区的读写。一般地说,程序员在没有对 RAM 区进行特殊操作,并且没有使用 RAM 函数等情况下,编译器会从 RAM 的起始位置依次分配全局变量。当然对于一个具体的芯片来说,其 RAM 区域的起始位置会在链接器命令文件中,即 XCL 文件中做出规定。IAR 对代码进行链接时,会去读取该 XCL 文件,从而对变量进行 RAM 定位或者称为分配。

7.6.3 变量在只读存储器中的存储方式

下面分析一下变量在 Flash 中的保存形式。从前面的分析可以知道,程序中的变量就是 RAM 中的区域,一个变量就对应一个相应的区域。对变量的读写也就是对这块 RAM 区的读写。变量在程序运行中似乎仅仅体现出一个数值,而没有表现出别的什么性质。但是,在 Flash 中的变量远远没有这么简单,因为上电后初始化程序必须知道这个变量的初始值以及应该把它定位在 RAM 中的位置。这样,程序才能对其进行正确的初始赋值以及能够从 RAM 中找到这个变量。所以,编译器采用了一个结构体来保存变量的相关信息,如图 7.46 所示。从该结构的描述中可以得出如下结论:

- 对于一个变量来说,运行时其定位在 RAM 中。但是在 Flash 中,它占用比其自身初始值要大的空间。
- 在计算 Flash 容量,进行 MCU 的选型时,除了用户程序占用的空间外,变量的相关信息所占的 Flash 空间也需要考虑。
- 除了第二点中所描述的空间外,系统所必须的考虑的还有,由编译器生产的那段代码的容量。

```
/* Structure of an element in the segment initialization table
 * in segment INITTAB. Used for both zero-initialization and copying. */
typedef struct
{
  long   Size;              /* Number of bytes to initialize */
  char*  Dst;               /* Destination. If Dst==Src, then init to 0 */
  char*  Src;               /* Source address. Usually in ROM. */
} InitBlock_Type;
```

图 7.46 INITTAB 段的结构描述

7.6.4 全局变量的运行时定位分析

对于变量初值从 Flash 到 RAM 这个复制过程,是由 memcpy 和 memset 函数来完成。具体的分析过程如下(分析用例的详细代码参见附录):

首先确认 void change_speed(void)函数和 void wait(void)函数没有使用 __ramfun 关键字声明,从项目配置下拉列表框中选择 Flash_Degug,并选择 Options→C/C++ Compiler 菜单项,在弹出的对话框中选择 output List 选项卡,按图 7.47 进行选择。

之后,单击 Debug 按钮,并打开项目管理窗口中 Output 文件夹下的 Basic.map 文件,如图 7.48 所示。在 Basic.Map 文件中找到如图 7.49 所示的信息。

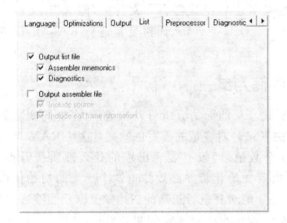

图 7.47 Output List 选项卡配置

图 7.48 项目管理窗口

图 7.49 Basic.Map 文件中的变量信息

从图 7.49 中可以看到,我们在程序中定义过的全局变量,即 unsigned int 类型的变量 LedSpeed 和 const int 类型的数组 led_mask。根据之前的分析,由于本程序中没有使用 __ramfunc 函数,也没有进行其他的 RAM 特殊操作。因此,变量 LedSpeed 应该分配在 RAM 的起始地址,即 0x00200000 地址。对照图 7.50 所示的 XCL 文件,可见我们的分析是正确的。

IAR Embedded Workbench 的工作机制与应用

```
//*******************************************
// Read-only segments mapped to Flash 256 K.
//*******************************************
-DROMSTART=00000000
-DROMEND=0003FFFF
//*******************************************
// Read/write segments mapped to 64 K RAM.
//*******************************************
-DRAMSTART=00200000
-DRAMEND=0020FFFF
```

图 7.50　XCL 文件的相关信息

由于 IAR 对 unsigned int 类型的变量会分配 32 bit 的空间,所以变量 LedSpeed 占用了 4 个字节,即从 0x00200000 单元开始到 0x0020003 单元结束。接下来继续分析变量在 ROM 中的储存结构。

在 Basic.Map 文件中找到如图 7.51 所示的信息。图中的 DATA_ID 段在前面的章节已经介绍,这个段用来保存 DATA_I 段中的初始化数据;可以看到其大小为 4 个字节,起始地址在 0x000002E8 单元。接下来,从 Memory 窗口中分别找到 0x00200000 单元和 0x000002E8 单元,如图 7.52 和图 7.53 所示。可以看出,0x00200000 单元和 0x000002E8 单元的内容是一样的。同时,可以从 Watch 界面查看 LedSpeed 变量和该变量在 RAM 中的位置,如图 7.54 所示。可以看出这三者是一致的。

```
DATA_ID
    Relative segment, address: 000002E8 - 000002EB (0x4 bytes), align: 2
    Segment part 3.              Intra module refs:    LedSpeed
```

图 7.51　ROM 中的变量信息

```
Go to  0x000002E8    Memory32
00000290  10 fc ff ff 00 f4 ff ff 10 f4 ff ff 30 f4 ff ff
000002a0  ec 02 00 00 34 f4 ff ff 10 b4 03 00 00 2a 05 d0
000002b0  0c 78 49 1c 70 5b 1c 52 1e f9 d1 10 bc 00 b0
000002c0  70 47 00 00 09 06 09 0e 03 00 00 2a 03 d0 19 70
000002d0  5b 1c 52 1e fb d1 00 b0 70 47 91 42 04 00 00 00
000002e0  00 00 20 00 e8 02 00 00 7a aa 03 00 01 00 00 00
000002f0  02 00 00 00 04 00 00 00 08 00 00 00 00 00 00 00
00000300  00 00 00 00 00 00 00 00 00 00 00 00 88 42 fa d3
00000310  01 bc 00 47 00 00 20 00 ff ff ff ff ff ff ff ff
00000320  ff ff ff ff ff ff ff ff ff ff ff ff ff ff ff ff
00000330  ff ff ff ff ff ff ff ff ff ff ff ff ff ff ff ff
```

图 7.52　0x000002E8 单元示意

这 4 个字节的值依次是 0x7A、0xAA、0x03 和 0x00。由于 AT91SAM7S 芯片是小端储存,所以变量 LedSpeed 的值为 0x0003AA7A。程序中,对变量 LedSpeed 的定义为 unsigned int LedSpeed = SPEED * 50 ;而 SPEED 有如下定义♯define SPEED(MCKKHz/10),所以 LedSpeed 值为(MCKKHz/10)* 50=(48 054.850 /10)* 50,结果取整为:(48 050 /10)* 50

·211·

```
Go to  0x00200000   Memory32

001fffe0  ff ff ff ff ff ff ff ff ff ff ff ff ff ff ff ff
001ffff0  ff ff ff ff ff ff ff ff ff ff ff ff ff ff ff ff
00200000  7a aa 03 00 0b 49 0a 68 15 48 12 03 06 d4 02 68
00200010  09 4b 9a 42 02 d3 09 4b d2 18 02 60 09 68 09 04
00200020  7c 00 00 00 06 4a 91 42 02 d2 06 4a 89 18 01 60
00200030  00 b0 70 47 3c f4 ff ff c6 12 00 00 01 20 70 47
00200040  70 b5 0c 4c 0c 4e 82 b0 25 00 24 1d 03 e0 00 f0
00200050  ef fc 0c 35 0c 34 b5 42 08 d2 61 68 20 68 2a 68
00200060  81 42 f4 d1 00 21 00 f0 f1 fc f2 e7 02 b0 70 bc
00200070  01 bc 00 47 9c 0f 00 00 b4 0f 00 00 00 00 0f e1
00200080  1f 00 c0 e3 12 00 80 e3 00 f0 21 e1 14 d0 9f e5
```

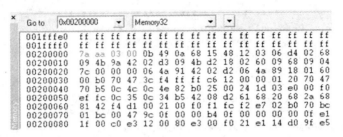

图 7.53　0x00200000 单元示意

Watch

Expression	Value	Location	Type
LedSpeed	240250	0x00200000	unsigned int

图 7.54　Watch 界面中的 LedSpeed 变量信息

=240 250,即为 16 进制 0x0003AA7A。

在 Basic.Map 文件中找到如图 7.55 所示的信息。INITTAB 段用来保存上电初始化时,初始化数据的相关地址和容量。对于 INITTAB 段的结构描述,请参看图 7.46。

```
INITTAB
  Relative segment, address: 000002DC - 000002E7 (0xc bytes), align: 2
  Segment part 13. ROOT.
           ENTRY                    ADDRESS         REF BY
           =====                    =======         ======
           ?init?tab?DATA_I         000002DC
```

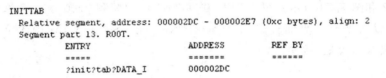

图 7.55　INITTAB 段的信息

从图 7.55 和图 7.46 中可以看出,这个结构体的起始位置是 0x000002DC。下面,在 memory 界面找到 0x000002DC 单元,如图 7.56 所示。

```
000002c0  70 47 00 00 09 06 09 0e 03 00 00 2a 03 d0 19 70
000002d0  5b 1c 52 1e fb d1 00 b0 70 47 91 42 04 00 00 00
000002e0  00 00 20 00 e8 02 00 00 7a aa 03 00 01 00 00 00
000002f0  02 00 00 00 04 00 00 00 08 00 00 00 00 00 00 00
00000300  00 00 00 00 00 00 00 00 00 00 00 00 88 42 fa d3
```

图 7.56　0x000002DC 单元示意

仔细对比图 7.46 和图 7.56 可以看出,从 0x000002DC 单元起始的内容依次是(注意是小端储存):0x00000004、0x00200000、0x000002E8、0x0003AA7A。显然,0x00000004 是数据的长度,为 4 个字节;0x00200000 为拷贝的目的地址;0x000002E8 为数据在 ROM 中的原地址;0x0003AA7A 就是数据了。至此,变量在 ROM 中的存储形式已经分析完毕。在分析过程中,以有初始值的全局变量为例进行了说明。对于没有初始值的全局变量或者局部变量等其他变量,可以采用类似的方法自行分析,这里就不再赘述。但是请注意,编译器对于自动变量(auto variables)的处理方式可能是寄存器也可能是堆栈。

7.6.5 全局变量的运行时定位过程分析

在前面的内容中,分析了全局变量运行时的位置和全局变量在 ROM 中(本章内容中亦指 Flash)的存储形式。接着,简单分析一下运行时全局变量的定位过程。

图 7.57、图 7.58、图 7.59 分别是段初始化代码、memcpy 函数和 memset 函数的代码示例,都非常简单,并且很好理解。在系统上电之后,执行用户的 main 函数之前,段初始化代码会调用 memset 和 memcpy 函数来进行一些初始化操作,比如:变量的 RAM 定位、__ramfunc 的函数定位等,IAR EW 会自动将完成这些操作的代码加入到程序中。

```
#pragma location="ICODE"
__interwork void __segment_init(void)
{
  InitBlock_Type const * const initTableBegin = __sfb( "INITTAB" );
  InitBlock_Type const * const initTableEnd = __sfe( "INITTAB" );
  InitBlock_Type const * initTableP;

  /* Loop over all elements in the initialization table. */
  for (initTableP=initTableBegin; initTableP<initTableEnd; initTableP++)
  {
    /* If src=dest then we should clear a memory
     * block, otherwise it's a copy operation. */
    if (initTableP->Src == initTableP->Dst)
    {
      memset(initTableP->Dst, 0, initTableP->Size);
    }
    else
    {
      memcpy(initTableP->Dst, initTableP->Src, initTableP->Size);
    }
  }
}
```

图 7.57 段初始化代码示例

```
#pragma inline
void *memcpy(void *s1, const void *s2, size_t n)
  /* Copied from memcpy.c */
{
  /* copy char s2[n] to s1[n] in any order */
  char *su1 = (char *)s1;
  const char *su2 = (const char *)s2;

  for (; 0 < n; ++su1, ++su2, --n)
    *su1 = *su2;
  return (s1);
}
```

图 7.58 memcpy 函数的代码示例

```
#pragma inline
void *memset(void *s, int c, size_t n) /* Copied from memset.c */
{
  /* store c throughout unsigned char s[n] */
  const unsigned char uc = c;
  unsigned char *su = (unsigned char *)s;

  for (; 0 < n; ++su, --n)
    *su = uc;
  return (s);
}
```

图 7.59 memset 函数的代码示例

编译系统不仅要对用户编写的源代码进行编译,还要加入启动代码和系统初始化代码以完成变量定位、函数复制等工作,将变量的访问转换为对相应 RAM 区域的操作。此外,编译系统还需要链接操作,从而得到最终的可执行映像文件。

下面对全局变量的定位过程做一个简单的验证分析。

首先,取消项目设置中的 Run to 选项,如图 7.60 所示。之后单击 Debug。这样,系统不会直接运行到 main,而是停止在整个系统程序的入口。这里要注意分清楚 main 入口和整个系统程序的入口。

如图 7.61 所示,可以看到系统停止在 0x00000000 地址处。这个地址是 AT91SAM7S 芯片的复位入口地址(关于程序入口地址,请 7.4 节的相关内容,这里就不再赘述)。

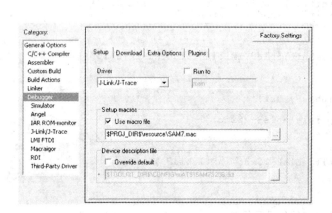

图 7.60 取消 Run to 选项

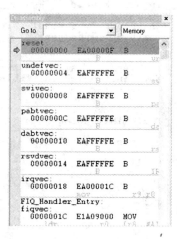

图 7.61 系统上电后停止在 0x00000000 处

这时在 Memory 界面中跳转至 0x00200000 地址,如图 7.62 所示。可以看出,这时的 RAM 中是一些无关的值(这些值是进行 Flash_Debug 之前,向目标系统下载代码使用的 Flash Loader 的残留代码)。下面在 Disassembly 窗口中跳转至 0x000002A8 地址,并在此处放置一个断点,然后单击 Go 按钮,如图 7.63 所示。其实,0x000002A8 地址就是 memcpy 函数的入口地址,由于是小端存储,所以 0x000002A9 才是指令码的高位。

现在,单步执行代码,依次单击 Step Into 按钮。当执行到 0x000002B6 地址时,0x00200000 单元被写入 16 进制数据 7a,如图 7.64 和图 7.65 所示。继续单步执行,并观察 Memory 界面。可以发现,执行到 0x000002B6 地址时,0x00200000~0x00200003 单元被依次写入 0x7a、0xaa、0x03 和 0x00。这 4 个值正是前面所分析出来的值。

连续单击 Step Into 按钮,可以看到系统进入用户程序的入口函数 main,如图 7.66 所示。

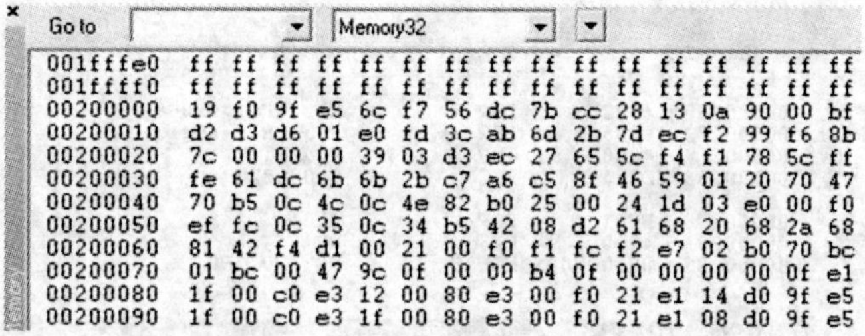

图 7.62 Memory 界面中的 0x00200000 地址

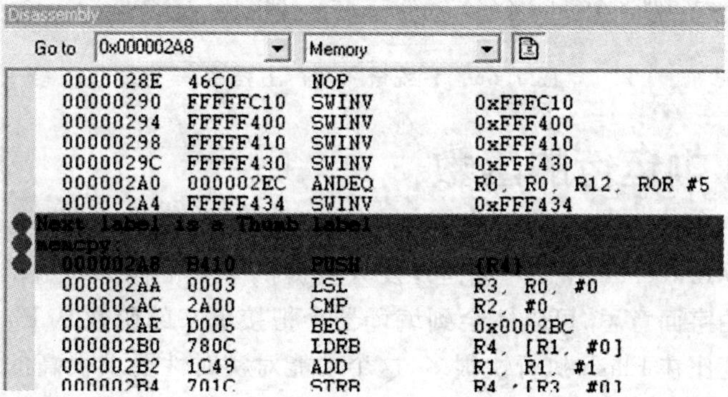

图 7.63 memcpy 函数的入口

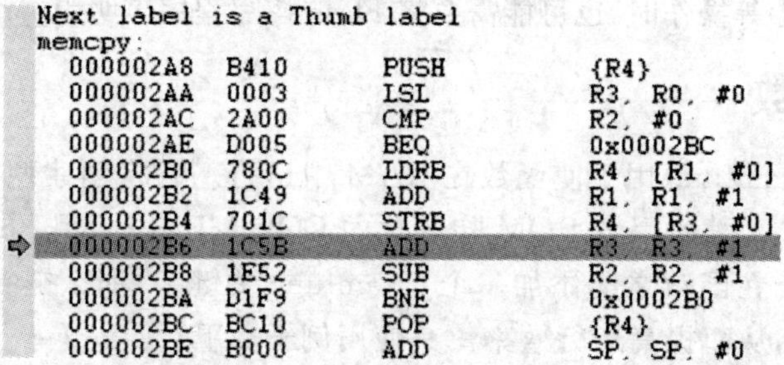

图 7.64 代码执行到 0x000002B6 单元

```
00200000  7a f0 9f e5 6c f7 d2 de 7b df 58 1b 32 d7 10 df
00200010  52 d1 d6 15 ea fb 3c bd f5 2b f5 fc f2 9b e6 eb
00200020  7c 00 00 00 f9 0b d1 ed 77 65 5d f4 f9 3a dc ff
00200030  ef 63 da 6b eb 0b cf f6 ed 8a 46 7d 01 20 70 47
00200040  70 b5 0c 4c 0c 4e 82 b0 25 00 24 1d 03 e0 00 f0
00200050  ef fc 0c 35 0c 34 b5 42 08 d2 61 68 20 68 2a 68
00200060  81 42 f4 d1 00 21 00 f0 f1 fc f2 e7 02 b0 70 bc
```

图 7.65 0x00200000 单元被写入 7a

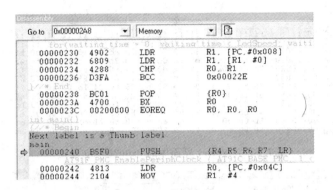

图 7.66　系统进入用户主程序

7.7　在 RAM 中运行的函数

IAR Embedded Workbench 开发环境为开发人员提供了一个极为有益的功能，即 __ramfunc 功能。从 __ramfunc 的字面意思，可以体会到编译器会把接下来的函数从 Flash 复制到 RAM 里面执行，优点就是速度比在 Flash 执行快很多，这个功能对实时性要求很高的操作非常有用。比如采用 ARM 处理器进行 MP3 软解码时，在 RAM 中运行 decoder 程序可能是我们必须的选择，特别是在 ARM 处理器主频有限的情况下，这一点将更有意义。另外，某些情况下，对 Flash 存储器进行在应用编程（IAP）等操作时，也可能需要将 Flash 擦写程序声明为 __ramfunc。

7.7.1　RAM 函数

实际上，关键字 __ramfunc 用于使函数在 RAM 中运行。它将创建两个代码段，即用于执行 RAM 函数的 CODE_I 段和用于 ROM 初始化的 CODE_ID 段。用 __ramfunc 定义的函数默认位于 CODE_I 段。在函数之前添加一个 __ramfunc 关键字，那么链接器在启动代码中会将该函数复制到 RAM，从而提高运行效率。其使用例子如下：

　　__ramfunc void foo(void);

请注意，当一个函数声明为 __ramfunc，即该函数在 RAM 中运行时，如果该函数尝试去访问 ROM（Flash）中的内容，IAR 会给出一个警告信息。请尽量不要使用 RAM 函数去访问 Flash，以提高关键代码的效率。

7.7.2　RAM 函数的实现

1. RAM 函数的意义

下面分析一下 __ramfunc 的实现过程。这里的实例程序是一段简单的代码，这段代码来自 IAR 的样例程序，作用是通过按键来改变 LED 的闪烁频率。代码中共有 3 个函数，即 change_speed 函数、wait 函数和主函数 main。change_speed 函数通过检测按键的状况来改变变量 LedSpeed 的值，而 wait 函数则通过变量 LedSpeed 的值来做一个软件延时。

为了演示和分析，需要 IAR 的 J-LINK 仿真器和一块 Atmel 的 AT91SAM7S 系列开发板。如果使用的是其他仿真工具，并且支持 IAR，则按照前面的章节对相关参数重新设置；或者使用的是第三方的 AT91SAM7S 系列开发板，那么可能需要修改一些代码，这个修改非常简单，请预先完成。这里以 J-LINK 和 Atmel 的原装开发板为例。

首先，启动 IAR 开发环境，连接 J-LINK 与开发板，并将 J-LINK 与主机相连。在 IAR 的启动窗口中，选择 Open existing workspace，在新弹出的窗口中选择 IAR 安装目录下 arm\examples\Atmel\SAM7S256\AT91SAM7S－BasicTools\Compil 中的 basic.eww 文件，如图 7.67 所示。

如果打开的 IAR 项目默认为 RAM 调试，为了演示 __ramfun 的功能且分析其实现过程，需要将其改为 Flash 调试。单击图中的下拉箭头，选择 Flash_Degug。然后单击 Debug 按钮，完成编译、链接和下载。单击 Go 按钮让代码运行。这时，可以看到，开发板上的 4 个 LED 依次闪烁，使用按键 BP1 和 BP3 分别可以增加和降低 LED 交替闪烁的频率。再次强调，一定要选择 Flash_Degug，在重映射状态下，下面的分析将失去意义。

由于这 4 个 LED 共阳极，所以使用示波器测量任何一个 LED 的阴极可以得到一个方波，保存下这个方波图形。在保存波形之前，应按下 RESET 键，这样可以保存上电后的默认状态，因为在同一个状态下比较才有意义。

现在，在 void wait(void) 之前增加 __ramfun 扩展关键字，然后单击 Debug。这时，IAR 会给出如图 7.68 所示的警告信息，正如我们前面讲过的，一个 RAM 函数调用非 RAM 函数时，编译器会给出警告。在 void change_speed (void) 之前也增加 __ramfun 关键字，再次单击 Debug。这次 IAR 没有任何的错误和警告信息。单击 Go 按钮。

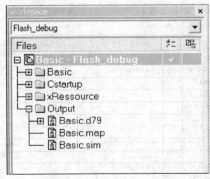

图 7.67　打开 basic.eww 文件　　　　　图 7.68　IAR 的警告信息

从本质上说，这次 LED 的交替闪烁将变得快一些，但是我们的眼睛无法看清。和上一次测量波形一样,按下 RESET 键,然后保存上次测量中同一个 LED 的阴极波形。对比这两个波形图片,可以体会到 RAM 函数的意义。

2. RAM 函数的运行时定位

下面,来验证一下 RAM 函数运行时的位置,即证明一下 RAM 函数确实在 RAM 中运行。首先要删除 void change_speed(void) 函数和 void wait(void) 函数之前的 __ramfun 关键字,并在项目 Options 菜单中选择 C/C++ Compiler 选项下的 List 标签,按图 7.69 示意进行选择。

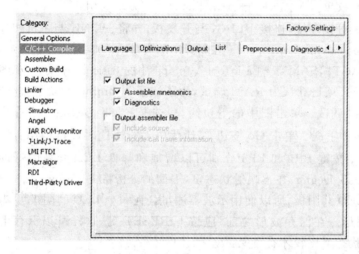

图 7.69 List 选项卡配置

之后,单击 Debug 按钮,完成编译、链接和下载。打开项目管理窗口中 Output 文件夹下的 Basic.map 文件。在 Basic.Map 文件中找到如图 7.70 所示的信息。可以看到,void change_speed(void) 函数和 void wait(void) 函数的入口地址分别为 0x000001E1 和 0x00000225。由此知道这两个函数在没有使用 __ramfun 的情况下,运行时位于 Flash 中(对于不熟悉 AT91SAM7S 系列芯片的读者,请参阅相关文档)。

```
CODE
  Relative segment, address: 000001E0 - 00000223 (0x44 bytes), align: 2
  Segment part 6.        Intra module refs:   wait
       ENTRY                 ADDRESS          REF BY
       =====                 =======          ======
       change_speed          000001E1
           stack 1 = 00000000 ( 00000004 )
--------------------------------------------------------------------
CODE
  Relative segment, address: 00000224 - 0000023B (0x18 bytes), align: 2
  Segment part 8.        Intra module refs:   main
       ENTRY                 ADDRESS          REF BY
       =====                 =======          ======
       wait                  00000225
           stack 1 = 00000000 ( 00000004 )
```

图 7.70 Basic.map 文件中的相关内容

接下来,在 IAR 开发环境的编辑窗口中打开 main.c 文件,并在 void change_speed(void)函数处放置一个断点;然后运行程序,程序将在断点处停止运行,如图 7.71 所示。有的读者可能觉得比较奇怪,这里显示的地址是 0x000001E0,而不是之前看到的 0x000001E1,产生这个问题的原因是存储器的组织形式,即大端和小端。因为 AT91SAM7S 系列是小端存储,所以它们其实是一致的,并没有任何错误。其实从图中也可以看出 void change_speed(void)函数的范围是 0x000001E0~0x00000223。关于大端和小端的概念,请参阅本书 4.1 节。

```
      if ( (AT91F_PIO_GetInput(AT91C_BASE_PIOA) & SW1
Next label is a Thumb label
change_speed:
  000001E0  490B      LDR      R1, [PC,#0x02C]
  000001E2  680A      LDR      R2, [R1, #0]
  000001E4  4815      LDR      R0, [PC,#0x054]
  000001E6  0312      LSL      R2, R2, #12
  000001E8  D406      BMI      0x0001F8
      if ( LedSpeed > SPEED ) LedSpeed -=SPEED
  000001EA  6802      LDR      R2, [R0, #0]
  000001EC  4B09      LDR      R3, [PC,#0x024]
  000001EE  429A      CMP      R2, R3
```

图 7.71 change_speed 函数的入口

现在,从 IAR 开发环境中打开 View 菜单下的 Memory 界面,并在 Go to 下拉列表框中填入地址 0x000001E1,然后按回车,如图 7.72 所示。这时将会看到如图 7.73 所示的界面。图中 0x000001E0 地址处起始的代码就是 void change_speed(void)函数的 16 进制代码,长度是 0x44 字节,一直到 0x00000223 地址处结束。记录下这些内容,以便后面的分析中进行比较。

图 7.72 Memory 界面的 Go to 下拉列表框

下面重新在 void change_speed(void)函数和 void wait(void)函数之前增加 __ramfun 关键字,然后进行和前面一样的操作。这次,从 Basic.Map 文件中可以看到如图 7.74 所示信息。这些信息表明,void change_speed(void)函数和 void wait(void)函数已经定位在 RAM 中。

同样,在 void change_speed(void)函数处放置一个断点,然后进行如前所述的同样操作,则可以看到如图 7.75 所示的信息。

从 Memory 界面跳转到 0x00200004 处,即可看到 void change_speed(void)函数的 16 进制的代码,如图 7.76 所示。对比图 7.73 中的代码,可以看出其和图 7.76 中 0x200004 地址起始区域的内容是一样的。这样就证明了 __ramfunc 声明的函数运行时确实是在 RAM 中。

3. RAM 函数的运行时定位过程

了解了 __ramfunc 的意义且验证了 __ramfunc 函数运行时的位置后,再来分析一下 __ramfunc 的实现过程。

```
Go to  0x000001E1  ▼    Memory32  ▼  ▼
00000190  01 60 01 20 0d 4a 0f 4b 81 00 53 50 40 1c 1f 28  .`. .J.K..SP@..(
000001a0  fa db 0d 48 0d 49 01 60 10 bc 01 bc 00 47 c0 46  ...H.I.`.....G.F
000001b0  44 fd ff ff 20 fc ff ff 01 06 00 00 68 fc ff ff  D... .......h...
000001c0  2c fc ff ff 0e 1c 48 00 30 fc ff ff 80 f0 ff ff  ,.....H.0.......
000001d0  e0 00 00 00 e4 00 00 00 34 f1 ff ff e8 00 00 00  ........4.......
000001e0  0b 49 0a 68 15 48 12 03 06 d4 02 68 09 4b 9a 42  .I.h.H.....h.K.B
000001f0  02 d3 09 4b d2 18 02 60 09 68 09 04 06 d4 01 68  ...K...`.h.....h
00000200  06 4a 91 42 02 d2 06 4a 89 18 01 60 00 b0 70 47  .J.B...J...`..pG
00000210  3c f4 ff ff c6 12 00 00 3b ed ff ff 49 42 dd 02  <.......;...IB..
00000220  c5 12 00 00 00 b5 ff f7 db ff 00 20 00 e0 40 1c  ........... ..@.
00000230  02 49 09 68 88 42 fa d3 01 bc 00 47 00 00 20 00  .I.h.B.....G.. .
00000240  f0 b5 13 48 04 21 01 60 0f 20 12 49 08 60 12 49  ...H.!.`. .I.`.I
00000250  08 60 12 49 08 60 12 4c 12 4d 00 26 b0 00 27 58  .`.I.`.L.M.&..'X
00000260  2f 60 ff f7 0d 48 07 60 ff f7 db ff 76 1c        /`...H.`....v.
00000270  04 2e f3 db 03 26 b0 00 27 58 2f 60 ff f7 d2 ff  .....&..'X/`....
00000280  06 48 07 60 ff f7 ce ff 76 1e e6 d4 f3 e7 c0 46  .H.`....v......F
00000290  10 fc ff ff 00 f4 ff ff 10 f4 ff ff 30 f4 ff ff  ............0...
000002a0  ec 02 00 00 34 f4 ff ff 10 b4 03 00 00 2a 05 d0  ....4........*..
000002b0  0c 78 49 1c 1c 70 5b 1c 52 1e f9 d1 10 bc 00 b0  .xI..p[.R.......
000002c0  70 47 00 00 09 06 09 e3 00 00 2a 03 d0 19 70     pG........*....p
000002d0  5b 1c 52 1e fb d1 00 b0 70 47 91 42 04 00 00 00  [.R.....pG.B....
000002e0  00 00 20 00 e8 02 00 00 7a aa 03 00 01 00 00 00  .. .....z.......
000002f0  02 00 00 00 04 00 00 00 08 00 00 00 00 00 00 00  ................
00000300  00 00 00 00 00 00 00 00 00 00 00 88 42 fa d3     ............B..
```

图 7.73 change_speed 函数的 16 进制代码

```
CODE_I
   Relative segment, address: 00200004 - 00200047 (0x44 bytes), align: 2
   Segment part 6.         Intra module refs:   wait
            ENTRY                ADDRESS         REF BY
            =====                =======         ======
            change_speed         00200005
                stack 1 = 00000000 ( 00000004 )
--------------------------------------------------------------------------
CODE_I
   Relative segment, address: 00200048 - 0020005F (0x18 bytes), align: 2
   Segment part 8.         Intra module refs:   main
            ENTRY                ADDRESS         REF BY
            =====                =======         ======
            wait                 00200049
                stack 1 = 00000000 ( 00000004 )
```

图 7.74 Basic. map 文件中的相关内容

```
   if (!(AT91F_PIO_GetInput(AT91C_BASE_PIOA) & SW1
Next label is a Thumb label
change_speed
→ 00200004    490B       LDR       R1, [PC,#0x02C]
  00200006    680A       LDR       R2, [R1, #0]
  00200008    4815       LDR       R0, [PC,#0x054]
  0020000A    0312       LSL       R2, R2, #12
  0020000C    D406       BMI       0x20001C
   if ( LedSpeed > SPEED ) LedSpeed -=SPEED
  0020000E    6802       LDR       R2, [R0, #0]
  00200010    4B09       LDR       R3, [PC,#0x024]
  00200012    429A       CMP       R2, R3
  00200014    D302       BCC       0x20001C
```

图 7.75 change_speed 函数的入口

```
Go to  0x00200004 ▼  Memory32 ▼  ▼
001fffd0  ff ff ff ff ff ff ff ff ff ff ff ff ff ff ff ff  ................
001fffe0  ff ff ff ff ff ff ff ff ff ff ff ff ff ff ff ff  ................
001ffff0  ff ff ff ff ff ff ff ff ff ff ff ff ff ff ff ff  ................
00200000  7a aa 03 00 0b 49 0a 68 15 48 12 03 06 d4 02 68  z....I.h.H.....h
00200010  09 4b 9a 42 02 d3 09 4b d2 18 02 60 09 68 09 04  .K.B...K...`.h..
00200020  06 d4 01 68 06 4a 91 42 02 d2 06 4a 89 18 01 60  ...h.J.B...J...`
00200030  00 b0 70 47 3c f4 ff ff c6 12 00 00 3b ed ff ff  ..pG<.......;...
00200040  49 42 dd 02 c5 12 00 00 00 b5 ff f7 db ff 00 20  IB............. 
00200050  00 e0 40 1c 02 49 09 68 88 42 fa d3 01 bc 00 47  ..@..I.h.B.....G
00200060  00 00 00 00 00 21 00 f0 f1 fc f2 e7 02 b0 70 bc  .....!........p.
00200070  01 bc 00 47 9c 0f 00 00 b4 0f 00 00 00 00 0f e1  ...G............
00200080  1f 00 c0 e3 12 00 80 e3 00 f0 21 e1 14 d0 9f e5  ..........!.....
00200090  1f 00 c0 e3 1f 00 80 e3 00 f0 21 e1 08 d0 9f e5  ..........!.....
002000a0  08 00 9f e5 10 ff 2f e1 88 18 00 00 28 18 00 00  ....../.....(...
002000b0  b4 00 00 00 01 c0 8f e2 1c f1 2f e1 04 4c 05 4d  ........../..L.M
002000c0  05 4e 06 4f ae 46 20 47 00 28 09 d0 be 46 30 47  .N.O.F G.(...F0G
002000d0  3d 00 00 00 c9 00 00 00 00 00 00 e1 00 00 00 00  =...............A
002000e0  04 4c 05 4d 00 20 ae 46 20 47 04 4c ad ae 46     .L.M. .F G.L..F G
002000f0  20 47 00 00 c9 08 00 00 eb 00 00 05 0a 00 00      G..............
```

图 7.76 change_speed 函数的 16 进制代码

细心的读者可能已经发现了图 7.70 和图 7.74 中的异同，即一个是 CODE 段一个是 CODE_I 段。实际上，在前面的章节已经介绍过这两个段，CODE 段用来保存在 ROM 中执行的代码，而 CODE_I 段保存声明为 __ramfunc 函数的代码，CODE_I 段的内容从 CODE_ID 段复制而来，这个复制过程发生在程序的初始化期间。如图 7.77 所示，是将 void change_speed (void) 函数和 void wait (void) 函数声明为 __ramfunc 时的 CODE_ID 段信息。

```
CODE_ID
  Relative segment, address: 000002B8 - 000002FB (0x44 bytes), align: 2
  Segment part 18.       Intra module refs:  change_speed
  ------------------------------------------------------------
CODE_ID
  Relative segment, address: 000002FC - 00000313 (0x18 bytes), align: 2
  Segment part 20.       Intra module refs:  wait
```

图 7.77 CODE_ID 段信息

从 Memory 界面中看一下从 0x000002B8 地址起始的内容，如图 7.78 所示，可以发现，这些内容和图 7.73 以及图 7.76 中的内容完全一样。

```
000002b0                      00 00 00 00 00 00 00 00 0b 49 0a 68 15 48 12 03           .....I.h.H..
000002c0  06 d4 02 68 09 4b 9a 42 02 d3 09 4b d2 18 02 60  ...h.K.B...K...`
000002d0  09 68 09 04 06 d4 01 68 06 4a 91 42 02 d2 06 4a  .h.....h.J.B...J
000002e0  89 18 01 60 00 b0 70 47 3c f4 ff ff c6 12 00 00  ...`..pG<.......
000002f0  3b ed ff ff 49 42 dd 02 c5 12 00 00 00 b5 ff f7  ;...IB..........
00000300  db ff 00 20 00 e0 40 1c 02 49 09 68 88 42 fa d3  ... ..@..I.h.B..
```

图 7.78 Memory 窗口中的 0x000002B8 地址

为了得到真实的效果，进行下面的实验之前，要先使用开发板上的跳线擦除 Flash 中的内容，然后在项目选项中做如图 7.79 所示的设置；即取消 Run to 选项，然后给开发板断电并重新上电。

嵌入式系统软件设计实战

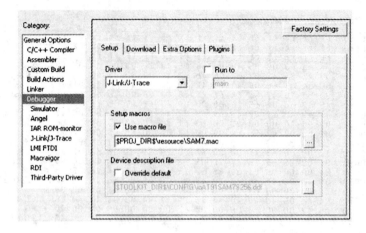

图 7.79　取消 Run to 选项

单击 Debug 按钮，然后在右侧的 Disassembly 窗口中找到 0x0000248 地址，即 memcpy 函数的起始地址，并在此处放一个断点，如图 7.80 所示。

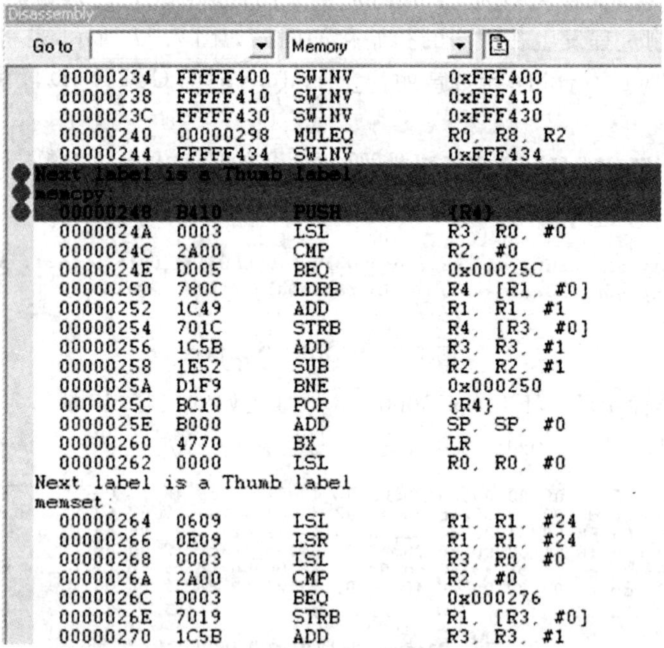

图 7.80　memcpy 函数的起始地址

完成这些操作之后，在 Memory 界面中跳转到 0x00200000 地址（即 AT91SAM7S 芯片的内部 RAM 起始地址），这时可以看到 RAM 的相关区域中是无关的数据，如图 7.81 所示。

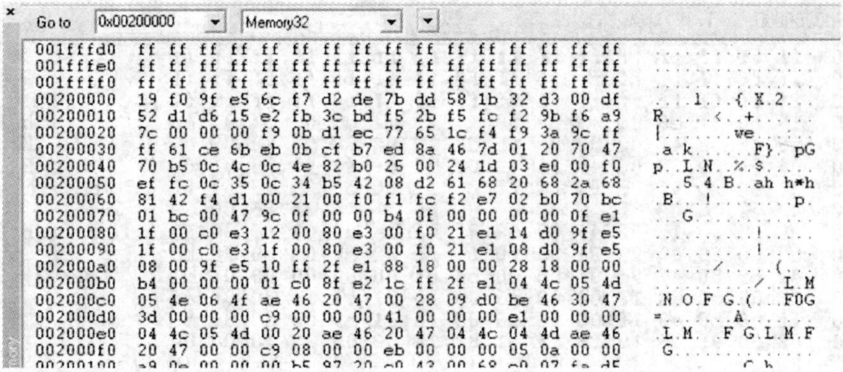

IAR Embedded Workbench 的工作机制与应用 7

图 7.81　Memory 界面中的 0x00200000 地址

之后，单击工具栏的 Go 按钮，则程序将停在断点处，如图 7.82 所示。再次单击 Go 按钮，这时 Memory 界面内容发生了变化，如图 7.83 所示。可以看出，这些内容正是 void change_speed（void）函数的代码。

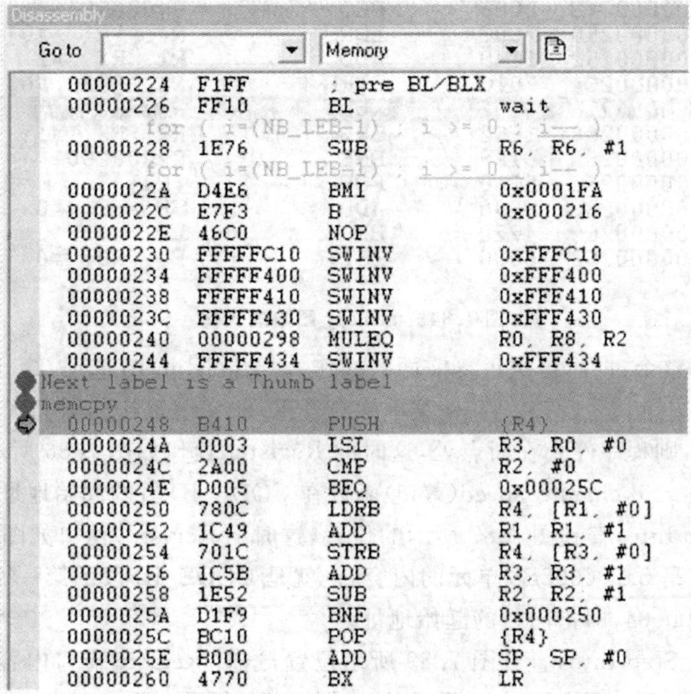

图 7.82　程序停在断点处

实际上，正是如图 7.84 所示的这段代码将声明为 __ramfunc 的函数从 CODE_ID 段复制

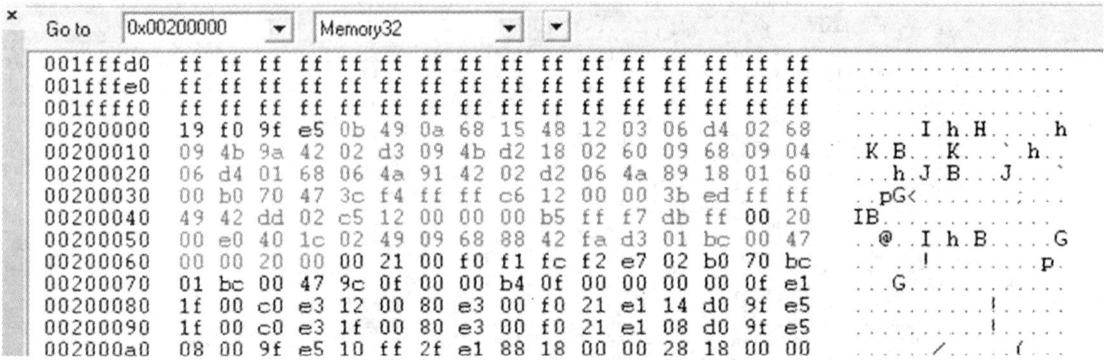

![Memory界面](图7.83)

图 7.83　Memory 界面中内容发生了变化

到 CODE_I 段，关于这段代码的 C 源文件，以及整个定位的过程，请查阅本章第 6 节。

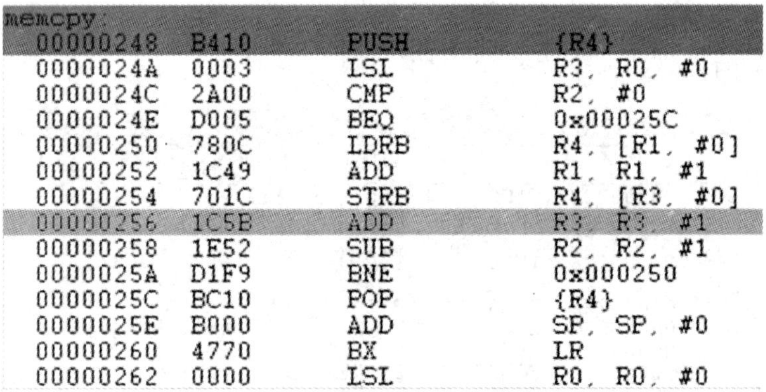

图 7.84　memcpy 函数的代码

为了详细了解整个过程，再次重复前面的操作，即清除 Run to 选项，给开发板断电并重新上电，单击 Debug 按钮。之后，从 View 菜单中打开 Register 窗口，如图 7.85 所示。

单击 Go 按钮，则程序停止在断点处，这时的 Register 窗口如图 7.86 所示。可以看出，R1 寄存器的内容正是 void change_speed(void)函数在 CODE_ID 段的起始地址。

依次单击 Step Into，直到图 7.87 所示的位置，这时的 Register 窗口如图 7.88 所示，即 R4 发生改变。其内容是 0x000002B8 单元的内容，也就是 CODE_ID 段的第一个字节。此时，R3 中的内容为 0x00200004，即指向目的起始地址。

再次依次单击 Step Into，直到图 7.89 所示位置，这时 Registe 窗口内容如图 7.90 所示，即 R1 变为 0x000002B9；而 Memory 界面则如图 7.91 所示，即 0x00200004 单元的内容变为 0x0b。

IAR Embedded Workbench 的工作机制与应用

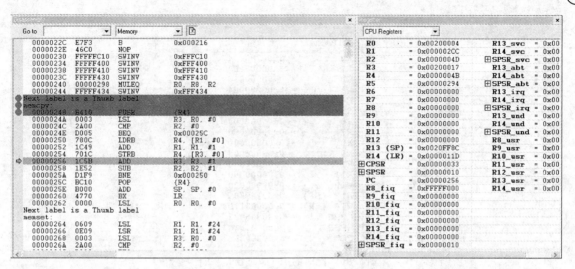

图 7.85　打开 Register 窗口

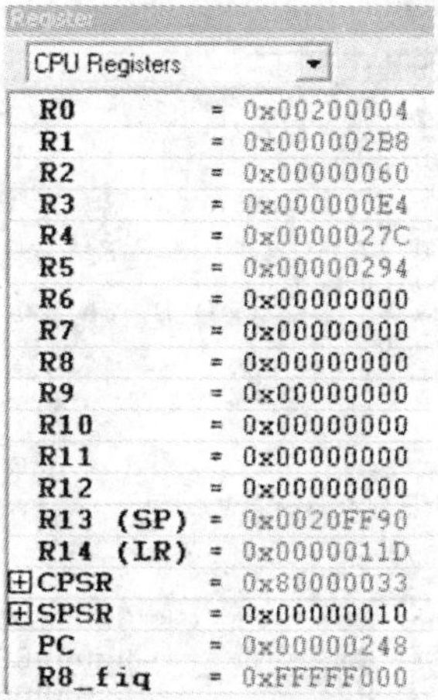

图 7.86　首次运行到断点的 Register 窗口

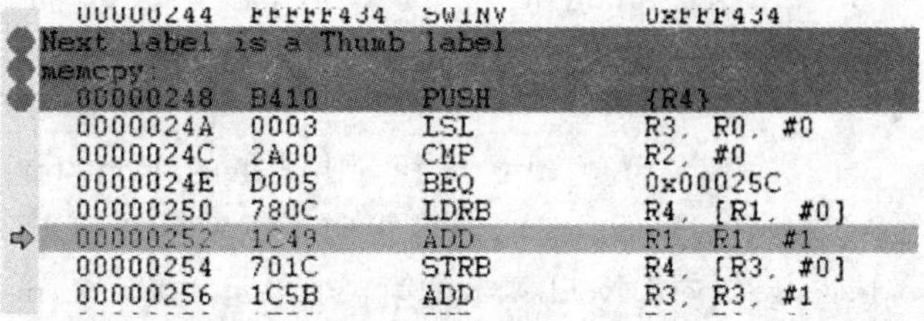

图 7.87　单击 Step Into 运行到此处

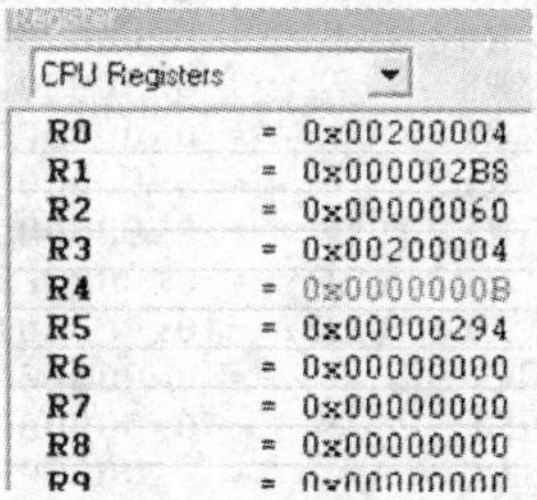

图 7.88　此时的 Register 窗口

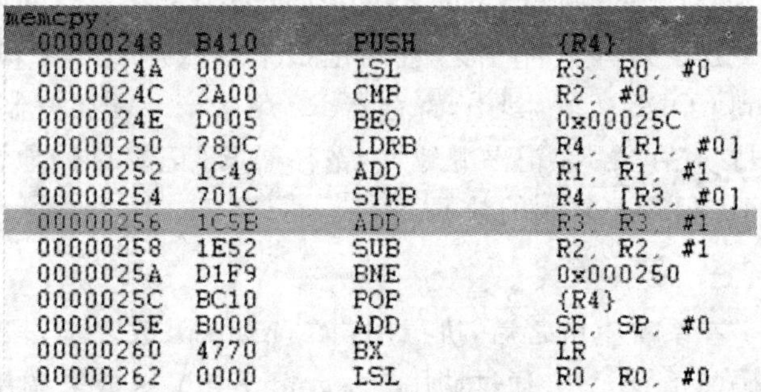

图 7.89　单击 Step Into 运行到此处（二）

·225·

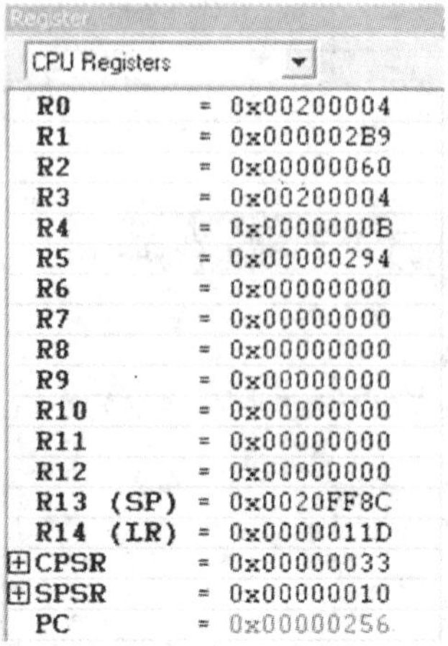

图 7.90 此时的 Register 窗口(二)

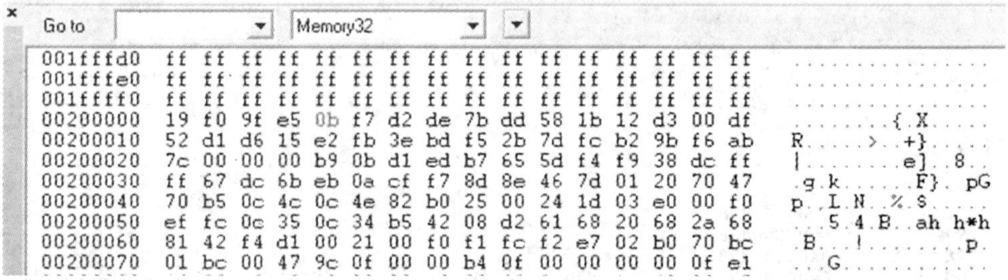

图 7.91 此时的 Memory 界面(二)

再次单击 Step Into 按钮,则现在的 Register 窗口如图 7.92 所示。显然,R3 的内容指向了 RAM 中 CODE_I 段中 void change_speed(void)函数的第二个单元。接下来,memcpy 函数会像前面的描述一样,把 0x000002B9 号单元的内容复制到位于 RAM 中的 void change_speed(void)函数的第二个单元。

这个过程不断重复,直到把整个函数从 CODE_ID 段复制到 CODE_I 段,其中,寄存器 R2 用来记录需要复制的单元数目,寄存器 R1 记录源地址,寄存器 R3 记录目的地址,寄存器 R4 保存要复制的数据。

4. 总　结

在系统上电之后,执行用户的 main 函数之前,段初始化代码(cstartup)会通过调用 __segment_init 函数来调用 memset 和 memcpy 函数,以进行一些初始化操作。例如,将

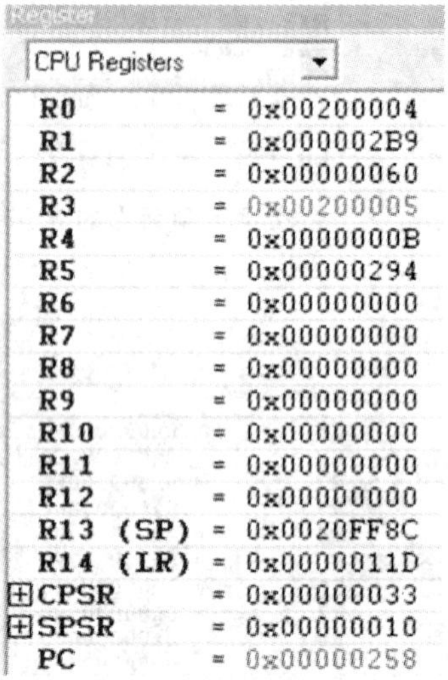

图 7.92 此时的 Register 窗口(三)

CODE_ID 段的内容复制至 CODE_I 段,从而完成变量的 RAM 定位、__ramfunc 的函数定位等一系列的复杂操作。当然,这些过程是由 IAR 来完成的。

7.8 RAM 调试与实现机制

7.8.1 MAC 文件的概念

MAC 文件即 IAR C-SPY 宏文件。使用 MAC 文件可以在下载或执行系统代码之前,对目标处理器进行相关的初始化等。例如,配置内存映射以及各种时钟寄存器等。当进行在线调试时,MAC 文件可以完成初始化和系统检测等多种工作。例如,存储器重映射及重映射状态检测、复位后停机、时钟初始化等。此外,当在外部 RAM 中运行程序时,MAC 文件还可以实现对外部 SDRAM 的初始化等操作。对于非在线仿真,则需要写代码来实现这些功能。

7.8.2 RAM 调试的基础知识

本小节将结合 MAC 文件的作用对 IAR 的 RAM 调试做简单讲解。在前面的章节中,已经提到过 RAM 调试的意义。由于某些单片机的硬件断点资源有限,如果单纯使用硬件断点进行调试,则对于当今日益庞大和复杂的代码来说会显得非常棘手。虽然使用支持 Flash 软件断点的仿真器是最佳方法,但是这样的仿真器一般成本较高。而 RAM 调试则能够在不增加任何资金投入的情况下,较好地解决这个问题。当然,RAM 调试不是万能的,也有其自身的局限性。比如程序代码过大时,片内的 RAM 不足以装载整个代码,或者对于一些特殊情况,RAM 调试可能就不合适了。不过,对于一般的应用来说 RAM 调试仍然是强有力的武器。而且使用 RAM 调试还可以减少 Flash 的读写次数,延长芯片寿命。

1. RAM 调试的必要条件

要进行 RAM 调试,需要一些必要条件。这些条件包含很多方面,不过大体可以分成两类:一类是硬件的,比如需要芯片自身具有某些机制;另一类是软件的,比如开发环境要支持相应的机制等。此外,还需要相应的调试工具的支持。

2. RAM 下载的流程

要进行 RAM 调试,首先需要将应用程序下载至目标处理器的 RAM 中。IAR 会在 C-SPY 启动期间完成将应用程序下载到 RAM 的工作,该过程由 C-SPY 自己控制执行。所谓下载,其实就是通过 JTAG 接口把数据写进目标系统。当 C-SPY 启动时,它执行以下步骤:

① 从 application.dxx 文件中读取应用程序的二进制映像和调试信息;
② 通过 JTAG 接口将二进制映像传输到目标系统的 RAM 中;
③ 将程序计数器(PC)指向 RAM 中的应用程序入口点。

整个过程如图 7.93 所示。此时,RAM 中的应用程序已经准备好运行。这里,仍以

AT91SAM9S 系列 ARM7 芯片为例来讲解 RAM 调试和 MAC 文件。

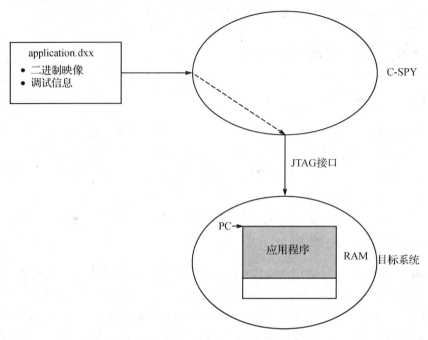

图 7.93　将应用程序下载至 RAM

7.8.3　RAM 调试的工作机制

AT91SAM7S 系列 ARM 芯片 0x00 地址起始的 1 MB 空间是一个可重映射区域,该区域可映射至片内 Flash 区域或者片内 RAM 区域。这部分内容前面的相关章节也做了多次讲解,这里就不再赘述。

1. RAM 调试的流程

下面简单描述一下 RAM Debug 和 Flash Debug 的过程。图 7.94 是 IAR 进行 RAM Debug 的流程。图 7.95 是 IAR 进行 Flash Debug 的流程。

对比两者可以发现,把程序下载至片内 RAM 调试的流程比较简单。只需将 XCL 文件中的相关地址重新设置,使用相应的 MAC 宏函数,同时禁用 Flashloader,那么程序就可以下载至 RAM 中并可以运行了。但是这个是针对片内 RAM 的,如果想在片外的 RAM 中调试程序,则还需要在下载代码前对外部 RAM 控制器进行初始化,这个工作由 IAR 的 MAC 文件来实现。

相比而言,Flash Debug 要比 RAM Debug 复杂得多。要下载程序至片内 Flash,IAR 首先会将一个预置好的 Flashloader 装载入片内 RAM,然后运行 RAM 中的 Flashloader,并通过 J-LINK 等仿真调试器与 IAR 开发环境进行交互,从而将最终的用户代码写入片内 Flash。之后,再完成一系列相关操作方可进行 Flash Debug。

2. RAM 调试的实例分析

下面就以 AT91SAM7S 系列 ARM 芯片为例,结合 MAC 文件来分析 IAR 的 RAM 调试。图 7.96 和图 7.97 分别是 Flash 调试和 RAM 调试时对应 MAC 文件的部分片段,对于 MAC 文件的详细介绍请参阅本书第 6 章,这里各位读者只需要体会到其作用即可。

可以看出,RAM Debug 的 MAC 文件似乎要比 Flash Debug 的复杂一些,比如多了很多的初始化宏函数等。实际上,这些示例片段主要是设置宏函数的片段。如果比较真正的 MAC 文件,Flash Debug 会比 RAM Debug 复杂得多。表 7.1 是相关宏函数介绍。

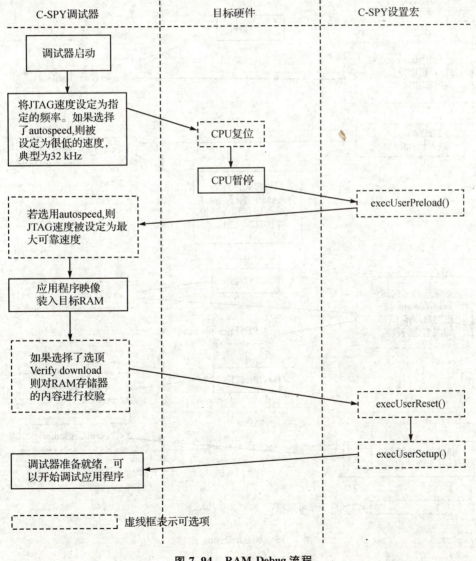

图 7.94 RAM Debug 流程

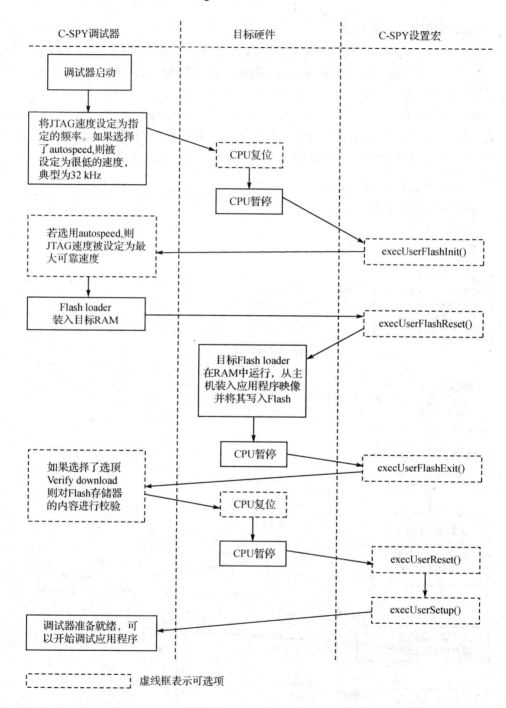

图 7.95 Flash Debug 流程

```
__var __mac_i;
__var __mac_pt;

execUserReset()
{
 CheckRemap();
 ini();
 AIC();
    __message "--------------------------------Set Reset ----------------------------------";
    __writeMemory32(0x00000000,0xB4,"Register");
}


Watchdog()
{
. . .
}


CheckRemap()
{
//* Read the value at 0x0
    __mac_i = __readMemory32(0x00000000,"Memory");
    __mac_i = __mac_i+1;
    __writeMemory32(__mac_i,0x00,"Memory");
    __mac_pt = __readMemory32(0x00000000,"Memory");

 if (__mac_i == __mac_pt)
 {
    __message "------------------------------ The Remap is done ----------------------------------";
//*  Toggel RESET The remap
    __writeMemory32(0x00000001,0xFFFFFF00,"Memory");

 } else {
    __message "------------------------------ The Remap is NOT ----------------------------------";
 }

}


execUserSetup()
{
 ini();
    __message "-------------------------------Set PC -------------------------------------";
    __writeMemory32(0x00000000,0xB4,"Register");
}
. . .
```

图 7.96 Flash Debug 的 MAC 文件片段

```
__var __mac_i;
__var __mac_pt;
__var __mac_mem;
execUserReset()
{
    CheckNoRemap();
    ini();
    AIC();
    __message "--------------------------------Set PC Reset --------------------------------";
    __writeMemory32(0x00000000,0xB4,"Register");
}

execUserPreload()
{
    __message "--------------------------- RESET  --------------------------------";
    __hwReset(0);
//* __message "--------------------------------Set CPSR --------------------------------";
    __writeMemory32(0xD3,0x98,"Register");
    __writeMemory32(0xffffffff,0xFFFFFC14,"Memory");
    PllSetting();
//* Init AIC
    AIC();
//* Set the RAM memory at 0x0020 0000 for code AT 0 flash area
    CheckNoRemap();
//* Get the Chip ID (AT91C_DBGU_C1R & AT91C_DBGU_C2R
    ...
//* Watchdog Disable
    Watchdog();
//*   RG();
}


CheckNoRemap()
{
//* Read the value at 0x0
    __mac_i = __readMemory32(0x00000000,"Memory");
    __mac_mem = __mac_i;
    __mac_i= __mac_i+1;
    __writeMemory32(__mac_i,0x00,"Memory");
    __mac_pt=__readMemory32(0x00000000,"Memory");
if (__mac_i == __mac_pt)
{
    __message "------------------------------ The Remap is done ----------------------------------";
    __writeMemory32( __mac_mem,0x00000000,"Memory");

} else {
    __message "------------------------------ The Remap is NOT ----------------------------------";
//* Toggel RESET The remap
    __writeMemory32(0x00000001,0xFFFFFF00,"Memory");
}
}
```

图 7.97 RAM Debug 的 MAC 文件片段

IAR Embedded Workbench 的工作机制与应用

表 7.1 相关宏函数

类属	宏函数	功能及描述
设置宏函数	execUserPreload()	C-SPY 与目标系统建立通信后,在下载目标应用程序之前调用。用于对正确装入数据至关重要的存储器和寄存器进行初始化
	execUserSetup()	在目标应用程序下载完成之后调用。用于建立存储器映像、断点、中断等
	execUserReset()	发生复位命令时调用,用于建立和恢复数据
自定义宏函数	PllSetting()	进行 PLL 设置
	Watchdog	通常在复位后,看门狗是使能状态。为了后续操作,需要关闭看门狗使能
	CheckNoRemap()	对重映射进行测试,CheckRemap() 用于确保系统处于非重映射状态,而 CheckNoRemap() 则用于确保系统处于重映射状态
	CheckRemap()	
系统宏函数	__hwReset(halt_delay)	使仿真器产生硬件复位,并暂停 CPU。 参数:halt_delay 复位脉冲终点到 CPU 暂停之间的延时,单位为 ms。如果该参数为 0,则 CPU 复位后立即停机
	__readMemory32(address,zone)	从给定的存储器位置读取 4 字节。 参数:address 为存储器地址(整型) Zone 位存储器区域名称(字符串)
	__writeMemory32(value,address,zone)	向指定存储器区域写入 4 字节。 参数:value 为写入值(整型) address 为存储器地址(整型) Zone 位存储器区域名称(字符串)

对照表 7.1,结合实例程序以及 RAM Debug 的流程可以看出,C-SPY 与目标系统建立通信后,MAC 文件中的 execUserPreload 宏函数首先执行,其中的输出宏语句 __message 用来在 IAR 的 LOG 窗口打出相应信息,如图 7.98 所示。

之后,__hwReset(0) 宏函数将产生硬件复位并立即让 CPU 停机。复位停机完成之后,相应的系统宏函数 __writeMemory32() 以及用户自定义宏函数 PllSetting()、AIC() 用于进行必要的系统初始化操作。待这些操作完成后,由 CheckNoRemap() 宏函数进行系统的重映射,并由 Watchdog() 宏函数关闭看门狗。其间,还有一些其他的操作,比如进行芯片标识信息的读取等。这些内容读者可以自行分析。

CheckNoRemap() 宏函数内部操作如下:先将片内 0x00000000 地址处的 4 个字节读出并赋值给宏变量 __mac_i,接着 __mac_i 的值备份给宏变量 __mac_mem,并将 __mac_i 的值加 1 后

```
Sat Jul 04 11:14:14 2009: ——————————— RESET ———————————
Sat Jul 04 11:14:14 2009: Resetting target using RESET pin
Sat Jul 04 11:14:15 2009: Hardware reset with strategy 0 was performed
Sat Jul 04 11:14:15 2009: ——————————— PLL Enable ———————————
Sat Jul 04 11:14:15 2009: ——————————— AIC 2 INIT ———————————
Sat Jul 04 11:14:15 2009: ——————————— The Remap is NOT ———————————
Sat Jul 04 11:14:15 2009: ——————————— Chip ID  0x270D0940 ———————————
Sat Jul 04 11:14:15 2009: ——————————— Extention 0x00000000 ———————————
Sat Jul 04 11:14:15 2009: ——————————— Flash Version 0x00000112 ———————————
Sat Jul 04 11:14:15 2009: ——————————— Watchdog Disable ———————————
Sat Jul 04 11:14:15 2009: RTCK seems to be bridged with TCK
Sat Jul 04 11:14:15 2009: Auto JTAG speed: 8000 kHz
Sat Jul 04 11:14:16 2009: 776 bytes downloaded (1.76 Kbytes/sec)
Sat Jul 04 11:14:16 2009: Loaded debugee: D:\IAR Systems\Embedded Workbench 4.42A Evaluation for AI
Sat Jul 04 11:14:16 2009: Target reset
Sat Jul 04 11:14:16 2009: ——————————— The Remap is done ———————————
Sat Jul 04 11:14:16 2009: ——————————— AIC 2 INIT ———————————
Sat Jul 04 11:14:16 2009: ——————————— Set PC Reset ———————————
```

图 7.98　LOG 窗口的输出信息

写回片内 0x00 地址处。然后再一次读取片内 0x00000000 地址处的 4 个字节并赋值给宏变量 __mac_pt。之后，由 if 语句对 __mac_i 和 __mac_pt 的值进行判断。之前讲过，对于 Flash 来说，由于其写入过程需要特定的时序和流程。因此，Flash 不能随意写入数据。而 RAM 则没有限制。所以，若 __mac_i 和 __mac_pt 的值相等，则表明片内 0x00000000 地址处的区域为 RAM 区域，系统当前处于重映射状态。这时，系统 LOG 窗口会打印出相关提示信息。同时，系统宏函数 __writeMemory32() 会将宏变量 __mac_mem 的值写回片内 0x00000000 地址，这个操作是恢复 0x00000000 地址原先的值。

由于 CheckNoRemap() 宏函数用于确保系统处于重映射状态，故当 __mac_i 和 __mac_pt 的值不相等时，会通过 __writeMemory32() 宏函数进行一次重映射操作。

当发生用户复位时，execUserReset() 宏函数会被调用。execUserReset() 宏函数除了进行重映射检测和 AIC 初始化外，还会把 CPU 的相关寄存器清零。需要注意的是对 PC 寄存器的清零，如果少了本操作，复位将失去意义。

结合图 7.98 和实例程序可以看出之前的分析是正确的。当 C-SPY 与目标系统建立通信后，会进行一次复位操作，同时，在 LOG 窗口打印相关信息。之后进行 PLL 和 AIC 的设置以及其他初始化操作。由于当前系统处于非映射状态，所以 LOG 窗口会打印出 The Remap is NOT，并进行重映射操作。紧接着会读取芯片的相关信息并关闭看门狗。然后是下载代码并再次复位。由于现在系统处于重映射状态，所以 LOG 窗口会打印 The Remap is done。最后，进行 AIC 初始化并将 PC 的值置为 0x00。此时，寄存器的状态如图 7.99 所示。

其中，CPSR 寄存器的值是由 MAC 文件中的相关宏函数写入的。注意，要查看此时的 PC

IAR Embedded Workbench 的工作机制与应用

值需要在项目选项的 Debugger 窗口中取消 Run to 选项。否则，将会看到 main 函数的入口地址。

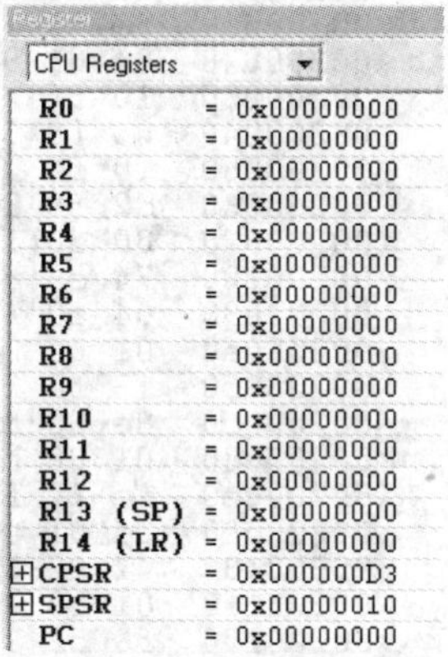

目前市面上微控制器的片内 ROM 几乎都为 Flash 存储器。Flash 存储器的特点之一就是：擦除操作写'1'，写入操作写'0'。具体是说，当对一片 Flash（或其某个区域）进行擦除操作时，其实质是将对应区域内的所有位写入'1'；而对 Flash 的某个区域进行写入操作时，实质是对相应的位写入'0'。基于这个认知，我们可以从 IAR 的 Memory 界面中观察一下相关区域，由此来判断一下当前系统的真实状况。

图 7.100 是片内 Flash 区域的状态，图 7.101 是片内 RAM 区域的状态，图 7.102 是片内 0x00 地址起始区域的状态。可以看出，图 7.101 和图 7.102 中的内容完全一样，而图 7.100 中的内容皆为 0xFF，说明系统当前处于重映射状态，此时片内 Flash 没有任何内容。我们尝试修改一下 0x00 单元的内容，就会发现 0x00200000 单元的内容也随之改变，如图 7.103 所示。

图 7.99　寄存器状态

```
00100000  ff ff ff ff ff ff ff ff ff ff ff ff ff ff ff ff
00100010  ff ff ff ff ff ff ff ff ff ff ff ff ff ff ff ff
00100020  ff ff ff ff ff ff ff ff ff ff ff ff ff ff ff ff
00100030  ff ff ff ff ff ff ff ff ff ff ff ff ff ff ff ff
00100040  ff ff ff ff ff ff ff ff ff ff ff ff ff ff ff ff
00100050  ff ff ff ff ff ff ff ff ff ff ff ff ff ff ff ff
00100060  ff ff ff ff ff ff ff ff ff ff ff ff ff ff ff ff
00100070  ff ff ff ff ff ff ff ff ff ff ff ff ff ff ff ff
00100080  ff ff ff ff ff ff ff ff ff ff ff ff ff ff ff ff
00100090  ff ff ff ff ff ff ff ff ff ff ff ff ff ff ff ff
001000a0  ff ff ff ff ff ff ff ff ff ff ff ff ff ff ff ff
001000b0  ff ff ff ff ff ff ff ff ff ff ff ff ff ff ff ff
001000c0  ff ff ff ff ff ff ff ff ff ff ff ff ff ff ff ff
001000d0  ff ff ff ff ff ff ff ff ff ff ff ff ff ff ff ff
001000e0  ff ff ff ff ff ff ff ff ff ff ff ff ff ff ff ff
001000f0  ff ff ff ff ff ff ff ff ff ff ff ff ff ff ff ff
00100100  ff ff ff ff ff ff ff ff ff ff ff ff ff ff ff ff
00100110  ff ff ff ff ff ff ff ff ff ff ff ff ff ff ff ff
00100120  ff ff ff ff ff ff ff ff ff ff ff ff ff ff ff ff
00100130  ff ff ff ff ff ff ff ff ff ff ff ff ff ff ff ff
00100140  ff ff ff ff ff ff ff ff ff ff ff ff ff ff ff ff
00100150  ff ff ff ff ff ff ff ff ff ff ff ff ff ff ff ff
00100160  ff ff ff ff ff ff ff ff ff ff ff ff ff ff ff ff
00100170  ff ff ff ff ff ff ff ff ff ff ff ff ff ff ff ff
00100180  ff ff ff ff ff ff ff ff ff ff ff ff ff ff ff ff
00100190  ff ff ff ff ff ff ff ff ff ff ff ff ff ff ff ff
```

图 7.100　片内 Flash 区域状态

至此，RAM Debug 的过程分析就结束了。在下一节中，会结合 IAR 的 Flash loader 对 Flash Debug 进行分析。

```
00200000    0f 00 00 ea fe ff ff ea fe ff ff ea fe ff ff ea    ................
00200010    fe ff ff ea fe ff ff ea 1c 00 00 ea 00 90 a0 e1    ................
00200020    04 01 98 e5 d3 f0 21 e3 0e 50 2d e9 0f e0 a0 e1    ......!..P-.....
00200030    10 ff 2f e1 0e 50 bd e8 d1 f0 21 e3 09 00 a0 e1    ../..P....!.....
00200040    04 f0 5e e2 a0 d0 9f e5 a0 00 9f e5 0f e0 a0 e1    ..^.............
00200050    10 ff 2f e1 90 00 9f e5 d1 f0 21 e3 90 80 9f e5    ../.......!.....
00200060    d2 f0 21 e3 00 d0 a0 e1 60 00 40 e2 13 f0 21 e3    ..!.....`.@...!.
00200070    00 d0 a0 e1 7c 00 9f e5 0f e0 a0 e1 10 ff 2f e1    ....|........./.
00200080    74 e0 9f e5 74 00 9f e5 10 ff 2f e1 fe ff ff ea    t...t...../.....
00200090    04 e0 4e e2 00 40 2d e9 00 e0 4f e1 00 40 2d e9    ..N..@-...O..@-.
002000a0    01 00 2d e9 48 e0 9f e5 00 01 9e e5 00 e1 8e e5    ..-.H...........
002000b0    13 f0 21 e3 0e 50 2d e9 0f e0 a0 e1 10 ff 2f e1    ..!..P-......./.
002000c0    0e 50 bd e8 92 f0 21 e3 24 e0 9f e5 30 e1 8e e5    .P....!.$...0...
002000d0    01 00 bd e8 00 40 bd e8 0e f0 6f e1 00 80 fd e8    .....@....o.....
002000e0    fe ff ff ea fe ff ff ea fe ff ff ea 00 00 01 00    ................
002000f0    3d 01 00 00 10 ff ff 05 01 00 00 8c 00 00 00       =...............
00200100    41 02 00 00 30 b5 0b 4c 0b 4d 81 b0 ac 42 06 d3    A...0..L.M...B..
00200110    01 b0 30 bc 01 bc 00 47 00 f0 c6 f8 0c 34 ac 42    ..0....G.....4.B
00200120    f6 d2 60 68 a1 68 22 68 81 42 f5 d1 00 21 00 f0    ..`h.h"h.B...!..
00200130    c9 f8 f3 e7 dc 02 00 00 e8 02 00 00 10 b5 9f 20    ...............
00200140    c0 43 80 21 49 00 01 60 19 48 c9 01 01 60 19 48    .C.!I..`.H...`.H
00200150    19 49 01 60 19 48 01 60 c9 07 fc d5 18 49 19 4a    .I.`.H.`.....I.J
00200160    0a 60 04 22 04 23 01 68 19 42 fc d0 08 21 03 68    .`.".#.h.B...!.h
00200170    0b 42 fb d0 14 4b 1a 60 02 68 0a 42 fc d0 1a 68    .B...K.`.h.B...h
00200180    03 24 14 43 1c 60 02 68 0a 42 fc d0 0f 48 10 49    .$.C.`.h.B...H.I
```

图 7.101 片内 RAM 区域状态

```
00000000    0f 00 00 ea fe ff ff ea fe ff ff ea fe ff ff ea    ................
00000010    fe ff ff ea fe ff ff ea 1c 00 00 ea 00 90 a0 e1    ................
00000020    04 01 98 e5 d3 f0 21 e3 0e 50 2d e9 0f e0 a0 e1    ......!..P-.....
00000030    10 ff 2f e1 0e 50 bd e8 d1 f0 21 e3 09 00 a0 e1    ../..P....!.....
00000040    04 f0 5e e2 a0 d0 9f e5 a0 00 9f e5 0f e0 a0 e1    ..^.............
00000050    10 ff 2f e1 90 00 9f e5 d1 f0 21 e3 90 80 9f e5    ../.......!.....
00000060    d2 f0 21 e3 00 d0 a0 e1 60 00 40 e2 13 f0 21 e3    ..!.....`.@...!.
00000070    00 d0 a0 e1 7c 00 9f e5 0f e0 a0 e1 10 ff 2f e1    ....|........./.
00000080    74 e0 9f e5 74 00 9f e5 10 ff 2f e1 fe ff ff ea    t...t...../.....
00000090    04 e0 4e e2 00 40 2d e9 00 e0 4f e1 00 40 2d e9    ..N..@-...O..@-.
000000a0    01 00 2d e9 48 e0 9f e5 00 01 9e e5 00 e1 8e e5    ..-.H...........
000000b0    13 f0 21 e3 0e 50 2d e9 0f e0 a0 e1 10 ff 2f e1    ..!..P-......./.
000000c0    0e 50 bd e8 92 f0 21 e3 24 e0 9f e5 30 e1 8e e5    .P....!.$...0...
000000d0    01 00 bd e8 00 40 bd e8 0e f0 6f e1 00 80 fd e8    .....@....o.....
000000e0    fe ff ff ea fe ff ff ea fe ff ff ea 00 00 01 00    ................
000000f0    3d 01 00 00 10 ff ff 05 01 00 00 8c 00 00 00       =...............
00000100    41 02 00 00 30 b5 0b 4c 0b 4d 81 b0 ac 42 06 d3    A...0..L.M...B..
00000110    01 b0 30 bc 01 bc 00 47 00 f0 c6 f8 0c 34 ac 42    ..0....G.....4.B
00000120    f6 d2 60 68 a1 68 22 68 81 42 f5 d1 00 21 00 f0    ..`h.h"h.B...!..
00000130    c9 f8 f3 e7 dc 02 00 00 e8 02 00 00 10 b5 9f 20    ...............
00000140    c0 43 80 21 49 00 01 60 19 48 c9 01 01 60 19 48    .C.!I..`.H...`.H
00000150    19 49 01 60 19 48 01 60 c9 07 fc d5 18 49 19 4a    .I.`.H.`.....I.J
00000160    0a 60 04 22 04 23 01 68 19 42 fc d0 08 21 03 68    .`.".#.h.B...!.h
00000170    0b 42 fb d0 14 4b 1a 60 02 68 0a 42 fc d0 1a 68    .B...K.`.h.B...h
00000180    03 24 14 43 1c 60 02 68 0a 42 fc d0 0f 48 10 49    .$.C.`.h.B...H.I
00000190    01 60 01 20 0d 4a 0f 4b 81 00 53 50 40 1c 1f 28    .`...J.K..SP@..(
```

图 7.102 片内 0x00 地址区域状态

```
00000000    68 00 00 ea fe ff ff ea fe ff ff ea fe ff ff ea    h...............
00000010    fe ff ff ea fe ff ff ea 1c 00 00 ea 00 90 a0 e1    ................
```

```
00200000    68 00 00 ea fe ff ff ea fe ff ff ea fe ff ff ea    h...............
00200010    fe ff ff ea fe ff ff ea 1c 00 00 ea 00 90 a0 e1    ................
```

图 7.103 修改 0x00 单元的内容

7.9 Flash Loader 与 Flash 调试

前面的一节讨论了 RAM 下载和 RAM Debug。本节将简述 Flash Debug 和 Flash Loader 的机制及其流程。要进行 Flash Debug 需要如下 3 大步骤：

① 将 Flash Loader 下载至片内 RAM 并运行；
② 目标二进制文件通过 JTAG 接口传递给 Flash Loader 并写入 Flash 存储器；
③ C-SPY 读取调试信息并启动调试。

可以看出，在 Flash 下载中实际上包括了一次 RAM 下载操作。下面将分别介绍这几个步骤。

7.9.1 Flash Loader 概述

Flash Loader 是用 IAR Embedded Workbench 开发的本地应用程序，任务是通过文件 I/O 从主机读取应用程序的二进制映像，将映像拆包，并写进 Flash 存储器。

Flash Loader 可以分成两个部分，如图 7.104 所示。一是所有 Flash Loader 所共用的框架部分，其源代码由 IAR Systems 提供并包含在 IAR Embedded Workbench 中；二是驱动部分，它是一小段用于实际烧写 Flash 存储器的小程序。IAR Embedded Workbench 中已经包含了一组用于各种芯片的 Flash Loader 驱动程序。由于 Flash Loader 驱动程序简单，所以用户可以自行编写 IAR Systems 尚未支持芯片的驱动程序。

图 7.104 Flash Loader 可以分成两个部分

Flash Loader 框架程序实现了所有 Flash Loader 都具备的公共功能，包含从调试器读取二进制映像，传递用户变量给 Flash Loader 以及与用户交互的 GUI 元素。GUI 元素包括消息窗口、消息记录和进度条等。默认情况下，进度条由 Flash Loader 框架程序所控制。

Flash Loader 必须遵循 Flash<device>.dxx 的命名约定。例如，假设某器件名为 IAR X99，则它的 Flash Loader 应命名为 FlashIarX99.dxx。

IAR 公司提供的 Flash Loader 源代码位于下列目录：

arm\src\flashloader\framework	Flash Loader 框架程序源代码，含 API 头文件
arm\src\flashloader\\<vendor>\lash<device>	各 Flash Loader 驱动程序源代码，含工程文件

IAR 公司提供的可执行 Flash Loader 位于下列目录：

arm\config\flashloader\<vendor>\lash<device>.dxx	对应于各驱动程序的 Flash Loader 可执行文件
arm\ config \ flashloader \ < vendor > \ lash < device >.mac	可选的 C-SPY 宏文件。如果宏文件的名字和 Flash Loader 可执行文件相同,则该宏文件将先以同名 Flash Loader 被装进 RAM 并运行。有些芯片需要对一些 I/O 寄存器进行初始化之后 RAM 才能正常工作,这时此项功能就很有用

7.9.2 可选的 Flash Loader C-SPY 宏文件

在将 Flash Loader 装入 RAM 之前可能需要执行一个 C-SPY 宏来设置目标系统。例如,某些芯片在复位后 RAM 还不能正常工作,需要用一个宏来初始化必要的寄存器,以便让 RAM 正常工作。

将 Flash Loader 装入 RAM 之前所执行的宏应满足以下要求:
- 宏文件应存放在同名 Flash Loader 的目录下。
- 宏文件的扩展名应为 mac(即我们前面的 MAC 文件)。
- 宏文件名应与其关联的 Flash Loader 名相同。
- 宏文件中必须定义 execUserFlashInit() 宏函数。C-SPY 将在把 Flash Loader 装入 RAM 之前调用该宏函数。请注意,在调试阶段,当 Flash Loader 作为一个应用程序运行时,必须用 execUserPreload() 替代 execUserFlashInit()。

必要的话,在 Flash Loader 运行结束后,可以用宏函数 execUserFlashExit() 来恢复目标系统的设置。

7.9.3 与 Flash Loader 框架程序的接口

Flash Loader 框架程序首先初始化 Flash Loader 驱动程序。此时,驱动程序可以执行各种初始化工作,但至少要向框架程序注册它的写函数。

初始化之后,框架程序将通过驱动程序的写函数,一次传输一个字节给 Flash Loader。根据所用的 Flash 算法,有可能需要在驱动程序中缓冲多个字节,以便在将一个扇区写入 Flash 存储器之前填满整个扇区空间。框架程序向驱动程序的最后一次写操作将被视为清空请求,允许驱动程序清空扇区缓冲中的任何剩余数据。如果 Flash Loader 驱动程序没有缓冲任何数据,则清空请求可以被忽略。整个过程如图 7.105 所示。

驱动程序不返回任何错误状态给框架程序。一旦驱动程序中发生错误,驱动程序应通过调用 FlIMessageBox() API 函数向用户报告错误,然后调用 FlErrorExit() 函数退出 Flash Loader。

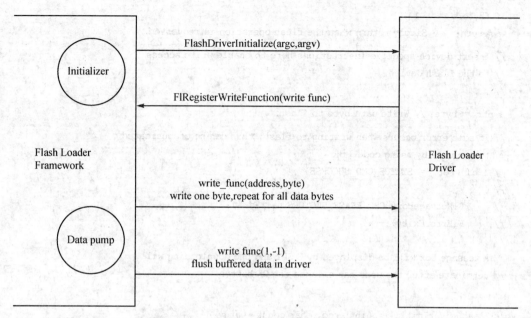

图 7.105　与 Flash Loader 框架程序的接口

7.9.4　Flash Loader 驱动程序实例

本小节演示如何为一种芯片编写 Flash Loader 驱动程序。为简单起见，假设该芯片中有一块很容易编程的 Flash；可以用一个简单的 Flash 算法，在一次操作中将一个字节写入 Flash 存储器。

要实现一个带扇区缓冲的 Flash Loader，请参考 IAR Embedded Workbench 附带的 Flash Loader 驱动程序源代码。

【示例程序 3】简单的 Flash Loader 驱动程序示例。

```
// Flash loader driver example.

#include <stdio.h>
#include <stdlib.h>
#include "Interface.h"  // The flash loader framework API declarations.

// The CPU clock speed, the default value 4000 kHz is used if no clock option is found.
static int clock = 4000;

// Write one byte to flash at addr.
// If byte == -1 the flash loader framework signals a flush operation
// at the end of the input file.
static void FlashWriteByte(unsigned long addr, int byte)
{
  unsigned char * ptr = (unsigned char *)addr;
```

```
        if (byte = = -1)
            return;  // Simply return when the flush operation is requested.
        // Insert device specific instructions here to enable write access
        // to the flash device.
        // ...
        *ptr = byte; // Write data byte to flash.
        // If some error occurs when writing to flash, this can be communicated
        // to the user by using code like
        //     if (ret != STATUS_CMD_SUCCESS)
        //     {
        //         FlMessageBox("CMD_ERASE_SECTORS failed.");
        //         FlErrorExit();
        //     }
        // A message box will be displayed by C-SPY and the downloading will
        // terminate after the user has clicked the OK button.
    }
    void FlashDriverInitialize(int argc, char const * argv[])
    {
        const char * str;
        // Register the flash write function.
        FlRegisterWriteFunction(FlashWriteByte);
        // See if user has passed a clock speed option.
        // If not, the default CCLK value is used.
        str = FlFindOption(" - - clock", 1, argc, argv);
        if (str)
        {
            clock = strtoul(str, 0, 0);
        }
    }
```

7.9.5 创建 Flash Loader 的过程举例

过程如下：

① 复制一个已有的 Flash Loader 项目，例如：＜target＞\src\flashloader\Philips\FlashPhilipsLPC210x。

② 确认编译器所用的文件包含路径包括了 Flash Loader 框架程序目录＜target＞\src\flashloader\framework 和 Flash Loader 驱动程序目录。

③ 修改 FlashPhilipsLPC210x.c 和 FlashPhilpsLPC210x.h 这两个文件的名称，使之与所

用的芯片相符合。

④ 修改链接器命令文件，使其与所用的芯片相符合。复制 FlashPhilipsLPC210x.xcl，并修改其中的地址定义行：

- DMEMSTART = 40000000
- DMEMEND = 40003FDF

实际使用的地址必须能够映射到目标硬件上。注意 Flash Loader 的代码和数据都是下载到 RAM 中的，这就是为什么 ROM 段和 RAM 段都映射到同一段存储空间。

栈和堆都应该保持在最小。框架程序大约需要 300 字节的栈空间。请注意下面 XCL 文件中的数字都是十六进制的：

- D_CSTAK_SIZE = 180
- D_IRQ_STACK_SIZE = 40
- D_HEAP_SIZE = 0

Flash Loader 框架程序将使用堆和 RAMEND（在链接器命令文件中声明）之间的内存作为读缓冲区，这就保证了读缓冲区能够利用所有剩余的内存。读缓冲区应当尽可能地大，以提高下载性能。每次 JTAG 传输的数据字节越多，性能就越高。如果剩余的读缓冲区少于 256 字节，框架程序将会报错，因为少于 256 字节将严重影响性能。

⑤ 在编译链接 Flash Loader 程序之前，链接选项 With I/O emulation modules 必须选择；得到的输出文件以 dxx 为文件扩展名。

⑥ Flash Loader 已经可以用于下载应用程序到 Flash。在 IAR Embedded Workbench 中，装载应用程序项目并打开项目的 Options 对话框。选择 Debugger 选项的 Download 选项卡，选择 Use Flash loader 选项，并单击 Edit 按钮。在弹出的 Flash Loader Overview 对话框中单击 New 按钮，这时弹出 Flash Loader configuration 对话框，选择该对话框的 Override default flash loader 选项，并指定生成的 Flash Loader 输出文件的路径。任何需要传递给 Flash Loader 的参数都可以写进 Flash Loader arguments 文本域。

⑦ 启动调试器，就可以用自己的 Flash Loader 将应用程序下载到 Flash。

7.9.6 调试 Flash Loader

调试 Flash Loader 的方法和调试普通应用程序一样。需要指出的是，Flash Loader 程序在作为 Flash Loader 被装入调试器时是不能调试的。只有当 Flash Loader 本身就是 IAR Embedded Workbench 中当前打开的项目时，它才能被调试。

Flash Loader 框架程序中有一个调试环境，该环境受头文件 DriverConfig.h 中定义的 C 预处理器宏变量控制，而 DriverConfig.h 被包含在框架程序的头文件 Config.h 中。在 Config.h 文件中，可以看到允许在 DriverConfig.h 中被覆盖的变量。

在调试器中将 Flash Loader 作为一个独立的应用程序运行时有几点不同。要启动框架程序的调试环境,必须设置调试宏变量 DEBUG。要写入 Flash 的文件也必须用宏变量 DEBUG_FILE 显式说明。在独立调试时,argc/argv 参数传递机制是不工作的,参数必须用 C 预处理器宏变量 DEBUG_ARGS 硬性编码。

7.9.7 将应用程序下载至 Flash 中

将应用程序下载到 Flash 发生在 C-SPY 启动期间,但不是由 C-SPY 执行,而是由前面讲述的 Flash Loader 专用程序执行。Flash Loader 先被装入 RAM 并运行,再将应用程序写进 Flash。链接器(Linker)生成两个输出文件,第一个是常规的 UBROF 格式目标文件(扩展名为 dxx),另一个是简单二进制格式目标文件(simple-code,扩展名为 sim)。simple-code 格式十分简单,而且容易拆包,这是 Flash Loader 得以在目标硬件中执行的重要条件。Flash Loader 是一个常规的 IAR Embedded Workbench 应用程序,可以在 IAR Embedded Workbench 环境中开发和调试。

当 C-SPY 启动时,它执行以下步骤,如图 7.106 所示:

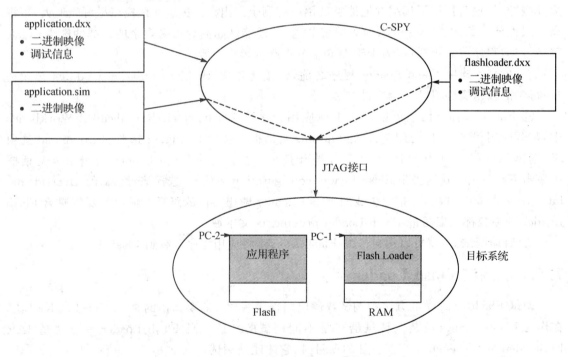

图 7.106 Flash 下载流程

① 从 flashloader.dxx 文件中读取 Flash Loader 的二进制映象。
② 通过 JTAG 接口将该二进制映象写进目标系统的 RAM。

③ 将程序计数器(PC－1)指向 Flash Loader 在 RAM 中的入口点,并开始运行。

④ 通过文件 I/O,Flash Loader 通过 JTAG 接口把 application.sim 文件中的应用程序二进制映象读入目标系统并写进 Flash 存储器。

⑤ C-SPY 从 application.dxx 文件中读取调试信息,并将程序计数器(PC－2)指向 Flash 中的应用程序入口点。

此时 Flash 中的应用程序已经准备好运行。

7.9.8 Flash Debug 的流程及实例分析

1. 创建一个 Flash Loader

首先创建一个 Flash Loader。和前面的实验用例一样,这里仍然以 Atmel 的 AT91SAM7S 系列为例。由于 IAR 自带的 AT91SAM7S 系列 ARM 芯片的 Flash Loader 依据片内 Flash 容量的不同而分为两种,在此指定实例所使用的芯片为 AT91SAM7S256。

在 IAR 安装目录的 arm\src\flashloader\Atmel\FlashAT91SAM7Sxx 目录下可以看到适用于 AT91SAM7S256 芯片的 Flash Loader 的所有组成文件,包括源代码文件、工程文件以及相关的 MAC 文件(但不包含框架文件)等,如图 7.107 所示。其中,XCL 文件的内容如图 7.108 所示。可以看出,XCL 文件中将 RAM 的起始地址设置为 0x00,终止地址设置为 0x01FFF。示例程序 4 是对应 MAC 文件的内容,表 7.2 是示例程序 4 中的相关宏函数介绍。

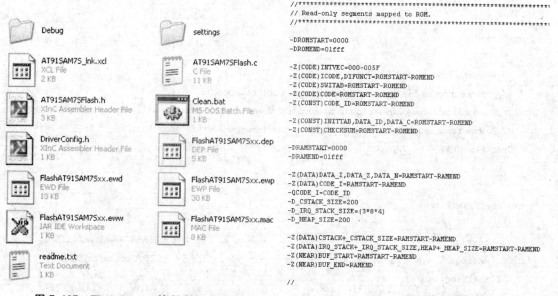

图 7.107 Flash Loader 的所有组成文件　　　　图 7.108 XCL 文件

【示例程序 4】 Flash Loader 对应的 MAC 文件。

```
__var __mac_i;
__var __mac_pt;
CheckRemap()
{
// *  Read the value at 0x0
    __mac_i = __readMemory32(0x00000000,"Memory");
    __mac_i = __mac_i + 1;
    __writeMemory32(__mac_i,0x00,"Memory");
    __mac_pt = __readMemory32(0x00000000,"Memory");

  if (__mac_i == __mac_pt)
  {
    __message "- - - - - - - - - - - The Remap is done - - - - - - - - - - - - - - - -";
// *    Toggel RESET The remap
    __writeMemory32(0x00000001,0xFFFFFF00,"Memory");

  } else {
    __message "- - - - - - - - - - The Remap is NOT - - - - - - - - - - - - - - - - -";
  }
}
execUserFlashExit()
{
    __message "execUserFlashExit()";
    // Make sure the flash is at address zero (not remapped).
    // The application is linked to run at zero and therefore the debugger will verify the content at zero.
    // So the remap must be disabled prior to the debugger verify operation.
    CheckRemap();
}

execUserFlashInit()
{
    __message " - - - - - - - - - - - - - - - - - - - - - - FLASH Download V1.5";
    __message " - - - - - - - - - - - - - - - - - - - - - - - 25/September/2006";
    PllSetting();
    execUserPreload();
    execUserSetup();
}
```

```
execUserPreload()
{
//*
    __message "- - - - - - - - - - Set CPSR  - - - - - - - - - - - - - - - - - - -";
    __writeMemory32(0xffffffff,0xFFFFFC14,"Memory");
    __writeMemory32(0xD3,0x98,"Register");
    __mac_i=__readMemory32(0x98,"Register");    __message "CPSR    ",__mac_i:%X;
//* Init AIC
// Mask All interrupt pAic->AIC_IDCR = 0xFFFFFFFF;
    __writeMemory32(0xffffffff,0xFFFFF124,"Memory");
    __writeMemory32(0xffffffff,0xFFFFF128,"Memory");
// #define AT91C_TC0_SR    ((AT91_REG *)    0xFFFA0020) // (TC0) Status Register
// #define AT91C_TC1_SR    ((AT91_REG *)    0xFFFA0060) // (TC1) Status Register
// #define AT91C_TC2_SR    ((AT91_REG *)    0xFFFA00A0) // (TC2) Status Register
    __readMemory32(0xFFFA0020,"Memory");
    __readMemory32(0xFFFA0060,"Memory");
    __readMemory32(0xFFFA00A0,"Memory");
// disable peripheral clock  Peripheral Clock Disable Register
    __writeMemory32(0xffffffff,0xFFFFFC14,"Memory");
    for (__mac_i=0;__mac_i<8;__mac_i++)
    {
      // AT91C_BASE_AIC->AIC_EOICR
      __mac_pt =  __readMemory32(0xFFFFF130,"Memory");

    }
    PllSetting();
//*  Set the RAM memory at 0x0020 0000 for code AT 0 flash area
    CheckNoRemap();
//*  Get the Chip ID (AT91C_DBGU_C1R & AT91C_DBGU_C2R
    __mac_i=__readMemory32(0xFFFFF240,"Memory");
    __message " - - - - - - - - - - - - - - - - - Chip ID   0x",__mac_i:%X;
  if ( __mac_i == 0x27080340) {__message " Chip ID for AT91SAM7S32";       }
  if ( __mac_i == 0x27080341) {__message " Chip ID for AT91SAM7S32A";      }
  if ( __mac_i == 0x27080342) {__message " Chip ID for AT91SAM7S321";      }
  if ( __mac_i == 0x27090540) {__message " Chip ID for AT91SAM7S64 or AT91SAM7S64A" ;}
  if ( __mac_i == 0x270C0740) {__message " Chip ID for AT91SAM7S128";      }
  if ( __mac_i == 0x270A0741) {__message " Chip ID for AT91SAM7S128A";     }
  if ( __mac_i == 0x270D0940) {__message " Chip ID for AT91SAM7S256";      }
```

```
    if ( __mac_i = = 0x270B0941)  {__message " Chip ID for AT91SAM7S256A"; }
    if ( __mac_i = = 0x270B0A40)  {__message " Chip ID for AT91SAM7S512"; }
    __mac_i = __readMemory32(0xFFFFF244,"Memory");
    __message " - - - - - - - - - - - - - - - - - - Extention 0x",__mac_i:%X;
    __mac_i = __readMemory32(0xFFFFFF6C,"Memory");
    __message " - - - - - - - - - - - - - - - - - - Flash Version 0x",__mac_i:%X;
// * Get the chip status
// * Watchdog Disable
//       AT91C_BASE_WDTC - >WDTC_WDMR = AT91C_SYSC_WDDIS;
    __writeMemory32(0x00008000,0xFFFFFD44,"Memory");
}
//- - - - - - - - - - - - - - - - - - - - - - - - - - - - - - - - - - - - - -
// PllSetting
//- - - - - - - - - - - - - - - - - - - - - - - - - - - - - - - - - - - - - -
// Set PLL
//- - - - - - - - - - - - - - - - - - - - - - - - - - - - - - - - - - - - - -
PllSetting()
{
// * AT91F_LowLevelInit
    // * Set Flash Waite sate
    //   Single Cycle Access at Up to 30 MHz, or 40
    //   if MCK = 47923200 I have 72 Cycle for 1 useconde ( flied MC_FMR - >FMCN
    __writeMemory32(0x00480100,0xFFFFFF60,"Memory");
    __writeMemory32(0x00480100,0xFFFFFF70,"Memory");

// -1- Enabling the Main Oscillator:
// * #define AT91C_PMC_MOR    ((AT91_REG *)    0xFFFFFC20) // (PMC) Main Oscillator Register
// * #define AT91C_PMC_PLLR   ((AT91_REG *)    0xFFFFFC2C) // (PMC) PLL Register
// * #define AT91C_PMC_MCKR   ((AT91_REG *)    0xFFFFFC30) // (PMC) Master Clock Register
// * pPMC - >PMC_MOR = (( AT91C_CKGR_OSCOUNT & (0x06 <<8) |     //0x0000 0600
//                       AT91C_CKGR_MOSCEN ));            //0x0000 0001
    __writeMemory32(0x00000601,0xFFFFFC20,"Memory");
// -2- Wait
// -3- Setting PLL and divider:
// - div by 5  Fin = 3,6864 = (18,432 / 5)
// - Mul 25+1: Fout =    95,8464 = (3,6864 * 26)
// for 96 MHz the erroe is 0.16%
// Field out NOT USED = 0
```

```
// PLLCOUNT pll startup time esrtimate at : 0.844 ms
// PLLCOUNT 28 = 0.000844 /(1/32768)
//        pPMC->PMC_PLLR = ((AT91C_CKGR_DIV & 0x05) |            //0x0000 0005
//                         (AT91C_CKGR_PLLCOUNT & (28<<8))       //0x0000 1C00
//                         (AT91C_CKGR_MUL & (25<<16)));         //0x0019 0000
    __writeMemory32(0x00191C05,0xFFFFFC2C,"Memory");
// -2- Wait
// -5- Selection of Master Clock and Processor Clock
// select the PLL clock divided by 2
//         pPMC->PMC_MCKR = AT91C_PMC_CSS_PLL_CLK |              //0x0000 0003
//                          AT91C_PMC_PRES_CLK_2 ;               //0x0000 0004
    __writeMemory32(0x00000007,0xFFFFFC30,"Memory");
    __message " - - - - - - - - - - - PLL Enable - - - - - - - - - - - - ";
}
CheckNoRemap()
{
// *  Read the value at 0x0
    __mac_i = __readMemory32(0x00000000,"Memory");
    __mac_i = __mac_i+1;
    __writeMemory32(__mac_i,0x00,"Memory");
    __mac_pt = __readMemory32(0x00000000,"Memory");

    if ( __mac_i = = __mac_pt)
    {
    __message " - - - - - - - - - The Remap is done - - - - - - - - - - - ";

    } else {
    __message " - - - - - - - - - - The Remap is NOT - - - - - - - - - - ";
// *   Toggel RESET The remap
    __writeMemory32(0x00000001,0xFFFFFF00,"Memory");
    }
}
execUserSetup()
{
    __writeMemory32(0x0D3,0x98,"Register");
    __message " - - - - - - - - - - - - - - - Set PC - - - - - - - - - - - - - - - - - - ";
    __writeMemory32(0x00000000,0xB4,"Register");
}
```

表 7.2 相关宏函数介绍

类属	宏函数	功能及描述
设置宏函数	execUserPreload()	C-SPY 与目标系统建立通信后,在下载目标应用程序之前调用。用于对正确装入数据至关重要的存储器和寄存器进行初始化
	execUserSetup()	在目标应用程序下载完成之后调用。用于建立存储器映像、断点、中断等
	execUserReset()	发生复位命令时调用,用于建立和恢复数据
	execUserFlashInit()	在 Flash Loader 下载到 RAM 之前调用,通常用于为 Flash Loader 建立存储器映像。只有对 Flash 编程时该宏函数才被调用,其作用仅限于闪存写入
	execUserFlashExit()	当 Flash Loader 执行完毕后调用,用于保存状态信息等,作用仅限于闪存写入
自定义宏函数	PllSetting()	进行 PLL 设置
	Watchdog()	通常在复位后,看门狗是使能状态。为了后续操作,需要关闭看门狗使能
	CheckNoRemap()	对重映射进行测试。CheckRemap()用于确保系统处于非重映射状态,而 CheckNoRemap()则用于确保系统处于重映射状态
	CheckRemap()	
系统宏函数	__hwReset(halt_delay)	使仿真器产生硬件复位,并暂停 CPU。参数:halt_delay 复位脉冲终点到 CPU 暂停之间的延时,单位为 ms。如果该参数为 0,则 CPU 复位后立即停机
	__readMemory32(address,zone)	从给定的存储器位置读取 4 字节。参数:address 为存储器地址(整型) 　　　Zone 位存储器区域名称(字符串)
	__writeMemory32(value,address,zone)	向指定存储器区域写入 4 字节。参数:value 为写入值(整型) 　　　address 为存储器地址(整型) 　　　Zone 位存储器区域名称(字符串)

　　启动 IAR Embedded Workbench 并装载上述 Flash Loader 项目,在编译链接 Flash Loader 程序之前,链接选项 With I/O emulation modules 必须选择,如图 7.109 所示。然后编译链接,得到以 d79 为文件扩展名的输出文件。

　　再次启动 IAR Embedded Workbench,装载应用程序项目并打开项目的 Options 对话框。选择 Debugger 选项的 Download 选项卡,选择 Use Flash loader 选项,并单击 Edit 按钮。在

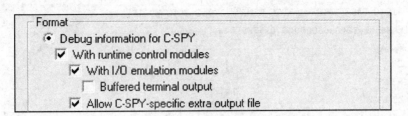

图 7.109　链接选项设置

弹出的 Flash Loader Overview 对话框中单击 New 按钮，这时弹出 Flash Loader configuration 对话框，选择该对话框的 Override default flash loader 选项，指定 Flash Loader 输出文件的路径。现在启动调试器，就可以使用刚才编译生成的 Flash Loader 下载应用程序到片内 Flash 了。

如果想调试自己创建的 Flash Loader，请参考本节的调试 Flash Loader 部分。

2. Flash Debug 的机制分析

由于 Flash Debug 包含了 Flash 的下载流程，因此下面的内容没有明确地对这两种情况进行严格的区分。前面讲到的示例程序 4 是 Flash Loader 部分对应的 MAC 文件，对于 Flash Debug 还需要示例程序 5 所示的应用程序部分的 MAC 文件。

【示例程序 5】应用程序对应的 MAC 文件。

```
__var __mac_i;
__var __mac_pt;
execUserReset()
{
    CheckRemap();
    ini();
    AIC();
        __message "--------------- Set Reset ---------------";
        __writeMemory32(0x00000000,0xB4,"Register");
}

//----------------------------------------------------------------
// Watchdog
//----------------------------------------------------------------
// Normally, the Watchdog is enable at the reset for load it's preferable to Disable.
//----------------------------------------------------------------
Watchdog()
{
// * Watchdog Disable
```

```
//           AT91C_BASE_WDTC->WDTC_WDMR = AT91C_WDTC_WDDIS;
    __writeMemory32(0x00008000,0xFFFFFD44,"Memory");
    __message " - - - - - - - - - - - - Watchdog Disable - - - - - - - - - - - - ";
}


// - - - - - - - - - - - - - - - - - - - - - - - - - - - - - - - - - - - - - - -
// Check Remap
// - - - - - - - - - - - - - - - - - - - - - - - - - - - - - - - - - - - - - - -
// - - - - - - - - - - - - - - - - - - - - - - - - - - - - - - - - - - - - - - -
CheckRemap()
{
// *  Read the value at 0x0
    __mac_i = __readMemory32(0x00000000,"Memory");
    __mac_i = __mac_i+1;
    __writeMemory32(__mac_i,0x00,"Memory");
    __mac_pt = __readMemory32(0x00000000,"Memory");

   if (__mac_i = = __mac_pt)
   {
   __message " - - - - - - - - - - - The Remap is done - - - - - - - - - - - - - - - ";
// *    Toggel RESET The remap
    __writeMemory32(0x00000001,0xFFFFFF00,"Memory");

   } else {
    __message " - - - - - - - - - - - - The Remap is NOT - - - - - - - - - - - - - - - ";
   }
}


execUserSetup()
{
  ini();
    __message " - - - - - - - - - - - Set PC - - - - - - - - - - - - - - - - - - - ";
    __writeMemory32(0x00000000,0xB4,"Register");
}
// - - - - - - - - - - - - - - - - - - - - - - - - - - - - - - - - - - - - - - -
// Reset the Interrupt Controller
// - - - - - - - - - - - - - - - - - - - - - - - - - - - - - - - - - - - - - - -
// Normally, the code is executed only if a reset has been actually performed.
// So, the AIC initialization resumes at setting up the default vectors.
```

```
//--------------------------------------------
AIC()
{
// Mask All interrupt pAic->AIC_IDCR = 0xFFFFFFFF;
    __writeMemory32(0xffffffff,0xFFFFF124,"Memory");
    __writeMemory32(0xffffffff,0xFFFFF128,"Memory");
// disable peripheral clock   Peripheral Clock Disable Register
    __writeMemory32(0xffffffff,0xFFFFFC14,"Memory");
// #define AT91C_TC0_SR    ((AT91_REG *)    0xFFFA0020) // (TC0) Status Register
// #define AT91C_TC1_SR    ((AT91_REG *)    0xFFFA0060) // (TC1) Status Register
// #define AT91C_TC2_SR    ((AT91_REG *)    0xFFFA00A0) // (TC2) Status Register
    __readMemory32(0xFFFA0020,"Memory");
    __readMemory32(0xFFFA0060,"Memory");
    __readMemory32(0xFFFA00A0,"Memory");
    for (__mac_i=0;__mac_i<8;__mac_i++)
    {
       // AT91C_BASE_AIC->AIC_EOICR
       __mac_pt = __readMemory32(0xFFFFF130,"Memory");

    }
    __message "--------------- AIC 2 INIT ---------------";
}
ini()
{
__writeMemory32(0x0,0x00,"Register");
__writeMemory32(0x0,0x04,"Register");
__writeMemory32(0x0,0x08,"Register");
__writeMemory32(0x0,0x0C,"Register");
__writeMemory32(0x0,0x10,"Register");
__writeMemory32(0x0,0x14,"Register");
__writeMemory32(0x0,0x18,"Register");
__writeMemory32(0x0,0x1C,"Register");
__writeMemory32(0x0,0x20,"Register");
__writeMemory32(0x0,0x24,"Register");
__writeMemory32(0x0,0x28,"Register");
__writeMemory32(0x0,0x2C,"Register");
__writeMemory32(0x0,0x30,"Register");
__writeMemory32(0x0,0x34,"Register");
__writeMemory32(0x0,0x38,"Register");
```

```
// Set CPSR
__writeMemory32(0x0D3,0x98,"Register");

}
RG()
{
    __mac_i = __readMemory32(0x00,"Register");      __message "R00 0x",__mac_i:%X;
    __mac_i = __readMemory32(0x04,"Register");      __message "R01 0x",__mac_i:%X;
    __mac_i = __readMemory32(0x08,"Register");      __message "R02 0x",__mac_i:%X;
    __mac_i = __readMemory32(0x0C,"Register");      __message "R03 0x",__mac_i:%X;
    __mac_i = __readMemory32(0x10,"Register");      __message "R04 0x",__mac_i:%X;
    __mac_i = __readMemory32(0x14,"Register");      __message "R05 0x",__mac_i:%X;
    __mac_i = __readMemory32(0x18,"Register");      __message "R06 0x",__mac_i:%X;
    __mac_i = __readMemory32(0x1C,"Register");      __message "R07 0x",__mac_i:%X;
    __mac_i = __readMemory32(0x20,"Register");      __message "R08 0x",__mac_i:%X;
    __mac_i = __readMemory32(0x24,"Register");      __message "R09 0x",__mac_i:%X;
    __mac_i = __readMemory32(0x28,"Register");      __message "R10 0x",__mac_i:%X;
    __mac_i = __readMemory32(0x2C,"Register");      __message "R11 0x",__mac_i:%X;
    __mac_i = __readMemory32(0x30,"Register");      __message "R12 0x",__mac_i:%X;
    __mac_i = __readMemory32(0x34,"Register");      __message "R13 0x",__mac_i:%X;
    __mac_i = __readMemory32(0x38,"Register");      __message "R14 0x",__mac_i:%X;
    __mac_i = __readMemory32(0x3C,"Register");      __message "R13 SVC 0x",__mac_i:%X;
    __mac_i = __readMemory32(0x40,"Register");      __message "R14 SVC 0x",__mac_i:%X;
    __mac_i = __readMemory32(0x44,"Register");      __message "R13 ABT 0x",__mac_i:%X;
    __mac_i = __readMemory32(0x48,"Register");      __message "R14 ABT 0x",__mac_i:%X;
    __mac_i = __readMemory32(0x4C,"Register");      __message "R13 UND 0x",__mac_i:%X;
    __mac_i = __readMemory32(0x50,"Register");      __message "R14 UND 0x",__mac_i:%X;
    __mac_i = __readMemory32(0x54,"Register");      __message "R13 IRQ 0x",__mac_i:%X;
    __mac_i = __readMemory32(0x58,"Register");      __message "R14 IRQ 0x",__mac_i:%X;
    __mac_i = __readMemory32(0x5C,"Register");      __message "R08 FIQ 0x",__mac_i:%X;
    __mac_i = __readMemory32(0x60,"Register");      __message "R09 FIQ 0x",__mac_i:%X;
    __mac_i = __readMemory32(0x64,"Register");      __message "R10 FIQ 0x",__mac_i:%X;
    __mac_i = __readMemory32(0x68,"Register");      __message "R11 FIQ 0x",__mac_i:%X;
    __mac_i = __readMemory32(0x6C,"Register");      __message "R12 FIQ 0x",__mac_i:%X;
    __mac_i = __readMemory32(0x70,"Register");      __message "R13 FIQ 0x",__mac_i:%X;
    __mac_i = __readMemory32(0x74,"Register");      __message "R14 FIQ0x",__mac_i:%X;
    __mac_i = __readMemory32(0x98,"Register");      __message "CPSR          ",__mac_i:%X;
```

```
    __mac_i = __readMemory32(0x94,"Register");    __message "SPSR       ",__mac_i:%X;
    __mac_i = __readMemory32(0x9C,"Register");    __message "SPSR ABT  ",__mac_i:%X;
    __mac_i = __readMemory32(0xA0,"Register");    __message "SPSR ABT  ",__mac_i:%X;
    __mac_i = __readMemory32(0xA4,"Register");    __message "SPSR UND  ",__mac_i:%X;
    __mac_i = __readMemory32(0xA8,"Register");    __message "SPSR IRQ  ",__mac_i:%X;
    __mac_i = __readMemory32(0xAC,"Register");    __message "SPSR FIQ  ",__mac_i:%X;
    __mac_i = __readMemory32(0xB4,"Register");    __message "PC 0x",__mac_i:%X;
}
```

注意，Flash Loader 对应 MAC 文件中的部分内容只有在进行涉及 Flash 下载的操作时才会调用；当把 Flash Loader 作为一个应用程序来调试时，只会用到其中的一部分宏函数。这点要明确注意。调试 Flash Loader 时的 LOG 窗口如图 7.110 所示。

```
Sun Jul 05 09:10:52 2009: ─────────────Set CPSR
Sun Jul 05 09:10:52 2009: CPSR    000000D3
Sun Jul 05 09:10:53 2009: ─────────────PLL Enable
Sun Jul 05 09:10:53 2009: ─────────────The Remap is NOT
Sun Jul 05 09:10:53 2009: ─────────────Chip ID  0x270D0940
Sun Jul 05 09:10:53 2009: Chip ID for AT91SAM7S256
Sun Jul 05 09:10:53 2009: ─────────────Extention 0x00000000
Sun Jul 05 09:10:53 2009: ─────────────Flash Version 0x00000112
Sun Jul 05 09:10:53 2009: RTCK seems to be bridged with TCK
Sun Jul 05 09:10:53 2009: Auto JTAG speed: 8000 kHz
Sun Jul 05 09:10:54 2009: 5552 bytes downloaded (12.02 Kbytes/sec)
Sun Jul 05 09:10:54 2009: Loaded debugee: D:\IAR Systems\Embedded Workbench 4.4
Sun Jul 05 09:10:54 2009: Target reset
Sun Jul 05 09:10:54 2009: ─────────────Set PC
```

图 7.110 编译链接 Flash Loader 的 LOG 窗口

对比 7.8 节中的 Flash Debug 流程图和本节的示例程序 4 并结合表 7.2 可以看出，启动 C-SPY 调试器，CPU 复位并停机后，execUserFlashInit() 宏函数首先执行，其中的输出宏语句 __message "..."；会在 IAR EW 的 LOG 窗口打出相关信息，如图 7.111 所示。

可以看出，execUserFlashInit() 宏函数调用了 PllSetting()、execUserPreload() 和 execUserSetup() 这 3 个宏函数。PllSetting() 函数用于对 PLL 进行初始化操作；execUserPreload() 宏函数在下载目标应用程序之前调用，用于对正确装入数据至关重要的存储器和寄存器进行初始化。本 MAC 文件中的 execUserPreload() 宏函数比较复杂，实现了相关寄存器设置、AIC 设置、PLL 设置、重映射检测、芯片型号识别和关闭看门狗等功能。由于这些功能之前的章节已经做过介绍，这里就不再赘述。execUserSetup() 宏函数是被 execUserFlashInit() 宏函数最后一个调用的，作用是将 PC 寄存器的值设置为 0。此时系统为重映射状态，通过 JTAG 接口得到的 Flash Loader 程序被写入片内 RAM。Flash Loader 下载至 RAM 后，在 Flash

```
Sun Jul 05 08:04:14 2009: ─────────────── FLASH Download V1.3
Sun Jul 05 08:04:14 2009: ─────────────── 14/November/2005
Sun Jul 05 08:04:14 2009: ─────────────── PLL Enable
Sun Jul 05 08:04:14 2009: ─────────────Set CPSR
Sun Jul 05 08:04:14 2009: CPSR    000000D3
Sun Jul 05 08:04:14 2009: ─────────────── PLL Enable
Sun Jul 05 08:04:14 2009: ──────────── The Remap is NOT ────────
Sun Jul 05 08:04:14 2009: ─────────── Chip ID  0x270D0940
Sun Jul 05 08:04:15 2009: ─────────── Extention 0x00000000
Sun Jul 05 08:04:15 2009: ─────────── Flash Version 0x00000112
Sun Jul 05 08:04:15 2009: ──────────Set PC
Sun Jul 05 08:04:15 2009: RTCK seems to be bridged with TCK
Sun Jul 05 08:04:15 2009: Auto JTAG speed: 8000 kHz
Sun Jul 05 08:04:15 2009: 5096 bytes downloaded and verified (8.87 Kbytes/sec)
Sun Jul 05 08:04:15 2009: Loaded debugee: D:\IAR Systems\Embedded Workbench 4.42A
Sun Jul 05 08:04:15 2009: Target reset
Sun Jul 05 08:04:15 2009: Downloader Version 1.31 (04-Dec-2006)
Sun Jul 05 08:04:15 2009: Download1 : AT91SAM7Sxx at: 0x100000
Sun Jul 05 08:04:15 2009: Download : AT91SAM7Sxx Version: 0x112
Sun Jul 05 08:04:16 2009: Download : page 0
Sun Jul 05 08:04:16 2009: Download : page 1
Sun Jul 05 08:04:16 2009: Download : page 2
Sun Jul 05 08:04:16 2009: Download : page 3
Sun Jul 05 08:04:17 2009: Program exit reached.
Sun Jul 05 08:04:17 2009: execUserFlashExit
Sun Jul 05 08:04:17 2009: ──────────── The Remap is done ────────
Sun Jul 05 08:04:17 2009: Loaded macro file: D:\IAR Systems\Embedded Workbench 4.42A
Sun Jul 05 08:04:17 2009: 776 bytes downloaded into FLASH and verified (0.39 Kbytes/sec)
Sun Jul 05 08:04:17 2009: Loaded debugee: D:\IAR Systems\Embedded Workbench 4.42A
Sun Jul 05 08:04:17 2009: Target reset
Sun Jul 05 08:04:17 2009: ──────────── The Remap is NOT ────────
Sun Jul 05 08:04:17 2009: ─────────── AIC 2 INIT ────────
Sun Jul 05 08:04:17 2009: ─────────Set Reset
Sun Jul 05 08:04:17 2009: ─────────Set PC
```

图 7.111　LOG 窗口的相关信息

Loader 执行前 execUserFlashReset() 宏函数会被调用。

之后，Flash Loader 开始在 RAM 中执行，并将主机发来的应用程序映像写入 Flash。Flash 写入完毕后，CPU 将停机。此时 execUserFlashExit() 宏函数被调用，作用是取消系统的重映射状态，即重新将 0x00 地址起始的区域映射至片内 Flash 区域。所有这些完成之后将进行可选的下载校验。最后，CPU 复位并停机。至此，Flash Loader 对应的 MAC 文件执行完毕。之后是应用程序对应 MAC 文件中的 execUserReset() 和 execUserSetup() 两个宏函数被调用。这两个宏函数主要是进行重映射检测和一些初始化操作并将 PC 寄存器的值赋 0。至此，Flash Debug 已完成全部准备工作。对于这部分的理解，请仔细分析 Flash Debug 流程图和图 7.111 的 LOG 信息。

此外，对比图 7.110 和图 7.111 可以看出，当调试 Flash Loader 时只有部分宏函数被调用,因为此时的 Flash Loader 相当于一个应用程序。

3. Flash Debug 工作机制的实例验证

现在,仍以 AT91SAM7S256 芯片为例来验证一下这个过程。图 7.112 是 AT91SAM7S256 芯片 Flash Loader 的工作区窗口,图 7.113 是对其调试时 0x00 地址起始区域的 Memory 界面,图 7.114 是调试时片内 RAM 的 Memory 界面。可以看出,Flash Loader 确实运行于 RAM 中。

接着,我们从 IAR 中装载一个应用程序项目,并将其设置为 Flash_Debug 方式。然后编译、链接并下载调试。下载完毕后的状态如图 7.115 所示。此时的系统停止在 0x00 地址,即程序还没有运行,片内 RAM 中应为 Flash Loader。为了验证,分别对 0x00 地址起始的区域、片内 RAM 区域和片内 Flash 区域的 Memory 界面截图,如图 7.116、图 7.117 和图 7.118 所示。

通过对比可以看出,0x00 地址起始区域的内

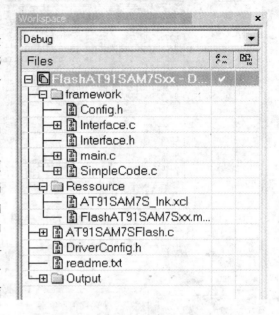

图 7.112　Flash Loader 的项目管理器界面

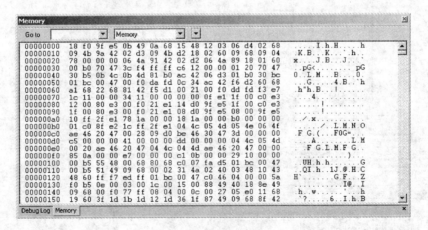

图 7.113　0x00 地址起始区域的 Memory 界面

容与片内 Flash 区域的内容完全一样,系统处于非重映射状态。同时,图 7.118 中 RAM 区域的内容与图 7.114 中的内容主体是一样的,因为 Flash Loader 在运行中会有参数被修改,因此不可能与运行前的完全一致。可见,Flash Loader 确实运行于目标系统的 ROM 中。

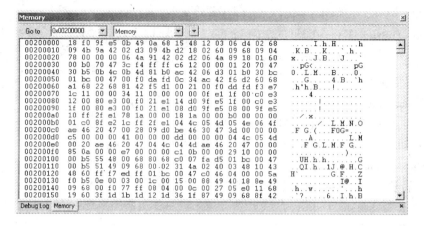

图 7.114　片内 RAM 的 Memory 界面

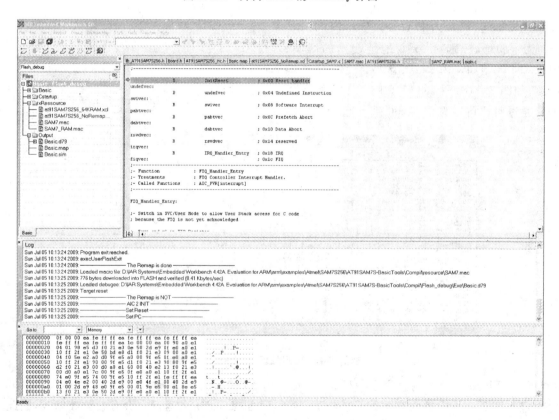

图 7.115　下载完毕后的状态

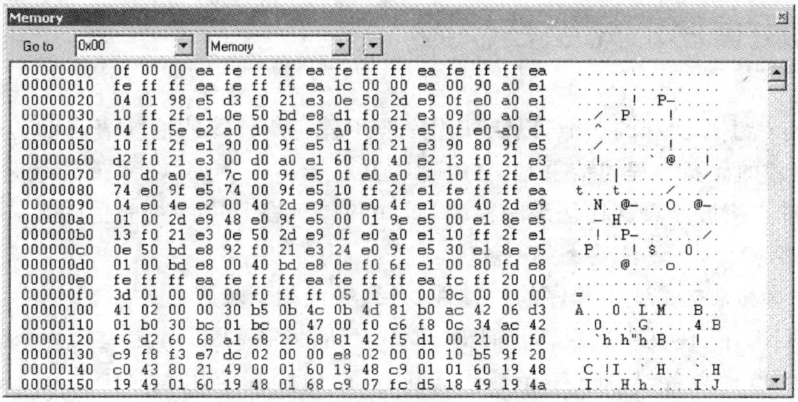

IAR Embedded Workbench 的工作机制与应用 7

图 7.116 0x00 地址起始区域的 Memory 界面

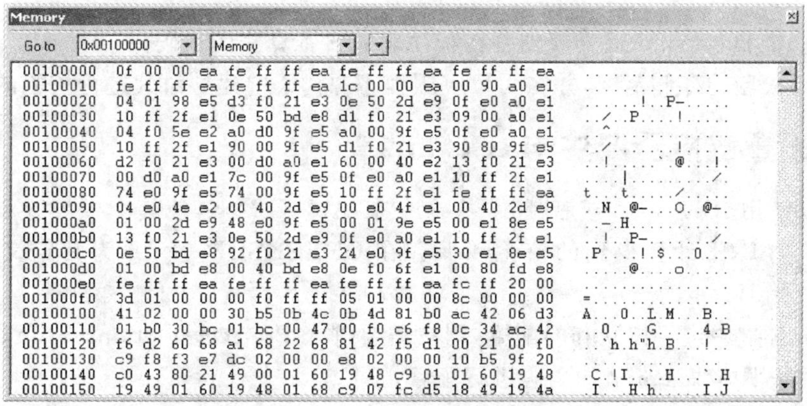

图 7.117 片内 Flash 区域的 Memory 界面

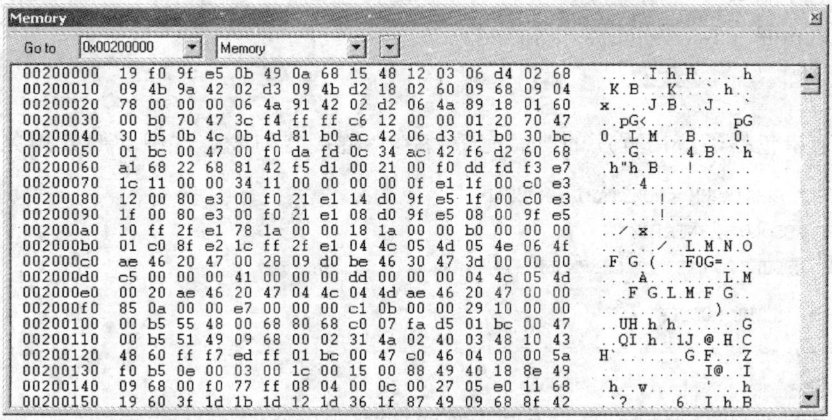

图 7.118 片内 RAM 区域的 Memory 界面

7.10 应用程序的完整性校验

XLINK 有产生校验和的功能,以便和用户应用程序所计算的检验值或者其他任何可以校验映像的检验和的计算过程的结果对比,以预防某些错误。例如,在系统升级时,目标系统接收完代码后,首先应该计算这些代码的检验和,并和包含在其中的校验值对比,无误后才可以对系统升级。

要使用核验和来检查应用程序的完整性,必须完成如下步骤:

① 设置 XLINK,使其生成目标代码的 checksum,将 checksum 定位在一个已命名的段并对 checksum 的位置命名,从而将 checksum byte(s)包含在应用程序中。在 IAR Embedded Workbench for ARM 中链接器会把 checksum byte(s)放置在 CHECKSUM 段的__checksum 标签处。

② 选择一个 checksum 运算规则并在程序中包含本算法的代码。

③ 决定要校验的存储范围,并在用户应用程序源代码中建立对其进行校验的代码。

7.10.1 设置链接器产生 checksum

用户可以使用 IDE 环境,或者使用-J 命令来配置 XLINK,使其产生校验和。默认情况下,系统会把 XLINK 计算得到的校验和保存在 CHECKSUM 段,并为其定义__checksum 标签。

要在 IDE 环境中进行校验和的配置,用户需要进入 Project→Options→Linker→Processing 选项卡,并按照本书 4.6 节的内容进行配置。

用户也可以使用相关的命令行进行配置,如下:

【例 7-1】 假设要使用生成多项式 0x11021 产生到一个 2 字节的 checksum 且输出计算值的 one's complement,须指定如下命令行:

```
-J2,crc16,1
```

得到的计算结果包括了应用程序的所有有效字节。链接器列表文件中的部分相关信息如下:

```
- Z(CONST)CHECKSUM = ROMSTART - ROMEND
    DEFINED ABSOLUTE ENTRIES
    PROGRAM MODULE, NAME : ? CHECKSUM

    SEGMENTS IN THE MODULE
    = = = = = = = = = = = = = = = = = = = = =
    CHECKSUM
    Relative segment, address: 0000030C - 0000030D (0x2 bytes), align: 0
    Segment part 1. ROOT.
```

```
            ENTRY                ADDRESS           REF BY
            =====                =======           ======
            __checksum           0000030C
```

```
            * * * * * * * * * * * * * * * * * * * * * * * * *
            *              CHECKSUMS                *
            * * * * * * * * * * * * * * * * * * * * * * * * *
```

Symbol	Checksum	Memory	Start	End	Initial value
__checksum	0x71f2	CODE	00000000 -	0000030B	0x0
		CODE	0000030E -	0003FFFF	

```
            * * * * * * * * * * * * * * * * * * * * * * * * *
            *            MODULE SUMMARY             *
            * * * * * * * * * * * * * * * * * * * * * * * * *
```

Module	CODE	DATA	CONST
	(Rel)	(Rel)	(Rel)
? CHECKSUM			2
? FILLER_BYTES	261	364	2
? RESET	260		
? memcpy	26		
? memset	22		
? segment_init	56		
Cstartup_SAM7	164		
main	200	4	48
Total:	262	0924	52

```
            * * * * * * * * * * * * * * * * * * * * * * * * *
            *        SEGMENTS IN ADDRESS ORDER      *
            * * * * * * * * * * * * * * * * * * * * * * * * *
```

SEGMENT	SPACE	START ADDRESS		END ADDRESS	SIZE	TYPE	ALIGN
ICODE		00000000	-	0000013B	13C	rel	2
CODE		0000013C	-	000002D9	19E	rel	2
? FILL1		000002DA	-	000002DB	2	rel	0
INITTAB		000002DC	-	000002E7	C	rel	2
DATA_ID		000002E8	-	000002EB	4	rel	2
DATA_C		000002EC	-	0000030B	20	rel	2
CHECKSUM		0000030C	-	0000030D	2	rel	0

? FILL2	0000030E	-	0003FFFF	3FCF2	rel	0
INTRAMSTART_REMAP			00200000		rel	2
DATA_I	00200000	-	00200003	4	rel	2
INTRAMEND_REMAP			00201114		rel	2

【例 7-2】 本实例与例 7-1 一样,计算校验和并将其保存在 checksum 段的一个 2 字节部分段,但有如下不同之处:实例 7-1 是输出校验和计算值的 one's complement,本实例输出校验和计算值的 2's complement 的镜像;本实例为 checksum 定义了符号 lowsum,且只对 CODE 地址空间 0x0~0xFF 范围内的字节进行校验,命令行如下:

```
-J2,crc16,2m,lowsum=(CODE)0-FF
```

链接器列表文件中的相关信息如下:

```
DEFINED ABSOLUTE ENTRIES
PROGRAM MODULE, NAME : ? CHECKSUM
SEGMENTS IN THE MODULE
= = = = = = = = = = = = = = = = = = = = =
CHECKSUM
    Segment part 1. NOT NEEDED.
            ENTRY           ADDRESS         REF BY
            ====            ======          =====
            lowsum

* * * * * * * * * * * * * * * * * * * * * * * * * * *
*               CHECKSUMS               *
* * * * * * * * * * * * * * * * * * * * * * * * * * *
Symbol   Checksum   Memory   Start        End         Initial value
------   --------   ------   -----        ---         -------------
lowsum   0x19a      CODE     00000000 -   000000FF    0x0
```

镜像(Mirroring)是指翻转二进制数据中所有位的过程(the process of reversing)。如果二进制数据有 n bits,则 bit 0 和 bit(n-1)交换,bit 1 和 bit(n-2)交换,以此类推。例如:

```
mirror(0x8000) = 0x0001
mirror(0xF010) = 0x080F
mirror(0x00000002) = 0x40000000
mirror(0x12345678) = 0x1E6A2C48
```

【例 7-3】 本实例与例 7-2 一样,计算校验和并以对齐方式 2 保存在 CHECKSUM2 段的一个 2 字节部分段,但有如下不同之处:本实例定义了符号 highsum,且对 CODE 段和 DATA 段给定空间中的所有字节进行校验,命令行如下:

-J2,crc16,,highsum,CHECKSUM2,2 = (CODE)F000 - FFFF;(DATA)FF00 - FFFF

链接器列表文件中的相关信息如下：

```
DEFINED ABSOLUTE ENTRIES
PROGRAM MODULE, NAME : ? CHECKSUM
SEGMENTS IN THE MODULE
 =====================
CHECKSUM2
Segment part 1. NOT NEEDED.
         ENTRY                ADDRESS         REF BY
         ====                 =======         =====
         highsum

* * * * * * * * * * * * * * * * * * * * * * * * * * * * * * * *
*                    CHECKSUMS                  *
* * * * * * * * * * * * * * * * * * * * * * * * * * * * * * * *

Symbol        Checksum     Memory    Start       End       Initial value
------        --------     ------    -----       ---       -------------
highsum       0xe03e       CODE      0000F000 -  0000FFFF      0x0
```

7.10.2 在用户代码中加入校验和计算函数

用户程序中必须有进行校验计算的功能，以便于与 XLINK 产生的校验和值进行对比，从而验证目标代码的完整性，比如验证下载至目标系统的在线升级代码是否正确等。这说明用户需要在应用程序的源代码中添加校验和计算函数，且该计算函数使用与 XLINK 一样的运算规则。或者，使用某些硬件 CRC。用户应用程序中的某些流程通过调用该函数来对获得的代码进行校验，并将计算结果与包含在代码中的校验和值对比，完成完整性检查。

1. 校验和计算函数

如下的函数是一个 CRC16 校验函数的改进版本，可以占用较小的空间：

```c
unsigned short slow_crc16(unsinged short sum, unsigned char * p,unsigned int len)
{
  while (len - -)
    {
      int i;
      unsigned char byte = * (p + +);
      for (i = 0; i < 8; + + i)
        {
          unsigned long osum = sum;
          sum << = 1;
```

```
            if (byte & 0x80)
               sum |= 1;
            if (osum & 0x8000)
               sum ^= POLY;
            byte <<= 1;
         }
      }
      return sum;
}
```

其中，POLY 是生成多项式。checksum 是最后一次调用本例程的执行结果。

所有情况下，checksum 是 CRC 校验运算输出结果中的最低有效字节、最低有效双字节或四字节（LSB），为处理器自然字节顺序。CRC 校验和的计算过程就好像为输入的每一位调用 slow_crc16 函数，默认从每个字节的最高有效位开始输入且 CRC 的初始值为 0（或者指定的初始值）。

2. 在用户代码中计算校验和

用户代码中进行校验和计算的示例程序如下：

```
/* Start and end of the checksum range */
/* Must exclude the checksum itself */
unsigned long ChecksumStart = 0x8000 + 2;
unsigned long ChecksumEnd = 0x8FFF;
/* The checksum calculated by XLINK */
extern unsigned short __checksum;
void TestChecksum()
{
   unsigned short calc = 0;
   /* Run the checksum algorithm */
   calc = slow_crc16(0,(unsigned char *) ChecksumStart,(ChecksumEnd - ChecksumStart + 1));
   /* Rotate out the answer */
   unsigned char zeros[2] = {0, 0};
   calc = slow_crc16(calc, zeros, 2);
   /* Test the checksum */
   if (calc != __checksum)
   {
      abort();   /* Failure */
   }
}
```

3. 要　点

当计算校验和时,用户必须注意:
- 校验和必须从每个存储区间的最低地址起向最高地址依次计算。
- 每个地址区间必须以与定义完全一样的次序被校验。
- 可在同一次校验过程中对若干个地址区间进行校验。
- 如果使用了多个校验和,用户应当将其放在具有唯一名称的不同段中,且使用唯一的符号名。
- 如果使用了慢速 CRC 函数,用户必须使用与 checksum 所占字节数一样多的字节数去最后一次调用校验和计算函数。

4. 校验和值符号

如果用户想检查目标系统 ROM 中的内容是否与调试文件中的一样,则可以使用校验和值符号__checksum__value。UBROF 或 ELF/DWARF 格式的输出文件中为每个校验和符号对应有一个校验和值符号(checksum value symbol)。checksum value symbol 用于帮助调试器检查目标系统 ROM 中的代码是否与调试文件中的代码一致。由于 checksum value symbol 是在链接器完成链接后加入的,因此在用户的应用程序中不能访问 checksum value symbol;该符号只用于检查 ROM 内容与调试文件中 ROM 内容的一致性。

checksum value symbol 与 checksum symbol 的名字是一样的,只是在名字的末尾增加了__value。例如,对于默认的 checksum symbol __checksum,checksum value symbol 则是__checksum__value。

__checksum__value 的值是由检验和选项-J 生成的校验和,不是用于保存校验和字节的单元的地址,而是校验和的值。

如果某个应用程序的 CRC16 校验和为 0x4711,保存在地址为 0x7FFE 的单元,则默认情况下,输出文件会包含符号__checksum,且其值为 0x7FFE。但是,__checksum__value 的值则是 0x4711。

注意,某些情况下,即使当 checksum value symbol 的值是一样的,但是代码仍然可以是不同的。例如,假设位置无关(position-independent)的相同代码在不同的输出映像中定位在不同的地址时,由于 checksum 只依赖于代码的内容,而不关系到其地址,因此就出现了上述情况。

7.11　Flash Loader 的使用

Flash Loader 是被下载至目标系统的一个代理程序,作用是接收从 C-SPY 调试器发来的用户应用程序并将其写入 Flash 存储器。Flash Loader 使用文件 I/O 机制从主机读取目标应用程序。用户可以选择一个或者多个 Flash Loader,每个 Flash Loader 装载用户应用程序的一个选定部分到目标系统,这表明用户可以使用不同的 Flash Loader 来装载用户应用程序的不同部分。

IAR Embedded Workbench 提供了一系列适用于各种不同微控制器的 Flash Loader 集。除此之外,芯片厂商和第三方供应商也提供了大量的 Flash Loader。同时,IAR 也提供了 Flash Loader API、程序文档以及数种实现示例,以方便用户开发和使用自己的 Flash Loader。

7.11.1 设置 Flash Loader

要使用 Flash Loader 来下载应用程序,须执行以下步骤:
① 选择 Project→Options 菜单项。
② 在 Options 菜单项的 category 列表框中选择 Debugger 选项,并单击 Download 选项卡。
③ 在 Download 选项卡中选择 Use Flash loader(s)复选框,单击 Edit 按钮,则弹出 Flash Loader Overview 对话框。
④ 弹出的 Flash Loader Overview 对话框中列出了所有当前可用的 Flash Loader。用户可以选择欲使用的 Flash Loader,也可以单击 Edit 按钮打开 Flash Loader Configuration 对话框对相关的下载参数进行配置。

7.11.2 Flash 装载机制

当选择 Use Flash Loader(s)复选框,且对一个或多个 Flash Loader 配置完成后,在调试任务启动时,将执行如下过程,其中步骤①~⑤是适用于所有 Flash Loader 的操作:
① C-SPY 将 Flash Loader 下载至目标系统的 RAM 存储器。
② C-SPY 通知 Flash Loader 开始运行。
③ Flash Loader 打开包含应用程序代码的文件。
④ Flash Loader 读取应用程序代码并将其写入 Flash 存储器。
⑤ Flash Loader 结束运行。
⑥ C-SPY 清除当前工作,并将内容切换至用户应用程序以准备调试。

7.11.3 生成程序时需要考虑的事情

当用户生成一个将要下载至 Flash 存储器的应用程序时,需要考虑一些事情:首先是需要生成两种输出文件,一种是常用的 UBROF 文件,该文件为调试器提供调试和符号信息;另一种是 simple-code 文件(扩展名为 sim),该文件由 Flash Loader 下载应用程序至 Flash 存储器时打开并读取。simple-code 文件的文件名和存储路径必须与 UBROF 文件的一致,它们仅是文件扩展名不同。

要产生扩展输出文件,用户需进行如下操作:

① 选择 Project→Options 菜单项，则弹出选项配置对话框。在其左边的 Category 列表框中选择 Linker 项进入链接器选项配置。在 Linker 选项配置 Output 选项卡的 Format 选项区中选择 Allow C-SPY-specific extra output file 复选框。

② 在 Linker 选项配置 Extra Output 选项卡中，选择 Generate extra output file 复选框。在 Format 选项区的 Output format 下拉列表框中选择 simple-code 输出格式，并在 format variant 下拉列表框中选择 None。不要选择 Output file 选项区中的 Override default 复选框。

另外，也可以不进行上述设置，而是使用命令行来达到同样的效果。打开 Linker 选项配置中的 Extra Options 选项卡，选择 Use command line options 复选框，并在 Command line options 文本区中输入如下信息即可：

-Osimple-code=.sim

另一条常用的命令是：

-Ointel-extended=.hex

7.11.4 Flash Loader Overview 对话框

在 Debugger 选项配置的 Download 选项卡中选择 Use Flash loader(s) 复选框，单击 Edit 按钮，弹出如图 7.119 所示的 Flash Loader Overview 对话框，其中列出了所有已定义的 Flash Loader。如果系统中有适用于用户在 General Options→Target 选项卡中选择的设备的 Flash Loader，则该 Flash Loader 默认列在 Flash Loader Overview 对话框中。该对话框中各功能按钮如表 7.3 所列。

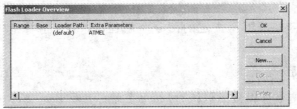

图 7.119 Flash Loader Overview 对话框

表 7.3 Flash Loader Overview 对话框中的功能按钮

按钮	描述
OK	单击 OK 按钮后，则被选的 Flash Loader(s)将用于下载用户程序到目标存储器
Cancel	标准取消按钮
New	单击 New 按钮，则弹出 Flash Loader Configuration 对话框，在该对话框中可以指定要使用的 Flash Loader
Edit	单击 Edit 按钮，则弹出 Flash Loader Configuration 对话框，在该对话框中可以对选定 Flash Loader 的设置进行修改
Delete	删除选定的 Flash Loader 配置

7.11.5　Flash Loader 配置对话框

在 Flash Loader Overview 对话框中单击相关功能按钮,则弹出如图 7.120 所示的 Flash Loader Configuration 对话框,该对话框用于配置下载参数。

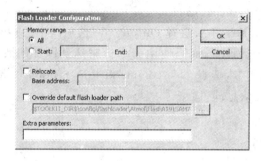

图 7.120　Flash Loader Configuration 对话框

1. Memory range 选项区

Memory range 选项区用于选定用户程序中将要被下载至目标 Flash 存储器的部分,可用选项如下:

All 选项

选择本单选按钮后,系统将使用选定的 Flash Loader 下载整个应用程序。

Start/End 选项

本选项用于下载存储范围所指定的部分应用程序,Start 和 End 文本框用于指定存储范围。

2. Relocate 选项

选择 Relocate 复选框可以覆盖默认的 Flash 基址(Flash Base Address)。默认的 Flash 基址是在用户应用程序的链接器命令文件中指定的,是最低的 Flash 地址,其对应的单元用来保存写入到 Flash 的第一个字节。某些情况下,可能需要覆盖默认的 Flash 基址,以便使用地址空间中的不同位置。例如,对于 Flash 存储器位置进行了重映射操作的设备来说,可能就需要使用本功能。

Base address 文本框用于输入新的基址地址,用户可以使用如下的数字格式:

123456	Decimal numbers	十进制数值
0x123456	Hexadecimal numbers	十六进制数值
0123456	Octal numbers	八进制数值

3. 覆盖默认 Flash Loader 路径

依据用户在 General Options→Target 选项卡中选择的目标设备,系统会自动选择一个默认的 Flash Loader。要覆盖默认的 Flash Loader，则选择 Override default Flash loader path 复选框，并在其文本框中输入用户欲使用的 Flash Loader 的存储路径或者简单地单击 Override default flash loader path 文本框后的浏览按钮 ... 来选定。

4. 附加参数

某些 Flash Loader 可能有其专用的选项设置。使用 Extra parameter 文本框可以指定用于控制这些 Flash Loader 的参数。相关信息请参阅 IAR Embedded Workbench 的帮助文档。

7.12 使用 IAR EW 直接下载二进制文件到目标 Flash 存储器

IAR Embedded Workbench 开发环境可以下载应用程序到目标 Flash 存储器，但在此过程中需要使用由源代码编译得到的 sim（simple-code 格式）文件。其实，IAR EW 提供了一个十分有用的功能，该功能可将任意二进制文件（如 bin、bmp 或 wav 文件等）直接链接到 project 中，从而使得用户可以使用 IAR EW 把 binary 文件下载至目标 Flash 存储器。另外，如果需要下载的是 hex 文件，则可以使用相关工具将其转换成 bin 文件。

下面以 EWARM v5 开发环境和 STM32 处理器为例，介绍相关操作的步骤。对于其他芯片可照例处理。

① 在 EWARM 中创建一个新 project。其中，只须包含一个空 main 函数即可，如图 7.121 所示。

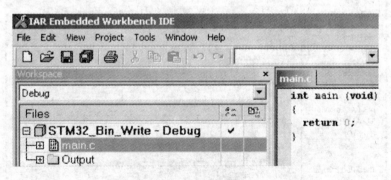

图 7.121　在 EWARM 中创建一个 project

② 右击 Workspace 工作区中的该 project，在弹出的级联菜单中选择 Options，或选择 Project→Options 菜单项，则弹出选项配置对话框。在左边的 Category 列表框中选择 General Options 项进入基本选项配置。在基本选项配置 Target 选项卡的 Processor Variant（处理器类型）选项区中选择所用的处理器型号，此处为 STM32，如图 7.122 所示。

③ 在基本选项配置 Library Configuration 选项卡的 Library 下拉列表框中选择 None。本项目没有任何源代码，所以不需要使用 C/C++ Runtime Library，如图 7.123 所示。

④ 在 Linker（链接器）选项配置的 Config 选项卡中选择 Override default 复选框，以覆盖

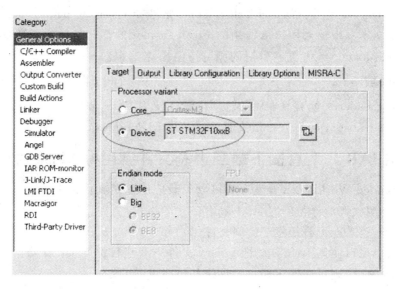

图 7.122　在 Processor Variant 选项区中选择处理器型号

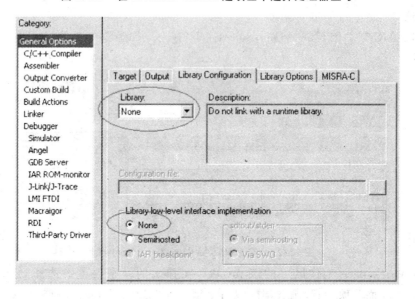

图 7.123　在 Library 下拉列表框中选择 None

系统的默认设置,并根据具体硬件平台的 Memory Map 在文本框中指定与其匹配的 ICF 文件,如图 7.124 所示。ICF 文件即为 EWARM v5 版本中的链接器配置文件。该文件在本例中主要用于指定 binary 文件下载到 Flash 中的位置。参数变量 $PROJ_DIR$ 指代第①步中所创建的 project 所在的路径。

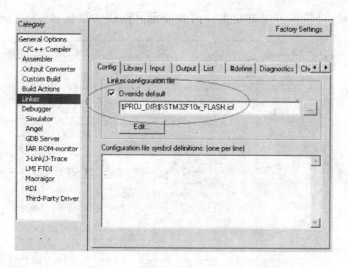

图 7.124　在 Linker 选项配置的 Config 选项卡中指定 ICF 文件

⑤ 在 Linker 选项配置的 Input 选项卡中指定要下载的 binary 文件(如 demo.bin)，并为其分配段名(如 MYSEC)和对应的标号(如 MYSYM)。参数变量 \$PROJ_DIR\$ 指代第①步中创建的 project 所在的路径。当然，也可以把要烧写的 binary 文件存放在其他路径。另外，要在 Keep symbols 文本区中包含标号 MYSYM，以保证与 MYSYM 对应的段(MYSEC)不会被链接器丢弃，如图 7.125 所示。

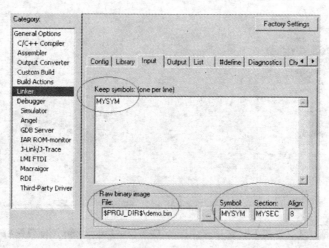

图 7.125　在 Input 选项卡中指定 binary 文件并进行设置

⑥ 在 Linker 选项配置的 Library 选项卡中直接指定前面定义的 MYSYM 标号为程序入口，同时取消 Automatic runtime library selection 复选框，如图 7.126 所示。因为项目没有链

接 Runtime Library,这样做可以避免编译时找不到默认的入口标号__iar_prgram_start。

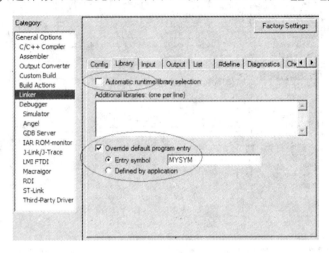

图 7.126　在 Linker 选项配置的 Library 选项卡中进行设置

⑦ 在 Linker 选项配置的 List 选项卡中选择 Generate linker map file 复选框,如图 7.127 所示。这样将生成 map 文件,以便查看 binary 文件的内容是否放到了正确的地址。

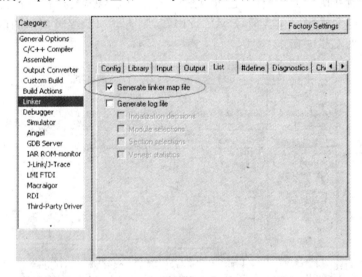

图 7.127　在 List 选项卡中选择 Generate linker map file 复选框

⑧ 在 Debugger 选项配置的 Setup 选项卡中指定所用的仿真器类型,如 J-Link,如图 7.128 所示。另外,必要情况下,可以在下面与仿真器类型所对应的页面中进一步对仿真器进行设置。

⑨ 在 Debugger 选项配置的 Download 选项卡中选择 Use flash loader(s)复选框,以便把

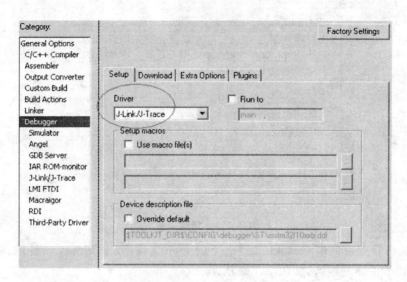

图 7.128 在 Setup 选项卡中指定所用的仿真器类型

代码下载到 Flash 中,如图 7.129 所示。其中,Default 的含义是指对于所选的处理器使用默认的 Flash 烧写算法(本例中对应于 STM32 Internal Flash)。

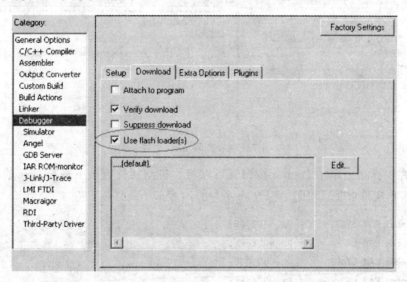

图 7.129 在 Download 选项卡中选择 Use flash loader(s)复选框

⑩ 完成上述配置过程后,单击 OK 按钮退出 Options 对话框。选择 File→Save Workspace 菜单项保存当前的 Workspace,然后选择 Project→Rebuild all 菜单项以创建项目,如图 7.130 所示。

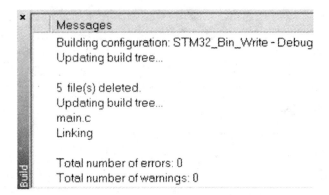

图 7.130 创建项目

⑪ 打开项目管理窗口中 Output 文件夹下的 map 文件，查看 binary 文件的内容（MYSEC 段）是否被放到了正确的地址，如图 7.131 所示。

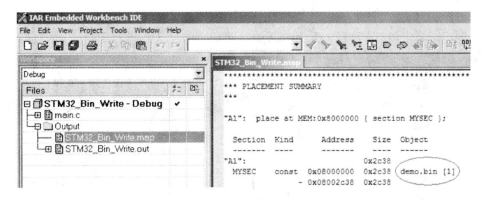

图 7.131 查看 map 文件

⑫ 最后在工具条上单击 Debug 按钮就可以将二进制文件直接下载至目标系统了。

本例中 ICF 文件（STM32F10x_Flash.icf）的内容如下：

```
define symbol ROM_START   = 0x08000000;
define symbol ROM_END     = 0x0801FFFF;
define symbol RAM_START   = 0x20000000;
define symbol RAM_END     = 0x20004FFF;

define memory MEM with size = 4G;
define region ROM_region = MEM:[from ROM_START to ROM_END];
define region RAM_region = MEM:[from RAM_START to RAM_END];

place at address MEM:ROM_START { section MYSEC };
```

其中,最后的 place 命令用来把 MYSEC 段(即 demo.bin 文件的内容)定位到 ROM_START 地址,即 0x08000000 处。该文件的内容须依据所用芯片的不同进行适当的修改。

7.13 将 MSP430 系列单片机的片内 Flash 拟作 EEPROM

TI 的 MSP430 系列单片机的低功耗技术堪称完美,这使得其在仪器仪表等领域得到了广泛的应用。但是与其他 8 位或 16 位单片机相比,有一点美中不足就是缺少片内 EEPROM。由于许多应用领域尤其是仪器仪表领域,经常需要保存一些配置信息,这些信息容量一般不大,可能仅是若干字节。但是如果专门为此额外配置一片 EEPROM,显得有些不适,成本也会增加。为此,本节将结合 IAR 的 XCL 文件,通过 Flash 的自擦除与自编程技术来演示如何将 MSP430 系列单片机的部分片内 Flash 存储器拟做 EEPROM 来使用,以解决上述问题。

7.13.1 MSP430 系列单片机的内部存储器组织

MSP430 系列单片机的内部存储器类型有:程序存储器(Flash)、数据存储器(RAM)、外围模块寄存器和特殊功能寄存器,其存储器组织结构如图 7.132 所示。

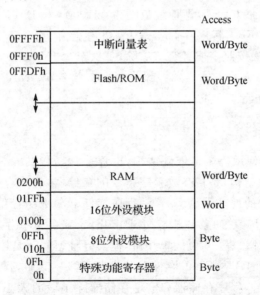

图 7.132 MSP430Fx1xx 系列单片机的内部存储器组织结构图

0x00~0x0F 为特殊功能寄存器,共 16 个字节,包含中断标志寄存器 1(IFG1)、中断标志寄存器 2(IFG2)、中断允许寄存器 1(IE1)、中断允许寄存器 2(IE2)、外设模块允许寄存器 1(ME1)、外设模块允许寄存器 2(ME2)。

0x10～0x1FF 为外围模块寄存器,包含片内定时器、A/D 转换器、I/O 端口等片内外设寄存器。

从 0x200 开始为数据存储器 RAM。不同型号中数据存储器的大小不同,但都是从 0x200 地址开始向高端地址扩展。例如,MSP430F149 的数据存储器容量为 2 KB,地址范围为 0x200～0x9FF。

0x0C00～0x0FFF 为 BOOT ROM,用于存储一段掩模代码,用来完成 BSL 功能。这样,当芯片的保密熔丝熔断后,用户可以通过 BSL 方式修改芯片内的代码。

0x1000～0x107F 是 128 字节的 Flash 存储器,称为信息存储器 B。此段存储器与高端地址用于存储代码的 Flash 存储器本质上没有任何区别,同样也可以存储代码并执行,只是这一段存储器的长度较小,只有 128 字节,主要用于保存一些掉电后仍需有效的数据。由于它是 Flash 存储器,因此可以按照字或者字节写入,但必须整段擦除。

0x1080～0x10FF 为信息存储器 A,功能与信息存储器 B 相同。

程序存储器从 0xFFFF 开始向低端地址扩展,不同型号中程序存储器的容量不同,但都是从 0xFFFF 开始向下扩展。例如,MSP430F133 的程序存储器容量为 8 KB,地址范围为 0xE000～0xFFFF；MSP430F149 的容量为 60 KB,地址范围为 0x1100～0xFFFF。需要注意的是,在程序存储器容量为 60 KB 的芯片中,程序存储器与信息存储器 A、B 发生了重合,从地址 0xFFFF 向低端地址扩展 60 KB,即地址范围为 0x1000～0xFFFF,而信息存储器 A 和 B 的地址范围为 0x1000～0xl0FF。程序存储器是 Flash 存储器,分为若干段进行管理,可按照字或者字节写入,擦除时无法按照字或者字节擦除,每次至少擦除一段,每段长度为 512 字节。

0xFFE0～0xFFFF 是程序存储器的一部分,共 32 个字节。MSP430 规定用这一段存储空间来存储各中断的中断向量。

7.13.2 Flash 的擦除

MSP430 系列单片机使用冯·诺依曼结构,也称普林斯顿结构。冯·诺依曼结构是典型的微型计算机存储器组织结构,是指存放程序指令的存储器(程序存储器)和存放数据的存储器(数据存储器)采取统一的地址编码。另外,程序存储器与数据存储器分开的地址编码结构称为哈佛结构,如 MCS-51 系列单片机。MSP430Fx1xx 系列单片机的寻址空间为 64 KB。需要注意的是,虽然 MSP430 是 16 位的单片机,但其寻址空间还是按照字节来计算的。

MSP430 系列单片机的片内 Flash 存储器分为若干段。其中,程序存储器每段 512 字节,信息存储器每段 128 字节。程序存储器和信息存储器除了段的大小不同外,使用时没有任何区别,都可以存储程序和数据。

Flash 存储器可以按照字或者字节写入,但是不能按照字或者字节来擦除,只能整段擦除,这是由 Flash 存储器的特性所决定的。因此,在程序中需将要擦除、改写的数据与程序放在不同的段中,以免擦除时意外破坏程序。

MSP430 系列单片机片内 Flash 的擦除方式有段擦除和主存擦除(擦除全部程序存储器或者擦除全部 Flash)两种。编程的方式有字/字节编程和块编程两种。因为 Flash 在编程和擦除时处于特殊状态,不能接受访问,所以,擦除程序不能擦除其自身所在的段。同样,编程程序也不能向其自身所在段内写数据。另外,处于被编程或者被擦除过程中的段也不能被读出。

由于主存擦除指令将擦除所有程序存储器,因此主存擦除程序只有位于 RAM 中才能正常运行。同样,块编程程序也只能在 RAM 中执行。

对 Flash 进行擦除和编程需要适当的时钟信号,信号频率范围约为 257 kHz~476 kHz。时钟信号可以取自 ACLK、MCLK 或者 SMCLK,经过分频得到。擦除和编程 Flash 时,要求电源电压稳定且不低于 2.7 V。

在对 Flash 进行擦写的过程中,如果出现错误,则有可能擦除或者改写保存在 Flash 中的程序,导致不可预料的后果。因此,必须提高擦写 Flash 的可靠性。MSP430 系列单片机使用的安全措施是规定每次操作 Flash 寄存器时,高 8 位数据须为安全键值,即写 Flash 寄存器时必须保证高 8 位是正确的安全键值,否则会触发非屏蔽中断请求(NMI)。Flash 寄存器的写安全键值为 0xA5,读安全键值为 0x96。

7.13.3 演示程序分析

本演示程序的功能为在 Flash 中定义两个数组 DataB 和 DataW,并对其赋初值。此外,还定义了两个地址 FlashA_ADR 和 FlashD_ADR。其中,FlashA_ADR 在信息存储器 A 中,FlashD_ADR 在程序存储器中。程序首先擦除一段程序存储器和信息存储器 A,然后将 DataB 和 DataW 中的数据分别复制到以 FlashA_ADR 和 FlashD_ADR 为首地址的区域内。为了验证写入是否正确,程序最后将写完的数据再读出到 RAM 数组 RDataB 和 RDataW 中(这两个数组中所有元素的初值都为 0)。读者可以通过仿真器在适当的位置设置断点来观察读写的结果。

另外,运行该程序时 MSP430 系列单片机的 MCLK 须为 8 MHz。

演示程序如下:

flash.h
```
#ifndef __FLASH
#define __FLASH
void FlashErase(unsigned int adr);
unsigned char FlashBusy( );
void FlashWW(unsigned int Adr,unsigned int DataW);
void FlashWB(unsigned int Adr,unsigned char DataB);
#endif
```

flash.c
```
#include <msp430x14x.h>
#include "flash.h"
```

```c
void FlashErase(unsigned int adr) @ ."MYSET"
{
    unsigned char * p0;
    FCTL2 = FWKEY + FSSEL_1 + FN3 + FN4;
    FCTL3 = FWKEY;
    while(FlashBusy( ) == 1);
    FCTL1 = FWKEY + ERASE;
    p0 = (unsigned char *)adr;
    * p0 = 0;
    while(FlashBusy( ) == 1);
    FCTL1 = FWKEY;
    FCTL3 = FWKEY + LOCK;
}
unsigned char FlashBusy( ) @ "MYSET"
{
if((FCTL3&BUSY) == BUSY)
        return 1;
    else
        return 0;
}
void FlashWW(unsigned int Adr,unsigned int DataW) @ "MYSET"
{
    FCTL1 = FWKEY + WRT;
    FCTL2 = FWKEY + FSSEL_1 + FN3 + FN4;
    FCTL3 = FWKEY;
    while(FlashBusy( ) == 1);
    * ((unsigned int *)Adr) = DataW;
    while(FlashBusy( ) == 1);
    FCTL1 = FWKEY;
    FCTL3 = FWKEY + LOCK;
}
void FlashWB(unsigned int Adr,unsigned char DataB) @ "MYSET"
{
    FCTL1 = FWKEY + WRT;
    FCTL2 = FWKEY + FSSEL_1 + FN3 + FN4;
    FCTL3 = FWKEY;
    while(FlashBusy( ) == 1);
    * ((unsigned char *)Adr) = DataB;
    while(FlashBusy( ) == 1);
    FCTL1 = FWKEY;
    FCTL3 = FWKEY + LOCK;
}
```

main.c

```c
#include <MSP430x14x.h>
#include "flash.h"
void InitSys( );
#define FLASHA_ADR 0x1080
#define FLASHD_ADR 0x2500
#define N_DATA 10
const unsigned char DataB[N_DATA] = {0,1,2,3,4,5,6,7,8,9};
const unsigned int DataW[N_DATA] = {0,100,200,300,400,500,600,700,800,900};
int main( void )
{
    unsigned char q0;
    unsigned int iq1,iq2;
    const unsigned int * piq0 = DataW;
    const unsigned char * pq0 = DataB;
    unsigned char RDataB[N_DATA] = {0,0,0,0,0,0,0,0,0,0};
    unsigned int RDataW[N_DATA] = {0,0,0,0,0,0,0,0,0,0};
    WDTCTL = WDTPW + WDTHOLD;
      InitSys( );
    FlashErase(FLASHD_ADR);
    FlashErase(FLASHA_ADR);
    iq1 = FLASHD_ADR;
    iq2 = FLASHA_ADR;
    for(q0 = 0;q0<N_DATA;q0 + + )
    {
        FlashWW(iq1, * piq0);
        FlashWB(iq2, * pq0);
        iq1 + = 2;
        iq2 + + ;
        piq0 + + ;
        pq0 + + ;
    }
    piq0 = (unsigned int * )FLASHD_ADR;
    pq0 = (unsigned char * )FLASHA_ADR;
    for(q0 = 0;q0<N_DATA;q0 + + )
    {
        RDataW[q0] = * piq0;
        RDataB[q0] = * pq0;
        piq0 + + ;
        pq0 + + ;
    }
    _NOP();
```

```
        LPM3;
}
void InitSys( )
{
    unsigned int iq0;
    BCSCTL1 &= ~XT2OFF;
    do
    {
            IFG1 &= ~OFIFG;
            for (iq0 = 0xFF; iq0 > 0; iq0--);
    }
    while ((IFG1 & OFIFG) != 0);
    BCSCTL2 = SELM_2 + SELS;
    _EINT();
}
```

1. 程序分析

flash.c 文件为 Flash 擦写程序。其中，FlashErase 为段擦除函数；函数 FlashBusy 用于测试 Flash 是否空闲；FlashWW 为字编程函数；FlashWB 为字节编程函数。该文件中没有定义 Flash 全擦除函数，原因在于 Flash 全擦除函数必须在 RAM 中运行。一般来说，除非更新全部程序，否则没有必要擦除全部 Flash。

函数 FlashErase 用于擦除 Flash 中的一段。参数 adr 为被擦除段范围内的任意地址。写 Flash 控制寄存器时，高 8 位必须是安全键值，否则会触发非屏蔽中断。这里选择单段擦除模式。Flash 控制器的时钟源选择 MCLK——8 MHz，经过 25 分频，最终的工作频率为 320 kHz，符合要求。擦除过程需要一定的时间，程序中循环调用 FlashBusy 函数，以检测 Flash 控制器状态。只有当 Flash 控制器处于空闲状态时，才能进行擦除操作。另外，向 adr 地址写入任意数值，Flash 控制器即开始擦除操作。再次循环调用 FlashBusy 函数，等待 Flash 控制器完成擦除操作。完成擦除后，将 FCTL3 寄存器中的 LOCK 位置位，以锁定 Flash 控制器。

函数 FlashBusy 通过读取寄存器 FCTL3 中的 BUSY 位来确定 Flash 控制器是否处于空闲状态。

函数 FlashWW 每次向 Flash 中的某一地址写入一个字。参数 adr 为要写入数据的地址，MSP430 系列单片机的硬件规定地址 adr 应当是偶地址。参数 DataW 为要写入的字。与段擦除类似，首先选择单字/字节编程模式，然后选择 Flash 控制器的时钟频率，与擦除 Flash 时使用的时钟频率一致，为 320 kHz。接着进行解锁操作，等待 Flash 控制器空闲。然后，将要写的值 DataW 写入地址 adr，等待 Flash 完成操作，最后锁定 Flash 控制器。

函数 FlashWB 的功能是每次向 Flash 中的某一地址写入一个字节，与函数 FlashWW 的写入过程一样,不同之处在于写入的数据类型为字节。

main.c 为主程序。功能比较简单,请读者自行分析,这里不在解释。

2. 注意事项

在本程序中有几个问题需要说明:

① 定义一个保存在 Flash 中的变量或者数组的方法如下:

```
const unsigned char DataB[ N_DATA ] = {0,1,2,3,4,5,6,7,8,9};
const unsigned int DataW[ N_DATA ] = {0,100,200,300,400,500,600,700,800,900};
```

其中,const 关键字使数组 DataB 和 DataW 分配在 Flash 中。另外,通过指针来读取 Flash 中某个地址单元的值是最方便的方法,但是指向 Flash 区域的指针须使用 const 修饰,但此时 const 修饰的不是指针本身,而是其间接引用。关于 const 指针的更多信息,请参阅相关资料。

② main.c 文件的最后使用指针读取 Flash 中的数据到 RAM 中,但已知的地址值并不是指针类型,这种情况经常会遇到。所以,必须将地址值转换为指针类型,解决方法是进行强制类型转换。

```
piq0 = ( unsigned int * )FLASHD_ADR;
pq0 = ( unsigned char * )FLASHA_ADR;
```

③ 一般情况下,如果没有特殊说明,则编译器会在链接时自动安排函数所在的地址。为了保证 Flash 擦写函数与被擦写的区域不在同一段内,需要在程序中指明 Flash 擦写函数所在的段。flash.c 文件中所有函数的声明后都有 @"MYSET",意味着这些函数链接时都被定位在 MYSET 段中;MYSET 段的地址范围由用户自己确定。

7.13.4 修改和使用 XCL 文件

程序的链接信息保存在链接器命令文件中。右击 Workspace 工作区中选定项目,在弹出级联菜单中选择 Options,或选择 Project→Options 菜单项,则弹出选项配置对话框。在左边的 Category 列表框中选择 Linker 选项进入链接器选项配置,并选择链接器选项配置中的 Config 选项卡,在 Linker Command file 选项区中选择 Override default 复选框,如图 7.133 所示。

编辑框中列出的为默认链接器命令文件,该默认链接器命令文件保存在 IAR 安装目录下的 430\config 内。没有选项 Override default 复选框时,编译系统会根据所选 CPU 型号自动选择所使用的文件。建议用户不要直接修改这些文件,以免影响其他项目的链接。在本例中,默认的文件为 lnk430f149.xcl,用户可以将此文件复制一个,改名为 Flashlnk430f149.xcl 并与源程序放在同一目录下。之后,在 Override default 复选框下的列表框中选用该链接器命令文件。

链接器命令文件中定义了初始段、代码段、数据段、堆栈段以及信息存储器的地址范围和容量等。在上述默认链接器命令文件中可以找到如下定义:

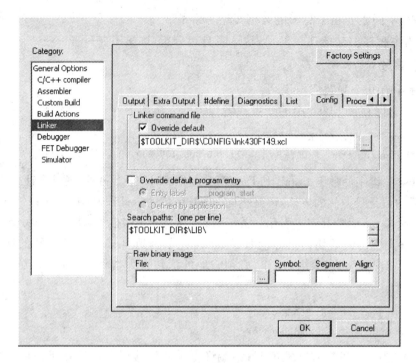

图 7.133　使用修改后的 XCL 文件

```
// ROM memory (FLASH)
```

```
//   Code
-Z(CODE)CSTART = 1100 - FFDF
-Z(CODE)CODE   = 1100 - FFDF
```

从上述代码段的定义中可以看出，其定义了两个段，即 CSTART 段和 CODE 段，其地址范围都是 0x1100～0xFFDF。比例中需要在最后增加一条定义：

```
-Z(CONST)MYSET = FC00 - FFDF
```

这样，MYSET 段就定位在 0xFC00～0xFFDF 地址范围。该范围可以依据实际情况进行修改，但不要与其他段冲突。

第 8 章

IAR EWARM 版本迁移

本章主要介绍 IAR Embedded Workbench for ARM 4.xx 版本和 5.xx 版本之间的区别，并列举了将 4.xx 版本下创建的工程迁移到 5.xx 版本时需要进行的主要工作。

8.1 版本迁移概述

8.1.1 EWARM 版本 4.xx 与 5.xx 的区别

IAR EWARM 版本 4.xx 与 5.xx 之间的主要区别是建立目标代码所用文件格式的不同。在 4.xx 版本下，IAR 使用私有的 UBROF 格式，而 5.xx 版本下使用的是业界标准格式 ELF/DWARF。遵循 ARM 公司提出的 ABI(Application Binary Interface)标准，EWARM 5.xx 提供了目标文件级别的兼容性，即其他 ABI 兼容工具生成的目标库可以与 EWARM 生成的目标文件一起链接并调试；同时 EWARM 生成的目标库也能在其他 ABI 兼容工具里参与链接和调试，使得应用程序的开发更具灵活性。当然，这也意味着 EWARM 5.xx 里使用了全新版本的链接器 ILINK 来取代原先所用的 XLINK，从而导致链接器命令文件也使用了新的格式 ICF，而不再是原先的 XCL[注]。

8.1.2 迁移工作

由于 EWARM 4.xx 和 5.xx 之间存在上述差异，所以在 4.xx 版本下面创建的 Project 不能直接在 5.xx 版本中使用。对于 EWARM 的新用户或者有经验的用户开发新的项目来说，首选的建议是基于 5.xx 中的相关例程来建立新的 Project。如果在某些情况下，不得不基于以前在 4.xx 下所创建的 Project 进行工作，则可能会有以下几个方面需要修改：

- ➢ C/C++语言源代码；
- ➢ 汇编语言源代码；
- ➢ 链接器命令文件；

注：从字面上讲，即 XLINK command file；ICF 即 ILINK Configuration File。

➤ 运行时环境和目标文件；
➤ 工程配置文件。

对于具体的应用程序来说，通常并不是上面提到的每个部分都需要考虑。下面主要针对链接器命令文件的修改来介绍迁移过程中需要注意的内容。

8.2 链接器和链接器的配置

8.2.1 EWARM 4.xx 的链接器 XLINK 及其配置文件

XLINK 链接器可以将 IAR 汇编器或编译器所产生的可重定位的 UBROF 目标文件转换成针对目标处理器的机器码。XLINK 一般通过外部链接器命令文件来配置。当然，也可以在命令行中直接在 xlink 命令之后输入链接选项，或者在 XLINK_ENVPAR 环境变量中设置链接选项。下面介绍 XCL 文件中常用的链接选项，以便在版本迁移之前确切地了解 XCL 文件的含义。

8.2.2 XLINK 选项

下面介绍几个 XCL 文件中常见的链接器配置选项。更详细的内容请查阅 XLINK 参考手册：IAR Linker and Library Tools Reference Guide。

1) -D -Dsymbol=value

作用：

使用-D 选项可以定义一些纯粹的符号，一般用于声明常数。

参数：

symbol 是未在其他地方定义过的外部符号，value 是 symbol 所代表的值。例如：

```
// Code memory in FLASH
-DROMSTART=0x8000000
-DROMEND=0x801FFFF
```

定义了标识 ROM 起始和结束地址的符号，这样以后关于 ROM 地址的配置都可以直接使用这 2 个符号，使得配置文件的可读性增强。

2) -Z -Z[@][(SPLIT -)type] segments [=|#] range [, range]…

作用：

使用-Z 命令的目的是规定 segments 在存储空间中占据的位置和区间。如果链接器发现某个 segment 没有使用-Z、-b 或者-P 中的任何一个命令进行定义，则会报错。

参数：

@：使用@参数，表示为 segments 分配空间时不考虑任何已经被使用的地址空间。这适用于当某些 segments 的地址空间需要发生重叠的情形。

type：参数 type 规定了 segments 的存储类型，默认为 UNTYPED。表 8.1 列出了 IAR ARM C/C++编译器所支持的 segments 类型。

表 8.1 适用于 ARM 核的 XLINK 段类型

段存储类型	说 明
CODE	可执行代码
CONST	ROM 中的数据
DATA	RAM 中的数据

Segments：参数 segments 列举了参与链接的一个或多个 segment，中间可用逗号分隔。这些 segments 在存储空间中的顺序和被列举的先后顺序一致。在 segment 名后面添加'+nnnn'，可以让 XLINK 为该 segment 所分配的空间增加 nnnn 字节。表 8.2 列举了预定义的 segment 名。

表 8.2 Segment 名称以及描述

段	描 述
CODE	保存将在 ROM 中执行的程序代码，系统初始化代码和__ramfunc 关键字声明的代码除外
CODE_I	保存声明为__ramfunc 的程序代码，在 RAM 中执行
CODE_ID	用于初始化 CODE_I 的代码
DATA_C	保存常数数据，包括文字字符串
DATA_I	保存用非 0 值初始化的静态和全局变量
DATA_ID	保存位于 DATA_I 段的静态和局部变量的初值
DATA_N	保存位于非易失性存储器中用关键字__no_init 声明的静态和全局变量
DATA_Z	保存无初始值或用 0 初值声明的静态和全局变量。变量由启动代码在初始化期间清 0
DIFUNCT	C++所要求的动态初始化代码
SWITAB	保存软件中断向量表
INITAB	保存启动后初始化期间所需要的段地址和段长度表
INTVEC	保存复位与异常向量
ICODE	保存启动代码
CSTACK	User 和 System 模式所用到的栈
IRQ_STACK	用于保存 IRQ 异常服务的堆栈
HEAP	保存动态分配的数据

=｜#：规定了 segments 在存储空间中如何分配，其中"="从指定范围的起始处开始为 segments 分配空间，而"#"从指定范围的结尾处开始为 segments 分配空间。如果这两个参

数都没有出现,则 segments 会被分配在当前最后一个有确定链接地址的 segment 后面;如果当前还没有任何 segment 被链接,则分配在 0 地址。

Range:参数 range 规定了分配 segments 时的地址范围。

SPLIT:参数 SPLIT 用于分隔存储 segments。

3) -Q -Q segment = initializer_segment

作用:

自动设置 segment 的复制初始化。链接器会产生一个新的 initializer_segment(如 CODE_ID),其内容与 segment(如 CODE_I)完全一致。相关的符号表和调试信息都会和 segment 相关联(如 CODE_I)。initializer_segment 的内容(通常在 ROM 中)必须在初始化阶段被复制到 segment(通常在 RAM 中)。

4) -c -cprocessor

作用:

规定目标处理器的类型,如-carm。

8.2.3 XCL 文件举例

图 8.1 使用-D 命令定义了标识 ROM、RAM 起止地址空间的符号,便于以后使用。

图 8.2 使用-c 命令规定了目标处理器是 arm 处理器。

图 8.1 XCL 文件示例 1   图 8.2 XCL 文件示例 2

图 8.3 使用-Z 命令为常用的各代码段,如 INTVEC、ICODE 和 CODE 等,分配了空间。

图 8.4 使用-Z 命令为预定义的各常量和变量数据段,如 DATA_C、DATA_I 和 DATA_Z 等,分配空间。其中,DATA_ID 用于在初始化之前存放 DATA_I 的数据,CODE_ID 用于在初始化之前存放 CODE_I 的数据。

图 8.5 使用-Q 命令,自动设置 CODE_ID 和 CODE_I 之间的初始化关系。由 __ramfunc 声明的代码在运行期间从 CODE_ID 被复制到 CODE_I 中。链接器会忽略 CODE_ID 中的符号地址和调试信息,而使用 CODE_I 中的信息来进行链接定位。CODE_ID 和 CODE_I 之前在图 8.4 中已经被分配了各自的存储空间。

图 8.6 使用-Z 和-D 命令在 RAM 中为堆、栈分配了指定大小的空间。

```
//*********************************************************
// Address range for reset and exception
// vectors (INTVEC).
//*********************************************************

-Z(CODE)INTVEC=ROMSTART-ROMEND

//*********************************************************
// Startup code and exception routines (ICODE).
//*********************************************************

-Z(CODE)ICODE,DIFUNCT=ROMSTART-ROMEND
-Z(CODE)SWITAB=ROMSTART-ROMEND

//*********************************************************
// Code segments may be placed anywhere.
//*********************************************************

-Z(CODE)CODE=ROMSTART-ROMEND
```

图 8.3   XCL 文件示例 3

```
//*********************************************************
// Original ROM location for __ramfunc code copied
// to and executed from RAM.
//*********************************************************

-Z(CONST)CODE_ID=ROMSTART-ROMEND

//*********************************************************
// Various constants and initializers.
//*********************************************************

-Z(CONST)INITTAB,DATA_ID,DATA_C=ROMSTART-ROMEND
-Z(CONST)CHECKSUM=ROMSTART-ROMEND

//*********************************************************
// Data segments.
//*********************************************************

-Z(DATA)DATA_I,DATA_Z,DATA_N=RAMSTART-RAMEND

//*********************************************************
// __ramfunc code copied to and executed from RAM.
//*********************************************************

-Z(DATA)CODE_I=RAMSTART-RAMEND
```

图 8.4   XCL 文件示例 4

```
-QCODE_I=CODE_ID
```

图 8.5　XCL 文件示例 5

```
-D_CSTACK_SIZE=800
-D_HEAP_SIZE=400

-Z(DATA)CSTACK+_CSTACK_SIZE=RAMSTART-RAMEND
-Z(DATA)HEAP+_HEAP_SIZE=RAMSTART-RAMEND
```

图 8.6　XCL 文件示例 6

8.2.4　EWARM 5.xx 的链接器 ILINK 及其配置文件

EWARM 5.xx 中的链接器称为 ILINK。ILINK 可以从 ELF/DWARF 格式的目标文件中提取代码和数据,并生成可执行映像。在 EWARM 4.xx 中,基本的代码和数据链接单元是 segment,而对于 ELF/DWARF 格式而言,基本链接单元是 section。ILINK 根据 ILINK Configuration File 来分配这些 sections。由于 XLINK 与 ILINK 是两个完全不同的链接器,所以 XCL 和 ICF 也是两种完全不同的配置文件。下面简要介绍 ICF 文件的格式和内容。

8.2.5　ICF 格式概述

sections 在地址空间中的存放是由 ILINK 链接器来实现的,而 ILINK 链接器是按照用户在 ICF 文件中的规定来放置 sections 的,所以理解 ICF 文件的内容尤其重要。

一个标准的 ICF 文件包括如下内容:
- 可编址的存储空间(memory);
- 不同的存储器地址区域(region);
- 不同的地址块(block);
- section 的初始化与否;
- section 在存储空间中的放置。

下面介绍几个 ICF 文件中常见的指令。更详细的内容请查阅 ILINK 参考手册 EWARM DevelopmentGuide.pdf。

1) define [exported] symbol name = expr;

作用:

指定某个符号的值。

参数:

exported　　　　　导出该 symbol,使其对可执行镜像可用

name　　　　　　符号名

expr　　　　　　　符号值

举例：

```
define symbol RAM_START_ADDRESS     = 0x40000000;
define symbol RAM_END_ADDRESS       = 0x4000FFFF;
```

2) define memory name with size = expr [, unit-size];

作用：

定义一个可编址的存储地址空间（memory）。

参数：

name　　　　　memory 的名称

expr　　　　　地址空间的大小

unit-size　　　expr 的单位，可以是位（unitbitsize），默认是字节（unitbytesize）

举例：

```
define memory MEM with size = 4G;
```

3) define region name = region-expr;

作用：

定义一个存储地址区域（region）。一个区域可由一个或多个范围组成，每个范围内地址必须连续，但几个范围之间不必是连续的。

参数：

name　　　　　region 的名称

region-expr　　memory:[from expr {to expr | size expr}]，可以定义起止范围，也可以定义起始地址和 region 的大小

举例：

```
define region ROM = MEM:[from 0x0 size 0x10000];
define region ROM = MEM:[from 0x0 to 0xFFFF];
```

4) define block name[with param, param...]

```
    {
    extended-selectors
    };
```

作用：

定义一个地址块（block）；它可以是个空块，比如栈、堆；也可以包含一系列 sections。

参数：

name　　　　　block 的名称

param　　　　可以是：　　size = expr　　　　　（块的大小）

　　　　　　　　　　　　maximum size = expr　（块大小的上限）

    alignment = expr   （最小对齐字节数）
    fixed order   （按照固定顺序放置 sections）
extended - selector [first | last] {section - selector | block name | overlay name}
  first   最先存放
  last   最后存放
  section - selector [section - attribute][section sectionname][object filename]
  section - attribute [readonly [code | data] | readwrite [code | data] | zeroinit]
  sectionname   section 的名称
  filename   目标文件的名称
  即可以按照 section 的属性、名称及其所在目标文件的名称这 3 个过滤条件任意选取一个条件或多个条件进行组合，以圈定所要求的 sections。
  name   block 或 overlay 的名称

举例：
define block HEAP with size = 0x1000, alignment = 4 { };
define block MYBLOCK1 = { section mysection1, section mysection2, readwrite };
define block MYBLOCK2 = { readonly object myfile2.o };

5) initialize { by copy | manually } [with param, param...]
  {
  section - selectors
  };

作用：
初始化 sections。
参数：
by copy   在程序启动时自动执行初始化
manually   在程序启动时不自动执行初始化
param   可以是：packing = { none | compress1 | compress2 | auto }
         copy routine = functionname
      packing 表示是否压缩数据，默认是 auto
functionname 表示是否使用自己的复制函数来取代缺省函数
section - selector   同前
举例：
initialize by copy { rw };

6) do not initialize
   {
   section – selectors
   };

作用:
规定在程序启动时不需要初始化的 sections，一般用于 __no_init 声明的变量段 (.noinit)。

参数:
section – selector   同前

举例:
do not initialize { .noinit };

7) place at { address memory[: expr] | start of region_expr | end of region_expr }
   {
   extended – selectors
   };

作用:
把一系列 sections 和 blocks 放置在某个具体的地址，或者一个 region 的开始或者结束处。

参数:
memory   memory 的名称
expr   地址值，该地址必须在 memory 所定义的范围内
region_expr   region 的名称
extended – selector   同前

举例:
place at start of ROM { section .cstart };
place at end of ROM { section .checksum };
place at address MEM:0x0 { section .intvec };

8) place in region – expr
   {
   extended – selectors
   };

作用:
把一系列 sections 和 blocks 放置在某个 region 中。sections 和 blocks 将按任意顺序放置。

参数:

region – expr　　　　　　region 的名称
extended – selector　　　同前

举例:

```
place in ROM { readonly };                        /* all readonly sections */
place in RAM { readwrite };                       /* all readwrite sections */
place in RAM { block HEAP, block CSTACK, block IRQ_STACK };
place in ROM { section .text object myfile.o };   /* the .text section of myfile.o */
place in ROM { readonly object myfile.o };        /* all read–only sections of myfile.o */
place in ROM { readonly data object myfile.o };   /* all read–only data sections myfile.o */
```

表 8.3 列举了一些基本的 section 和 block 的功能及其通常所在的存储空间。

表 8.3　Section 名称以及描述

Section 名称	描述	存储空间
CSTACK	User 和 System 模式所用到的栈	RAM
IRQ_STAC	IRQ 模式所用到的栈	RAM
HEAP	堆	RAM
.intvec	异常向量表	ROM
.cstart	初始化代码	ROM
.text	程序代码	ROM
.data	初始化的静态和全局变量	RAM
.bss	未初始化的静态和全局变量	RAM
.noinit	由 __no_init 声明的静态和全局变量	RAM
.rodata	常量	ROM

8.2.6　ICF 文件举例

图 8.7 首先定义了一些为增强可读性的符号,包括异常向量表的起始地址,ROM、RAM 的起止地址和堆、栈的大小等。以前缀 __ICFEDIT_ 开头的符号是由 ICF Editor 自动定义的;如果不用 ICF Editor 编辑 ICF 文件,则这些符号名可以任意定义。

图 8.8 定义了可编址的存储空间最大为 4 GB,以及 ROM、RAM 所对应的地址区域。

图 8.9 中创建了 2 个块:CSTACK、HEAP,用于栈和堆的放置,均为 8 字节对齐。

图 8.10 表示对所有 readwrite 属性的 sections(如.data、.bss 等)进行自动初始化,而对于.noinit 这个 section 则不做初始化处理。

```
/*-Specials-*/
define symbol __ICFEDIT_intvec_start__     = 0x08000000;
/*-Memory Regions-*/
define symbol __ICFEDIT_region_ROM_start__ = 0x08000000;
define symbol __ICFEDIT_region_ROM_end__   = 0x0801FFFF;
define symbol __ICFEDIT_region_RAM_start__ = 0x20000000;
define symbol __ICFEDIT_region_RAM_end__   = 0x20004FFF;
/*-Sizes-*/
define symbol __ICFEDIT_size_cstack__ = 0x800;
define symbol __ICFEDIT_size_heap__   = 0x400;
```

图 8.7　ICF 文件示例 1

```
define memory mem with size = 4G;
define region ROM_region = mem:[from __ICFEDIT_region_ROM_start__ to __ICFEDIT_region_ROM_end__];
define region RAM_region = mem:[from __ICFEDIT_region_RAM_start__ to __ICFEDIT_region_RAM_end__];
```

图 8.8　ICF 文件示例 2

```
define block CSTACK    with alignment = 8, size = __ICFEDIT_size_cstack__  { };
define block HEAP      with alignment = 8, size = __ICFEDIT_size_heap__    { };
```

图 8.9　ICF 文件示例 3

```
initialize by copy { readwrite };
do not initialize  { section .noinit };
```

图 8.10　ICF 文件示例 4

图 8.11 对所有的 sections 在地址空间中所处的位置进行了配置。首先将只读的异常向量表 .intvec 放置在 0x08000000 地址处，然后将余下的只读 sections 以任意顺序存放在 ROM 中，将可读/写的 sections 和栈、堆这些块以任意顺序存放在 RAM 中。

```
place at address mem:__ICFEDIT_intvec_start__ { readonly section .intvec };

place in ROM_region    { readonly };
place in RAM_region    { readwrite,
                         block CSTACK, block HEAP };
```

图 8.11　ICF 文件示例 5

上述就是一个基本 ICF 配置文件的全部内容。

8.2.7 图形化工具 ICF Editor 的使用

除了手工撰写 ICF 文件来完成链接器配置之外，EWARM 5.xx 还为用户提供了界面友好的图形化工具 ICF Editor，用于编辑 ICF 文件的一些基本选项。使用方法如下：

① 选择 Project→Options 菜单项，单击 Linker 下的 Config 标签，在 Config 选项卡选中 Override default 复选框，输入 ICF 文件名和所在路径，再单击 Edit 按钮，如图 8.12 所示。

② 在 Linker configuration file editor 对话框中可以对异常向量表的起始地址、RAM/ROM 存储区域的起止地址、栈和堆的大小等数据进行配置，如图 8.13 所示。

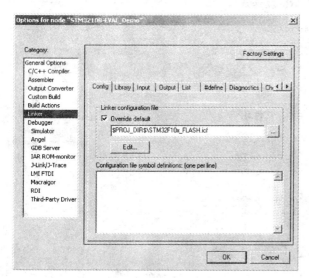
图 8.12 选择 ICF 文件

图 8.13 Linker configuration file editor 对话框

③ 配置完毕后单击 Save 按钮，设置的参数将写入指定的 ICF 文件。用户可以进一步手工编辑该文件以完成其他配置。

8.3 有关版本迁移的其他信息

如果在 EWARM 5.xx 中直接打开 EWARM 4.xx 所创建的工程文件，则系统会弹出对话框询问是否自动将其转换成 5.xx 的工程文件。确定后，EWARM 4.xx 的工程文件会转换成 EWARM 5.xx 的工程文件。当然，原先的 EWARM 4.xx 工程文件也会自动生成一个备份。注意，原先工程文件的某些配置信息无法自动带入 EWARM 5.xx 工程，如链接器配置文件的路径等。因此请仔细检查相关的编译、汇编或链接选项，确保它们具有正确的设置。

在 EWARM 5.xx 版本中，默认的程序入口符号——Program Entry 由原先的 __program_start 更改为 __iar_program_start。因此，对于旧的 4.xx 汇编代码而言，需要更改这个入口符号名。当然，也可以在 EWARM 5.xx 的 Linker 配置选项中修改默认的 Program Entry。

EWARM 4.xx 版本中，在 Linker 配置选项的 Output 和 Extra Output 选项卡中都可以选择生成除 UBROF 格式之外的其他格式输出文件。但在 EWARM 5.xx 中，Linker 只能生成 ELF/DWARF 格式的输出文件。若需要 Motorola S-Record、Intel HEX 或简单 Binary 等其他格式的文件，则可在 Output Converter 配置选项中设置。

在从 EWARM 4.xx 向 5.xx 版本的迁移过程中，除了需要更改链接器配置文件之外，可能还需要根据应用程序的具体情况对某些其他方面做修改，如 C/C++ 源代码和汇编语言源代码等，必要时请参考 IAR Embedded Workbench for ARM 5.xx 附带的 Migration Guide 文档。

第 9 章

C 与汇编的混合编程

C 语言作为一门特殊的高级语言,有许多优点是其他语言所不能比拟的。但是在某些情况下,比如对系统的硬件进行直接操作或者对过程的时序要求较为严格时,可能仍然需要汇编语言或 C 语言与汇编语言混合编程。

每种开发语言都有其优势与不足。表 9.1 是 C 语言和汇编语言的优劣对比。

表 9.1 C 语言和汇编语言的优劣对比

汇编语言	C 语言
+ 可以完全掌控资源的使用情况	− 对资源的使用情况仅有有限的控制权
+ 适用于小型程序的紧凑、快速的代码	− 对于小型程序代码松散、速度较慢
− 大型程序中效率不高	+ 大型程序中效率很高
− 代码难于阅读	+ 结构化的代码
− 难于维护和后续开发	+ 易于维护和后续开发
− 难于移植	+ 便于移植

注:+ 表示优势,− 表示不足。

本章主要以 AVR 和 MSP430 系列单片机为例,阐述 IAR 环境下汇编语言与 C 语言混合编程的接口技术、函数调用功能的实现等。有关 ARM 处理器混合编程的相关内容在各种传播途径都有广泛介绍,在此不再赘述。

9.1 AVR 单片机 C 语言与汇编语言的混合编程

本节讲述如何设置和使用 IAR 编译器,以实现 AVR 单片机的 C 语言和汇编语言混合编程。通过混合编程,开发人员可以在 C 语言的便捷和汇编语言的高效间得到最佳组合。

本节具体内容包括使用 C 语言控制整个程序的流程、实现主程序,以及使用汇编模块实现对时间要求严格的 I/O 功能,主要有以下内容:

➢ C 函数和汇编函数间传递变量;
➢ C 代码调用汇编函数;

- 汇编代码调用 C 函数;
- 使用汇编语言编写中断函数;
- 在汇编代码中访问全局变量。

9.1.1 在 C 语言函数和汇编语言函数间传递变量

使用 IAR 开发环境开发 AVR 程序时,寄存器文件按照图 9.1 所示进行分段。

临时寄存器(Scratch registers)在函数调用期间不被保护,用于在函数间传递变量和保存返回值。局部寄存器(Local registers)在调用期间被保护,Y 寄存器(R28:R29)作为 SRAM 中的数据栈指针。

当一个函数被调用时,将要传递给该函数的参数存放在寄存器文件(即寄存器组)R16~R23 中。当函数返回一个值给其调用者时,该值保存在寄存器文件 R16~R19 中。当然,具体的寄存器使用情况还要依据于参数和返回值的大小。

表 9.2 是调用一个函数时的参数分布示例,对于 IAR 支持的数据类型以及对应类型的大小请参见相关的 IAR 文档。

寄存器文件分段	
Scratch Registers	R0~R3
Local Registers	R4~R15
Scratch Registers	R16~R23
Local Registers	R24~R27
Data Stack Pointers(Y)	R28~R29
Scratch Register	R30~R31

图 9.1 寄存器文件分段

表 9.2 调用函数时的参数分布示例

函 数	参数 1	参数 2
func (char , char)	R16	R20
func (char , int)	R16	R20, R21
func (int , long)	R16 ,R17	R20, R21, R22, R23
func (long , long)	R16, R17, R18, R19	R20, R21, R22, R23

对如下 C 函数:

```
int get_port (unsigned char temp, int num)
```

当调用该函数时,1 字节的参数 temp 存放于 R16 中,两字节的参数 num 存放于寄存器组 R20~R21,函数的返回值存放在寄存器组 R16~R17 中。

若调用一个函数时需要传递 2 个以上的参数,则起始的 2 个参数按如上所述的方法传递,剩余的参数通过数据栈传递。如果调用一个函数的过程中,参数是结构体或者联合,则参数通过数据栈以相应指针的方式传递给函数。如果函数需要使用局部寄存器(local registers),则应当先将相关寄存器压入堆栈。另外,函数的返回值依据其容量大小存放在寄存器组 R16~R19 中。

9.1.2 C代码调用汇编函数

1. 没有参数且没有返回值

调用汇编函数的 C 代码如下：

```c
#include "ioavr.h"
extern void get_port(void);         /* Function prototype for asm function */
void main(void)
{
DDRD = 0x00;                        /* Initialization of the I/O ports */
DDRB = 0xFF;
while(1)                            /* Infinite loop */
{
get_port();                         /* Call the assembler function */
}
}
```

被调用的汇编函数如下：

```
NAME get_port
    #include "ioavr.h"              ; The #include file must be within the module
    PUBLIC get_port                 ; Declare symbols to be exported to C function
RSEG CODE                           ; This code is relocatable, RSEG
get_port:                           ; Label, start execution here
    in R16,PIND                     ; Read in the pind value
    swap R16                        ; Swap the upper and lower nibble
    out PORTB,R16                   ; Output the data to the port register
    ret                             ; Return to the main function
END
```

2. 有参数且有返回值

本例中 C 代码调用汇编代码函数。在调用前，1 字节的参数 mask 存放在 R16 中。汇编函数返回一个值并赋值给 C 变量 value，该返回值存放于 R16 中。

调用汇编函数的 C 代码如下：

```c
#include "ioavr.h"
char get_port(char mask);           /* Function prototype for asm function */
void C_task main(void)
{
```

```c
        DDRB = 0xFF
        while(1)                          /* Infinite loop */
        {
            char value, temp;             /* Decalre local variables */
            temp = 0x0F;
            value = get_port(temp);       /* Call the assembler function */
            if(value == 0x01)
            {                             /* Do something if value is 0x01 */
        PORTB = ~(PORTB);  /* Invert value on Port B   */
            }
        }
}
```

被调用的汇编函数如下：

```
NAME get_port
    #include "ioavr.h"              ; The #include file must be within the module
    PUBLIC get_port                 ; Symbols to be exported to C function

    RSEG CODE                       ; This code is relocatable, RSEG
get_port:                           ; Label, start execution here
    in    R17,PIND                  ; Read in the pinb value
    eor   R16,R17                   ; XOR value with mask(in R16) from main()
    swap  R16                       ; Swap the upper and lower nibble
    rol   R16                       ; Rotate R16 to the left
    brcc  ret0                      ; Jump if the carry flag is cleared
    ldi   r16,0x01                  ; Load 1 into R16, return value
    ret                             ; Return
ret0: clr R16                       ; Load 0 into R16, return value
    ret                             ; Return
    END
```

9.1.3 汇编代码调用 C 函数

假设汇编程序调用标准的 C 语言库函数 rand() 来得到一个随机数并输出到 I/O，则 rand() 函数会返回一个 16 bit 整型值。本示例中仅将返回值的低 8 bit 字节输出到 I/O。

```
NAME get_port
    #include "ioavr.h"              ; The #include file must be within the module
    EXTERN rand, max_val            ; External symbols used in the function
    PUBLIC get_port                 ; Symbols to be exported to C function
```

```
        RSEG CODE                      ; This code is relocatable, RSEG
get_port:                              ; Label, start execution here
    clr    R16                         ; Clear R16
    sbis   PIND,0                      ; Test if PIND0 is 0
    rcall  rand                        ; Call RAND() if PIND0 = 0
    out    PORTB,R16                   ; Output random value to PORTB
    lds    R17,max_val                 ; Load the global variable max_val
    cp     R17,R16                     ; Check if number higher than max_val
    brlt   nostore                     ; Skip if not
    sts    max_val,R16                 ; Store the new number if it is higher
nostore:
    ret                                ; Return
END
```

9.1.4 使用汇编语言编写中断程序

中断服务程序可以使用汇编语言来编写，但不允许传递任何参数，同时也不允许有返回值。中断会发生在程序执行中的任何时间，其必须把所有的寄存器保存于堆栈中。

当把汇编代码放在中断向量地址处时，一定要避免对 C 程序造成影响。中断服务程序的示例如下：

```
NAME EXT_INT1
#include "ioavr.h"
extern c_int1
COMMON INTVEC(1)                       ; Code in interrupt vector segment
ORG INT1_vect                          ; Place code at interrupt vector
    RJMP   c_int1                     ; Jump to assembler interrupt function
ENDMOD
;The interrupt vector code performs a jump to the function c_int1:
NAME c_int1
    #include "ioavr.h"
PUBLIC c_int1                          ; Symbols to be exported to C function
    RSEG CODE                          ; This code is relocatable, RSEG
c_int1:
    st     -Y,R16                      ; Push used registers on stack
    in     R16,SREG                    ; Read status register
    st     -Y,R16                      ; Push Status register
    in     R16,PIND                    ; Load in value from port D
    com    R16                         ; Invert it
```

```
    out     PORTB,R16            ; Output inverted value to port B
    ld      R16,Y+               ; Pop status register
    out     SREG,R16             ; Store status register
    ld      R16,Y+               ; Pop Register R16
    reti
END
```

9.1.5　汇编代码访问全局变量

以下示例程序中声明了全局变量 max_val。要在汇编代码中访问变量 max_val,则必须对该变量做如下声明:EXTERN max_val。为了访问变量 max_val,汇编函数使用了 LDS(从 SRAM 装载立即数)和 STS(保存立即数到 SRAM)指令。

```c
#include "ioavr.h"
char max_val;
void get_port(void);              /* Function prototype for assembler function */
void C_task main(void)
{
    DDRB = 0xFF;                  /* Set port B as output */
    while(1)
    {
        get_port();               /* Call assembly code function */
    }
}
```

```
NAME get_port
    #include "io8515.h"           ; The #include file must be within the module
    EXTERN rand, max_val          ; External symbols used in the function
    PUBLIC get_port               ; Symbols to be exported to C function

    RSEG CODE                     ; This code is relocatable, RSEG
get_port:                         ; Label, start execution here
    clr     R16                   ; Clear R16
    sbis    PIND,0                ; Test if PIND0 is 0
    rcall   rand                  ; Call RAND() if PIND0 = 0
    out     PORTB,R16             ; Output random value to PORTB
    lds     R17,max_val           ; Load the global variable max_val
    cp      R17,R16               ; Check if number higher than max_val
    brlt    nostore               ; Skip if not
    sts     max_val,R16           ; Store the new number if it is higher
nostore:
    ret                           ; Return
END
```

9.2 MSP430 单片机 C 语言与汇编语言的混合编程

C 语言与汇编语言的混合编程主要有 3 种方法：内部函数、直接嵌入及调用汇编模块。

9.2.1 调用内部函数

因为内部函数本身是由汇编语言实现的，所以调用内部函数本身就是在 C 语言中嵌入汇编语言。不过内部函数数量很少，只能实现特定的功能。这类函数在某些场合下十分有用，比如对时序要求严格的流程处理或者仅允许占用很少 CPU 时间的处理流程。

9.2.2 直接嵌入

使用__asm 或 asm 扩展关键字，例如：

```
bool flag;
void foo()
{
  while (! flag)
  {
    asm ("MOV.B &P1IN,&flag");
  }
}
```

这种方法使用起来比较简单，但编译器仅是简单地将汇编语句嵌入到程序中，并不考虑其与前后语句是否匹配。因此，使用该方法可能造成程序不够健壮。同时，该方法有如下限制：
- 编译器编译时依据所使用的优化级别，可能会忽略嵌入汇编语句或者不进行优化；
- 一些汇编指令不能嵌入；
- 不能访问局部变量；
- 不能声明语句标号。

不推荐使用这种方法。如果没有内部函数可以使用，则最好调用汇编模块来嵌入汇编程序。

9.2.3 调用汇编模块

调用汇编模块时有 3 点需要注意：
① 编写汇编模块时，必须严格遵从调用规则。
② 必须在汇编模块中把函数声明为 PUBLIC。
③ 调用时，或者将汇编函数声明为 extern，或者为汇编模块编写头文件。

编译器编译时,会按照一定的规范将函数的参数放在寄存器中或者压入堆栈中,因此,编写汇编程序时,必须按照此规范来获取传入的参数。函数返回值时也是如此。

使用时,通常将 MSP430 内部的寄存器分为 2 组:

(1) 临时寄存器

可用作临时寄存器的有:
- CPU 寄存器 R12~R15;
- CPU 寄存器 R11:R10:R9:R8 组合传递一个 64 位参数时。
- 用于返回地址的寄存器;

临时寄存器有点像局部变量,每一级函数都可以任意使用。因此,如果在调用下一级函数后还想使用这些寄存器中的值,则必须在调用前保存这些值,以便将来使用时能够恢复。

(2) 受保护寄存器

CPU 寄存器 R4~R11 在不作为返回地址寄存器时是受保护寄存器。当 R11:R10:R9:R8 组合传递一个 64 位参数时,这 4 个寄存器不需要保护。每一级函数都可以使用受保护的寄存器,但在使用前必须保存它们的值,并在退出函数前将这些值恢复。

参数传递可以通过寄存器或者堆栈进行,通过寄存器传递参数的效率比较高。所以,编译器被设计成尽量通过寄存器传递参数。由于可以使用的寄存器有限,如下 3 类参数只能通过堆栈传递:结构和联合类型、double 类型、参数不确定函数的参数。

寄存器传递参数的规范如下:
- 第一个参数使用 R12(8、16 位参数)或 R13:R12(32 位参数);
- 第二个参数使用 R14(8、16 位参数)或 R15:R14(32 位参数);
- 如果有更多的参数,则使用堆栈;
- 64 位的参数使用 R15:R14:R13:R12 或 R11:R10:R9:R8。

用堆栈传递参数比较简单。堆栈的结构如图 9.2 所示。

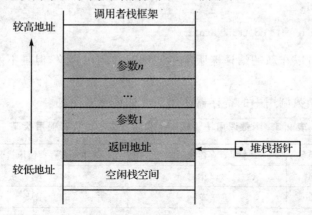

图 9.2 通过堆栈传递参数

参数入栈是按照函数声明的顺序从右向左进行的,先压入最右边的参数,然后依次向左入栈。最左边的两个参数如果无法用寄存器传递,那么也压入堆栈。

函数的返回值通过寄存器传递,规则如下:
- 返回值为 8 位或 16 位时使用寄存器 R12,如 unsigned char、指针类型;
- 返回值为 32 位时使用寄存器 R13:R12,如 float 类型;
- 返回值为 64 位时使用寄存器 R15:R14:R13:R12 或 R11:R10:R9:R8;
- 返回值为结构、数组或者联合时使用寄存器 R12,返回指向它们的指针。

9.2.4 新的函数调用协议

前述内容是现行的主流资料,但对于新的 IAR EW430 开发环境而言,这些内容中的一小部分已有所更新。下面对更新的部分进行介绍。

新版的 IAR 编译器支持两种版本的函数调用协议(calling convention)。所谓函数调用协议,是指程序中一个函数调用另外一个函数的方法。正常情况下,编译器会自动处理与函数调用协议相关的事项。但是,如果一个函数使用汇编语言编写,则我们必须知道这个函数的参数如何传递、通过什么途径传递、如何返回调用程序以及如何传递返回值等。

同时,了解在汇编级别的流程中哪些寄存器需要保护是十分重要的。如果程序保护过多的寄存器,则导致程序的效率低下;如果没有进行完整的寄存器保护,则会导致执行结果错误。

MSP430 IAR C/C++编译器提供两种版本的函数调用协议——版本 1 和版本 2:
- 函数调用协议版本 1 广泛使用于 1.x、2.x 和 3.x 系列版本的编译器中;
- 函数调用协议版本 2 则由 4.x 系列版本的编译器引入,采用新的函数调用协议将提高函数调用的效率。

声明和定义函数时可以明确指明函数调用协议的版本,但是通常不需要这么做,除非使用汇编语言编写函数。开发人员可以使用__cc_version1 关键字和__cc_version2 关键字来指定函数调用的版本,例如:

extern __cc_version1 void doit(int arg);

需要注意的是,可以在新的编译器版本中使用旧的调用协议,但是不能在旧版本中使用新的调用协议。

另外,两种版本函数调用中的寄存器使用状况如表 9.3 所列。

表 9.3 函数调用协议版本 1 和版本 2 的寄存器使用状况

参数类型	版本 1 寄存器使用状况	版本 2 寄存器使用状况
8-bit	R12、R14	R12~R15
16-bit	R12、R14	R12~R15

续表 9.3

参数类型	版本 1 寄存器使用状况	版本 2 寄存器使用状况
20-bit	R12、R14	R12~R15
32-bit	(R13:R12)、(R15:R14)	(R13:R12)、(R15:R14)
64-bit	(R15:R14:R13:R12)	(R15:R14:R13:R12)
	(R11:R10:R9:R8)	(R11:R10:R9:R8)

对于版本 1：第一个参数使用 R12(8、16 位参数)或 R13:R12(32 位参数)。
第二个参数使用 R14(8、16 位参数)或 R15:R14(32 位参数)。
如果有更多的参数,则使用堆栈。
对于版本 2：第一个参数使用第一个空闲的寄存器,从 R12 开始分配。
如果 R12~R15 都分配完,则使用堆栈。

9.2.5 实例分析

下面举一个完整的例子来分析一下上述内容。汇编部分的程序按函数调用的版本不同分成两个部分,C 语言程序是一样的。asm.s43 的功能是计算 arg1＋arg2＋arg3＋arg4 并返回其和。由于函数调用版本不一致,所以寄存器的使用状况也不一样,从而汇编函数的实现也不相同。

对于版本 1：

```
/*---------汇编头文件 asm.h----------*/
__cc_version1 unsigned char Func1(unsigned char arg1,unsigned char arg2,
                    unsigned char arg3,unsigned char arg4);
/*---------汇编文件 asm.s43---------*/
PUBLIC Func1
Func1:
    ADD.B    R14,R12
    ADD.B    0x2(SP),R12
    ADD.B    0x4(SP),R12
RET
END
```

对于版本 2：

```
/*---------汇编头文件 asm.h----------*/
unsigned char Func1(unsigned char arg1,unsigned char arg2,
            unsigned char arg3,unsigned char arg4);
```

/*---------汇编文件 asm.s43---------*/
PUBLIC Func1
Func1:
  ADD.B R14,R12
  ADD.B R13,R12
  ADD.B R15,R12
  RET
END
/*--------------C文件 main.c----------*/
#include "asm.h"
int main(void)
{
 unsigned int iq0 = 1,iq1 = 2,iq2 = 3,iq3 = 4,iq4;
 iq4 = Func1(iq0,iq1,iq2,iq3);
 return 0;
}

分析一下编译完成后 main.c 所转换成的汇编语言文件，有助于理解调用汇编的过程。在项目 Options 选项的 C/C++ compiler→list 选项卡中，选择 Output assembler file 复选框。如果希望在生成的汇编文件中包含 C 代码作为注释，可以同时选择 Include source 复选框。编译程序，则项目所在目录的 Debug\List 子目录下将会出现 main.s43 文件。打开该文件，版本 1 的结果：

```
        NAME main
        RSEG CSTACK:DATA:SORT:NOROOT(0)
        EXTERN ? longjmp_r4
        EXTERN ? longjmp_r5
        EXTERN ? setjmp_r4
        EXTERN ? setjmp_r5
        PUBWEAK ? setjmp_save_r4
        PUBWEAK ? setjmp_save_r5
        PUBLIC main
        EXTERN Func1
        RSEG CODE:CODE:REORDER:NOROOT(1)
main:
        MOV.W       #0x1, R12
        MOV.W       #0x2, R14
```

```
        MOV.W          #0x3, R13
        MOV.W          #0x4, R15
        PUSH.B         R15
        PUSH.B         R13
        CALL           #Func1
        MOV.B          R12, R15
        MOV.W          #0x0, R12
        ADD.W          #0x4, SP
        RET
        RSEG CODE:CODE:REORDER:NOROOT(1)
? setjmp_save_r4:
        REQUIRE ? setjmp_r4
        REQUIRE ? longjmp_r4
        RSEG CODE:CODE:REORDER:NOROOT(1)
? setjmp_save_r5:
        REQUIRE ? setjmp_r5
        REQUIRE ? longjmp_r5
        END
```

版本 2 的结果：

```
NAME main
        RSEG CSTACK:DATA:SORT:NOROOT(0)
        EXTERN ? longjmp_r4
        EXTERN ? longjmp_r5
        EXTERN ? setjmp_r4
        EXTERN ? setjmp_r5
        PUBWEAK ? setjmp_save_r4
        PUBWEAK ? setjmp_save_r5
        PUBLIC main
        EXTERN Func1
        RSEG CODE:CODE:REORDER:NOROOT(1)
main:
        MOV.W          #0x1, R12
        MOV.W          #0x2, R13
        MOV.W          #0x3, R14
        MOV.W          #0x4, R15
        CALL           #Func1
        MOV.B          R12, R15
```

```
                MOV.W           #0x0,R12
                RET
                RSEG CODE:CODE:REORDER:NOROOT(1)
?setjmp_save_r4:
                REQUIRE ?setjmp_r4
                REQUIRE ?longjmp_r4
                RSEG CODE:CODE:REORDER:NOROOT(1)
?setjmp_save_r5:
                REQUIRE ?setjmp_r5
                REQUIRE ?longjmp_r5
                END
```

对比这两个 main.s43 文件可以看出，函数调用版本 2 确实要比版本 1 更为高效。因为版本 2 实际上实现了尽可能使用寄存器进行传递这一原则，从而减少了堆栈的使用次数，提高了效率。

图 9.3 是对应于函数调用协议 1 的函数调用示例程序的执行状态截图，图中状态为汇编语言函数执行至 RET 语句时的堆栈和寄存器状况。可以明显看出寄存器 R13 和 R15 被压入堆栈。图 9.4 对应于函数调用协议 2 的函数调用示例程序的执行状态截图，图示为汇编语言函数执行至 RET 语句时的堆栈和寄存器状况。从图中可以看出没有寄存器被压入堆栈。

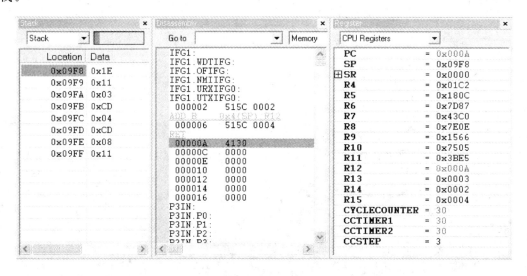

图 9.3　函数调用协议版本 1 示意

读者可以仔细研究这两个文件，其对于理解调用汇编模块的过程十分有帮助。对于任何厂商的任何 MCU 或者是 IAR 的任意版本，在编写混合语言程序的时候，可以使用如下方法

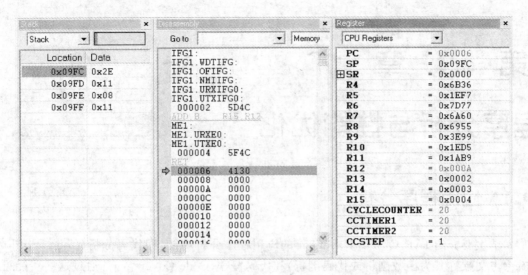

图 9.4　函数调用协议版本 2 示意

来得到语言接口：先编写一个很简单的 C 程序，保证使用的参数和返回值都与将来要编写的汇编语言程序一致，通过编译器将其转变为汇编语言程序。这样，将来要编写的汇编语言程序与 C 语言程序之间的接口就包含在转变好的汇编语言程序中，剩下的工作只要在这段汇编语言程序中找出保存变量的寄存器，添加自己编写的内容就可以了。

第 10 章

程序分析与性能优化

10.1 应用程序分析

本节主要介绍 IAR C-SPY Debugger 的应用程序分析功能,即代码分析(Code Profiling,也有参考文献称其为函数刨析或代码剖析)和代码覆盖(Code Coverage)。通过这些功能可以找出应用程序的瓶颈以及对应用程序的测试覆盖进行分析,以方便用户对程序进行优化。但是,并非所有的 C-SPY 驱动都支持代码分析和代码覆盖,应用时须查阅所用驱动的文档说明。IAR C-SPY Simulator 是支持代码分析和代码覆盖的。

10.1.1 函数级刨析

对于一个给定的触发信号,C-SPY 刨析器(Profiler)可以帮助用户找出程序运行过程中耗时最长的函数。用户应当集中精力对这些函数进行优化。一个简单的函数优化方法就是使用速度优化。另外,用户也可以将函数移至使用高效寻址方式的存储器中运行。

刨析窗口用于显示刨析信息,即应用程序中函数的时序信息。默认情况下,刨析窗口为关闭状态。打开刨析窗口后,只有明确使用工具栏中的 按钮,刨析功能才会启用。刨析功能启用后将保持开启状态直至将其关闭。注意,关闭刨析窗口不等同于关闭刨析功能。当用户关闭刨析窗口时,系统会弹出如图 10.1 所示的对话框,以提示用户是否停止刨析功能。

C-SPY 刨析器会测量从进入函数到从函数返回所用的时间,这表明函数消耗的时间不会增加直到从函数返回或者别的函数被调用。当用户在函数内单步调试时要注意这点。关于 Profiling 窗口的详细信息,请参阅 IAR 文档的 Profiling window 部分。

1. 使用刨析器

在使用刨析窗口(Profiling Window)前,用户必须使用如表 10.1 所列的设置来创建应用程序。

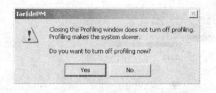

图 10.1　关闭刨析窗口时的系统提示

表 10.1　启用刨析器的项目参数设置

项目配置选项 Category	设置 Setting
C/C++ Compiler	Output→Generate debug information
Linker	Format→Debug information for C-SPY
Debugger	Plugins→Profiling

应用程序创建完毕后，启动 C-SPY 调试器，并选择 View→Profiling 菜单项，打开如图 10.2 所示的 Profiling 窗口，单击 Activate 按钮启动刨析器。注意，如果没有在项目配置中启用 Profiling 插件，则 View 菜单下的 Profiling 菜单项将不可用。

Function	Calls	Flat Time (cycles)	Flat Time (%)	Accumulated Tim...	Accumulated Tim...
Outside main	0	70	27.67	70	27.67
__DebugBreak	0	0	0.00	0	0.00
__dwrite	0	0	0.00	0	0.00
__exit	0	0	0.00	0	0.00
__low_level_init	1	0	0.00	0	0.00
__segment_init	1	0	0.00	0	0.00
__write	0	0	0.00	0	0.00
_exit	0	0	0.00	0	0.00
do_foreground_p...	0	0	0.00	0	0.00

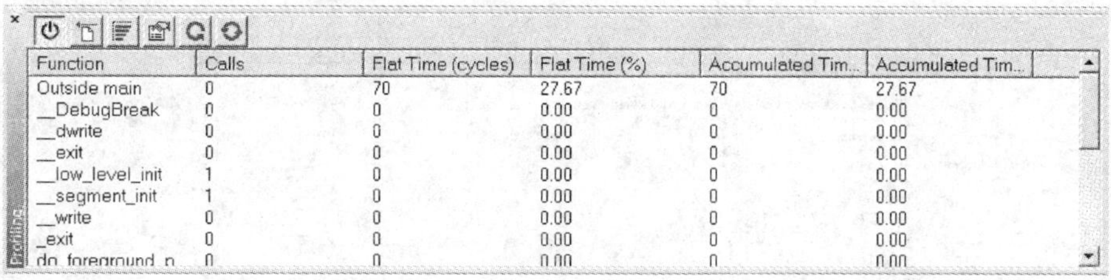

图 10.2　Profiling 窗口

单击 Clear 按钮，或者在刨析器窗口中右击，在弹出的级联菜单中选择 New Measurement 项，则刨析器开始新的采样。

全速运行程序。当程序停止运行时，比如触发了断点或运行到了程序出口，单击 Refresh 按钮，则当前程序所有函数运行的刨析记录结果将在 Profiling 窗口中显示。

另外，用户也可以使用 Auto refresh 按钮来自动刷新刨析记录。单击 Auto refresh 按钮后，当程序停止运行时，刨析记录结果将自动在 Profiling 窗口中显示。

2. 查看图表

单击刨析窗口中某列的表头，则可以依据该列的内容按照值的大小升序或降序对全部的列表信息进行整理。

列表中的灰色部分表示该函数被一个不含源代码的函数（编译内容不含调试信息）所调用。当一个函数被不含有自身源代码的函数调用时，如库函数，将不进行耗时测量。

在列表中总会有一个名为 Outside main 的条目，用于显示不能被归入列表中任何函数的耗时计时。Outside main 主要用于对不包含调试信息的编译代码计时间，例如，所有的启动代码（Startup Code）、退出代码（Exit Code）以及 C/C++库代码。

单击刨析窗口中的 Graph 按钮，则可以将以百分比形式显示的列项目在数值和条状图间切换，如图 10.3 所示。

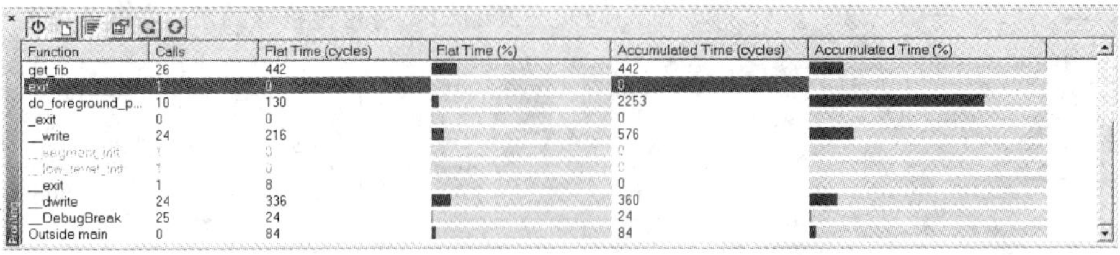

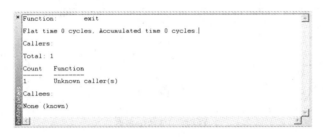

图 10.3　Graphs 状态下的 Profiling 窗口

单击 Show details 按钮，则弹出如图 10.4 所示的 Profiling Detailes 对话框。该对话框中将显示 Profiling 窗口列表中被选择函数的 callers（调用者）、callees（被调用者）以及其他详细信息。

图 10.4　Profiling Detailes 对话框

3. 产生报告

要产生刨析内容报告，则只需在 Profiling 窗口右击，在弹出的快捷菜单中选择 Save As 命令即可。刨析窗口中的内容将保存为一个文件。

10.1.2　代码覆盖

代码覆盖功能可以帮助用户确认是否所有程序代码都得到执行。当用户设计测试流程来确保代码中的所有部分都得到执行时，代码覆盖功能非常有用。该功能也可以帮助用户找出程序代码中是否有不能被执行到的部分。

1. 代码覆盖分析

在调试状态下，选择 View→Code Coverage 菜单项，则可以打开 Code Coverage 窗口。该窗口用于显示当前的代码覆盖分析状态报告，即代码的哪一部分在分析开始后至少被执行了一次。

IAR C/C++编译器在应用程序的每条语句以及每个函数调用处以步点（Step Point）形式生成详细的步进信息（Stepping Information）。代码覆盖分析状态报告包含了所有模块和函数的步进信息，以百分比形式统计了所有已被执行的步点数量，并列出了所有未被执行至程序停止点的步点。代码覆盖分析功能启用后将保持运行,直至将其关闭。

关于 Code Coverage 窗口的详细信息,请参阅 IAR 文档的 Code Coverage Window 部分。

在使用代码覆盖窗口(Profiling Window)前,用户必须使用如表 10.2 所列的设置来创建应用程序。

表 10.2 启用代码覆盖的项目参数设置

项目配置选项 Category	设置 Setting
C/C++ Compiler	Output→Generate debug information
Linker	Format→Debug information for C-SPY
Debugger	Plugins→Code Coverage

应用程序创建完毕后,启动 C-SPY 调试器,并选择 View→Code Coverage 菜单项,则打开 Code Coverage 窗口,单击 Activate 按钮开启代码覆盖分析器,如图 10.5 所示。注意,如果没有在项目配置中启用 Code Coverage 插件,则 View 菜单下的 Code Coverage 项将不可用。

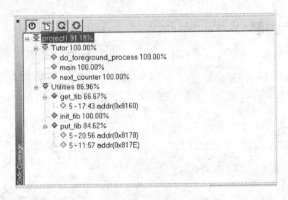

图 10.5 Code Coverage 窗口

代码覆盖窗口中的按钮功能与刨析窗口相同。

2. 查看图表

代码覆盖窗口以逻辑树结构显示代码覆盖信息(Code Coverage Information)。例如,程序(Program)、模块(Module)、函数(Function)和步点(Step Point levels)等信息。窗口中的十号图标和一号图标分别表示用户可以展开或收起对应的树结构。

以下的图标用于给用户一个当前总体状态的综览:

◆这是红色菱形图标,表示 0% 的代码被执行;

◆这是绿色菱形图标,表示 100% 的代码被执行;

◈ ◆这是红绿色菱形图标,表示部分代码被执行;

◇这是黄色菱形图标,表示有一个步点未被执行。

每个程序、模块和函数行尾部的百分数显示了到目前为止被覆盖的代码数量,即总步点数中被执行的步点数量。

对步点(Step Point)行而言,显示的信息是源代码窗口中的列号范围和行号,其后是相应步点的地址,格式如下:

<column start> - <column end>:row

只要一个步点的某一条指令被执行,就认为该步点被执行过。当一个步点被执行后,将从窗口中删除。

双击代码覆盖窗口中的步点或函数,则光标自动跳至源代码窗口中该步点或函数所在的位置。双击程序级的模块将展开或收起树结构。

标题栏的星号(*)表明 C-SPY 正在持续运行,当前 Code Coverage 窗口需要刷新。因为 Code Coverage 窗口当前显示的信息已经不再是最新状态。要更新信息,则使用 Refresh 命令。

3. 代码中被显示的部分

代码覆盖窗口只显示带有调试信息的已编译语句。因而,启动代码(Startup Code)、退出代码(Exit Code)和库代码(Library Code)不会在窗口中显示。此外,内联函数语句的覆盖信息不会显示,只是包含内联函数调用的语句被标记为已执行。

4. 产生报告

要产生刨析内容报告,只需在 Code Coverage 窗口右击,在弹出的快捷菜单中选择 Save As 命令即可。代码覆盖窗口中的内容将保存为一个文件。

10.2 调整 IAR Embedded Workbench 以获取最佳性能

10.2.1 优化设置——代码容量与速度

在 IAR Embedded Workbench 中可以对整个应用或个别的文件指定优化类型和优化级别。在源代码中,用户可以使用 #pragma 优化命令来对应用或文件、甚至个别的函数进行优化。

优化的目的是减少代码的容量(Code Size)和提高执行速度(Execution Speed)。当只能满足两者之一时,编译器将依据用户的设置区分优先次序。

用户可以使用不同的优化设置进行多次尝试,以找出最佳的优化效果。例如,事实证明,虽然函数内联在速度优化上更有主动性，但是在速度优化中使用函数内联比在容量优化中使用函数内联更有利于减小某些程序的容量。

对于 IAR Embedded Workbench IDE 的各种目标处理器版本来说，其工程选项配置中 C/C++ Complier 项的 Optimization 选项卡中有适用于相应处理器的优化设置选项，如图 10.6～图 10.8 所示。

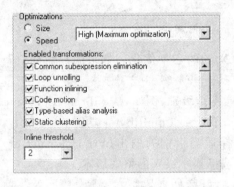 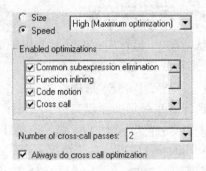

图 10.6　IAR for ARM Optimization　　　图 10.7　IAR for AVR Optimization

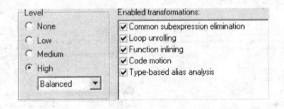

图 10.8　IAR for MSP430 Optimization

10.2.2　存储模型选择

在满足应用要求的情况下，尽可能选择最小的存储模型（Memory Model），这样可以获得如下好处：

➢ 更短的地址位数；
➢ 更短的指令位数；
➢ 更少位数的指针；
➢ 更高的效率；
➢ 更少的代码。

存储模型设置界面实例如图 10.9 及图 10.10 所示。

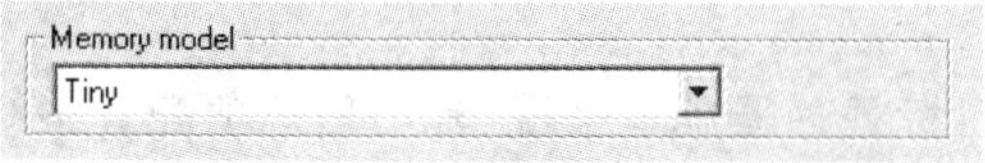

图 10.9　IAR for AVR Memory Model 相关设置 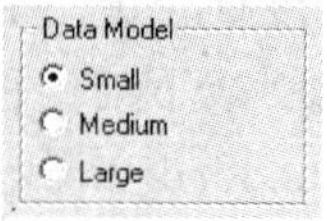　　图 10.10　IAR for MSP430 Data Model 相关设置

10.2.3　运行库设置

默认情况下,运行库在编译时使用了最高级别的的容量优化。如果用户需要进行速度优化,则需重新创建对应的库。

用户可以按实际需求选择恰当的标准库功能支持级别,例如,从 Library Configuration 选择卡中选择适当级别的库以支持 locale、file descriptors 和 multibytes 功能。

依据需求,从 Library Options 选项卡中选择适当级别的输出(Printf formatter)和输入(Scanf formatter)格式。默认情况下,系统没有选择最小级别的格式版本。

对于 IAR Embedded Workbench IDE 的各种目标处理器版本来说,其工程选项配置中 General Options 项的 Library Configration 选项卡中有适用于相应处理器的运行库设置选项,如图 10.11～图 10.13 所示。

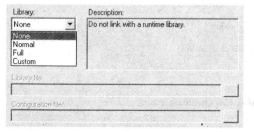　　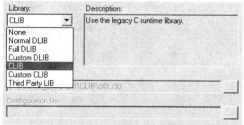

图 10.11　IAR for ARM 运行库相关设置　　图 10.12　IAR for AVR 运行库相关设置

图 10.13　IAR for MSP430 运行库相关设置

10.2.4 数据类型选择

数据类型(Data types)对代码的容量以及执行速度具有很大影响,用户在使用时需注意以下事项:
- 尽可能使用最小的数据类型;
- 尽可能使用无符号 char 类型;
- 允许编译器使用位操作来替代算术运算。

数据类型设置的相关界面实例如图 10.14 及图 10.15 所示。

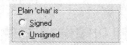

图 10.14　double 数据类型设置　　　　图 10.15　char 数据类型设置

10.2.5 目标处理器专有设置

用户可以适当配置目标处理器专有设置(Target-specific options)以提高其性能,例如:
- Efficient addressing modes (高效的寻址模式);
- efficient memory accesses(高效的存储器访问);
- Locking registers for constants/variables(为常量或变量锁定寄存器);
- more efficient code for operations on registers than on memory(操作寄存器比存储器高效);
- Even align functions entries(偶对齐函数入口);
- even aligned instructions gain speed(偶对齐的指令提升速度);
- Byte align objects(字节对齐目标);
- requires less memory for storage but might give bigger code(存储时使用较少的空间,但是可能增大代码)。

目标处理器专有设置示例如图 10.16 所示。

10.3　为嵌入式应用编写高效率代码

对于嵌入式系统来说,编译器所产生的代码和数据的大小非常重要。使用较小的外部扩展存储器或片内存储器不仅可以节约成本,同时可以降低系统的功耗。本节通过结合高效编程的要点来介绍如何合理利用编译器的优化功能,从而得到简洁高效的代码。

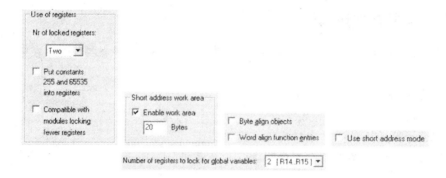

图 10.16 目标处理器专有设置示例

10.3.1 合理利用编译系统

编译器在很大程度上决定了应用程序可执行代码的大小,会对应用程序进行多种变换,以便生成尽可能优化的代码。这些变换包括使用寄存器而不用存储器来保存数据、移除多余的代码、使用更高效的逻辑流程重新排列计算顺序以及使用更低开销的操作替代算数运算等。

优化后的代码不仅可以提升处理器的性能,而且可以减少代码容量。在函数执行时,如果局部变量或者参数可以放到寄存器中,那么就不必给它们分配 RAM 空间。如果变量数量多于寄存器数量,则编译器就需要决定哪些变量放在寄存器中哪些放在存储器中。例如,在要求调用函数可以访问全局变量时,由于全局变量的改变对于所有函数是可见的,因此当调用其他函数时,全局变量必须写回到寄存器。

链接器是编译系统的一部分,因此有些优化操作是通过链接器实现的。例如,所有未使用的函数和变量将被剔除,不会包含到最终目标文件中。另外,用户所指定的存储器配置也用作链接器的输入参数。

1. 编译器的优化配置

IAR C/C++编译器允许用户指定优化的类型,即使用代码容量优化还是采用代码速度优化,每种优化都提供多个优化级别。优化的目的是减小代码长度和提高执行速度。当只能满足两者之一时,编译器将依据用户的设置区分优先次序。注意,某些情况下,使用一个优化项目可能会自动执行其他优化项目;当对一个应用程序进行优化时,有时使用速度优化可能会得到比使用容量优化更紧凑的代码。

通常情况下,用户只需要对整个项目或文件采用相同的优化设置,但有时需要对项目中不同文件采用不同的优化设置。例如,将需要快速运行的代码放入一个单独文件中并采用最高速度优化,其他代码则采用容量优化,这样可以有效减小代码长度,同时又可以得到足够快的执行速度。用户可以使用"#pragma optimize"预编译命令对一些具有特殊功能的函数进行最佳优化微调。例如,对时间有苛刻要求的函数。

使用高级别的优化将增加编译所需的时间,同时由于生成代码与源代码之间的关联度降低,可能增加调试难度。用户在任何时候出现调试困难时,应尝试用降低优化级别的方法加以改进。

2. 对优化变换进行微调

用户可以分别在每种优化级别中禁用若干项优化变换(transformations)。要禁用某种优化变换,可以使用适当的选项来实现,如--no_inline 和 Function inlining 可以禁止函数内联;也使用♯pragma optimize 预编译命令来实现。可选优化变换如下:

- Common sub-expression elimination(公共子表达式剔除);
- Loop unrolling(循环展开);
- Function inlining(函数内联);
- Code motion(代码迁移);
- Type-based alias analysis(基于类型的别名分析);
- Static clustering(静态群集);
- Instruction scheduling(指令调度);

1) Common subexpression elimination(公共子表达式剔除)

默认状态下,在优化级别 Medium 和 High 中,公共子表达式的不必要重复计算被剔除。该优化通常可以减小代码长度并提高执行速度,但可能造成调试困难。

注意,在优化级别 Low 和 None 中,没有此选项。

2) Loop unrolling(循环展开)

编译时可以确定循环次数的小循环将通过复制循环体来使用,以减小循环开销。该项优化操作可以在优化级别 High 中进行,以减少代码执行时间,但会增加代码长度,并且可能造成调试困难。

编译器试探性地决定哪些循环可以展开,当进行速度和容量优化时,编译器将使用不同的试探方法。

注意,在优化级别 Medium、Low 和 None 中,没有此选项。

3) Function inlining(函数内联)

函数内联是指将编译时已知其明确释义的简单函数嵌入到其调用函数的函数体内,以节省调用开销。本优化操作在优化级别 High 中被执行,通常可以减小代码执行时间,但将增加代码长度,并且可能导致调试困难。

编译器试探性决定哪些函数可以内联。当进行速度和容量优化时,编译器将使用不同的试探方法。

注意,在优化级别 Medium、Low 和 None 中,没有此选项。

4) Code motion(代码迁移)

循环不变量表达式和公共子表达式的赋值被迁移,以避免多余赋值操作。本优化将在优化级别 High 中进行,通常可以减小代码长度和执行时间,但可能导致调试困难。

注意，在优化级别 Low 和 None 中，没有此选项。

5）**Type - based alias analysis**（基于类型的别名分析）

符合 ISO/ANSI 标准的 C/C++ 应用程序只能通过如下类型的左值来访问对象：

➤ 对象声明类型的 const 或 volatile 限定版本；

➤ 与对象声明类型的 const 或 volatile 限定版本相一致的有符号或无符号类型；

➤ 一个在其成员中包含前面提到的类型之一的聚合或联合类型；

➤ 字符型。

默认情况下，编译器有权利假设对象只通过已声明的类型或 unsigned char 类型被访问。但是，在优化级别 High 中将使用基于类型的别名分析优化，这意味着优化器认为应用程序遵循 ISO/ANSI 标准，并依照上述规则来决定赋值中使用指针间接访问时受影响的对象。考虑如下的示例程序段：

```
short s;
unsigned short us;
long l;
unsigned long ul;
float f;
unsigned short * usptr;
char * cptr;
struct A
{
  short s;
  float f;
} a;
void test(float * fptr, long * lptr)
{ /* May affect: */
  * lptr = 0;           /* l, ul */
  * fptr = 1.0;         /* f, a */
  * usptr = 4711;       /* s, us, a */
  * cptr = 17;          /* s, us, l, ul, f, usptr, cptr, a */
}
```

由于只能以其声明的类型访问对象（或者其声明的类型限定版本，或者与其声明类型一致的 signed/unsigned 类型），并且假定指针 fptr 指向的对象不会受到指针 lptr 所指对象赋值的影响。这可能导致某些未完全遵循 ISO/ANSI 标准的程序发生异常。如下的程序示例可能不太恰当，但它演示了基于类型的别名分析优化的好处，以及不遵循 ISO/ANSI 标准的应用程序破坏上述规则时将出现的问题。

```
short f(short * sptr, long * lptr)
```

```
{
    short x = *sptr;
    *lptr = 0;
    return *sptr + x;
}
```

由于赋值语句"*lptr = 0"不会影响指针 sptr 指向的对象,优化器将假定返回语句中 *sptr 的值与函数开始处被赋值的变量 x 的值相同,从而剔除存储器访问,并返回"x << 1",而不是返回"*sptr + x"。又例如:

```
short fail()
{
    union
    {
        short s[2];
        long l;
    } u;
    u.s[0] = 4711;
    return f(&u.s[0], &u.l);
}
```

当该函数未能成功向函数 f 传递由 short 类型的指针和 long 类型的指针指向的相同对象的地址时,程序运行极有可能得不到预期结果。

注意,在优化级别 Medium、Low 和 None 中,没有此选项。

6) Static clustering(静态群集)

当该选项激活时,静态和全局变量将被重排以便将被同一函数访问的静态和全局变量靠近保存。这样使得编译器可以采用相同的基指针访问不同对象。变量之间的空白区域也将被剔除。

注意,在优化级别 Low 和 None 中,没有此选项。

7) Instruction scheduling(指令调度)

IAR C/C++编译器以能够增强生成代码性能的指令调度程序为特色。要实现这个目标,调度程序将对指令进行重新安排,使处理器内部资源冲突而导致的流水线停顿的数量减至最小。

注意,在优化级别 Medium、Low 和 None 中,没有此选项。

10.3.2 选择数据类型以及数据在存储器中的定位

为了高效地处理数据,用户应当考虑数据类型的使用以及最为高效的变量定位。

1. 使用高效的数据类型

用户应当仔细考虑所使用的数据类型,因为数据类型的选用对代码大小和执行速度有很大影响。选择数据类型需要注意以下几点:

- 为避免符号扩展或 0 扩展,尽量使用 int 或 long 类型的数据,而不要使用 char 或 short 类型。尤其对于循环索引(Loop Indexes)来说,其应当使用 int 或 long 类型,以使产生的代码最小化。此外,在 Thumb 模式下,通过堆栈指针(SP)的访问限制在 32 位数据类型,这进一步强调了使用上述数据类型的好处。
- 除非应用程序确实需要带符号数据,否则应尽量采用无符号数据类型。
- 尽量避免使用 64 位数据类型,如 double、long long 等。
- 位域(Bitfields)和压缩结构体生成的代码庞大且执行速度低下,因此,对时间要求苛刻的场合应避免使用。
- 从代码长度和执行速度两方面来说,在没有数学协处理器的微处理器上使用浮点数据类型将导致效率低下。
- 声明指向 const 数据类型的指针,可以告知调用函数其指向的数据不会改变,从而实现较好的优化。

在没有数学协处理器的微处理器上使用浮点数据类型将导致代码效率下降。ARM IAR C/C++编译器支持 32 位和 64 位两种浮点数格式。32 位浮点数据类型 float 的代码效率较高。64 位浮点数据类型 double 支持更高精度和更大的数值,但效率较低。除非应用程序确实需要很高的精度,建议采用 32 位浮点数。此外,在可能的情况下应尽量使用整型数据代替浮点型数据,这样可以进一步提高代码效率。

应当注意,源代码中的浮点常数将作为 double 类型对待,这将导致看起来没有任何问题的表达式以 double 类型处理。

下面的例子将 float 型数据 a 加 1 之后转换为 double 型数据,其结果又转换回 float 型。

```
float test(float a)
{
    return a + 1.0;
}
```

要将浮点常数作为 float 型数据而不是 double 型数据对待,则可以为其加一个 f 后缀,例如:

```
float test(float a)
{
    return a + 1.0f;
}
```

2. 以结构体方式重新安排元素

当 ARM 内核在存储器中访问数据时,要求数据必须对齐。因此,结构体成员要根据其类型进行对齐,这意味着如果结构体成员对齐不正确,则编译器必须插入空字节以满足对齐要求;然而网络通信协议通常规定数据类型之间没有空字节。另外,为了节省数据存储器,也要求数据之间没有空字节。

可以采用两种方法来解决上述问题。一是使用"♯pragma pack"预编译命令,这是一种解决问题的简单方法;其缺点是访问结构体中未对齐的成员将使用更多的代码。另一种方法是编写用户自己定制的结构体压缩和解压缩函数。这是一种更为轻便的方法,这种方法在函数之外不会生成多余代码;其缺点是要分别对压缩结构体数据和非压缩结构体数据进行处理。

3. 匿名结构和联合

声明结构体和联合体时不给出名称,则称为匿名结构体和联合体。它们的成员只有在其活动范围内可见。C++语言支持匿名结构体,而 C 标准不支持。在 IAR C/C++编译器中,如果启用了语言扩展功能,则可以在 C 语言中使用匿名结构体。

在 IAR Embedded Workbench 中,默认启用 language extensions。

使用 -e 编译器选项可以启用 language extensions。

下面的例子中,函数 f 可以访问匿名联合体的成员,而不需要明确地指定联合名:

```
struct s
{
  char tag;
  union
  {
    long l;
    float f;
  };
} st;
void f(void)
{
st.l = 5;
}
```

成员名在其活动范围内必须是唯一的。允许在文件范围内用匿名结构体和联合体作为全局变量、外部变量或静态变量。可使用这种方法声明 I/O 寄存器,例如:

```
__no_init volatile
union
{
```

```
unsigned char IOPORT;
struct
{
unsigned char way: 1;
unsigned char out: 1;
};
} @ 0x1234;
```

这里声明了一个 I/O 寄存器字节 IOPORT，其地址为 0x1234。I/O 寄存器中声明了两个位，way 和 out。注意，内部结构体和外部联合体都是匿名的。下面的例子说明如何使用这种方法声明的变量：

```
void test(void)
{
IOPORT = 0;
way = 1;
out = 1;
}
```

10.3.3 编写高效代码

本小节将介绍一些针对函数的通用编程要点，以使用户的应用程序更加健壮，同时降低编译器对代码进行优化的复杂度。

如下是一些编程技巧列表，使用这些技巧能够让编译器更好地优化应用程序。

- 尽量使用局部变量而不用静态和全局变量，因为此时优化器必须假设，例如，被调用的函数可能会修改非局部变量。
- 避免使用"&"操作符来获取局部变量地址；否则，代码效率不高。主要原因有两点：一是因为变量必须位于存储器中，因而不能被装入寄存器，从而导致代码长度增加和执行速度降低；另一点是优化器不再假定函数调用时不会影响局部变量。
- 尽量在模块内使用声明为静态的局部变量，而不使用全局变量。同时，避免获取频繁访问的静态变量的地址。
- 编译器能够内联函数。这意味着不使用函数调用，而是将函数体内容插入到函数被调用的地方。这样可以加快执行速度，但可能增加代码长度。另外，函数内联允许进一步优化。编译器经常对声明为 static 的小型函数进行内联。使用"♯pragma inline"预编译命令和 C＋＋关键字 inline 可以让应用程序开发人员进行细粒度控制（Fine-grained Control），这种方法比使用传统的处理器宏操作要好。由于受限于目标处理器的寄存器数量，过多的内联将导致应用程序性能下降。使用-- no_inline 命令行选项可以禁止内联。

> 避免使用内联汇编(Inline Assembler),尽量使用 C/C++本征函数,或者使用汇编语言单独编写一个模块文件。

1. 节省堆栈空间和 RAM 存储器

如下是一些编程技巧列表,使用这些技巧能够节省存储器和堆栈空间。

> 如果堆栈空间有限,则应避免使用长调用链和递归函数。
> 将短生存期变量声明为自动变量。当这些变量的生存期结束时,它们占用的存储空间可以被重新使用。声明为全局的变量,在整个程序执行期间都会占用数据存储空间。使用自动变量时应注意不要超过堆栈的容量限制。
> 避免向函数传递过大的非标量参数,如结构体等,以节省堆栈空间。用户应改为传递指针,或者在 EC++中传递引用。

2. 函数原型

可以使用如下两种不同的方法来声明和定义函数:

> Prototyped;
> Kernighan & Ritchie C (K&R C)。

C 语言标准同时支持这两种函数声明和定义的类型。推荐使用原型方式,这样可以使编译器更容易发现代码中的问题。另外,使用原型方式可以生成更加高效的代码,因为此时不需要类型提升(Implicit Casting)。K&RC 方式仅出于兼容性目的时才去使用。

欲使编译器核实所有函数都有适当的原型,可以使用编译器选项-- require_prototypes。

(1) 原型方式

采用原型方式进行函数声明和定义时,必须指定每个参数的类型,例如:

```
int test(char, int); /* declaration */
int test(char a, int b) /* definition */
{
    .....
}
```

(2) Kernighan & Ritchie C 方式

使用 K&R C 方式——传统的准 ISO/ANSI C 时不能声明函数原型,在函数声明部分使用空参数表。采用 K&R C 方式进行函数声明和定义时,不必指定每个参数的类型,例如:

```
int test();   /* old declaration */
int test(a,b) /* old definition */
char a;
int b;
{
    .....
}
```

3. 整数类型和位取反

当产生结果的语句涉及不同容量、不同逻辑运算的赋值或条件表达式时，整数类型及其转换规则可能导致无法预知的行为，尤其是位取反时。这里的类型包括了常数类型。

某些情况下可能产生警告信息（如条件常数或无意义比较等），其余情况下则可能出现非预期结果。有时，编译器只有在较高优化级别下才会产生警告，例如，编译器依赖于优化过程来识别一些常数条件式的事例。

假设在如下的示例中，字符为 8 bit、整数为 32 bit，使用 two's complement：

```
void f1(unsigned char c1)
{
    if (c1 == ~0x80)
        ;
}
```

这里，测试条件总为假，即 if 语句的条件总是得不到满足。表达式右边，0x80 为 0x00000080，~0x00000080 变为 0xFFFFFF7F。表达式左边，c1 是一个 8 bit 无符号字符型数据，其值不会超过 255，也不能为负数，因此其整型提升值永远不会使高 24 位置 1。

4. 变量同时访问保护

被多线程访问的变量，如从主函数或中断函数访问时，必须进行适当的标记和充分的保护，除非该变量永远为只读。

要适当标记一个变量，可以使用关键字 volatile。这将通知编译器，该变量可能被其他线程访问而改变。编译器将避免对该变量进行优化（如在寄存器中保持该变量的值），不会延迟对其写入，并且仅按源程序指定的次数对其访问。

在可被中断的代码（Interruptible Code）中使用关键字 __monitor 可以实现访问变量的流程不被中断。另外，必须对读/写流程同时使用关键字 __monitor；否则，可能最终读取到的是只有部分被更新的值。

这一点对各种长度的变量都适用。访问字节（byte-sized）变量可以是原子操作（Atomic Operation），但不能保证一定如此，用户不应当对其依赖除非不断检查编译器的输出。保证访问流程为原子操作的安全方法是使用 __monitor 关键字。

5. 保护 EEPROM 的写入机制

使用 __monitor 关键字保护 EEPROM 写入机制是一个 __monitor 关键字的典型应用实例，它可以用于双线程（如主函数和中断函数）。如果在 EEPROM 写入期间执行中断服务，则许多情况下会导致 EEPROM 写入错误。

6. 访问特殊功能寄存器

IAR C/C++编译器提供了许多基于 ARM 内核处理器的专用头文件。头文件的文件名为iochip.h,其中,定义了各种处理器专有的特殊功能寄存器(SFRs)。

注意,每个头文件包括一个由编译器使用的部分和一个由汇编器使用的部分。头文件中声明了包含位域(bitfields)的 SFRs。

下面是头文件ioks32c5000a.h的一部分:

```
/* system configuration register */
typedef struct {
    __REG32 se :1; /* stall enable, must be 0 */
    __REG32 ce :1; /* cache enable */
    __REG32 we :1;
    __REG32 cm :2; /* cache mode */
    __REG32 isbp :10; /* internal SRAM base pointer */
    __REG32 srbbp :10; /* special register bank base pointer */
    __REG32 ce :6; /* cache enable */
} __syscfg_bits;
__IO_REG32_BIT(__SYSCFG,0x03FF0000,__READ_WRITE,__syscfg_bits);
```

通过将合适的头文件包含到用户代码中,可以从C代码访问整个寄存器或者访问寄存器中的任何位(或位域),例如:

```
// whole register access
__SYSCFG = 0x12345678;
// Bitfield accesses
__SYSCFG_bit.we = 1;
__SYSCFG_bit.cm = 3;
```

用户还可以使用已有头文件作为定义其他ARM派生器件头文件的模板。

7. 在C和汇编对象间传递值

如下的示例演示了如何在C源代码中使用内联汇编来从特殊目的寄存器(Special Purpose Register)获取值和写入值:

```
#pragma diag_suppress = Pe940
#pragma optimize = no_inline
static unsigned long get_APSR( void )
{
    /* On function exit, function return value should be present in R0 */
    asm( "MRS R0, APSR" );
}
#pragma diag_default = Pe940
#pragma optimize = no_inline
```

```
static void set_APSR( unsigned long value)
{
    /* On function entry, the first parameter is found in R0 */
    asm( "MSR APSR, R0" );
}
```

通用目的寄存器 R0 用于获取特殊目的寄存器 APSP 的值或对其设置值。由于函数仅包含内联汇编,因此编译器不会干预寄存器的使用。寄存器 R0 始终用于返回值。当第一个参数的类型为 32 bit 或更小时,其将始终通过 R0 传递。该方法也可以用于访问其他特殊目的寄存器或特殊的指令。

8. 非初始化变量

通常,运行环境会在程序启动时对全局和静态变量进行初始化。编译器支持声明非初始化变量(即不被初始化的变量)。非初始化变量可以使用__no_init 类型修饰符或"#pragma object_attribute"预编译命令来声明。编译器根据指定的存储关键字将非初始化变量放入一个单独的段中。

对于__no_init 而言,关键字 const 意味着该对象具有只读属性,而不是存储在只读存储器中。不能给__no_init 对象赋初值。

使用关键字__no_init 声明的变量可以是一个大的输入缓冲区,或者被映射至即使应用程序结束后其内容仍然保持的特殊 RAM。

第 11 章

基于 CAN 协议的 Boot Loader

本章讲述在 AT90CANxx 系列微控制器中实现使用 CAN 协议的 Boot Loader 的全过程，演示了 IAR EWAVR 的使用，其中包括项目的创建、库的创建、库模块的调用、链接器命令文件的定制以及如何在其他编译系统中调用 IAR 编译的库等。读者通过本章的学习，可以了解 CAN 协议的基础知识，还可以加深对本书相关理论章节内容的理解。例如，应用系统工作机制、系统入口点、Boot Loader 的实现与作用等。

该基于 CAN 协议的 Boot Loader 具有如下特点：
- CAN 协议
  - 物理层为 Controller Area Network (CAN)；
  - 七个可编程 ISP CAN 标识符；
  - 自适应比特率。
- 在系统可编程(In – System Programming)
  - 可读/写 Flash 以及 EEPROM；
  - 可读取设备 ID 号码；
  - 支持全片擦除；
  - 支持对配置字节的读/写；
  - ISP 命令支持安全设置；
  - 支持远程应用程序启动命令。
- 在应用可编程 (In – Application Programming)
  - 支持多达 255 个结点；
  - 16 个可重定位的保留标识符。
- 应用程序编程接口
  - Flash 编程 API。
- 修改后可支持其他协议
  - LIN 协议；
  - RS232 协议；
  - SPI 协议；
  - TWI 协议；
  - 其他协议。

11.1 硬件电路设计

要实现本章介绍的 CAN Boot Loader,硬件电路至少需要 3 个组成部分,即电源电路、单片机电路和 CAN 电路。下面分别介绍各个电路。

11.1.1 电源电路

本系统的电源输入有两种接口,即图 11.1 中的 J17 和 J18,它们分别为 2PIN 的端子和标准电源适配器插座,其外观如图 11.2 所示。从电路图中可以看出,电源适配器插座的输入经过了一个全桥 U6,这样的好处是显然的。一是可以不必担心电源适配器插头的输出,即不论其是内正外负,还是内负外正,电源电路都可以正常工作;另一方面,如果使用了 AC 输出的电源适配器,电源电路也能够工作,但不建议这样使用。

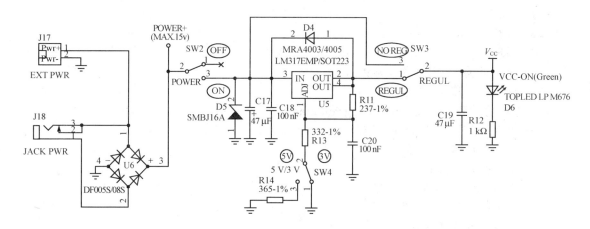

图 11.1 电源电路

另外,图中的名为 POWER 的开关 SW2 是系统的总电源开关。由于 LM317 是可调输出稳压芯片,因此开关 SW4 用来选择其输出电压。如果输入的电源已经为稳压输入,则可以通过 SW3 来跳过 LM317,直接供给系统。整个电源电路结构十分清晰,在此就不再过多介绍。

11.1.2 CAN 收发器电路

图 11.3 为本系统的 CAN 总线收发器电路。该电路中使用了 Atmel 的 CAN 收发器芯片 ATA6660,它是 AT90CANxx 系列微处理器内部 CAN 控制器与物理传输媒体之间的物理连接子层接

图 11.2 电源电路外观

口。为提高系统的抗干扰性,实际使用中可以在 AT90CANxx 系列微处理器与 ATA6660 芯片之间加入高速光耦以隔离外接干扰。图中的 D1 为双封装 LED,即在一个封装中集成了两只 LED,用于指示 CAN 总线的收发状态。图中的 R9 为 120 Ω 的 CAN 终端匹配电阻。

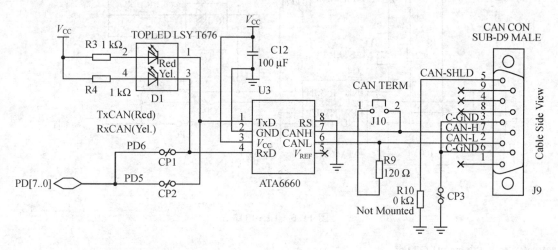

图 11.3 CAN 电路

另外,本系统中还设计了 UART 电路和 LIN 电路,电路分别如图 11.4 和图 11.5 所示。由于 CAN Boot Loader 没有使用这些电路,因此就不在对其做介绍。

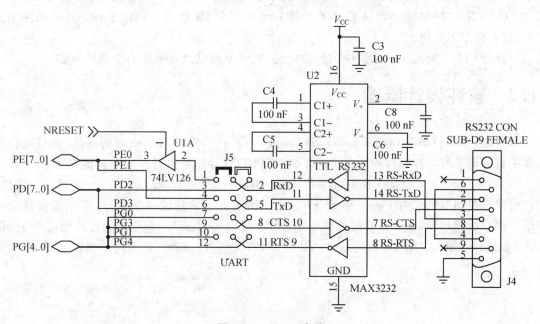

图 11.4 UART 电路

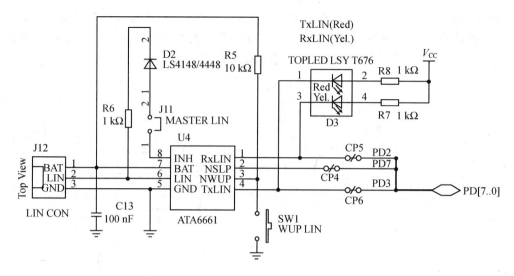

图 11.5　LIN 电路

11.1.3　单片机电路

图 11.6 为本系统的单片机电路,该电路使用了 ATMEL 的 AT90CAN128 微控制器。AT90CAN128 微控制器内置 CAN 总线控制器,这样可以降低系统的整体成本。其中,AT90CAN128 微控制器的 PD5 和 PD6 引脚用于连接 CAN 收发器。由于该单片机电路十分简单,就不再过多介绍。

另外,图 11.7 列出了本系统中的复位电路、时钟电路以及其他所有涉及的电路。

11.2　软件设计概述

本系统实现的 CAN Boot Loader 可以通过 CAN 网络管理与主机间的通信,也可以根据远程主机的请求对本控制器的片内 Flash 和 EEPROM 存储器执行存取和其他操作。

该 Boot Loader 可以实现在系统编程(In-System Programming,ISP)。通过 ISP 功能,用户可以对控制器的片内 Flash 和 EEPROM 存储器进行编程或更新程序,而不需要从应用系统中取下微控制器,也不需要额外的应用程序。该 Boot Loader 在应用编程功能(In-application programming,IAP)可以管理多达 255 个 CAN 结点。同时,还为用户提供了 Flash API 接口。

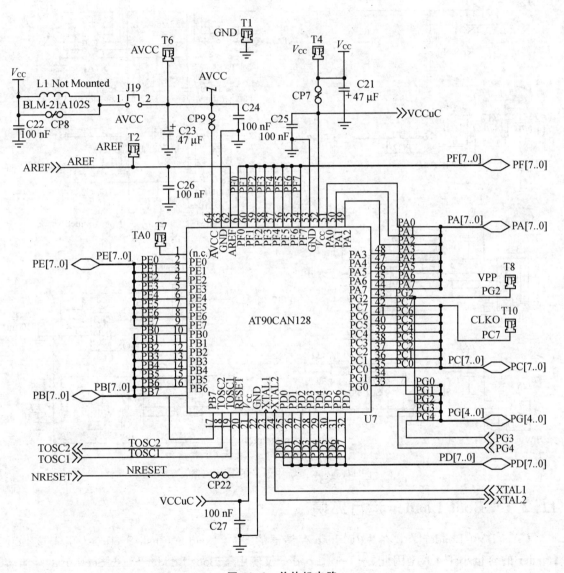

图 11.6 单片机电路

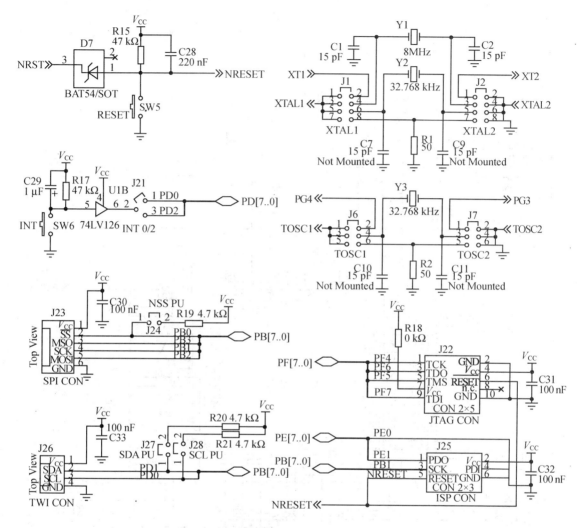

图 11.7 本系统中涉及的其他电路

11.2.1 Boot Loader 运行环境

CAN Boot Loader 装载在片内 Flash 存储器的 Boot Loader Flash Section。由于该 Boot Loader 的容量小于 4 KB，因此，本 Boot Loader 仅使用了 Boot Loader Flash Section 的一半容量。应用程序的容量必须等于或者小于应用程序存储区容量外加 4 KB。本 Boot Loader 对于 AT90CANxx 系列微控制器的适用情况如表 11.1 所列。

基于 CAN 协议的 Boot Loader — 11

表 11.1 AT90CANxx 系列微控制器的存储器映射（字节寻址）

存储器		AT90CAN128	AT90CAN64	AT90CAN32
Flash	容量	128 KB	64 KB	32 KB
	地址范围	0x00000～0x1FFFF	0x00000～0x0FFFF	0x00000～0x07FFF
应用程序存储区 Application Flash Section	容量	120 KB	56 KB	24 KB
	地址范围	0x00000～0x1DFFF	0x00000～0xDFFF	0x00000～0x05FFF
启动存储区 Boot Loader Flash Section	容量		8 KB	
	地址范围	0x1E000～0x1FFFF	0x0E000～0x0FFFF	0x06000～0x07FFF
Boot Loader 复位地址 Boot Loader Reset Addresses[①]	Small (1st) Boot	0x1FC00	0x0FC00	0x07C00
	Second Boot	0x1F800	0x0F800	0x07800
	Third Boot[②]	0x1F000[②]	0x0F000[②]	0x07000[②]
	Large (4th) Boot	0x1E000	0x0E000	0x06000
EEPROM	容量	4 KB	2 KB	1 KB
	地址范围	0x0000～0x0FFF	0x0000～0x07FF	0x0000～0x03FF

注：① Boot Loader Reset Address 取决于芯片 BOOTSZ 熔丝位的设置。
② 该地址为 CAN Boot Loader 的复位地址。

1. 设备熔丝设置

设备熔丝的设置如图 11.8 和图 11.9 所示，关于各熔丝的进一步描述请参看相关芯片的数据手册。

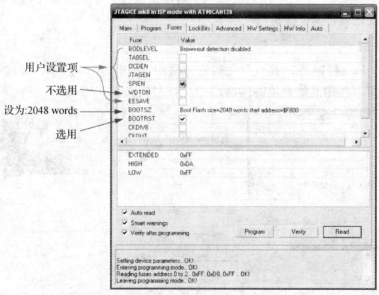

图 11.8　AT90CANxx 系列微控制器熔丝设置（第一部分）

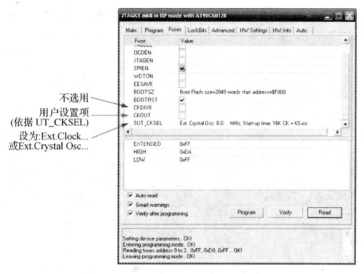

图 11.9 AT90CANxx 系列微控制器熔丝设置(第二部分)

熔丝设置摘要：

➢ Fuse High Byte：　－BOOTRST　　　　选择　　　　　　（Programmed）

　　　　　　　　　　－BOOTSZ[1∶0]　　选择 2 048 字　（Programmed）

　　　　　　　　　　－WDTON　　　　　不选择　　　　　（Unprogrammed）

➢ Fuse Low Byte：　－在 CKSEL[3∶0]熔丝位选择一个满足 CAN 要求的高精度时钟源（不要使用内部 RC 振荡）。

2. 物理环境

本 Boot Loader 通过 CAN 接口与主机进行通信，如图 11.10 所示。经过适当的修改，本 Boot Loader 也可以使用其他通信协议，如 LIN、RS232、SPI、TWI 等。

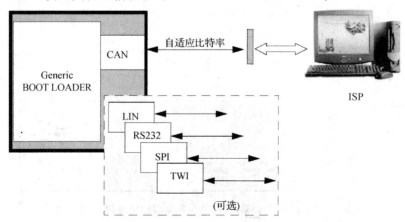

图 11.10　Boot Loader 的物理环境

11.2.2 Boot Loader 实现

1. Boot Loader 流程图总览

Boot Loader 流程如图 11.11 所示。

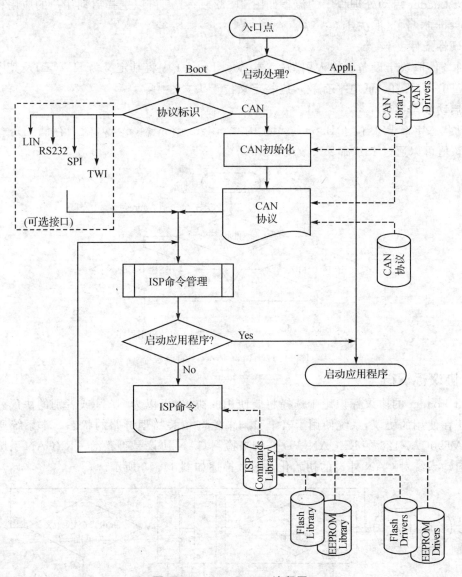

图 11.11 Boot Loader 流程图

2. 系统入口点

系统入口点只有一个,就是本 Boot Loader 的入口点。目标芯片的 BOOTRST 熔丝必须被设置。复位后,目标处理器的程序计数器将载入启动复位地址(Boot Reset Address),该地址在表 11.1 中有详细描述。通过该入口点可以进入 Boot Loader 的启动处理程序。

3. 启动处理

Boot Loader 启动处理程序的流程如图 11.12 所示,其可以选择启动用户的应用程序或者 Boot Loader 本身,这取决于如下两点:

1) 硬件条件

硬件条件取决于设备的输入引脚(在本 Boot Loader 中将其定义为 HWCB)及其中断触发定义(INT0/PIND.0,低电平有效),这些定义位于头文件中。

2) 启动状态字节

启动状态字节 BSB 位于 Boot Loader 的 Configuration Memory(配置存储区),默认值为 0xFF。该值可以通过 ISP 命令来改变。

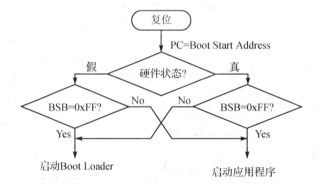

图 11.12 Boot Process 的流程

4. 协议标识符

Boot Loader 的协议标识用于选择将要使用的协议,可以为 CAN 或者别的协议。为了检测当前正在使用的协议,系统使用了若干引脚来轮询相关物理链路的状态。本系统通过查询处理器 AT90CAN128 的 RXCAN/PD.6 脚来检测 CAN 协议是否激活。RXCAN 引脚上的低电平将启动系统对 CAN 外设的初始化。过程描述如图 11.13 所示。

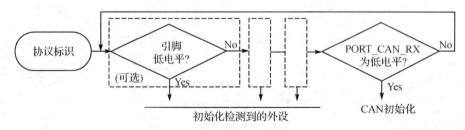

图 11.13 协议标识流程

5. CAN 初始化

本系统中用于与主机通信的 CAN 协议具有如下配置：
- 标准：CAN 2.0A 格式使用 11 位标识符
- 帧格式：数据帧
- 比特率：根据扩展字节 EB 决定
    - 当 EB = 0xFFH 时，使用软件自适应比特率
    - 当 EB != 0xFFH 时，使用 Bit - Timing Control[1：3]字节来设置 CAN 的比特率

设备每次复位后都必须执行初始化流程。主机通过向目标结点发送数据帧来启动通信。在使用自适应比特率的情况下，主机发送的数据帧可以帮助 Boot Loader 来确定当前 CAN 总线的比特率。CAN 协议标准中规定，应答错误的帧将自动重传。自适应比特率正是利用了 CAN 协议的这个特性和 CAN 设备可以被设置在 LISTEN 模式的能力。一旦正确地收到了同步帧，随着释放 LISTEN 模式，隐性电平将出现在应答时间片。

软件自适应位速率技术支持广泛的、符合设备系统时钟设置(CKIO)的波特率速度，但是自适应比特率在多结点的 CAN 网络中没有保障。这种情况下，建议用户使用固定波特率。

6. CAN 协议

CAN Protocol 是串行链路(CAN Bus)上的高层协议。

7. ISP 命令

CAN 协议承载 ISP 命令。但是，ISP 命令不依赖于任何协议。

11.3 存储空间定义

本 Boot Loader 支持 6 个独立的存储空间。每个存储空间对应一个唯一的 Code Number，如表 11.2 所列。存储空间的访问为字节操作(也就是说，给出的地址为字节地址)。

表 11.2 存储空间 Code Numbers

存储空间注	存储区编码	访问方式
Flash 存储空间	0	可读可写
EEPROM 数据存储区	1	可读可写
签名存储区	2	只读
Boot Loader 信息存储区	3	只读
Boot Loader 配置存储区	4	可读可写
设备寄存器	5	只读

注：有时，不同的存储空间并不是物理上的独立。例如，签名存储空间是 Boot Loader Flash Section 的一部分；同样，Boot Loader 信息存储区也是 Boot Loader Flash Section 的一部分。

11.3.1 Flash 存储空间

由 Boot Loader 来管理的 Flash 存储空间是设备片内 Flash 存储器的子集,这部分存储器称为 Application Flash Section(应用 Flash 存储器部分)。

(1) 读/写 Flash 存储区

ISP Read 和 ISP Program 命令只用于在 64 KB 的页中以字节寻址模式访问 Flash 存储空间。用户可以使用对应的 ISP 命令来选择不同的页。

当主机通过 CAN 总线向目标系统发出读或者写命令后,如果目标处理器的软件安全位 SSB 被置位,则 Boot Loader 将返回设备被保护错误。

(2) 擦除 Flash 存储区

ISP Erase 命令是一个全擦除命令,该命令将擦除全部的 Flash 存储空间。擦除后,Flash 存储器中的所有字节都成为 0xFF。不管目标处理器的软件安全位 SSB 置位与否,ISP Erase 命令都将有效。另外,在擦除操作的末尾,软件安全位 SSB 被重置到安全级别 0。

(3) 局限性

用于对 Flash 存储区(Code Number 0)进行操作的 ISP 命令对 Boot Loader 无效,即对用于保存 Boot Loader 的那部分 Flash 存储区无效。Flash 存储区的容量参见表 11.3;ISP 命令参见表 11.11。

表 11.3 Flash 存储区容量(Code Number 0)

Flash 存储空间	AT90CAN128	AT90CAN64	AT90CAN32
容量	124 KB	60 KB	28 KB
地址范围	0x00000～0x1EFFF	0x0000～0xEFFF	0x0000～0x6FFF
页数	2	1	1

11.3.2 EEPROM 数据存储区

Boot Loader 管理的 EEPROM 数据存储区就是片内的 EEPROM 存储器。

(1) 读/写 EEPROM 存储区

EEPROM 数据存储区是一块非易失性数据存储区。该存储区没有分页,ISP Read 和 ISP Program 命令将以字节方式对该存储区进行访问。

当主机通过 CAN 总线向目标系统发出读或者写命令后,如果目标处理器的软件安全位 SSB 被置位,则 Boot Loader 返回设备被保护错误。

(2) 擦除 Flash 存储区

ISP Erase 命令是一个全擦除命令,该命令将擦除全部的 EEPROM 数据存储空间。擦除后,EEPROM 数据存储区中的所有字节都成为 0xFF。不管目标处理器的软件安全位 SSB 置位与否,ISP Erase 命令都将有效。

(3) 局限性

ISP 命令可以访问的 EEPROM 数据存储区(Code Number 1)的容量参见表 11.4。

表 11.4 EEPROM 数据存储区(Code Number 1)

EEPROM 存储空间	AT90CAN128	AT90CAN64	AT90CAN32
容量	4 KB	2 KB	1 KB
地址范围	0x00000~0x0FFF	0x0000~0x07FF	0x0000~0x03FF
页数	不分页		

11.3.3 签名存储区

Boot Loader 管理的签名空间包含在 Boot Loader 代码中,这部分空间位于 Boot Loader Flash Section。

(1) 读/写签名存储区

该存储区为没有分页的只读存储区。ISP Read 命令将以字节方式对该存储区进行访问。另外,本存储区没有访问保护机制。

(2) 擦除存储区

不适用于只读存储区。

(3) 局限性

ISP 命令可以访问的签名数据存储区(Code Number 2)的详细信息参见表 11.5。

表 11.5 签名空间(Code Number 2)

签名存储空间		AT90CAN128	AT90CAN64	AT90CAN32
制造商代码	地址:0x00(只读)		0x1E	
系列代码	地址:0x01(只读)		0x81	
产品代码	地址:0x02(只读)	0x97	0x96	0x95
产品修订版本	地址:0x03(只读)		≥0x00	
页数			不分页	

11.3.4 Boot Loader 信息存储区

Boot Loader 管理的 Boot Loader 信息存储区包含在 Boot Loader 代码中,该信息存储区位于 Boot Loader Flash Section。

(1) 读/写 Boot Loader 信息存储区

该存储区为没有分页的只读存储区。ISP Read 命令将以字节方式对该存储区进行访问。

另外,本存储区没有访问保护机制。

(2) 擦除 Boot Loader 信息存储区

不适用于只读存储区。

(3) 局限性

ISP 命令可以访问的 Boot Loader 信息存储区(code number 3)的详细信息参见表 11.6。

表 11.6　Boot Loader 信息存储空间(Code Number 3)

Boot Loader 信息存储区		AT90CAN128 AT90CAN64 AT90CAN32
Bootloader 产品修订版本	地址:0x00(只读)	0x01
Boot ID1	地址:0x01(只读)	0xD1
Boot ID2	地址:0x02(只读)	0xD2
页数		不分页

(4) Boot Loader 信息存储区内容介绍

Boot Loader 信息存储区的内容包含 Boot Revision、Boot ID1 和 Boot ID2 共 3 个部分,每个部分占用一个字节,共用 3 个字节。其中,Boot Revision 的地址为 0x00,值为 0x01;Boot ID1 和 Boot ID2 的地址分别为 0x01 和 0x02,值分别为 0xD1 和 0xD2。这 3 个字节的内容均为只读。

11.3.5　Boot Loader 配置存储区

Boot Loader 管理的 Boot Loader 配置区位于 Boot Loader Flash Section。

(1) 读/写 Boot Loader 配置存储区

该存储区没有分页,ISP Read 命令将以字节方式对该存储区进行访问。本存储区具有访问保护机制,该机制使用软件安全字节来实现访问保护。

(2) 擦除 Boot Loader 配置存储区

ISP Erase 命令不适用于本存储区。

(3) 局限性

ISP 命令可以访问的 Boot Loader 配置存储区(Code Number 4)的详细信息参见表 11.7。

表 11.7　Boot Loader 配置存储空间(Code Number 4)

Boot Loader 配置存储空间			默认值
Boot Status Byte	BSB	地址:0x00	0xFF
Software Security Byte	SSB	地址:0x01	0xFF
Extra Byte	EB	地址:0x02	0xFF
Bit-Timing Control 1	BTC1	地址:0x03	0xFF

续表 11.7

Boot Loader 配置存储空间			默认值
Bit-Timing Control 2	BTC2	地址:0x04	0xFF
Bit-Timing Control 3	BTC3	地址:0x05	0xFF
Node Number	NNB	地址:0x06	0xFF
CAN Re-locatable ID Segment	CRIS	地址:0x07	0x00
Start Address Low	SA_L	地址:0x08	0x00
Start Address High	SA_H	地址:0x09	0x00
页数			不分页

(4) Boot Loader 配置字节描述

1) Boot Status Byte(启动状态字节)——BSB

Boot Loader 的 Boot Status Byte 用于在启动处理过程中控制系统的启动内容,即选择启动应用程序还是启动 Boot Loader。如果没有硬件条件被设置,Boot Status Byte 的默认值 0xFF 将强制启动 Boot Loader,否则将启动应用程序(Boot Status Byte != 0xFF 且没有硬件条件被设置。

2) Software Security Byte(软件安全字节)——SSB

Boot Loader 具有一个软件安全字节 SSB,以便在用户进行访问时或 ISP 访问时保护其自身和应用程序。SSB 可以保护 Flash 和 EEPROM 存储空间以及其自身不被意外破坏。

对软件安全字节 SSB 执行的 ISP Program 命令只能用于写入更高的安全级别。目前有如表 11.8 所列的 3 种安全级别。

表 11.8　Security levels 安全级别

级别	安全类型	SSB	描述
0	NO_SECURITY	0xFF	- 默认安全级别 - 只能写入更高的安全级别来覆盖安全级别 0
1	WR_SECURITY	0xFE	- 可向 Flash 和 EEPROM 存储空间写入数据 - Boot Loader 返回错误信息 - 只能写入更高的安全级别来覆盖安全级别 1
2	RD_WR_SECURITY	≤0xFC	- 不允许对 Flash 和 EEPROM 存储空间进行任何访问 - Boot Loader 返回错误信息 - 只有对 Flash 存储空间使用 ISP 擦除命令才将软件安全字节复位至级别 0

表 11.9 给出了不同 SSB 级别所允许进行的操作。

表 11.9 不同 SSB 级别所允许进行的操作

ISP 命令	NO_SECURITY	WR_SECURITY	RD_WR_SECURITY
Erase Flash memory space	√	√	√
Erase EEPROM memory space	√	—	—
Write Flash memory space	√	—	—
Write EEPROM memory space	√	—	—
Read Flash memory space	√	√	—
Read EEPROM memory space	√	√	—
Write byte(s) in Boot loader configuration("SSB"除外)	√	—	—
Read byte(s) in Boot loader configuration	√	√	√
Write"SSB"	√	只允许写入更高的安全级别	—
Read Boot loader information	√	√	√
Read Signature	√	√	√
Blank check (任意存储空间)	√	√	√
Changing of memory space	√	√	√

3) Extra Byte (扩展字节)——EB

扩展字节 EB 用于 CAN 的初始化期间设定 CAN 的通信速率,即使用自适应比特率或者固定比特率。

— EB = 0xFFH:使用软件自适应比特率(Software Auto – bitrate)。

— EB != 0xFFH:使用 Boot Loader 配置空间的 BTC[1∶3]字节中的值来设置 CAN 设备的位时序寄存器(Bit Timing Registers)。

4) Bit – Timing Control [1∶3](位时序控制)——BTC[1∶3]

当 EB != 0xFFH,即使用固定速率时,Boot Loader 配置存储空间中位时序控制字节(即 BTC1、BTC2 和 BTC3)中的值将用于设置片内 CAN 外设的位时序寄存器(Bit – Timing Registers)。

11.3.6 设备寄存器

Boot Loader 管理的设备寄存器空间(Code Number 5)是处理器中的 64 个 I/O 寄存器和 160 个扩展 I/O 寄存器。寄存器空间可以使用等效汇编指令访问：

LDS Rxx, REG_ADD

在 AT90CANxx 系列处理器中，REG_ADD 可以是 0x20 (PINA)～0xFA (CANMSG)之间的地址范围。

1) 读/写设备寄存器

该存储区为没有分页的只读存储区。ISP Read 命令将以字节方式对该存储区进行访问。另外，本存储区没有访问保护机制。

2) 擦除设备寄存器

不适用于本只读存储区。

3) 局限性

寄存器存储区不支持位寻址且读取无效寄存器时返回 0xFF。

4) 设备寄存器描述

CANBT[1：3]寄存器的地址从 0xE2 起至 0xE4 结束。

在禁用自适应比特率前(EB！= 0xFFH)可以读取这些寄存器的值，然后将这些值重新复制至 Boot Loader 配置存储空间中的 BTC1、BTC2 和 BTC3 字段。以后，当 EB！= 0xFFH 时，Boot Loader 将使用这些位时序值来启动 CAN 通信。这在 IAP 中十分有用。

11.4 CAN 协议和 ISP 命令

本节讲述 CAN 通信网络上的高层协议以及与其关联的 ISP 命令的编码。另外，整个系统的启动与复位流程如图 11.14 所示。

11.4.1 CAN 协议

本系统中的 CAN 协议仅支持具有 11 位标识符的 CAN 2.0 A 标准帧(物理层支持适用于较高速率的 ISO 11898 规范和适用于较低速率的 ISO 11519－2 规范)。

在 CAN 标准帧格式中，一条信息以 SOF（Start Of Frame）为帧起始，其后是由标识符（Identifier）和 RTR（Remote Transmission Request）位组成的仲裁段（Arbitration field），其中，RTR 位用于区分数据帧和用于数据请求的遥控帧。仲裁段之后是控制段（Control field），控制段包含 IDE 位（IDentifier Extension）和用于指示之后的数据段中数据字节数量的数据长度码 DLC（Data Length Code）。在一个遥控帧中（Remote Frame），DLC 用于表示所

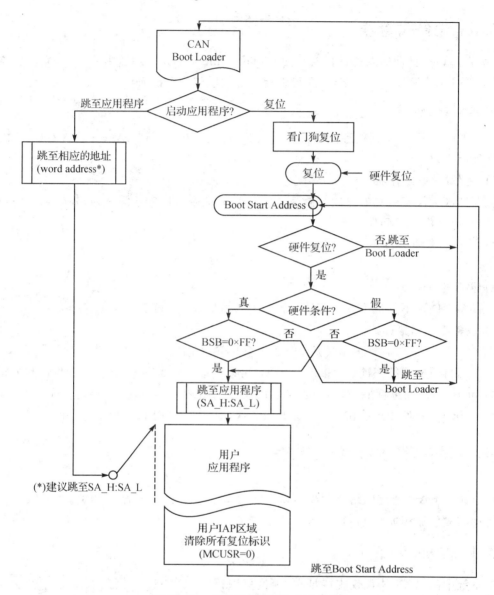

图 11.14 启动应用程序和复位流程

请求数据帧的数据长度码。在接下来的数据段中（Data field），最多可以承载 8 个数据字节。帧的完整性通过 CRC（Cyclic Redundant Check）段中的校验和来保障。ACK 段（ACKnowledge）用于确认是否正常接收，由 ACK 槽（ACK slot）和 ACK 界定符两个位构成。发送方在 ACK 段发送 2 个位的隐性位，接收方在接收到正确的消息后，则在 ACK 槽发送显性位，通知发送单元正常接收结束。这意味着，当发送单元在 ACK 槽中检测到隐性电平时将产生 ACK 错误。

另外，ISP CAN 协议仅使用 CAN 标准数据帧，如图 11.15 所示。

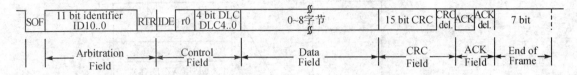

图 11.15 CAN 标准数据帧

为描述 ISP CAN 协议，协议的标识符段使用了一个符号名。表 11.10 给出了其默认值。

表 11.10 ISP CAN 命令模板

标识符 11 bit	长度 4 bit	Data[0] 1 byte	...	Data[0] 1 byte	描述
SYMBOLIC_NAME ("CRIS"<<4) + x	n (≤8)	数据或地址等信息			命令描述

在一个点对点的连接中，CAN 信息会重复发送直到接收方做出一个硬件响应。但是只有找到配置信息时，Boot Loader 才会响应正在接受的 CAN 帧。

注意，在具有多结点的 CAN 网络中，本功能的作用无法得到保障。

11.4.2 CAN ISP 命令数据流协议

1. CAN ISP 命令

CAN 协议承载 ISP 命令。但是，ISP 命令不依赖于任何协议。本系统中定义了若干 CAN 信息标识符来控制 CAN ISP 协议，具体命令描述如表 11.11 所列。

表 11.11 CAN ISP 协议定义的 CAN 信息标识符

Identifier（标识符）	ISP Command(ISP 命令)	Value(值)
ID_SELECT_NODE	开启/关闭与一个节点的通信	("CRIS"<< 4) + 0
ID_PROG_START	启动存储器编程	("CRIS"<< 4) + 1
ID_PROG_DATA	要写入存储器的数据	("CRIS"<< 4) + 2
ID_DISPLAY_DATA	从存储器中读取数据	("CRIS"<< 4) + 3
ID_START_APPLI	启动应用程序	("CRIS"<< 4) + 4
ID_SELECT_MEM_PAGE	选择存储空间或页	("CRIS"<< 4) + 6
ID_ERROR	Boot Loader 发出的错误信息	

通过为标识符重写"CRIS"字节，用户可以给 CAN ISP 标识符分配新的值。CRIS 的默认

值为 0x00,可用的最大值为 0x7F,如图 11.16 所示。

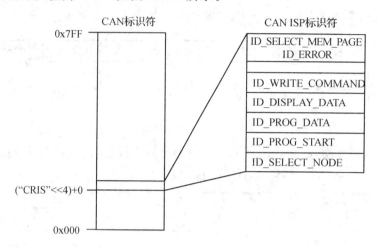

图 11.16　映射 CAN 信息标识符到 CAN ISP 协议

例如:CRIS = 0x28,则
- ID_SELECT_NODE = 0x280
- ....
- ID_ERROR= 0x286

2. 通信初始化

必须开启 CAN 结点的通信,才能进一步进行 ISP 通信。要开启与 CAN 结点的通信,主机需要发送用于创建连接的 CAN 信息(ID_SELECT_NODE),并将结点号码 NNB 作为其参数。如果传递的结点号码为 0xFF,则 CAN Boot Loader 将接受本次通信,如图 11.17 所示。否则,作为参数传递的结点号码必须等于对应设备的 NNB,如图 11.18 所示。

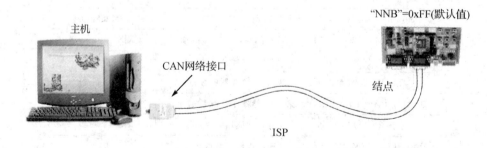

图 11.17　CAN Boot Loader 单机连接

当主机要与其他结点建立新的通信时,必须关闭其与当前结点的通信。要关闭当前通信,则主机可以再次发送 CAN 连接信息——ID_SELECT_NODE。

基于 CAN 协议的 Boot Loader

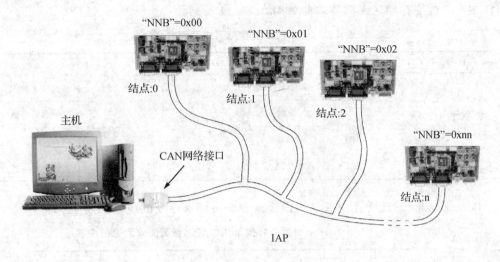

图 11.18　CAN Boot Loader 网络连接

3. CAN ISP 命令

(1) CAN 结点选择命令

CAN 结点必须在通信任务的起始被打开，在通信任务的末尾被关闭。

主机的 CAN 结点请求命令，如表 11.12 所列。

表 11.12　主机 CAN 结点请求命令

Identifier(标识符)	L(长度)	Data[0]	描　述
ID_SELECT_NODE (("CRIS"<<4)＋0)	1	节点号码（NNB）	开启或关闭与一个指定节点的通信

Boot Loader 对 CAN 结点请求命令的应答如表 11.13 所列。

表 11.13　Boot Loader 对 CAN 结点请求命令的应答

Identifier(标识符)	L(长度)	Data[0]	Data[1]	描　述
ID_SELECT_NODE (("CRIS"<<4)＋0)	2	Boot Loader Revision	0x00	关闭与指定节点的通信
			0x01	开启与指定节点的通信

(2) 改变存储区或者页命令

本系统中只有一条命令用于选择或改变存储空间以及改变页。对应 CAN 命令帧中的 Data[0]用于选择被改变的对象。

① 主机的改变存储区或页请求命令如表 11.14 所列。

表 11.14 主机改变存储区或页请求命令

Identifier(标识符)	L(长度)	Data[0]	Data[1]	Data[2]	描述
ID_SELECT_NODE (("CRIS"<<4)+6)	3	0x00	Memory space (存储区号码)	Page (页号码)	无动作
		0x01			选择存储区
		0x02			选择页
		0x03			选择存储区和页

② Boot Loader 对改变存储区请求命令或改变页请求命令的应答如表 11.15 所列。

表 11.15 Boot Loader 对改变存储区请求或改变页请求命令的应答

Identifier(标识符)	L(长度)	Data[0]	描述
ID_SELECT_MEM_PAGE (("CRIS"<<4)+6)	1	0x00	操作成功(即使请求帧中的Data[0]=0时)

(3) 读存储器、存储器空白检测命令

这些操作只有在已经成功与主机建立通信后才可使用。这些命令只对先前已定义的存储空间和页有效。

要进行读或者空白检测操作，主机可以向目标 CAN 结点发送标识符为 ID_DISPLAY_DATA 的信息。ID_DISPLAY_DATA 信息中数据段的 Data[0] 指出了要进行的操作，数据段中 Data[1] 和 Data[2] 指出了起始地址，数据段的 Data[3] 和 Data[4] 指出了结束地址。

① 主机的读取存储区或存储区空白检测请求命令如表 11.16 所列。

表 11.16 主机的读取存储区或存储区空白检测请求命令

Identifier(标识符)	L(长度)	Data[0]	Data[1]	Data[2]	Data[3]	Data[4]	描述
ID_DISPLAY_DATA (("CRIS"<<4)+3)	5	0x00	起始地址 (MSB, LSB)		结束地址 (MSB, LSB)		读取所选择存储区/页中的数据
		0x80					对选择的存储区/页进行空白检查

② Boot Loader 对读取存储区或存储区空白检测请求命令的应答如表 11.17 所列。

表 11.17　Boot Loader 对读取存储区或存储区空白检测请求命令的应答

Identifier(标识符)	L(长度)	Data[0]	Data[1]	...	Data[7]	描述
ID_DISPLAY_DATA (("CRIS"<<4)+3)	最多8个	最多8个数据字节				读出的数据
	0	—	—	—	—	空白检查成功
	2	非空区域首地址				空白检查错误
ID_ERROR (("CRIS"<<4)+6)	1	0x00	—	—	—	软件安全位设置错误（只用于读取数据）

(4) 存储区编程与擦除命令

存储区的编程与擦除操作只有在已经成功与主机建立通信后才可使用。完成编程与擦除操作需要如下两个步骤：

① 指出要进行编程的地址范围或被擦除的地址范围。

② 发送数据(仅用于编程命令)。

要启动编程操作，主机可以向目标 CAN 结点发送启动编程信息，该信息的标识符为 ID_DISPLAY_DATA。启动编程信息数据段的 Data[0]指出了要进行的操作，数据段的 Data[1]和 Data[2]指出了起始地址，数据段的 Data[3]和 Data[4]指出了结束地址。

① 主机的存储区编程或存储区擦除请求命令如表 11.18 所列。

表 11.18　主机的存储区编程或存储区擦除请求命令

标识符(Identifier)	长度(L)	Data[0]	Data[1]	Data[2]	Data[3]	Data[4]	Data[5..7]	描述
ID_PROG_START (("CRIS"<<4)+1)	5	0x00	起始地址(MSB, LSB)		结束地址(MSB, LSB)		—	指出要编程的存储区或页
	3	0x80	0xFF	0xFF	—	—	—	擦除存储区或页
ID_PROG_DATA (("CRIS"<<4)+2)	n	data[0..(n−1)] (n≤8)						被编程的数据

② Boot Loader 对存储区编程或存储区擦除请求命令的应答如表 11.19 所列。

表 11.19　Boot Loader 对存储区编程或存储区擦除请求命令的应答

标识符(Identifier)	长度(L)	Data[0]	描述
ID_PROG_START (("CRIS"<<4)+1)	0	—	命令成功
ID_PROG_DATA (("CRIS"<<4)+2)	1	0x00	命令成功并结束传送
		0x02	命令成功但是期望新的数据或其他数据
ID_ERROR (("CRIS"<<4)+6)	1	0x00	软件安全位设置错误（只用于指定编程的存储区或页时）

存储区编程命令及其执行结果示例如图 11.19 及表 11.20 所列。

表 11.20 存储区编程命令示例

请求/响应	CAN 信息（十六进制）			描 述
	标识符	长度	Data[0：7]	
R（>>）	000	1	FF	选择 CAN 结点
A（<<）	000	2	03 01	通信已建立
默认为 Flash 存储区，默认页为 page_0				
R（>>）	001	5	00 00 02 00 12	编程，从 0x0002 单元起至 0x0012 单元止
A（<<）	001	0	0	命令成功
R（>>）	002	8	01 02 03 04 05 06 07 08	传送第一次数据
A（<<）	002	1	02	命令成功,等待新数据
R（>>）	002	8	11 12 13 14 15 16 17 18	传送第二次数据
A（<<）	002	1	02	命令成功,等待新数据
R（>>）	002	1	20	传送第三次数据
A（<<）	002	1	00	命令成功,传送结束

图 11.19 上述示例命令的运行结果

（5）启动应用程序命令

本操作只有在已经成功与主机建立通信后才可使用。

1）主机的启动应用程序请求命令

主机的启动应用程序请求命令如表 11.21 所列。要启动应用程序,主机可以向目标 CAN 结点发送启动应用程序信息,该信息的标识符为 ID_START_APPLI。启动应用程序信息帧数据段的 Data[1]指出了应用程序的启动方式。应用程序可以在复位看门狗后启动,也可以跳转至指定的字地址。数据段的 Data[2]和 Data[3]指出了要跳转至的字地址。跳转字地址可以不同于 SA_H:SA_L（Boot Loader 配置空间）。

表 11.21 主机的启动应用程序请求命令

Identifier（标识符）	L（长度）	Data[0]	Data[1]	Data[2]	Data[3]	描 述
ID_DISPLAY_DATA（("CRIS"<<4)+3）	2	0x03	0x00	—	—	启用应用程序并复位看门狗
	4		0x01	跳转字地址(MSB, LSB)		跳转至指定的字地址

2) Boot Loader 对启动应用程序请求命令的应答

Boot Loader 不会对主机的启动应用程序请求命令发出任何应答信息。

11.5 API 应用程序编程接口

11.5.1 API 的定义

应用程序编程接口(API)是一个由计算机系统或者程序库提供的、适用于应用程序的源代码接口。用户通过 API 接口可以使用相应的库来满足某种服务所需要的请求。

11.5.2 使用 API

ATMEL AVR 8 bit 微处理器进行 Flash 写操作的代码需要定位在存储器的 Boot Loader 区域。如果 CAN Boot Loader 没有被完整写入 Boot Loader 存储区，则导致 Boot Loader 存储区被占用且用户无法使用。

用户可以在应用程序中调用包含在 CAN Boot Loader 程序中的 flash_wr_block() 函数来进行 Flash 写操作。

11.5.3 API 的使用限制

CAN Boot Loader 程序使用 IAR 创建和编译。只有用户程序也使用 IAR 开发环境创建并编译时，其才可以直接访问(调用)CAN Boot Loader API。

11.5.4 API 细节介绍

(1) 函数名称

flash_wr_block()

本函数位于 flash_boot_lib.c 文件中。

(2) 函数特点

本函数可以分次在 Flash 存储器中写入多达 65 535 字节(64 KB 减 1 字节)。本函数自动处理对齐问题，包括字节对齐和 Flash 页对齐。

注意：

① 本函数在同一次操作中不能对全部的 65 535 字节寻址，因为在目标处理器中找不出容量可以达到 64 KB 的源缓冲区。

② 对于容量大于 64 KB 的 Flash 存储器，需要先设定页。默认页为 0。

③ 被编程的字节单元不得与 flash_wr_block() 函数在同一个页中。

(3) 函数参数

*src：指向源缓冲区中（源缓冲击位于 SRAM）unsigned char 类型数据的指针。
dest：unsigned short 类型，表示目的地址，即 Flash 存储区中要写入数据的起始地址。
byte_nb：unsigned short，要写入的字节数。

11.5.5 API 入口点

由于用户应用程序和 CAN Boot Loader 分开编译，因此需要一个 API 入口点。不论使用什么型号的处理器，入口点均按下式计算：

API_ENTRY_POINT =（FLASH_SIZE － FLASH_BOOT_SIZE）+ 4 bytes

注意：Flash_BOOT_SIZE 为 4 KB。

表 11.22 给出了 API 入口点地址。

表 11.22 API 入口点地址

器件型号	API_ENTRY_POINT 字地址（Word Address）	API_ENTRY_POINT 字节地址（Byte Address）
AT90CAN32	0x03802	0x07004
AT90CAN64	0x07802	0x0F004
AT90CAN128	0x0F802	0x1F004

11.5.6 IAR 环境中的 API 调用示例

用户可以在应用程序中使用如下的示例代码来调用 API[注]。

1）驱动文件（*.c）中的函数

void（*flash_write）(unsigned char * src,unsigned short dest,unsigned short byte_nb)
    =（void（*）(unsigned char *,unsigned short,unsigned short))(API_ENTRY_POINT)；

注意，这里的 ENTRY_POINT 为字节寻址。

2）头文件（*.h）中的函数原型

extern void（*flash_write）(unsigned char * src,unsigned short dest,unsigned short byte_nb)；

11.5.7 使用其他 C 编译器的 API 调用

1. 在 IAR C 编译器和其他编译器或汇编器间传递变量

使用 IAR 开发环境开发 AVR 程序时，寄存器文件按照图 11.20 进行分段。

注：仅适用于 IAR C Compiler。

基于 CAN 协议的 Boot Loader

临时寄存器在函数调用期间不被保护,用于在函数间传递变量和保存返回值。局部寄存器在调用期间被保护,Y 寄存器(R28:R29)作为 SRAM 中的数据栈指针。

当一个函数被调用时,将要传递给该函数的参数存放在寄存器文件(即寄存器组)R16~R23 中。当函数返回一个值给其调用者时,该值保存在寄存器文件 R16~R19 中。当然具体的寄存器使用情况还要依据于参数和返回值的大小。

表 11.23 是调用一个函数时的参数分布示例,对于 IAR 支持的数据类型以及对应类型的大小请参见相关的 IAR 文档。

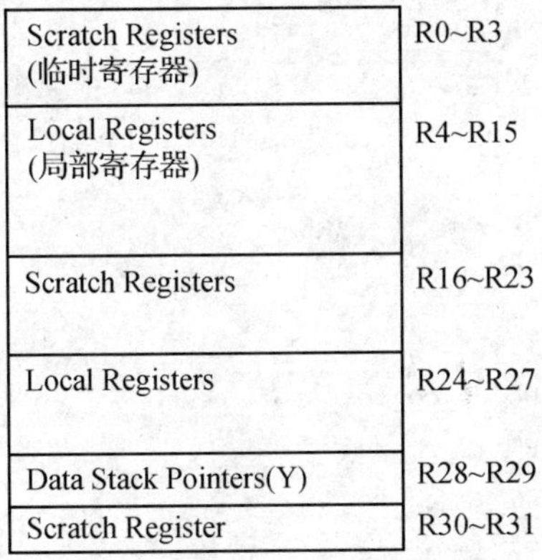

分段	寄存器
Scratch Registers (临时寄存器)	R0~R3
Local Registers (局部寄存器)	R4~R15
Scratch Registers	R16~R23
Local Registers	R24~R27
Data Stack Pointers(Y)	R28~R29
Scratch Register	R30~R31

图 11.20 寄存器文件的分段

表 11.23 调用函数时的参数分布示例

函 数	参数 1	参数 2
func(char,char)	R16	R20
func(char,short)	R16	R20,R21
func(short,long)	R16,R17	R20,R21,R22,R23
func(long,long)	R16,R17,R18,R19	R20,R21,R22,R23

2. flash_wr_block( ) API 中使用的寄存器

1) 函数参数

* src:R17:R16 => R9:R8 => Z(R31:30)

Dest:R19:R18 => R25:R24 => R27:R26 (address)

nb_bytes:R21:R20 => R5:R4

2) 其他资源

Y(R29:R28)　　　用作数据栈指针(Data Stack Pointer)

Z(R31:30)　　　　LPM 和 SPM 使用

R0:R1　　　　　　在 fill_temp_buffer 中使用

3) 使用的寄存器摘要

R0、R1、R4、R5、R6、R7、R8、R9、R10、R11、R16、R17、R18、R19、R20、R21、R24、R25、R26、R27、R28、R29、R30、R31。

4) flash_boot_lib.lst 文件摘录

```
138      //-----------------------------------------
139          #pragma location = "API_FLASH"
```

```
       \                                      In segment API_FLASH, align 2, keep-with-next
     140              void flash_wr_block(U8 * src, U16 dest, U16 byte_nb)
       \                    flash_wr_block:
     141              {
       \   00000000   92BA           ST        -Y, R11
       \   00000002   92AA           ST        -Y, R10
       \   00000004   929A           ST        -Y, R9
       \   00000006   928A           ST        -Y, R8
       \   00000008   927A           ST        -Y, R7
       \   0000000A   926A           ST        -Y, R6
       \   0000000C   925A           ST        -Y, R5
       \   0000000E   924A           ST        -Y, R4
       \   00000010   93BA           ST        -Y, R27
       \   00000012   93AA           ST        -Y, R26
       \   00000014   939A           ST        -Y, R25
       \   00000016   938A           ST        -Y, R24
       \   00000018                  REQUIRE ? Register_R4_is_cg_reg
       \   00000018                  REQUIRE ? Register_R5_is_cg_reg
       \   00000018                  REQUIRE ? Register_R6_is_cg_reg
       \   00000018                  REQUIRE ? Register_R7_is_cg_reg
       \   00000018                  REQUIRE ? Register_R8_is_cg_reg
       \   00000018                  REQUIRE ? Register_R9_is_cg_reg
       \   00000018                  REQUIRE ? Register_R10_is_cg_reg
       \   00000018                  REQUIRE ? Register_R11_is_cg_reg
       \   00000018   0148           MOVW      R9:R8, R17:R16
       \   0000001A   01C9           MOVW      R25:R24, R19:R18
       \   0000001C   012A           MOVW      R5:R4, R21:R20
     142              U8     save_i_flag;
     143              U16    u16_temp, nb_word;
     144              U16    address;
     145              U16    save_page_addr;
     146
     147                     //--- Special for API's -------------------
     148                     // First of all, disabling the Global Interrupt
     149                     save_i_flag = SREG;
       \   0000001E   B6AF           IN        R10, 0x3F
     150                     Disable_interrupt();
       \   00000020   94F8           CLI
```

注意：欲获取更多细节信息，请参考下列 *.lst 文件：

- flash_boot_lib.lst
- flash_boot_drv.lst

11.6 使用 Flip 软件与 CAN 结点通信

Flip 是一个灵活的 PC 端应用程序,使用该程序可以在线对 Atmel 的多种微控制器进行编程和配置,其界面如图 11.21 所示。

在主机端使用 Flip 软件可以对本系统中的 CAN 结点进行各种操作,例如,Erase、Blank Check、Program、Read、Security Level 和 Special Bytes Reading and Setting 等。

关于 Flip 的使用方法等信息,请参阅相关说明文档。

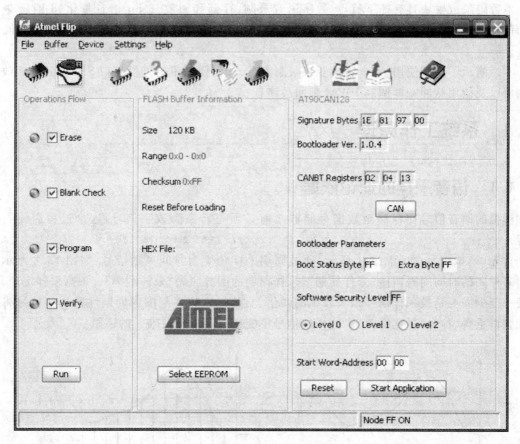

图 11.21 Flip 软件使用界面

第 12 章

基于 AVR 单片机的数码录放模块

本章通过使用具有片内 A/D 转换器的 AVR 微控制器、AT45DB161B 数据 Flash 存储器以及一些外围元件来实现声音的录制、存储和回放。

本数码录放模块具有如下特点：数字语音录制、存储和回放、8 bit 语音量化、8 kHz 采样率、有效语音频率高达 4 kHz。另外，本系统使用器件少，结构十分微小，适合各种小空间的安装。

本章演示了如何使用 A/D 转换器来录制声音、如何使用串行外设接口 SPI 访问扩展数据存储器以及使用脉冲宽度调制 PWM 来回放声音。

12.1 系统工作原理

12.1.1 语音采样的理论依据

模拟的语音信号在存储至数据存储器之前必须先转换为数字信号，这个过程需要若干步骤。

首先，模拟信号（如图 12.1 所示）通过周期采样转变为时间离散信号（如图 12.2 所示）。两次采样间的时间间隔叫做"采样周期"，采样周期的倒数叫做"采样频率"。根据采样定理，采样频率至少需要是被采样信号最大频率的两倍。否则，该频率范围内周期性重现的信号将会出现频谱重叠，称为"量化噪声"。这样的信号不能通过其采样被唯一的还原。

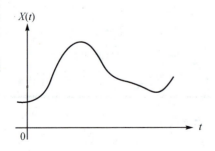

图 12.1 模拟信号

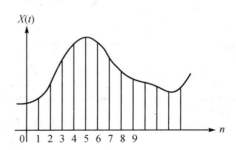

图 12.2 时间离散信号

由于语音信号的主要信息低于 3 000 Hz,因此,可以使用一个低通滤波器限频处理语音信号。

对于一个截止频率为 3 000 Hz 的理想低通滤波器,采样频率必须为 6 000 Hz。依据滤波器的具体情况,其滤波斜率的陡度可能不尽相同。尤其对于像本应用中使用的 RC 这样的一阶滤波器,更需要选择一个较高的采样频率。采样频率的上限由 A/D 转换器的特性决定。

将在采样频率取得的模拟采样转换为数字值的过程叫做"量化"。通过给模拟信号指定一个和其值最为接近的合法数字值即可完成量化(如图 12.3 所示)。数字值的数量称为"分辨率",且其总是有限的。例如,一个 8 bit 的数字信号有 256 个数字值;本例的数字信号有 10 个数字值。因此,模拟信号的量化总会丢失一些信息。这样的量化错误与数字信号的分辨率和信号的"动态范围"成反比。动态范围是指最大值与最小值之间的范围(例如,在示例中为 3~8)。通过把 AT90S8535 微控制器的 AGND 引脚和 AREF 引脚设置为信号的最小值和最大值,可以将其中的 A/D 转换器调整至信号的动态范围。从另一个方面来说,也可以通过调整麦克风的放大器来覆盖 ADC 的动态范围。

增大分辨率和动态范围都可以减小量化错误。此外,后者在减小量化错误的同时还可以增加信噪比,因此,后者是一种更好的方法。

图 12.4 描述了用于表征模拟信号的数字值。这些数字值是 ADC 的转换结果。

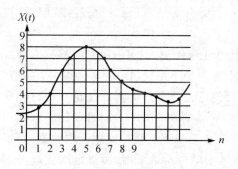

图 12.3 量化信号

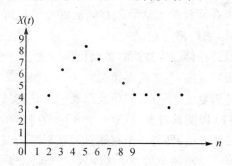

图 12.4 数字信号

在本系统中,有效信号永远不会超过动态范围的最小值和最大值。低于最小值和高于最大值的那部分信号不包含任何信息,可以剔除它们以节约存储空间。这可以通过降低所有信号的坐标(downshift)和剔除高于最大值的那部分数据来实现,如图 12.5 所示。

12.1.2 数据存储和读取

本系统量化后的信号有 8 位,这些信号可以存储在数据存储器中。

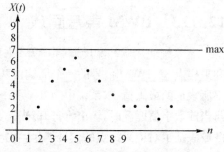

图 12.5 Bit-reduced 数字信号

系统中的数据存储器 AT45DB161B，在编程前不需要单独的擦除周期。当使用 Buffer to Main Memory Page Program with Built-In Erase 或 Main Memory Page Program Through Buffer 命令时，数据存储器在写入数据前会自动擦除存储阵列中的指定页。如果系统需要更快的编程吞吐量(大于 200 kbps)，则主存储区阵列区域可以被预先擦除以缩短整体的编程时间。可选命令 Page Erase 用于擦除存储器的单个页；可选命令 Block Erase 允许一次擦除存储器中的 8 个页。如果使用预擦除主存储区阵列方式，则应当使用 Buffer to Main Memory Page Program without Built-In Erase 命令以快速地编程。

第一种方式具有最高的代码效率，并且不需要额外的擦除周期。但是本系统使用块擦除方式，以演示如何预擦除大块存储区。擦除整个存储器可能要花费若干秒。

存储器擦除完毕后，即可以写入数据直至写满所有页。缓冲区 Buffer 1 用于缓冲写入存储器的数据。当缓冲区 Buffer 1 写满(此时写入 528 个采样点)后，在第 529 次采样量化转换完成时，缓冲区 Buffer 1 中的数据将被写入主存储空间。语音数据将一直记录，直到释放"录音"按钮或者存储器被写满。如果整个存储区已被写满，则在擦除存储器之前，新的语音数据将无法写入。如果再次按下"记录"按钮时，存储区仍然有可使用的空间，则新的语音数据将直接追加到已有数据的后面。

声音回放总是从数据存储区的起始地址开始。当所有记录数据都已播放或"回放"按钮被释放时，回放将停止。

数据存储器支持两种数据读回方式，一种是直接从主存储页读，另一种是先将页内容复制至两个缓冲区之一，之后再读缓冲区。直接读取方式不适用于本系统，因为对于每一个字节，都必须将其页地址、字节位置地址以及一个长初始化序列传送给数据存储器。这花费的时间要比一个 PWM 周期长得多，对于一个 8 bit 的 PWM 信号，PWM 周期为 510 个时钟周期。因而应该使用第二种方法，即将一个存储页复制至两个缓冲区之一。若从当前缓冲区中读取数据，则下一个存储页可以复制至另一个缓冲区。当读完当前缓冲区中的所有数据时，可以继续读取另一个缓冲区的数据，此时，第一个缓冲区又可以继续装载新的数据。这样极大地提高了效率。

从数据存储器的缓冲区中读取数据应当与 PWM 频率保持同步。

12.1.3　PWM 声音回放

本系统使用脉冲宽度调制 PWM 来回放量化后的数字值。图 12.6 展示了示例信号的采样点 2 和采样点 3。PWM 信号的一个周期由两个时间片组成，一个时间片是计数器增计数到由给定分辨率所表征的最大值(本系统中为 8)，另一个时间片是计数器再递减为 0。当 PWM 计数器的计数值与当前数字值匹配时，输出将打开；当计数器的计数值降到数字值以下时，输出将关闭。因此，黑色区域表征了对应采样点的信号能量。图 12.7 展示了示例信号的对应 PWM 输出信号。

PWM 频率至少应该是信号频率的两倍。依据不同的输出滤波器，建议 PWM 频率最少高于信号频率 4 倍。可以通过降低信号频率、升高系统时钟频率或者降低信号分辨率来实现上述目的。

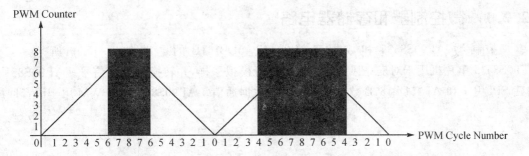

图 12.6　PWM 周期的两个示例

在本系统中,输出滤波器的截止频率设置在 4 000 Hz,这大体是 PWM 频率(15 686 Hz)的 1/4。

系统时钟速度和 PWM 的分辨率决定了 PWM 的频率。在使用 8 MHz 系统时钟的情况下,10 bit PWM 的频率大约是 3 922 Hz($8 \text{ MHz}/2 \cdot 2^{10} = 3\ 922 \text{ Hz}$);9 bit 分辨率的话是 7 843 Hz;如果是 8 bit 分辨率,则 PWM 频率是 15 686 Hz。

只有 15 686 Hz 能够充当 4 000 Hz 信号的载波频率。因此,原先的 10 bit 数字采样被转化为 8 bits,即将高 8 位字节存储在数据存储器中。

输出滤波器可以平滑输出信号并去除高频 PWM 载波信号。对于示例的最终输出信号现在看起来在某种程度上就像图 12.8 中的图形。若不是量化误差(在本示例中量化误差非常大,因为只使用 8 位数值)和一些放大失真,则输出信号看起来应该几乎就和图 12.1 中的模拟输入信号一样。

图 12.7　滤波后的 PWM 输出信号

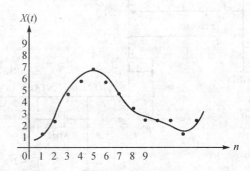

图 12.8　PWM 输出信号

12.2　硬件电路设计

要实现本章介绍的数码录放模块,硬件电路至少需要 3 个组成部分,即电源电路、微控制器和存储器电路以及语音处理电路。由于电源电路十分简单,且依据不同应用场合可以有不同的设计,故在此不做介绍。下面着重介绍微控制器、存储器电路以及语音处理电路。

12.2.1 微控制器和存储器电路

微控制器 AT90S8535 和数据存储器 AT45DB161B 的电路如图 12.9 所示。其中，AT90S8535 单片机用于对麦克风的输入信号进行模拟采样，并转换为数字信号。AT90S8535 的内建 SPI 用于和 AT45DB161B 数据存储器进行数据通信。AT90S8535 的 PWM 用于语音回放。

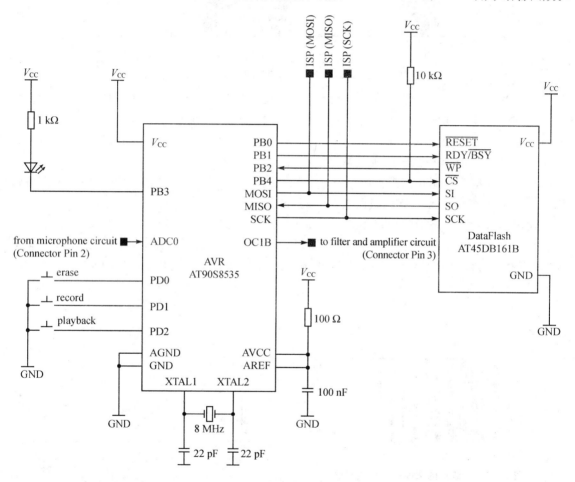

图 12.9 微控制器和存储器电路

图中，接有两个 22 pF 退耦电容的石英晶体振荡器用于产生系统时钟；模拟输入电压 AVCC 通过一个 RC 低通滤波器连接至 V_{CC}，参考输入电压也连接至 AVCC；另外，LED 用于指示系统的当前状态，同时可作为给用户的反馈信号。

用户可以使用 3 个按键来控制本声音系统，即擦除、录制和回放。当没有按下按键时，芯片内部的上拉电阻将 PD0～PD2 上拉至 V_{CC}。按下按键时，相应的输入线被拉至 GND。

系统中的数据存储器 AT45DB161B 是一片工作电压为 2.7 V 的串行接口 Flash 存储器，片内的 16 Mbit 存储空间划分为 4 096 页，每页 528 字节。除了主存储区外，AT45DB161B 中还有两个 SRAM 数据缓冲区，每个缓冲区为 528 字节。缓冲区用于缓冲输入数据流，以便用户可以在实际应用中连续地向存储器写入数据。

数据存储器 AT45DB161B 的串行接口兼容 SPI 协议的模式 0 和模式 3，因此数据存储器 AT45DB161B 可以通过 SPI 总线直接连接到 AVR 微控制器。当用户使用 ISP 方式为控制器更新程序时，片选信号 CS 在 AVR 片内的上拉电阻将阻止数据存储器被激活。如果不使用 ISP，则上拉电阻可以不启用。

12.2.2 麦克风和扬声器电路

麦克风和扬声器电路如图 12.10 所示。可以看出，麦克风的放大部分是一个简单的反相放大器。其增益由电阻 R1 和 R9 来设置，增益值为其阻值比 R_1/R_9。R4 用于向麦克风提供能量，C1 用于阻止任何直流分量进入放大器。R2 和 R3 用来设置偏置。R5 和 C8 构成一个简单的一阶低通滤波器。另外，R5 还用于在输出短路时保护放大器不会受到任何损坏。

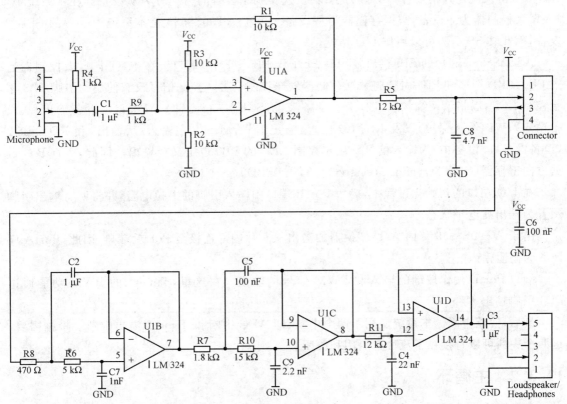

图 12.10　麦克风和扬声器电路

扬声器电路由一个5阶切比雪夫（Chebychev）低通滤波器和一个单倍增益的放大器组成。滤波部分由两个参差调谐2阶切比雪夫滤波器（R6、R7、R8、C2、C7和R7、R10、R11、C9、C5）和一个无源一阶滤波器（R11、C4）构成。这3个滤波器的截止频率逆着彼此轻微的改变以限制整个滤波电路的通带波纹。整体的截止频率设置为4 000 Hz，这大体是PWM频率的1/4。单倍增益放大器用于阻止电路从输出获得反馈。C3用于隔断传给扬声器的任何直流分量。

12.3 软件设计

12.3.1 初始化设置

程序启动后首先要进行微控制器的I/O端口设置等初始化操作，这些工作由Setup子流程来完成。

SPI协议规定通信双方中一方为主设备，连接到主设备的另一方为从设备。在本系统中，AVR微控制器为主设备，数据存储器为从设备。由于AT90S8535是本系统中唯一的SPI主设备，因此其SS引脚可以用作I/O功能。

AT90S8535芯片的SPI接口复用其Port B(PB5～PB7)端口。在本应用中，微控制器通过PB0、PB1、PB2和PB4引脚向数据存储器发送控制信号。控制信号没有使用的引脚PB3用于控制LED，以指示系统状态。对于主设备来说，SCK（串行时钟）、MOSI（主设备输出/从设备输入）、WP（写入保护）以及RST（复位）为输出信号，MISO（主输入/从输出）和RDY/BSY（设备准备好/设备忙）为输入信号。用于控制LED的PB3也定义为输出。因此，Port B的数据方向寄存器(Data Direction Register)应写入0xBD。

在I/O端口的初始化过程中，启用PortB端口中输入引脚的上拉电阻，并将所有输出引脚预置为输出高电平状态。

由于AT90S8535片内A/D转换器的输出从芯片内部连接至PortA端口，因此，PortA应设置为高阻输入。

端口PortD用作按键的输入和PWM信号的输出。在这里，Timer1的PWM功能通过PD4引脚输出。

最后，使能中断。本系统使用了两个中断，即ADC中断和Timer1溢出中断。根据需要，这两个中断可以直接在子流程中启用和关闭。

12.3.2 主循环

在程序的主循环中，3个按键被重复扫描。当发现有按键按下时，LED被点亮表明当前系统处于工作状态,同时调用对应的子流程。

当按下擦除或回放按键时,系统将进入另一个循环,直到按键被释放,以便从擦除和回放函数返回主循环。

在主循环中,LED 将被熄灭以表明系统处于空闲状态。主循环的具体流程如图 12.11 所示。

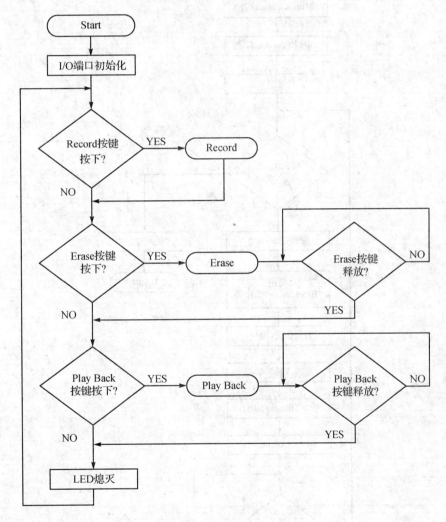

图 12.11 Main Loop 流程

12.3.3 擦 除

数据存储器可以选择性地使用预擦除操作,其流程如图 12.12 所示。

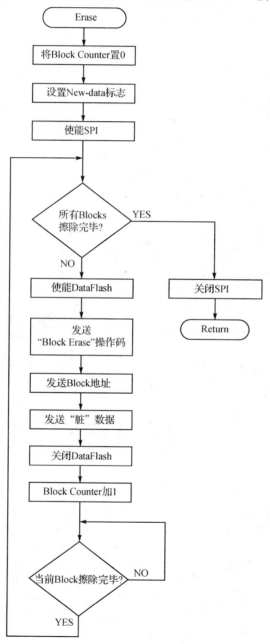

图 12.12 Erase 流程

当调用擦除子流程时,一个标记将被置位。该标记用于指出下一次进行录音操作时,新的数据可以从数据存储器的起始位置开始存储。

之后,SPI 将被启用以访问数据存储器。本子流程中不使用任何中断。数据存储器的数据从 MSB 开始依次存储(MSB first)。

数据存储器在 SPI 的模式 0 和模式 3 下均可以工作。SPI 的 4 种工作模式如图 12.13 所示,其中,SPI 模式 0 在 CS 信号从高到低跳变时,SCK 信号为低电平;而 SPI 模式 3 在 CS 信号从高到低跳变时,SCK 信号为高电平。但模式 0 和模式 3 都是在 SCK 的上升沿对数据进行采样。本系统中 SPI 工作在模式 3,为了尽可能快地传送数据,在对 SPI 配置时使用了最低的时钟分频,也就是说使用 8 MHz 的晶振时,SPI 总线的速度可达 2 MHz。

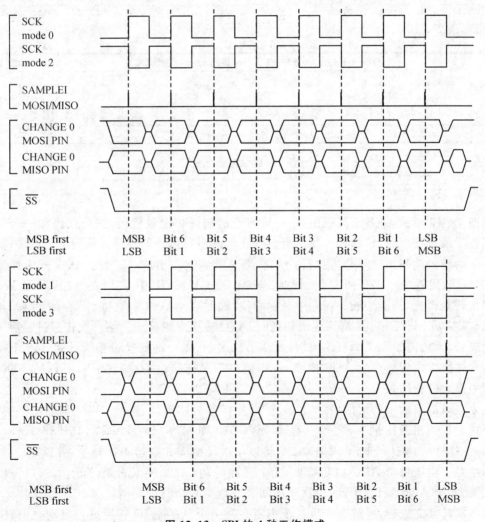

图 12.13　SPI 的 4 种工作模式

进行存储器块擦除操作时,需将 CS 引脚输出低电平以使能数据存储器,同时向数据存储器发送块擦除操作码 0x50。之后,向数据存储器连续发送 3 个字节的地址数据,其中第一个字节的最高两位为保留位,实际中这两位可以为 0;第二个字节的低 5 位以及第三个字节中的所有 8 位为无效位,不必关心;第一个字节中的低 6 位和第二个字节中的高 3 位,这 9 位是有效的块地址,如图 12.14 所示。每发送完毕一个字节后,程序将重复检查 SPI 的状态寄存器 SPSR,直到 SPSR 中用于表明上次 SPI 传送完毕的 SPIF 位被置位。之后,程序可以发送下一个字节。当所有字节传送完毕,CS 重新跳变回高电平时,数据存储器的块擦除操作将启动。存储器进行块擦除操作期间,其输出引脚 Ready/Busy 将输出低电平,直到其擦除操作执行完毕。之后,下个块将以同样的方式进行擦除操作。这个过程将重复进行直到所有的 512 个块都被擦除完毕。本擦除流程将从第 0 号块起直至擦除完所有的块。当一个存储单元被擦除后,其读回值为 0xFF。

操作码 Opcode	操作码 Opcode	Address Byte（地址字节）							Address Byte（地址字节）							Address Byte（地址字节）							
		Reserved	Reserved	PA11	PA10	PA9	PA8	PA7	PA6	PA5	PA4	PA3	PA2	PA1	PA0	BA9	BA8	BA7	BA6	BA5	BA4	BA3	BA2	BA1	BA0
50H	0 1 0 1 0 0 0 0	r	r	P	P	P	P	P	P	P	P	P	x	x	x	x	x	x	x	x	x	x	x	x	x

图 12.14 擦除命令

12.3.4 录 音

如图 12.15 所示,录音子流程由 A/D 转换器的初始化设置代码、执行代码和一个循环组成。当按下录音按钮时,该循环开始执行;释放录音按钮后,该循环停止执行。也就是说,录音按钮按下的整个期间该循环都将执行。本系统使用 ADC0 引脚,需要将 ADC 复用选择寄存器(ADMUX)设置为 0。在 ADC 控制与状态寄存器（ADCSR）中,将时钟分频因子设置为 32,选择单次转换模式,使能中断并清除中断标志位,同时启动 ADC。这些设置由语句 ADCSRA = 0xD5 来完成。当 CPU 执行到此语句处时,A/D 转换立刻启动。第一次转换过程需要的时间将比较长,大约需要 832 个振荡周期,而从第二次起,以后的转换过程大约是 448 个振荡周期。每次转换完成后将产生 ADC 中断,告知用户程序转换过程执行完毕,可以从 ADC 数据寄存器中读取转化结果。

从麦克风电路输出的模拟信号以 15 686 Hz 的采样率采样,这与 PWM 的输出频率相同。要达到 15 686 Hz 的采样频率,就必须每 510 周期进行一次采样(15 686 Hz×510＝8 MHz)。这样,每 510 个时钟周期,ADC 将以单次转换模式进行一次转换,并读取一次 A/D 转换的结果。由于每个 ADC 周期需要 32 个时钟周期(ADC 时钟分频因子为 32),一次数模转换需要 14 个 ADC 周期,因此,一次转换需要花费 448 个时钟周期。

当一次转换完成后,系统会产生一个中断。在一个新的 A/D 转换过程启动之前,中断处理程序将执行一个循环来填补缺少的64个(512－448)周期。

在A/D转换过程启动两个周期后,系统即可以得到一个10 bit的转换结果。该结果用于表征A/D转换引脚上的输入值。这10 bit的值覆盖了从AGND到AREF的整个范围,在本系统中为0～5 V。麦克风电路的输出信号被限制在2.3～3.5 V范围内。因此,这10 bit的转换结果需要减去最小输入电压的表征值。2.3 V应该是0x1D5。舍去转换结果中的2个MSB,可以去除转换结果中用于表征输入信号高于3.5 V的那部分信号值。当转换结果移交给write to flash子流程时,转换结果中的2个MSB将自动舍去,因为write to flash子流程的参数flash_data定义为(8 bit)char类型。最终的8 bit数据将在下一次A/D转换中断发生前写入数据存储器。

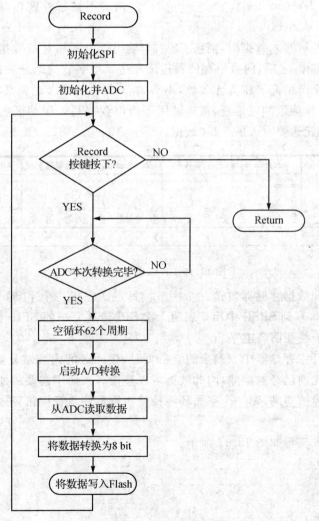

图 12.15　Record 流程

12.3.5 存 储

向数据存储器的缓冲区写入数据,当缓冲区写满时,其内容将被复制到主存储区的一个页。这样,就可以将数据写入数据存储器。

write to flash 子流程中的变量 buffer_counter 用于表示 buffer 中的字节数,变量 page_counter 表示将写入 buffer 中内容的主存储器页。如果 new-data 标记指出当前的数据存储器为空,则用作计数器的两个变量 buffer_counter 和 page_counter 将设置为 0。

如果存储器中已经写入过数据,则变量 buffer_counter 和 page_counter 用于指出存储器中的下一个空闲位置,这将确保新的数据直接追加至存储器中已有内容的后面。为了在函数调用时保护变量 buffer_counter 和 page_counter 的内容不被意外破坏,则这两个变量被声明为静态变量(Static Variable)。

向存储器的缓冲区写入数据时,需将 CS 引脚输出低电平以使能数据存储器,并向数据存储器发送操作码 0x84。之后,向数据存储器连续发送 3 个字节的地址数据,其中,第一个字节的全部位和第二个字节的高 6 位为无效位,不必关心;第二个字节的低 2 位和第三个字节中的所有 8 位共计 10 位作为缓冲区地址,该地址用于指出数据写入缓冲区的位置,如图 12.16 所示。最后,向存储器发送要写入的 8 bit 数据。

操作码 Opcode	操作码 Opcode	Address Byte (地址字节)								Address Byte (地址字节)								Address Byte (地址字节)							
		Reserved	Reserved	PA11	PA10	PA9	PA8	PA7	PA6	PA5	PA4	PA3	PA2	PA1	PA0	BA9	BA8	BA7	BA6	BA5	BA4	BA3	BA2	BA1	BA0
84H	1 0 0 0 0 1 0 0	x	x	x	x	x	x	x	x	x	x	x	x	x	x	B	B	B	B	B	B	B	B	B	B

图 12.16 存储器写入命令

微控制器每次向数据存储器发送一个字节。每发送完毕一个字节,程序将重复检查 SPI 的状态寄存器 SPSR,直到 SPSR 中用于表明上次 SPI 传送完毕的 SPIF 位被置位。当所有字节传送完毕,CS 重新跳变回高电平。

当缓冲区写满且主存储器中有剩余的空白页时,缓冲区的内容被复制至数据存储器的下一页。由于存储器先前已经被擦除,因此数据可以直接写入而不需要额外的擦除操作。

如果存储器已经被写满,则一个空循环将持续执行直到录音按钮释放。此时,所有新的数据记录将被丢弃。

数据存储器写入流程如图 12.17 所示。

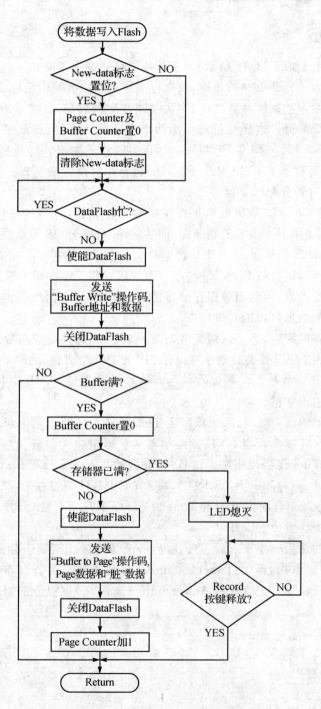

图 12.17 Write to DataFlash 流程

12.3.6 回 放

Playback 子流程(如图 12.18 所示)用于从数据存储器中读取数据并调制为 15 686 Hz 的 8 bit PWM 信号。为了得到更高的速度,没有直接从主存储区域中读取数据,而是先将主存储区中的数据传送至两个数据缓冲区之一,再从缓冲区读取数据,且在读取的同时,下一个存储页被复制至另一个缓冲区。这样交替地使用两个缓冲区,极大地提高了读取速度。16 bit 的定时/计数器 1 用于产生 PWM 信号,并从 OC1B 引脚将其输出。这通过对定时/计数器的控制寄存器 A 和控制寄存器 B (TCCRA/TCCRB)进行相应设置来实现。为了让 PWM 的频率尽可能高,PWM 的时钟分配因子设为 1。

设置完毕后,将 CS 引脚输出低电平以使能数据存储器,并传送适当的命令给数据存储器,以便将主存储区的第一页内容复制至缓冲区 Buffer 1。当 CS 重新跳变回高电平时,页到缓冲(Page - to - Buffer)的传递将启动。数据存储器的 Ready/Busy 引脚的高电平表明数据缓冲区 Buffer 1 已经写满有效数据,此时,下一页的内容将开始向缓冲区 Buffer 2 传送。由于两个数据缓冲区彼此独立,因此当数据存储器忙于将第二页的内容复制至缓冲区 Buffer 2 时,缓冲区 Buffer 1 中的数据可以随意读取。

由于 SPI 主设备的特性,为了从缓冲区读取一个字节,程序必须向数据存储器写一个伪数据。SPI 主设备对 SPI 从设备的写动作可以让 SPI 接口产生时钟,同时让主从设备双方的 SPI 数据寄存器 SPDR 互换数据。向数据存储器写一个伪数据后,AVR 微控制器的 SPDR 将存放有数据存储器的输出数据。

当 PWM 计数器的值为 0 时,系统将产生 Timer1 溢出中断。该中断用于将数据存储器的数据输出同步至 PWM 频率。当 AVR 微控制器从数据缓冲区中读到新的数据时,一个空循环将执行直到发生 Timer1 溢出中断。之后,该数据被写入 Timer/Counter1 的输出比较寄存器 B(Output Compare Register B,OCR1B),写入 OCR1B 的值将在 PWM 计数器的值计至最大时(8 bit PWM 为 255)自动生效。当 Timer/Counter1 升序记数时比较匹配将清零 OC1B,降序记数时比较匹配将置位 OC1B。

当读完缓冲区的最后一个字节后,将读取另一个缓冲区。当整个存储区的内容都回放完毕后,所有的中断将被禁用,同时 Timer/Counter1 停止工作。另外,Playback 子流程中调用的 Next Page To Next Buffer 流程和 Active Buffer Speaker 流程分别如图 12.19 及图 12.20 所示。

基于 AVR 单片机的数码录放模块

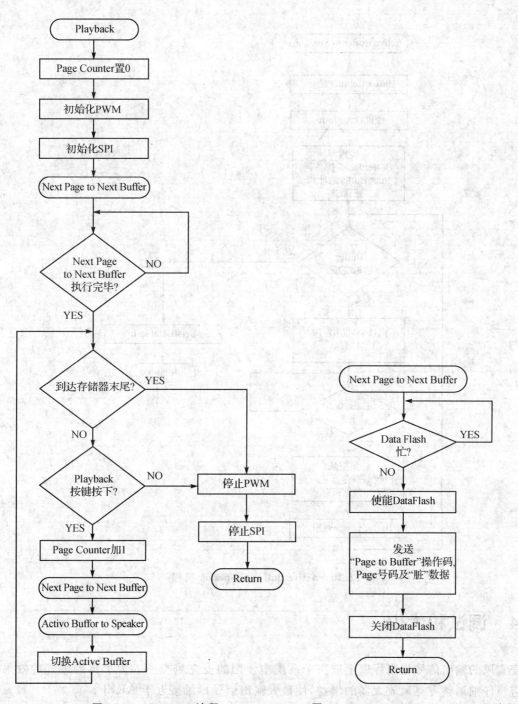

图 12.18　Playback 流程　　　　　图 12.19　Next Page to Next Buffer 流程

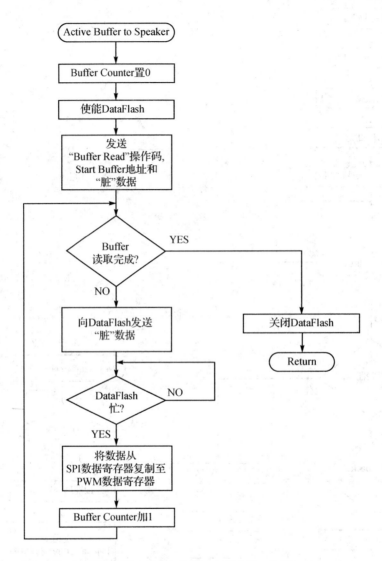

图 12.20 Active Buffer to Speaker 流程

12.4 调试和优化

麦克风的输出信号相当程度上取决于系统中使用的麦克风类型。为了得到最好的效果,用户应当仔细调整麦克风放大器的增益,使最大输出信号尽量接近于 AREF。

数据几乎是在从 A/D 转换器将其读出的同时被写入数据存储器的。如果用户需要更长的录音时间或者希望录制为立体声，则可以对采样数据进行压缩。

　　另外，本应用中演示了两种实现状态标志的方法。一种方法是使用全局变量（比如在 playback 子流程中使用的变量 wait）。另一种方法是使用寄存器中的某个空闲位。在 erase 子流程中，模拟比较器控制和状态寄存器 ACSP 中的 ACIS1 位用来指出有新的数据需要被存储。由于模拟比较器在整个工作过程中都没有使用该位，因此将该位作为标志位不会对系统性能产生任何负面影响。但却节省了一个用于保存全局变量的寄存器。

　　15 686 Hz（每次 510 个时钟周期）的采样频率由 ADC 中断和一个用于延时的循环产生。采样频率也可以由一个没有其他用途的空闲定时器来产生（比如本应用中的 Timer/Counter0 或者 Timer/Counter2）。

第 13 章

基于 STR912 的 USB 声卡

本章通过使用 STR912FA 系列 ARM9 微控制器实现以 PWM 方式输出声音的 USB 声卡的完整过程，介绍了 IAR 汇编伪指令、♯pragma 对齐命令、♯pragma 段控制命令、常用扩展关键字和本征函数的使用及其实现的作用等。读者通过本章的学习，可以了解 USB 声卡的基础知识和 PWM 方式的声音输出，还可以加深对本书相关理论章节内容的理解。

13.1 硬件设计

13.1.1 处理器概述

STR912FA 是基于 ARM9 内核的系列处理器，内部集成了 16/32 bit ARM966E-S RISC 处理器内核、Dual-bank Flash 存储器、大容量 SRAM 以及丰富的片内外设，如 USB 接口、以太网控制器等。另外，ARM966E-S 内核可以执行单周期的 DSP 指令，适用于语音处理、音频算法处理和低端视频处理等。

STR912FA 系列处理器属于 SIP 设备，包含两个堆叠起来的裸片（die）。一个裸片是具有外设接口和模拟功能的 ARM966E-S CPU；另一个是 Burst Flash。两个 die 通过定制的高速 32 bit burst 存储器接口和串行 JTAG 测试/编程接口互相连接，其结构如图 13.1 所示。

STR912FA 系列处理器可在广泛的多种应用中实现完美的嵌入式控制。例如，销售终端机、工业自动化控制、安全监控、自动贩卖机、通信网关、协议转换系统以及医疗设备等。

13.1.2 电源电路

本系统有 3 种电源输入方式，输入电压都为 5 V，可通过图 13.2 中的 POWER_SELECT 进行选择，分别为 J-LINK 供电、USB 总线供电和外部供电。从电路图中可以看出，电源部分使用了 3 只 LD1117-ADJ 来得到 5 V、3.3 V 和 1.8 V 的电压。5 V 除了作为另外两路电源芯片的输入外，还用于系统的外设供电，如音频电路的运放等；3.3 V 为系统的工作电压；1.8 V 用于处理器的内核供电。

基于 STR912 的 USB 声卡 13

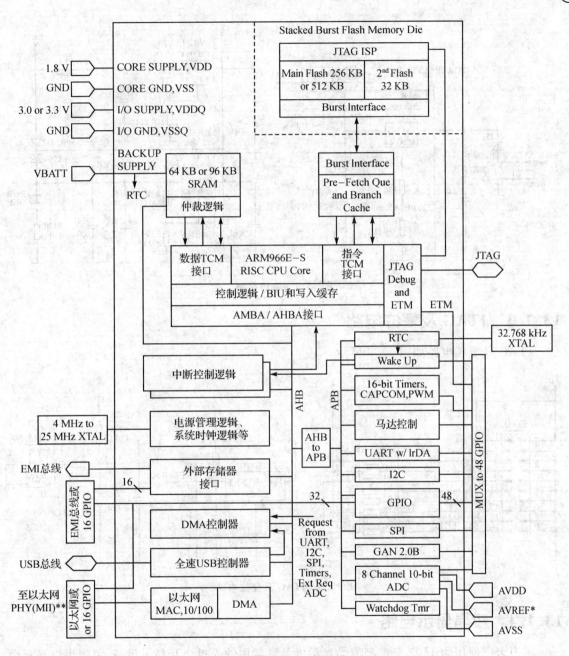

图 13.1　STR912FA 处理器结构图

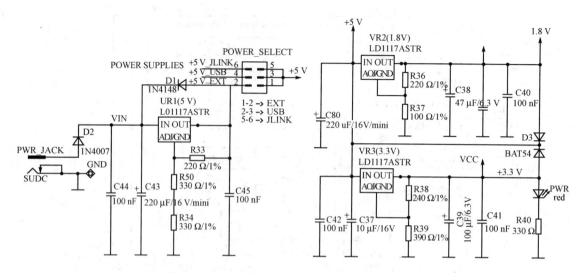

图 13.2　电源电路

13.1.3　JTAG 及复位电路

JTAG 及复位电路如图 13.3 所示。

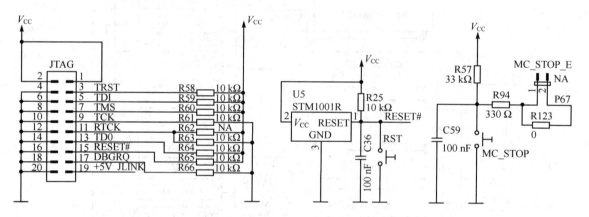

图 13.3　JTAG 及复位电路

13.1.4　液晶显示电路

本声卡中使用的 1602 字符型液晶显示屏是最常用的人机交互显示设备，每屏可以显示两行 ASCII 字符，每行 16 个。图 13.4 是本系统显示部分的电路图，其中，10 kΩ 的可调电阻用于调整显示对比度，三极管 BC846 及其附属电阻用于控制背光。

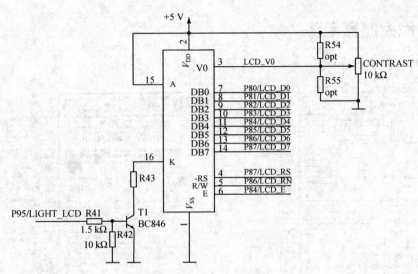

图 13.4 液晶显示屏电路

13.1.5 USB 接口电路

图 13.5 为本声卡的 USB 接口电路,该电路设计符合 USB 硬件电路的规范要求。当本声卡与主机的 USB 接口连接后,图中的黄色 LED 将会点亮。另外,图中的 USB_E/USB_P70 用于选择 USB 使能信号的方式,即选择默认使能或使用软件使能。

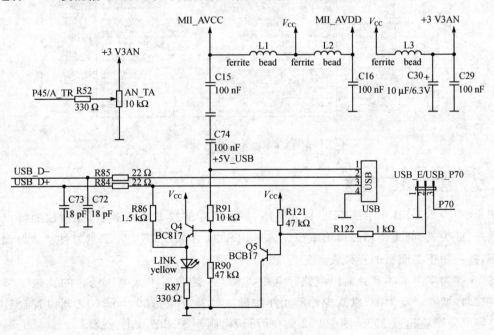

图 13.5 USB 接口电路

13.1.6 微控制器电路

微控制器电路如图 13.6 所示。

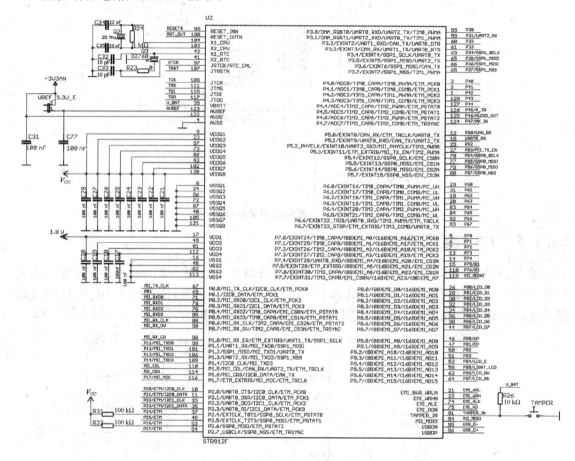

图 13.6 微控制器电路

13.1.7 音频接口电路

图 13.7 为本 USB 声卡的 MIC 输入电路,核心为 TS921 轨对轨运放,该运放的特点为极低的噪声、低失真、低失调和高输出电流。另外,TS921 在驱动高达 1 nF 的容性负载时没有任何振荡,极适用于高质量的音频设备。

图 13.8 为本声卡的音频输出电路。其中,LM386 是适用于低电压场合的音频功率放大器,其内部将增益设定为 20 以减少外部元件数量。另外,在其脚 1 和脚 8 之间设置合适的电阻和电容可使增益超过 200。图中 2.2 kΩ 的可调电阻用于调节输出音量。

基于 STR912 的 USB 声卡

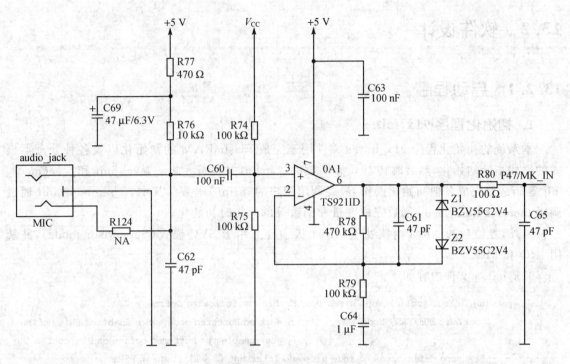

图 13.7　MIC 输入电路

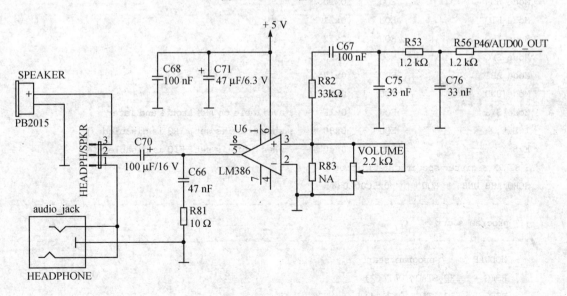

图 13.8　音频输出电路

13.2 软件设计

13.2.1 启动程序

1. 初始化程序 91x_init.s

本系统的初始化程序 91x_init.s 文件用于完成 Flash/RAM 的初始化以及各种处理器模式的堆栈指针初始化,然后跳转至 C 库函数的 ?main,并执行 __low_level_init 和 __segment_init 等函数以完成其他初始化操作,最终调用用户的 main() 函数。其中,__segment_init 通过调用 memset 和 memcpy 函数完成变量和函数等的运行时初始化。

另外,复位后的 ARM 内核处于 ARM 状态且工作于 SVC 模式(Supervisor mode),并禁用 IRQ 和 FIQ。

91x_init.s 文件内容如下:

```
; Depending in Your Application, Disable or Enable the following Define
;       #define  BUFFERED_Mode          ; Work on Buffered mode, when enabling this define
                                        ; just enable the Buffered define on 91x_conf.h
; - - - Standard definitions of mode bits and interrupt (I & F) flags in PSRs
Mode_USR            EQU     0x10
Mode_FIQ            EQU     0x11
Mode_IRQ            EQU     0x12
Mode_SVC            EQU     0x13
Mode_ABT            EQU     0x17
Mode_UND            EQU     0x1B
Mode_SYS            EQU     0x1F    ; available on ARM Arch 4 and later
I_Bit               EQU     0x80    ; when I bit is set, IRQ is disabled
F_Bit               EQU     0x40    ; when F bit is set, FIQ is disabled
; STR9X register specific definition
SCR0_AHB_UNB        EQU     0x5C002034
;- - - - - - - - - - - - - - - - - - - - - - - - - - - - - - - - - - - - - - -
;? program_start
;- - - - - - - - - - - - - - - - - - - - - - - - - - - - - - - - - - - - - - -
        MODULE      ?program_start
        RSEG        IRQ_STACK:DATA(2)
        RSEG        FIQ_STACK:DATA(2)
        RSEG        UND_STACK:DATA(2)
        RSEG        ABT_STACK:DATA(2)
```

```
        RSEG    SVC_STACK:DATA(2)
        RSEG    CSTACK:DATA(2)
        RSEG    ICODE:CODE(2)
        PUBLIC  __program_start
        EXTERN  ?main
                CODE32

__program_start:
        LDR     pc, =NextInst
NextInst
        NOP     ; execute some instructions to access CPU registers after wake
        NOP     ; up from Reset, while waiting for OSC stabilization
        NOP
        NOP
        NOP
        NOP
        NOP
        NOP
        NOP
#ifdef BUFFERED_Mode
; BUFFERED_Mode
;- - - - - - - - - - - - - - - - - - - - - - - - - - - - - - - - - - - - - -
; Description  :         Enable the Buffered mode.
;                        When enable, just enable the buffered define on the 91x_conf.h
; http://www.arm.com/pdfs/DDI0164A_966E_S.pdf
;- - - - - - - - - - - - - - - - - - - - - - - - - - - - - - - - - - - - - -
        MRC     p15, 0, r0, c1, c0, 0    ; Read CP15 register 1 into r0
        ORR     r0, r0, #0x8             ; Enable Write Buffer on AHB
        MCR     p15, 0, r0, c1, c0, 0    ; Write CP15 register 1
#endif
;- - - Remap Flash Bank 0 at address 0x0 and Bank 1 at address 0x80000,
;      when the bank 0 is the boot bank, then enable the Bank 1
        LDR R6, =0x54000000      ; BOOT BANK Size = 512KB
        LDR R7, =0x4             ; (2^4) * 32 = 512KB
        STR R7, [R6]
        LDR R6, =0x54000004      ; NON BOOT BANK Size = 32KB
        LDR R7, =0x2             ; (2^2) * 8 = 32KB
        STR R7, [R6]
```

```
        LDR R6, = 0x5400000C        ; BOOT BANK Address = 0x0
        LDR R7, = 0x0
        STR R7, [R6]
        LDR R6, = 0x54000010        ; NON BOOT BANK Address = 0x80000
        LDR R7, = 0x20000           ; need to put 0x20000 because FMI bus on A[25:2] of CPU bus
        STR R7, [R6]
        LDR R6, = 0x54000018        ; Enable CS on both banks
        LDR R7, = 0x18
        STR R7, [R6]
; - - - Enable 96K RAM
        LDR     R0, = SCRO_AHB_UNB
        LDR     R1, = 0x0191        ; PFQBC enabled / DTCM & AHB wait-states disabled
        STR     R1, [R0]
; - - - Initialize Stack pointer registers
        ; Enter each mode in turn and set up the stack pointer
MSR         CPSR_c, #Mode_FIQ|I_Bit|F_Bit    ; No interrupts
LDR         SP, = SFE(FIQ_STACK) & 0xFFFFFFF8
MSR         CPSR_c, #Mode_IRQ|I_Bit|F_Bit    ; No interrupts
LDR         SP, = SFE(IRQ_STACK) & 0xFFFFFFF8
MSR         CPSR_c, #Mode_ABT|I_Bit|F_Bit    ; No interrupts
LDR         SP, = SFE(ABT_STACK) & 0xFFFFFFF8
MSR         CPSR_c, #Mode_UND|I_Bit|F_Bit    ; No interrupts
LDR         SP, = SFE(UND_STACK) & 0xFFFFFFF8
MSR         CPSR_c, #Mode_SVC|I_Bit|F_Bit    ; No interrupts
LDR         SP, = SFE(SVC_STACK) & 0xFFFFFFF8
; - - - Set bits 17-18 (DTCM/ITCM order bits) of the Core Configuration Control Register
        MOV     r0, #0x60000
        MCR     p15,0x1,r0,c15,c1,0
; - - - Now change to USR/SYS mode and set up User mode stack,
        MSR     CPSR_c, #Mode_SYS                ; IRQs & FIQs are now enabled
        LDR     SP, = SFE(CSTACK) & 0xFFFFFFF8
; - - - Now enter the C code
        B       ? main          ; Note: use B not BL, because an application will
                                ; never return this way
        LTORG
        END
```

2. 异常初始化程序 91x_vect.s

异常初始化程序 91x_vect.s 文件包含异常向量、IRQ 向量的初始化，进入异常处理程序及从其返回的处理流程。内容如下：

```
PROGRAM        ? RESET
COMMON         INTVEC:CODE(2)
CODE32

VectorAddress           EQU    0xFFFFF030    ; VIC Vector address register address.
VectorAddressDaisy      EQU    0xFC000030    ; Daisy VIC Vector address register
I_Bit                   EQU    0x80          ; when I bit is set, IRQ is disabled
F_Bit                   EQU    0x40          ; when F bit is set, FIQ is disabled
;*************************************************************
;              Import the __program_start address from 91x_init.s
;*************************************************************
       IMPORT  __program_start
;*************************************************************
;              Import exception handlers
;*************************************************************
       IMPORT  Undefined_Handler
       IMPORT  SWI_Handler
       IMPORT  Prefetch_Handler
       IMPORT  Abort_Handler
       IMPORT  FIQ_Handler
;*************************************************************
;              Export Peripherals IRQ handlers table address
;*************************************************************
;*************************************************************
;                     Exception vectors
;*************************************************************
       LDR     PC, Reset_Addr
       LDR     PC, Undefined_Addr
       LDR     PC, SWI_Addr
       LDR     PC, Prefetch_Addr
       LDR     PC, Abort_Addr
       NOP                                   ; Reserved vector
       LDR     PC, IRQ_Addr
;*************************************************************
;* Function Name     : FIQHandler
```

```
; * Description       : This function is called when FIQ exception is entered.
; * Input             : none
; * Output            : none
;*********************************************************
FIQHandler
        SUB       lr,lr,#4              ; Update the link register.
        STMFD     sp!,{r0-r7,lr}        ; Save The workspace plus the current return
                                        ; address lr_fiq into the FIQ stack.
        ldr r0,=FIQ_Handler
        ldr lr,=FIQ_Handler_end
        bx r0                           ;Branch to FIQ_Handler.
FIQ_Handler_end:
        LDMFD     sp!,{r0-r7,pc}^       ; Return to the instruction following...
                                        ; ...the exception interrupt.
;*********************************************************
;                  Exception handlers address table
;*********************************************************
Reset_Addr         DCD       __program_start
Undefined_Addr     DCD       UndefinedHandler
SWI_Addr           DCD       SWIHandler
Prefetch_Addr      DCD       PrefetchAbortHandler
Abort_Addr         DCD       DataAbortHandler
                   DCD       0                ; Reserved vector
IRQ_Addr           DCD       IRQHandler
;*********************************************************
;                              MACRO
;*********************************************************
;*********************************************************
; * Macro Name      : SaveContext
; * Description     : This macro is used to save the context before entering an exception handler.
; * Input           : The range of registers to store
; * Output          : none
;*********************************************************
SaveContext MACRO reg1,reg2
        STMFD     sp!,{reg1-reg2,lr}    ; Save The workspace plus the current return
                                        ; address lr_ mode into the stack
        MRS       r1,spsr               ; Save the spsr_mode into r1
        STMFD     sp!,{r1}              ; Save spsr
        ENDM
```

```
;************************************************************
;* Macro Name       : RestoreContext
;* Description      : This macro is used to restore the context to return from
;                     an exception handler and continue the program execution
;* Input            : The range of registers to restore
;* Output           : none
;************************************************************
RestoreContext MACRO reg1,reg2
        LDMFD   sp!,{r1}                ; Restore the saved spsr_mode into r1
        MSR     spsr_cxsf,r1            ; Restore spsr_mode
        LDMFD   sp!,{reg1 - reg2,pc}^   ; Return to the instruction following...
                                        ;...the exception interrupt
        ENDM

;************************************************************
;                       Exception Handlers
;************************************************************

;************************************************************
;* Function Name    : UndefinedHandler
;* Description      : This function is called when undefined instruction
;                     exception is entered.
;* Input            : none
;* Output           : none
;************************************************************
UndefinedHandler
        SaveContext r0,r12      ; Save the workspace plus the current
                                ; return address lr_ und and spsr_und
        ldr r0, = Undefined_Handler
        ldr lr, = Undefined_Handler_end
        bx r0                   ; Branch to Undefined_Handler
Undefined_Handler_end:
        RestoreContext r0,r12 ; Return to the instruction following...
                              ;...the undefined instruction
;************************************************************
;* Function Name    : SWIHandler
;* Description      : This function is called when SWI instruction executed
;* Input            : none
;* Output           : none
;************************************************************
SWIHandler
```

```
            SaveContext r0,r12      ; Save the workspace plus the current
                                    ; return address lr_ svc and spsr_svc
        ldr r0, = SWI_Handler
        ldr lr, = SWI_Handler_end
        bx r0                       ; Branch to SWI_Handler
SWI_Handler_end:
        RestoreContext r0,r12 ; Return to the instruction following...
                                    ; ...the SWI instruction
;* * * * * * * * * * * * * * * * * * * * * * * * * * * * * * * * * *
;*  Function Name    : PrefetchAbortHandler
;*  Description      : This function is called when Prefetch Abort
;                      exception is entered.
;*  Input            : none
;*  Output           : none
;* * * * * * * * * * * * * * * * * * * * * * * * * * * * * * * * * *
PrefetchAbortHandler
        SUB     lr,lr,#4            ; Update the link register
        SaveContext r0,r12          ; Save the workspace plus the current
                                    ; return address lr_abt and spsr_abt
        ldr r0, = Prefetch_Handler
        ldr lr, = Prefetch_Handler_end
        bx r0                       ; Branch to Prefetch_Handler
Prefetch_Handler_end:
        RestoreContext r0,r12 ; Return to the instruction following that...
                                    ; ...has generated the prefetch abort exception
;* * * * * * * * * * * * * * * * * * * * * * * * * * * * * * * * * *
;*  Function Name    : DataAbortHandler
;*  Description      : This function is called when Data Abort
;                      exception is entered.
;*  Input            : none
;*  Output           : none
;* * * * * * * * * * * * * * * * * * * * * * * * * * * * * * * * * *
DataAbortHandler
        SUB     lr,lr,#8            ; Update the link register
        SaveContext r0,r12          ; Save the workspace plus the current
                                    ; return address lr_ abt and spsr_abt
        ldr r0, = Abort_Handler
        ldr lr, = Abort_Handler_end
        bx r0                       ; Branch to Abort_Handler
```

```
Abort_Handler_end:
        RestoreContext r0,r12  ; Return to the instruction following that...
                               ; ...has generated the data abort exception
;******************************************************
;* Function Name       : IRQHandler
;* Description         : This function is called when IRQ exception is entered
;* Input               : none
;* Output              : none
;******************************************************
IRQHandler
        SUB     lr,lr,#4            ; Update the link register
        SaveContext r0,r12          ; Save the workspace plus the current
                                    ; return address lr_irq and spsr_irq
        LDR     r0, = VectorAddress
        LDR     r0, [r0]            ; Read the routine address
        LDR     r1, = VectorAddressDaisy
        LDR     r1, [r1]
        ; Padding between the acknowledge and re-enable of interrupts
        ; For more details, please refer to the following URL
        ; http://www.arm.com/support/faqip/3682.html
        NOP
        NOP
        NOP
        NOP
        MSR     cpsr_c,#0x1F                ; Switch to SYS mode and enable IRQ
        STMFD   sp!,{lr}                    ; Save the link register
        LDR     lr, = IRQ_ReturnAddress     ; Read the return address
        BX      r0                          ; Branch to the IRQ handler
IRQ_ReturnAddress
        LDMFD   sp!,{lr}                    ; Restore the link register
        MSR     cpsr_c,#0xD2 | I_Bit        ; Switch to IRQ mode and disable IRQ
        LDR     r0, = VectorAddress         ; Write to the VectorAddress to clear the
        STR     r0, [r0]                    ; respective interrupt in the internal interrupt
        LDR     r1, = VectorAddressDaisy    ; Write to the VectorAddressDaisy to clear the
        STR     r1,[r1]                     ; respective interrupt in the internal interrupt
        RestoreContext r0,r12               ; Restore the context and return to the...
                                            ; ...program execution

        LTORG
        END
```

对上述文件中的部分语句做如下分析：

1) PROGRAM ?RESET

PROGRAM 伪指令用于定义程序模块。注意，程序模块即使没有被调用也会被链接器无条件地链接。?RESET 为模块名。其中，标号名前面的"?"前缀表示该标号为外部标号，且仅能通过汇编语言访问。

END 伪指令用于结束整个汇编语言程序。一个汇编语言程序最后必须使用 END 伪指令通知汇编器已经到了源程序结尾，可以结束汇编。

2) Reset_Addr DCD __program_start

DCD 伪指令用于分配一片连续的 32 bit 双字存储单元，并用其后的表达式初始化。本例中，初始化的结果如图 13.9 所示。

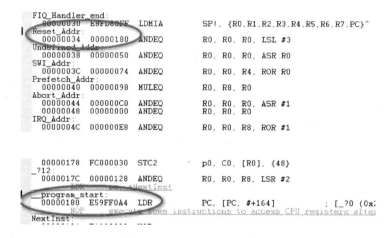

图 13.9　DCD 伪指令示例

3) Mode_USR EQU 0x10

EQU 伪指令用于为程序模块中的常量、标号等赋值。用 EQU 定义的为局部符号，仅在其所在的模块内有效。本例中，定义标号 Mode_USR 的值为 0x10。

4) IMPORT __program_start

IMPORT 伪指令用于导入外部符号。另外，标号名前面的 2 个下划线"_ _"前缀表示该标号为外部标号，且能用 C 语言和汇编语言访问。

5) EXTERN ?main

EXTERN 伪指令用于通知汇编器要使用的标号已经在其他源文件中定义，但要在当前源文件中引用。如果当前源文件实际中并未引用该标号，则该标号不会被加入到当前源文件的符号表中。

6) MODULE ?program_start

MODULE 伪指令用于定义多模块文件中的每个小模块,其中每个小模块代表一段子程序,这样方便于创建库文件。库模块只有在被调用时才会复制到链接代码中。

7) RSEG IRQ_STACK:DATA(2)

RSEG 伪指令用于定义一个可重定位段,单个模块中最多可定义 65 536 个可重定位段。其中,IRQ_STACK 表示段名,DATA 为段类型,2 为对齐方式。

8) PUBLIC__program_start

PUBLIC 伪指令用于在程序中声明一个全局标号,该标号可在其他文件中引用。

9) COMMON INTVEC:CODE(2)

COMMON 伪指令用于定义公共段,各源文件中同名的 COMMON 段共享同一段存储空间。典型应用是多个不同子程序共享一段可重用的数据存储区。本例中,将中断向量表安排在具有 COMMON 属性的 INTVEC 段,以便允许从多个模块中访问中断向量表。INTVEC 段在对应的 XCL 文件中定义。CODE 表示 INTVEC 段的段类型。2 表示地址对齐方式为 4 字节。

10) CODE32/CODE16

若在汇编源程序中同时包含 ARM 指令和 Thumb 指令,则可用 CODE16 伪指令通知汇编器其后的指令序列为 16 位 Thumb 指令,用 CODE32 伪指令通知汇编器其后的指令序列为 32 位 ARM 指令。因此,在使用 ARM 指令和 Thumb 指令混合编程的代码中,可用这两条伪指令进行切换。注意,伪指令只通知汇编器其后的指令类型,并不能对处理器的模式进行切换。

11) LTORG

LTORG 指令用于控制当前的文字池在该指令执行后立即进行汇编。每个 END、ENDMOD 和 RSEG 指令默认进行该操作。

12) SaveContext MACRO reg1,reg2
        STMFD   sp!,{reg1 - reg2,lr}
        MRS   r1,spsr
        STMFD   sp!,{r1}
        ENDM

汇编语言中的宏是用户自定义的符号,用于表征一个或者多个汇编源码行组成的代码块。用户可以在程序中使用定义的宏,就像使用一条汇编命令或者汇编助记符一样。源程序编译过程中,当汇编器遇到宏时,则查找宏定义并将宏表征的代码行插入到源文件中的宏所在位置处。这看起来就好像宏中的汇编行包含在源文件中。事实上,宏的执行就是简单的文本置换,用户可以向宏提供参数来控制其替换内容。

用户可以使用如下句法定义宏:

```
macroname MACRO [,arg] [,arg] ...
......
ENDM
```

其中，macroname 表示用户为宏定义的宏名，MACRO 为宏定义伪指令；ENDM 伪指令用于结束宏定义；arg 表示参数，为当宏展开时传递给宏的值。

有关汇编伪指令的更多细节，请参阅 IAR 的帮助文档。有关 ARM 汇编指令的相关内容，请参阅相关资料或 ARM 官方网站。

13.2.2 驱动程序

本 USB 声卡用到的驱动程序较多，有些是片内外设的驱动，比如 ADC 驱动、FMI 驱动、GPIO 驱动等；有些是外部设备驱动，如液晶显示器 HD44780 驱动等。由于片内外设的驱动是由意法半导体以开源库形式提供的，这部分内容读者可以参阅相关资料自行分析，故在此不再赘述。这里仅针对 USB 驱动程序中，与 IAR EW 密切相关的部分关键内容进行分析。

USB 驱动程序——STR91x_USB.c 文件的部分代码示例如下：

```
......
# pragma segment = "USB_PACKET_MEMORY"
# pragma location = "USB_PACKET_MEMORY"
__root __no_init Int8U USB_PacketMemory[2048];
pInt16U pUSB_BuffDeskTbl;
pPacketMemUse_t pPacketMemUse;
PacketMemUse_t PacketMemBuff[EP_MAX_SLOTS * 2];
EpInfo_t EpInfo[ENP_MAX_NUMB];
Int32U DlyCnt;
UsbEpCtrl_t UsbEp0Ctrl;
UsbSetupPacket_t UsbEp0SetupPacket;
# pragma data_alignment = 4
Int8U EpCtrlDataBuf[Ep0MaxSize];
......
pDst = (pInt32U)(ReadEpDTB_AddrTx(EpInfo[EndPoint].EpSlot) + \
(Int32U)__segment_begin("USB_PACKET_MEMORY"));
......
```

对上述示例代码做如下分析：

 # pragma 命令

pragma 命令是由 ISO/ANSI C 标准规定的一种以预定方式使用厂商专有扩展的机制，该机制用以确保源代码的可移植性。IAR 编译器提供了一系列预定义 pragma 指令，这些指令可用于控制编译器的行为，如控制编译器分配存储空间等。

(1) #pragma segment="USB_PACKET_MEMORY"

本 pragma 命令用于定义一个可以通过段操作符 __segment_begin 和 __segment_end 来使用的段名。对于指定段的所有段声明必须具有相同的存储类型属性和对齐方式。其语法如下：

句法　#pragma segment="SEGMENT_NAME"

参数　"SEGMENT_NAME"　段名

(2) #pragma location="USB_PACKET_MEMORY"

__root __no_init Int8U USB_PacketMemory[2048];

该语句在本程序中实现的作用如图 13.10 所示。其中，USB_PACKET_MEMORY 段在 XCL 文件中的定义如图 13.11 所示。

```
USB_PACKET_MEMORY
    Relative segment, address: 70000000 - 700007FF (0x800 bytes), align: 2
    Segment part 9. ROOT.
        ENTRY                   ADDRESS             REF BY
        =====                   =======             ======
        USB_PacketMemory        70000000
```

图 13.10　#pragma location 作用示例

```
//**************************************************************
// USB Dual port RAM
//**************************************************************

-DUSB_PACKET_MEMORY_START=70000000
-DUSB_PACKET_MEMORY_END=700007FF

//**************************************************************
// USB Dual port RAM segment
//**************************************************************

-Z(DATA)USB_PACKET_MEMORY=USB_PACKET_MEMORY_START-USB_PACKET_MEMORY_END
```

图 13.11　USB_PACKET_MEMORY 段在 XCL 文件中的定义

#pragma location 命令用于指定在其后声明的全局变量或者静态变量的绝对地址。变量必须声明为 __no_init 或者 const。#pragma location 命令后也可以选择使用字符串来指定用于定位在 pragma 指令之后声明的变量或者函数的段。该命令句法如下：

句法　#pragma location={address|SEGMENT_NAME}

参数　address　　　　　用户希望全局或者静态变量定位的绝对地址

　　　SEGMENT_NAME　用户定义的段名。注意，不是为编译器和链接器预定义的段名

使用示例：

```
#pragma location = 0xFFFF0400
__no_init volatile char PORT1;          /* PORT1 位于地址 0xFFFF0400 */
#pragma location = "foo"
```

```
char PORT1;                                    /* PORT1 定位在 foo 段 */
#define FLASH _Pragma("location=\"FLASH\"")
...
FLASH int i;                                   /* i 定位在 FLASH 段 */
```

(3) #pragma data_alignment=4

Int8U EpCtrlDataBuf[Ep0MaxSize];

该 pragma 命令用于为变量指定一个比默认时更高（更为严格的）的对齐方式，可用于具有静态或者自动存储（生命）期的变量。该命令句法如下：

句法　#pragma data_alignment=expression

参数　expression expression 为 2 的整次幂常数（例如 1、2、4 等）。

当对自动生命期变量使用 #pragma data_alignment 命令时，每个函数将在允许的对齐方式上有一个上限值，这由所使用的调用协议决定。

1) 对齐方式

每种 C 数据对象都有一个用于控制对象在存储器中如何存储的对齐方式。例如，一个对齐方式为 4（字节）的对象必须存储在可以被 4 整除的地址。

对齐方式概念的存在是由于某些处理器在存储器访问上具有硬件限制。假设某处理器仅在被读存储区位于可以被 4 整除的地址时可使用一条指令从存储器中读取 4 字节。那么，4 字节的对象，比如 long integer 的对方方式将为 4。另一个处理器一次只能读取 2 个字节。这种情况下，4 字节的 long integer 型对象的对齐方式应该为 2。地址对齐是为了方便 CPU 访问存储器，并提升存储器的平均访问速度。

结构类型将从其内部元素继承对齐方式。所有对象的容量都必须是其对齐方式的整数倍。否则，只有数组的首元素被定位在符合对齐方式要求的地址。

下面是一个结构体类型数据，其中包括一个 long 类型（4 字节）和一个 char 类型（1 字节）成员数据。虽然该结构体只需要使用 5 个字节，但是按 4 字节的对齐方式时，其总长度（容量）却为 8 字节。

```
struct str {
  long a;
  char b;
};
```

2) ARM IAR C/C++ 编译器的对齐方式

数据对象的对齐方式用于控制其如何在存储器中存储。使用对齐方式的原因在于，仅当对象存储在可以被 4 整除的地址时，ARM 核才可以使用一条汇编指令访问该 4 字节的对象。

对齐方式为 4 的对象必须存放在可以被 4 整除的地址。同理，对齐方式为 2 的对象必须存放在可以被 2 整除的地址。

ARM IAR C/C++编译器通过为每种数据类型分配对应的对齐方式来保证这点，以确保 ARM 核可以正常且方便地读取数据。

可以看出，微控制器或微处理器在存储器空间的使用上存在着一定程度的浪费。一方面，从本书的前述章节可以得知，全局变量的初始值和 RAM 函数等不仅在 ROM 中占用其自身所需的空间，还需要额外的初始结构表。该表用于保存变量或函数运行时地址和源地址以及其容量等。这些信息是一种额外的开销，但这些开销是系统正常运行所必需的；另一方面，由于存储对齐方式的要求，尤其是对基于 ARM 核或 MIPS 核等高级处理器来说。这种对齐要求也是一种不小的浪费，这种浪费仅是为了方便 CPU 对存储器的访问，以提升效率。

(4) pDst = (pInt32U)(ReadEpDTB_AddrTx(EpInfo[EndPoint].EpSlot) +\
(Int32U)__segment_begin("USB_PACKET_MEMORY"));

其中，"(Int32U)__segment_begin("USB_PACKET_MEMORY"));"的执行结果如图 13.12 所示。对比图 13.11 可知，其结果为 USB_PACKET_MEMORY 段内的首字节地址。

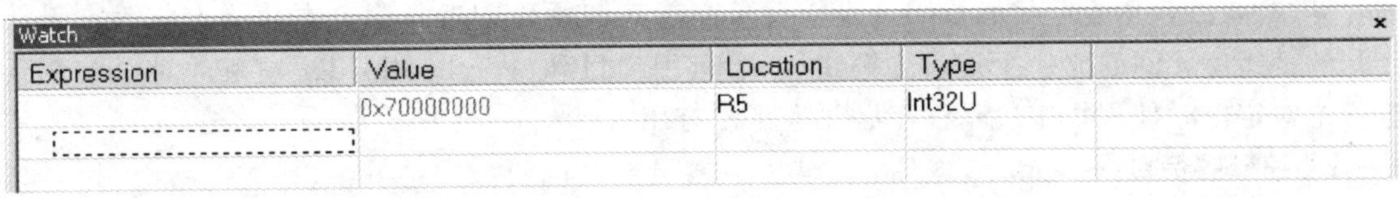

Expression	Value	Location	Type
	0x70000000	R5	Int32U

图 13.12 __segment_begin 运行结果示例

__segment_begin (__sfb)、__segment_end (__sfe)和__segment_size (__sfs)是专用段操作符。其句法如下：

```
void * __segment_begin(segment)
void * __segment_end(segment)
int    __segment_size(segment)
```

前面的两个操作符分别返回指定段内的首字节地址和指定段后首字节的地址。当用户使用@操作符或者#pragma location 命令将数据对象或函数定位在用户自定义段时，这两个操作符十分有用，如(2)所示。__segment_size 操作符用于返回指定段的容量。

指定的段名必须是先前使用#pragma segment 命令声明的字符。另外，如果段声明中使用了 memattr 存储属性，则__segment_begin 函数是指向 memattr void 的指针类型。否则，其类型为指向 void 的默认指针。

注意，必须启用语言扩展才可以使用这些操作。

控制函数和数据在存储器中的定位

编译器提供了不同的机制来控制函数和数据对象在存储器中的定位。为了有效使用存储器，用户应当熟悉这些机制，并能够从中选择出不同应用场合下的最佳方式。可用的机制如下：

a) @操作符和♯pragma location 指令用于绝对定位

使用@操作符或者♯pragma location 命令可以将单个的全局或者静态变量定位在绝对地址。变量必须声明为__no_init 或者 const。该功能对于必须定位在固定地址的单个数据对象十分有用,例如,具有外部需求的变量或者定位类似于中断向量表的硬件表等。注意,该方法不能对单个函数进行绝对定位,否则将发生如图 13.13 所示的错误提示。

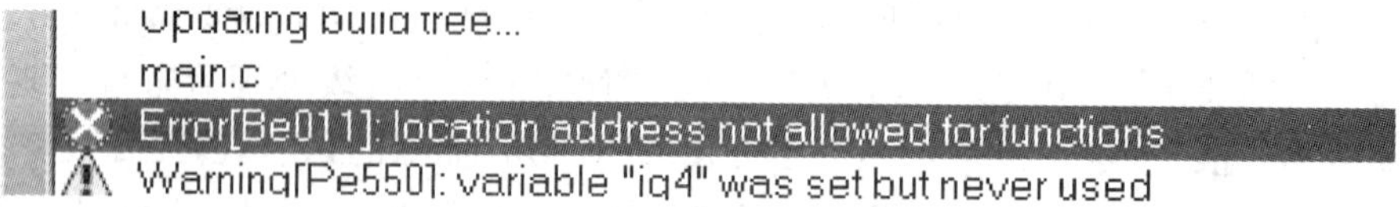

图 13.13 定位错误

b) @操作符和♯pragma location 指令用于段定位

使用@操作符或者♯pragma location 命令可以将函数组或者全局变量、静态变量定位在指定段,但不明确控制每个对象。变量必须声明为__no_init 或者 const。该段可以位于指定的存储区,或者使用段起始和段结束操作符来控制其初始化或者复制。本功能十分适宜于在分开的链接单元间建立一个接口。例如,一个应用项目和一个 bootloader 项目。对单个变量进行绝对定位时使用指定段是没有必要也是没有用的。

c) 编译器命令-- segment 选项

-- segment 选项用于将函数或/和数据对象定位在指定段。例如,将函数和(或)变量定位在不同速度的存储器。与@操作符和 ♯pragma location 命令相比,使用-- segment 选项对于定位在指定段的变量类型没有限制。

在编译时,数据和函数将分别定位在不同的数据段和代码段。链接时,链接器最重要的功能之一就是为应用程序使用的各种段分配加载地址。除了用于保存绝对定位数据的段以外,所有段将依据链接器命令文件中的存储范围说明被自动分配到存储器。

-- segment 选项句法如下:

句法-- segment __memory_attribute=segment_name

本选项可以将应用程序的任何部分定位在分离的非默认段中。用户可以使用任何段名。有效的存储属性是 code 和 data。默认情况下,数据对象定为在名为 DATA_* 的段中,其中,*代表 AC、AN、C、I、ID、N 或者 Z。

当编译整个项目或应用程序的一部分时,使用如下的命令行选项可以为数据对象创建许多名为 SRAM_* 的新段:

-- segment data=SRAM

类似地,代码通常定位在 CODE、CODE_I 和 CODE_ID 段中。在需要时使用如下的命令行选项可以创建 Flash、Flash_I 和 Flash_ID 段:

-- segment code=FLASH

基于 STR912 的 USB 声卡 13

✄ 右击 Workspace 工作区中选定项目或者 C 语言文件，在弹出的级联菜单中选择 Options，或选择 Project→Options 菜单项，则弹出选项配置对话框。在左边的 Category 列表框中选择 C/C++ Compiler 项进入 C/C++ 编译器选项配置，然后选择 Output 选项卡。该选项卡中的 Segment base name 选项区域可以实现与本编译器命令等效的功能。

图 13.14 是整个项目的段基名设置示例，图 13.15 为单个 C 源文件的段基名设置示例。另外，除了使用命令行方式，编译器命令选项也可以在 C/C++ Compiler 的 Extra Options 选项卡中使用，如图 13.16 所示。注意，对单个 C 源文件设置段基名或者使用 Extra Options 选项卡时，需要首先选择 Override inherited settings 复选框，以覆盖默认继承设置。

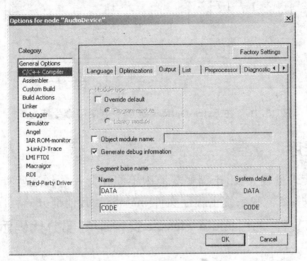

图 13.14　项目整体的段基名设置

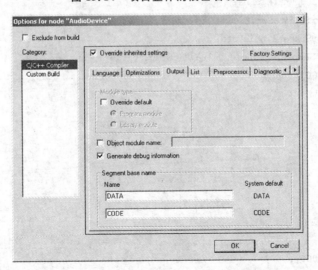

图 13.15　单个 C 源文件的段基名设置

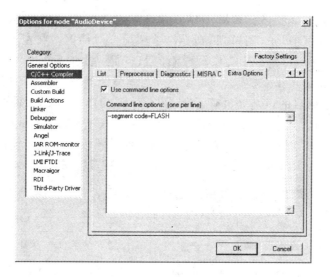

图 13.16　在 Extra Options 选项卡中使用命令行方式

13.2.3　应用程序

本 USB 声卡的代码量较大，由于篇幅等原因不能在此一一详述所有代码。这里仅列举音频类程序文件 audio_class.c 和系统主程序文件 main.c。其他部分的程序请读者自行分析。

1. 音频类程序文件——audio_class.c 文件中的部分代码示例

```
#include "audio_class.h"
volatile Boolean SempEna,MicEna;
Int32U   SempPeriod,DeltaPer,MicCurrBuffer;
volatile pInt16S pSpkData,pMicData;
volatile Int32U  SempPerCurrHold,Delta,MicSempCount,SempCount;
volatile int tt[100];
volatile int count = 0;
static union _Val
{
  Int32S Data;
  struct
  {
    Int16U DataLo;
    Int16S DataHi;
  };
} Val = {0x02000000};
```

……
#pragma data_alignment = 4
__no_init Int16S AudioSpkData[SampRerFrame * 3];
#pragma data_alignment = 4
__no_init Int16S AudioMicData1[SampRerFrame * 2];
#pragma data_alignment = 4
__no_init Int16S AudioMicData2[SampRerFrame * 2];
#pragma data_alignment = 4
Int8U AudioBuf[2];
Int8U   AudioRequest,AudioCS,AudioCN,AudioId;
Int16U   AudioDataSize;
Int16S   AudioFeat1Vol;
Int32U   AudioSpkVolMul;
Boolean AudioFeat1Mute;
Int16S   AudioFeat2Vol;
Int32U   AudioMicVolMul;
Boolean AudioFeat2Mute;

……
__ramfunc __arm
void Tim2Handler (void)
{
union _Val MicTemp;
Int32U   IntrState;
IntrState = __get_CPSR();
__set_CPSR(IntrState | 0x80);
IntrState &= 0x80;

……
TIM2->OC1R += SempPerCurrHold;
TIM2->SR &= ~TIM_FLAG_OC1;
IntrState = __get_CPSR() & ~0x80;
__set_CPSR(IntrState);
}
```

## 2. 系统主程序文件——main.c 文件

```
#include "includes.h"
volatile Int32U DlyCount;
/**
* 函数名：   Tim0Handler

```
 *  参数：      无
 *  返回值：    无
 *  描述：      Timer 0 中断处理程序
 *
 ************************************************************/
void Tim0Handler (void)
{
    // 清除 TIM0 计数器
    TIM_CounterCmd(TIM0, TIM_CLEAR);
    if(DlyCount)
    {
        --DlyCount;
    }
    // 清除 TIM0 标志位 OC1
    TIM_ClearFlag(TIM0,TIM_FLAG_OC1);
}
/************************************************************
 *  函数名：    InitClock
 *  参数：      无
 *  返回值：    无
 *  描述：      MCU 时钟初始化
 *
 ************************************************************/
void InitClock (void)
{
    // 时钟设置
    SCU_MCLKSourceConfig(SCU_MCLK_OSC);              // 选择主时钟
    // Flash 控制器初始化
    SCU_FMICLKDivisorConfig(SCU_FMICLK_Div1);
    FMI_Config(FMI_READ_WAIT_STATE_2,FMI_WRITE_WAIT_STATE_0, FMI_PWD_ENABLE,\
               FMI_LVD_ENABLE,FMI_FREQ_HIGH);
    //  设置时钟分频
    SCU_RCLKDivisorConfig(SCU_RCLK_Div1);
    SCU_HCLKDivisorConfig(SCU_HCLK_Div1);
    SCU_PCLKDivisorConfig(SCU_PCLK_Div1);
    // PLL = 48 MHz
    SCU_PLLFactorsConfig(192,25,3);
    // PLL 使能
    SCU_PLLCmd(ENABLE);
```

```c
    // MCLK = PLL
    SCU_MCLKSourceConfig(SCU_MCLK_PLL);
}
/* * * * * * * * * * * * * * * * * * * * * * * * * * * * * * * * * * * * * * *
    * 函数名:      Dly100us
    * 参数:        void * arg
    * 返回值:      无
    * 描述:        延时 100us * arg
    *
    * * * * * * * * * * * * * * * * * * * * * * * * * * * * * * * * * * * * * */
void Dly100us(void * arg)
{
    DlyCount = (Int32U)arg;
    //清除 TIM0 计数器
    TIM_CounterCmd(TIM0, TIM_CLEAR);
    //清除 TIM0 标志位 OC1
    TIM_ClearFlag(TIM0,TIM_FLAG_OC1);
    // 使能 TIM0 OC1 中断
    TIM_ITConfig(TIM0, TIM_IT_OC1, ENABLE);
    // 使能 TIM0 计数器
    TIM_CounterCmd(TIM0, TIM_START);
    while(DlyCount);
    // 禁用 TIM0 OC1 中断
    TIM_ITConfig(TIM0, TIM_IT_OC1, DISABLE);
    // 禁用 TIM0 计数器
    TIM_CounterCmd(TIM0, TIM_STOP);
}
/* * * * * * * * * * * * * * * * * * * * * * * * * * * * * * * * * * * * * * *
    * 函数名:      InitDlyTimer
    * 参数:        Int32U IntrPriority
    * 返回值:      无
    * 描述:        初始化延时定时器(TIM 0)
    *
    * * * * * * * * * * * * * * * * * * * * * * * * * * * * * * * * * * * * * */
void InitDlyTimer (Int32U IntrPriority)
{
TIM_InitTypeDef TIM_InitStructure;
    // 使能 TIM0 时钟
    SCU_APBPeriphClockConfig(__TIM01, ENABLE);
```

```c
    // 释放 TIM0 复位
    SCU_APBPeriphReset(__TIM01,DISABLE);
    // Timer 0
    // TIM Configuration in Output Compare Timing Mode period 100us
    TIM_InitStructure.TIM_Mode = TIM_OCM_CHANNEL_1; // OUTPUT COMPARE CHANNEL 1 Mode
    TIM_InitStructure.TIM_OC1_Modes = TIM_TIMING;   // OCMP1 pin is disabled
    TIM_InitStructure.TIM_Clock_Source = TIM_CLK_APB;// assign PCLK to TIM_Clk
    TIM_InitStructure.TIM_Prescaler = 48 - 1;       // 1us resolution
    TIM_InitStructure.TIM_Pulse_Length_1 = 100;     // 100 us period
    TIM_Init(TIM0, &TIM_InitStructure);
    // VIC 配置
    VIC_Config(TIM0_ITLine, VIC_IRQ, IntrPriority);
    VIC_ITCmd(TIM0_ITLine, ENABLE);
}
/ * * * * * * * * * * * * * * * * * * * * * * * * * * * * * * * * * * * * * * *
 * 函数名:    main
 * 参数:      无
 * 返回值:    无
 * 描述:      用户程序主函数
 *
 * * * * * * * * * * * * * * * * * * * * * * * * * * * * * * * * * * * * * * */
void main()
{
    InitClock();
    // 使能 VIC 时钟
    SCU_AHBPeriphClockConfig(__VIC, ENABLE);
    // 将 VIC 设置恢复为默认值
    VIC_DeInit();
    // 初始化延时定时器
    InitDlyTimer(2);
    // 初始化 USB
    USB_Init(3,4,UsbClassAudioConfigure);
    // 初始化音频类
    AudioClassInit(1);
    // 使能中断控制器以管理 IRQ 通道
    __enable_interrupt();
    // 软件 USB 连接使能,请参照硬件部分的说明
    USB_ConnectRes(TRUE);
    // LCD 初始化
    HD44780_PowerUpInit();
```

```
    // 在 LCD 屏上打印信息
    HD44780_StrShow(1, 1, " IAR Systems ");
    HD44780_StrShow(1, 2, "Audio Class Dev");
    while(1)
    {
if((UsbCoreReq(UsbCoreReqDevState) = = UsbDevStatusConfigured) &&
        ! UsbCoreReq(UsbCoreReqDevSusState))
    {
        LCD_LIGHT_ON();
    }
    else
    {
        LCD_LIGHT_OFF();
    }
  }
}
```

对上述文件中的部分语句做如下分析：

(1) 扩展关键字部分

#pragma data_alignment=4

__no_init Int16S AudioSpkData[SampRerFrame * 3];

扩展关键字 __no_init 用于将数据对象定位在非易失性存储器中。这意味着在系统的 startup 期间，变量的初始化被禁止。

#pragma location="USB_PACKET_MEMORY"

__root __no_init Int8U USB_PacketMemory[2048];

具有 __root 属性的函数或变量不论其是否被程序的其他部分所调用或访问，都将被链接器链接，并包含在最终的映像文件中。program 模块总是被包含，但 library 模块只有在需要时才被包含。默认情况下，只有运行库中的 main 函数调用和中断向量具有 root 属性，其他函数或变量只有在引用时才被包含到目标代码中。

__ramfunc __arm

void Tim2Handler (void)
{
...
}

__ramfunc 关键字用于定义在 RAM 中运行的函数。其将创建两个代码段，一个用于在 RAM 中运行，一个用于 ROM 初始化。

__arm 关键字使函数以 ARM 模式运行。注意，除非使用 __arm 关键字声明的函数同时也使用了__interwork 关键字,否则其只能被运行在 ARM 模式的函数调用。另外,声明为__arm 的函数不能再使用__thumb 声明。

(2) 本征函数部分

1) IntrState = __get_CPSR();

__get_CPSR 用于返回 ARM 当前程序状态寄存器 CPSR(Current Program Status Register) 的值。该函数不适用于 Cortex‐M 设备且需要在 ARM 模式下运行。该本征函数原型如下:

unsigned long __get_CPSR(void);

2) __set_CPSR(IntrState | 0x80);

__set_CPSR 用于设置 ARM 的当前程序状态寄存器 CPSR(Current Program Status Register)的值。该本征函数不适用于 Cortex‐M 设备且需要在 ARM 模式下运行。该本征函数原型如下:

void __set_CPSR(unsigned long);

3) __enable_interrupt();

在 ARM 模式下,该本征函数通过设置 CPSR 寄存器的 bit6 和 bit7 来禁止中断。在 Thumb 模式下,该本征函数通过插入一个对库函数的函数调用来实现相应功能。本函数原型如下:

void __disable_interrupt(void);

注意,该本征函数仅可以在管理模式(supervisor mode)下使用。

有关本征函数的详细信息,请参阅本书相关内容或 IAR 帮助文档。

13.3 调试和使用

13.3.1 硬件电路的调试

硬件电路完成后,首先应当检测各点电压是否正常、是否存在虚焊等现象。需要特别注意的是 1.8 V 的输出电压,如果 1.8 V 发生异常则极有可能损坏 STR912FA 芯片。建议读者使用边焊接边测试的方法,即按照硬件的模块划分,焊接一部分测试一部分。首先焊接电源部分,测试无误后再焊接其他芯片。另外,USB 部分也要注意,如果 USB 的电源发生短路,依据主机主板的不同情况,可能会发生主机 USB 端口保护到主机内 5 V 线路烧毁的一切情况。

正常情况下,本 USB 声卡的硬件电路在制版、焊接、测试无误后,即可直接进入软件部分的调试。

13.3.2 软件部分的调试

本 USB 声卡的全部程序已经过实际测试,其性能稳定,效果优越。一般情况下,读者无需对其进行任何修改,直接编译、链接并下载至目标硬件即可使用。

1. 编译链接程序

首先,按照本书的前述章节,在 IAR EWARM 中创建一个空白工作区,之后创建一个空白项目,并将本书配套程序包中的相应源文件按照图 13.17 所示进行组织。在组织过程中,需要建立若干个项目文件组和修改创建配置。有关这些操作的具体方法,请参阅本书第 3 章和第 4 章的相关内容。

完成上述操作后,右击 Workspace 工作区中的 AudioDevice 项目,并在弹出的级联菜单中选择 Options,或选择 Project→Options 菜单项,则弹出选项配置对话框。在左边的 Category 列表框中选择 General Options 项进入基本选项配置,并在基本选项配置的 Target 选项卡中如图 13.18 所示进行设置。

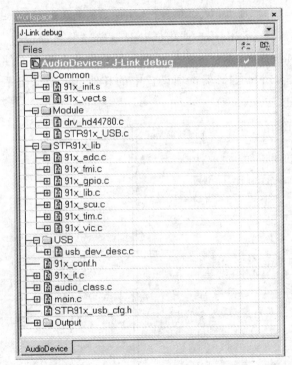

图 13.17 USB 声卡的源文件组织

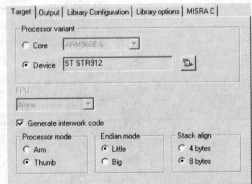

图 13.18 Target 选项卡设置

在基本选项配置中 Library Configuration 选项卡的 Library 下拉列表中选择 Normal,如图 13.19 所示。

将基本选项配置中 Library Options 选项卡的 Printf formatter 和 Scanf formatter 均设置为 Full,如图 13.20 所示。基本选项配置中以上选项卡外的其他选项卡均采用默认设置。

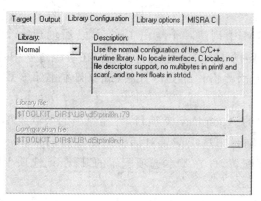

图 13.19　Library Configuration 选项卡设置

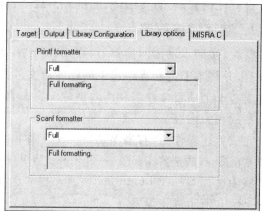

图 13.20　Library Options 选项卡设置

在左边的 Category 列表框中选择 C/C++ Compiler 项进入 C/C++ 编译器选项设置，并在 Preprocessor 选项卡的 Additional include directories 文本框中列出本程序的全部头文件路径，每个目录占据一行，如图 13.21 所示。C/C++ 编译器选项设置中的其他选项卡保留系统默认设置。

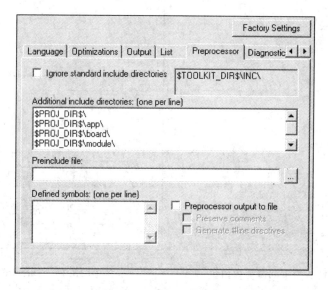

图 13.21　Preprocessor 选项卡设置

Category 列表框中的第三项是 Assembler，表示与汇编器相关的配置选项。本例中保持默认配置即可。

在左边的 Category 列表框中选择第六项 Linker 进入链接器选项设置，并将 Output 选项卡如图 13.22 所示进行设置；将 Extra Output 选项卡如图 13.23 所示进行设置。

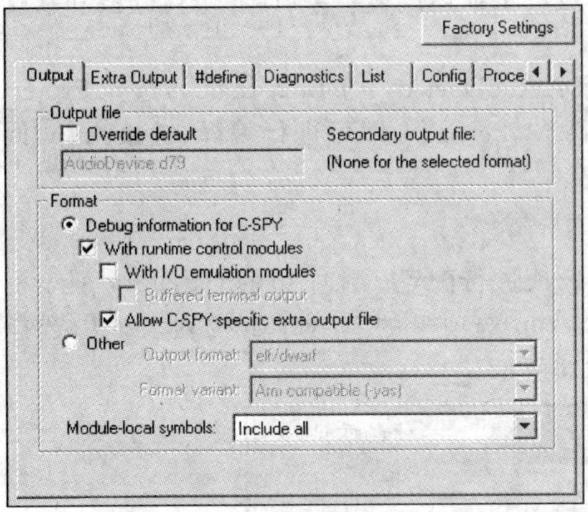

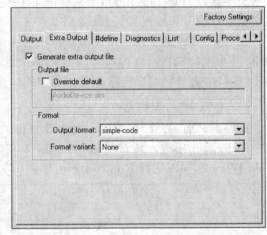

图 13.22　Output 选项卡设置　　　　图 13.23　Extra Output 选项卡设置

在 Config 选项卡中，设置链接器配置文件（Linker Configuration File）的路径。这是链接器选项中最重要同时也是最复杂的设置。链接器配置文件中包含链接器的各项命令行参数，主要用于控制程序里的各个代码段和数据段在存储器中如何分布。关于该文件的详细介绍，请参阅本书的第 5 章和第 8 章。

这里，只要把本项目 config 目录下的 STR912F44_Flash.xcl 文件添加到 Override default 设置框即可，如图 13.24 所示。

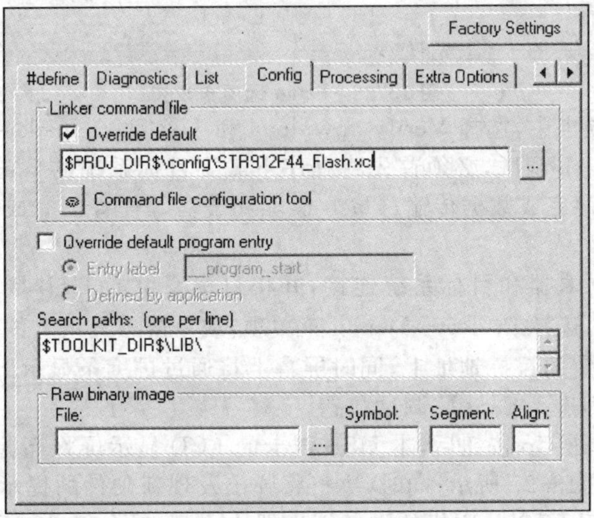

图 13.24　Config 选项卡设置

链接器选择设置中的其他选项卡保留系统默认设置即可。另外,如果需要,可以在 List 选项卡中选择 Generate linker map file,以便生成一个描述链接结果(即各个代码段和数据段在存储器里的分布情况)的 map 文件。

在 EWARM 的工作区窗口中选择项目名称 AudioDevice – J-Link debug,选择 Project→Make 菜单项;或右击,在弹出的级联菜单中选择 Make 命令,即可进行编译、链接操作,同时 Build 窗口中会显示编译链接处理过程中的信息。

2. 下载调试和程序

开始调试前,必须对 C-SPY 调试器的相关选项进行配置。在左边的 Category 列表框中选择 Debugger 项进入调试器选项配置,并在 Setup 选项卡的 Driver 下拉列表框中选择 J-Link/J-Trace,同时选择 Run to main,如图 13.25 所示。

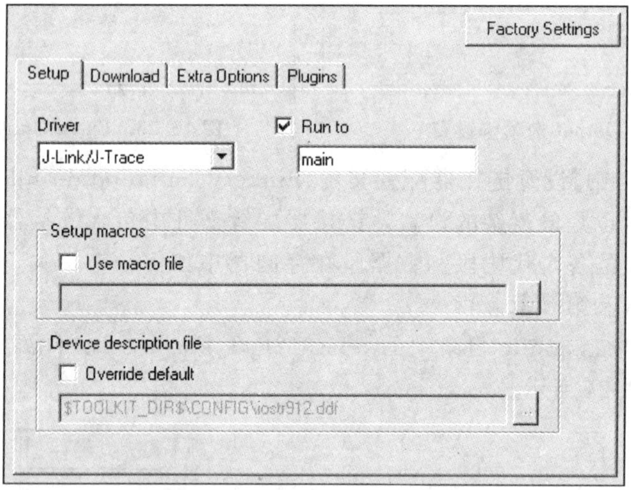

图 13.25 Setup 选项卡设置

在 Download 选项卡中,选择 Verify download 和 Use flash loader(s),如图 13.26 所示。要进行应用程序的 Flash 调试,必须首先将程序下载到目标系统的 Flash 中。C-SPY 调试器通过 Flash Loader 程序完成数据传输、Flash 擦除和烧写等任务。完成上述设置后,单击 OK 按钮退出项目配置。

现在将 J-LINK 仿真器和目标系统连接,并将目标系统的 USB 接口与主机的任一空闲 USB 端口连接。之后,选择 Project→Debug 菜单项,或单击工具条上的 Debug 按钮 ,则 C-SPY 把程序下载到指定的目标地址上,同时屏幕上将通过进度条显示下载和校验的过程。下载完成后,EWARM 即进入 C-SPY 调试状态。

直接运行程序,单击 Go 按钮后,本 USB 声卡的 LCD 显示屏将亮起并显示 IAR Systems Audio Class Dev,如图 13.27 所示;同时,主机将弹出发现新硬件的提示框并自动安装设备驱动。当驱动安装完成后,可以从主机的设备管理器中看到如图 13.28 所示的信息。从图中可以看出,USB 声卡已经正常工作。这时,音量设置窗口中的信息如图 13.29 所示。

基于 STR912 的 USB 声卡 13

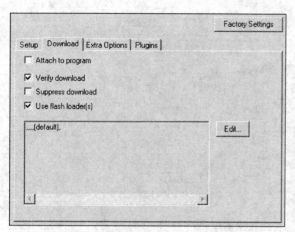

图 13.26　Download 选项卡设置

图 13.27　本 USB 声卡的工作状态

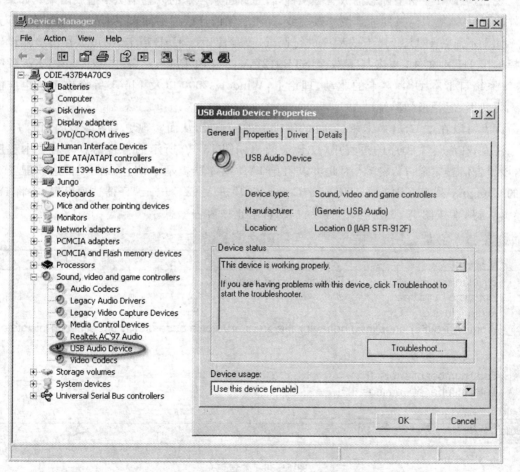

图 13.28　主机设备管理器

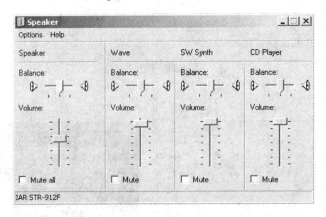

图 13.29　音量设置窗口

现在，可以在主机上随意播放音频文件，音乐即可从声卡的内置喇叭中播放出来。如果要使用外部音箱等，则只需按照原理图修改跳线，并将音箱的连接插头插入声卡的音频插座即可。

如果不需要对 USB 声卡的程序进行调试，仅是使用该 USB 声卡，则可以在链接器设置中选择输出 HEX 文件，并将其下载至 STR912FA 的片内 Flash。另外，Windows XP 系统和 Vista 系统自带本 USB 声卡的驱动，理论上，Windows2000 以及 Linux 等操作系统也应能实现无驱使用，但是未做验证。

读者可以在本 USB 声卡软、硬件的基础上进行扩展，从而实现更多更高级的功能。

注意，在编译本程序的过程中，IAR 会给出如图 13.30 所示的警告信息。对于本程序来说，该警告信息完全可以忽略，因此可以阻止 IAR 编译器提示本信息。在项目选项配置对话框的 Category 列表框中选择 C/C++ Compiler 项进入 C/C++编译器选项设置，并将 Diagnostics 选项卡按图 13.31 所示进行设置，即可阻止该警告信息。

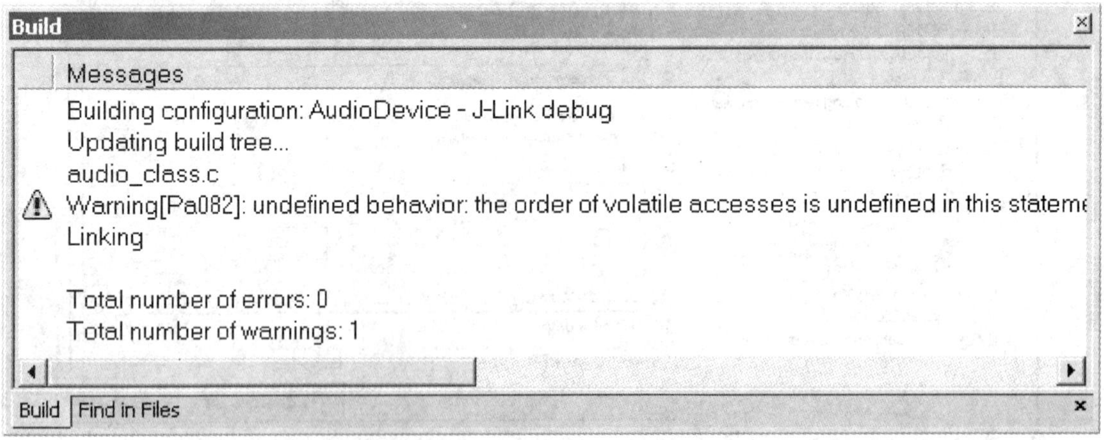

图 13.30　警告信息

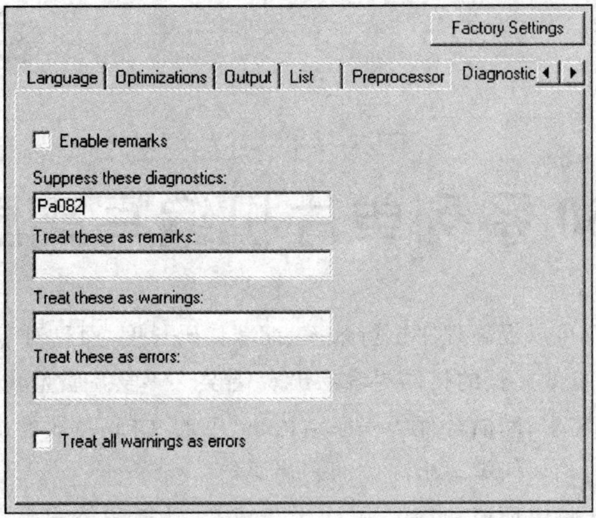

图 13.31 Diagnostics 选项卡设置

附录 A

为 MSP430 系列单片机编写高质量代码

高质量的代码不仅可以提高程序执行效率、缩减代码长度，而且对于程序的可靠性也是相当重要的。事实证明，低效冗长的代码更容易出现错误。一段高质量代码需要很多方面的综合配合，如明晰的项目需求、简洁合理的程序结构、出色的文档、高效的语句表达等，这是一个复杂的工程。这里只讨论如何编写出高效的表达语句。

微处理器通常用于特定环境和特定用途，出于成本、功耗和体积等方面的考虑，需要尽量节省资源。由于大多数微处理器的硬件不支持有符号数、浮点数的运算，且运算位数有限，因此，分配变量时必须仔细。另外要说明的是，速度和存储器的消耗经常是两个不可兼顾的目标，多数情况下，编程者必须根据实际情况做出权衡和取舍。

为 MSP430 系列单片机编写代码时，需要注意如下事项：

- 通常在满足运算需求的前提下，尽量为变量选择字节数较少的数据类型。
- 尽量不用过长的数据类型，如 long long 和 double。
- MSP430 不支持位寻址，所以运算中尽量减少位操作。对于只有"是"和"否"两种取值的变量，如果 RAM 容量允许，则可分配为 unsigned char 类型，这样可以提高运算速度。如果分配成某一字节中的某一位，则可以减少存储器的消耗，但会降低运算速度。
- 避免使用浮点数，尽量使用定点数进行小数运算。如果必须使用浮点数，则尽量使用 32 位的 float，而不是 64 位的 double。
- 尽量将变量分配为无符号数据类型。
- 对于指针变量，如果声明后其值不再改变，则声明成 const 类型，这样编译器编译时能够更好地优化所生成的代码。
- 尽可能使用局部变量而不是全局变量或者静态变量(static)，这样有利于编译器编译时更好地优化所生成的代码。
- 避免使用"&"操作符来获取局部变量地址。因为这样会使编译器无法把此变量放在 CPU 的寄存器中，而是放在 RAM 中，从而失去了优化的机会。

> 仅在模块内使用的变量声明为 static 类型,这样有利于编译器优化。
> 如果堆栈空间有限,则尽量减少函数调用的层次和递归调用。
> 如果传送参数过多,则可以将参数组成一个数组或者结构,然后用指针传递。
> 某些变量在中断程序和普通级别程序中都会被用到,所以必须加以保护。将变量声明为 volatile 类型,则编译器优化时就不会移动它,对它的访问也就不会被延迟。应该保证对 volatile 变量的访问不被打断,为此,可以在访问它的部分加上 __monitor 关键字。

附录 B

为 AVR 系列单片机编写高质量代码

1. 减少代码量的忠告

- 编译时使用完整的容量优化。
- 尽可能使用局部变量。
- 在可能的情况下,尽量使用最小的数据类型,尽量使用无符号类型。
- 如果一个非局部变量仅在某个函数内部使用,则将其声明为 static。
- 在不牵强的情况下,尽量以结构体方式来存储非局部变量,这样可以增大非重载指针间接寻址的可能性。
- 使用带有偏移量的指针或者声明为结构体的方式来访问存储器映射的 I/O。
- 使用 for(;;) { } 来做死循环。
- 尽量使用 do { } while(expression)结构。
- 尽量使用递减循环计数器和计算前递减。
- 直接访问 I/O 存储器(如不要使用指针)。
- 如果程序中的其他地方没有调用 main 函数,则将其声明为 __task。
- 如果使用了_EEPUT/_EEGET 宏,则将"EECR = ;"替换为"EECR |= ;"。
- 如果完成某项工作的函数仅产生少于 2~3 行的汇编代码,则使用宏来替代该函数完成相同的工作以节省调用开销。
- 按照应用的真实需要,尽量减小中断向量段 INTVEC 的容量。或者,将所有的 CODE 段链接至一个声明,则中断向量段 INTVEC 的容量将自动按实际需求分配。
- 代码重用是内部模块化的。将若干函数集合在一个模块中(如在一个文件)可以增加代码重用的因素。
- 某些情况下,使用完整的速度优化可以得到比使用完整的容量优化更小的代码。用户可以一个模块一个模块地编译,以便检查什么样的优化能够得到最好的效果。
- 优化 C_startup,使其对未使用的段不进行初始化。
- 在可能的情况下,尽量避免从中断程序内部调用函数。
- 尽量使用最小的存储模型(memory model)。

2. 减少 RAM 需求的忠告

- 使用关键字 __flash 将所有的常量和字符串字符定位在 Flash 存储器中。
- 避免使用全局变量,如果该变量实际上仅在局部范围使用,则这样还可以节省代码空间。局部变量动态地从堆栈分配,当函数走出作用域时局部变量将被删除。
- 如果在函数内部使用了众多的子例程,且这些子例程使用有限生命期的变量,则使用子作用域十分有益。
- 对软件堆栈和返回堆栈的容量进行正确的评估。

另外,如果一个常规函数和一个中断处理函数通过一个全局变量来通信,则应确保该变量声明为 volatile,以便每次检查该变量时都从 RAM 中重新读取。

附录 C

编译指南

所用编译器：IAR C/C++ Compiler for AVR 5.20.1 (5.20.1.50092)
源文件中目标处理器定义在 ..\$PROJ_DIR$\config.h 头文件中定义。

1. 目标处理器选择

选项卡：Project→Options→General Options→Target→Processor Configuration
选项：　　——cpu=can128，AT90CAN128
　　　　　——cpu=can64，AT90CAN64
　　　　　——cpu=can32，AT90CAN32

2. 优化设置

选项卡：Project→Options→C/C++ Compiler→Optimizations
选项：　　Speed：High(Maximum optimization)
　　　　　Number of cross-call passes：Ulimited
　　　　　Always do cross call optimization：ON

3. 选择链接器命令文件

选项卡：Project→Options→Linker→Config→Linker Command File
选项：☑ Override default
　　　AT90CAN128：..\$PROJ_DIR$\can128_iar_can_bootloader_link.xcl
　　　AT90CAN64：..\$PROJ_DIR$\can64_iar_can_bootloader_link.xcl
　　　AT90CAN32：..\$PROJ_DIR$\can32_iar_can_bootloader_link.xcl

4. 编译、链接

命令：① Project→Clean
　　　② Project→Rebuilt All
生成文件：IAR_can_boot_loader.a90（等效于 *.hex）和 IAR_can_boot_loader.dbg
文件位置：..\$PROJ_DIR$\output_iar\debug\exe\

5. 预先编译完成的 HEX 文件

随本书配套程序包中，包含有整个项目的全部文件。如附表 C.1 所列，其中包括已编译链接完毕的、适用于如下目标处理器的 HEX 文件。这些文件位于：

..\ $ PROJ_DIR $ \output_iar\debug\exe\pre_compiled_hex_file\

表 C.1　目标处理器对应的 HEX 文件

目标处理器	文件名
AT90CAN128	IAR_can_boot_loader_dvk90can1_at90can128.hex IAR_can_boot_loader_stk600_at90can128.hex
AT90CAN64	IAR_can_boot_loader_stk600_at90can64.hex
AT90CAN32	IAR_can_boot_loader_stk600_at90can32.hex

附录 D
选择合适的微控制器

系统性能并不等价于计算能力。较低的功耗、丰富的片内外设以及实时的信号处理能力对于大部分嵌入式应用来说是最为重要的。传统的 8 位、16 位单片机已经很好地处理了这类问题,但是随着当今嵌入式设计不断增长的功能需求和特殊要求,许多微控制器厂商开始抛弃他们传统的 8 位、16 位单片机。但是选择 32 位处理器对于某些任务来说可能并不是最适宜的。下面我们就讨论一下单片机的选型问题。

1. 理解系统性能

MIPS(Million Instructions Per Second)是微控制器计算能力的表征,但是,所有的嵌入式应用不仅仅需要计算能力,应用的多样化决定了系统性能衡量方式的多样化,大部分参数都同等重要并且难于用一个参数来表示,我们并不应该仅仅从 MIPS 就判定系统的好坏。也许某一应用由于成本的限制,需要一款高集成度的微控制器,则该控制器需要多个定时器和多种接口。但是另一个应用需要高的精度和快速的模拟转换能力。两者的共同点可能仅仅是供电部分,比如采用电池供电。对于一个实时的顺序处理应用来说,通信的失败可能会导致灾难性后果。这样的场合下就需要一个灵巧的控制器。这个控制器应当能够以正确的顺序处理任务,并且响应时间必须均衡。所有上述应用的共同问题可能就是定期的现场升级能力。

除了与具体的产品要求有关外,系统性能的衡量也可以考虑是否有容易上手、容易使用的开发工具、应用示例、齐全的文档和高效的支持网络。

2. 系统性能的相关问题

(1) 传统 8 位单片机的局限

大多数工程师十分关注系统性能,因为越来越多的 8 位和 16 位单片机家族已经无法满足当今日益增长的需求。陈旧和低效的架构限制了处理能力、存储器容量、外设处理和低功耗要求。8 位的处理器架构,比如 8051、PIC14、PIC16、PIC18、78K0 和 HC08 是在高级语言(比如 C 语言)出现之前开发的,其指令集仅用于汇编开发环境。并且这类架构的中央处理单元缺乏一些关键功能,比如 16 位的算数运算支持、条件跳转和存储器指针。

许多 CPU 架构执行一条指令需要若干时钟周期。Microchip 的 8 位 PIC 家族执行一条最简单的指令需要 4 个时钟周期,这导致使用 20 MHz 的时钟仅能达到 5 MIPS。对于其他

CPU 架构,比如 8051 内核,其执行一条指令至少需要 6 个时钟周期,这就使得实际的 MIPS 要比给定的时钟频率低很多。参看下列代码:

```c
int max(int * array)
{
  char a;
  int maximum = -32768;

  for (a = 0;a<16;a++)
    if (array[a]>maximum)
      maximum = array[a];
  return (maximum);
}
```

上述代码是一个简单的 C 语言函数,表 D.1 列出了在 3 种不同 CPU 架构上编译这段代码的相应结果。8051 内核的执行时间几乎是 PIC16 内核的 4 倍,对于 AVR 架构更是达到了 28 倍。

表 D.1 不同 CPU 架构的代码容量和执行时间

CPU 架构	代码容量/字节	执行时间/周期
8051	112	9 384
PIC16	87	2 492
AVR	46	335

一些半导体厂商解决了时钟分配问题,使得微控制器实现了单时钟周期指令。当时钟频率为 100 MHz 时,Silicon Labs 声称其基于 8 位 8051 架构的微控制器能够达到 100 MIPS 的峰值。但是,这里有几个问题:

① 由于大部分指令需要两个时钟周期甚至更多,所以其实际能力接近于 50 MIPS。

② 8051 是基于累加器的 CPU,所有需要计算的数据必须复制到累加器。查看 8051 处理器的汇编代码可以发现,65%~70%的指令用来移动数据。由于现代 8 位和 16 位单片机架构中有一系列和算术逻辑单元(ALU)相连的寄存器。因此,8051 内核的 50 MIPS 仅相当于现代 8 位和 16 位单片机架构的 15 MIPS。参看下列代码:

```
MOV    A,0x82
ADD    A,R1
MOV    0x82,A
MOV    A,0x83
ADDC   A,R2
MOV    0x83,A
```

```
MOVX    A,@DPTR
MOV     0xF0,A
INC     DPTR
MOVX    A,@DPTR
RET
```

③ 较老的 CPU 架构缺乏对大容量存储器的支持。早在 20 世纪 70 年代，很难想象需要超过 64 KB 存储器的嵌入式应用，这使得许多 CPU 设计师选择 16 位的地址总线。因此，CPU、寄存器、指令集以及程序存储器和数据存储器的数据总线始终受此限制。

从系统性能的角度来看，所有这些使得较旧的 8 位 MCU 逐渐失去竞争力。

(2) 不适宜 32 位处理器的场合

旧式 CPU 架构无法满足当今的市场需求，为了解决这个问题，许多厂商升级至 32 位的处理平台。对于需要 32 位处理能力的应用来说这无疑是最棒的选择，但是许多设计师转换到 32 位平台并非最正确的选择。使用 32 位 MCU 来解决 8 位和 16 位单片机的自身限制将会导致过高的成本。

大部分 32 位微控制器无法提供高速、高分辨率的模/数（ADC）转换，EMC 性能通常较低，且 ESD 保护较弱；而 8 位和 16 位单片机在这些方面优势明显。另外，强的 I/O 驱动能力，可供选择的多种内部、外部振荡器，无需外部器件的片内电压调整器等是 8 位和 16 位单片机的另一些优点。

显然，32 位 CPU 包含比任何 8 位和 16 位 CPU 都要多的数字逻辑单元，这导致了高的制造成本。虽然使用一些特殊的半导体工艺可以降低成本，但是弊端是会导致较高的漏电流和静态功耗。某些应用，如水表、燃气表、收费公路电子标签、安全系统等，在它们生命期的大部分时间，CPU 处于睡眠模式，即为停止状态。这类应用的电池寿命必须在 5～10 年，所以这种情况不可能将 CPU 从 8 位或者 16 位升级至 32 位处理器。如果想要提升系统性能只有采用别的方法。

3. 保持采用统一产品线

生产商会定期生产新的嵌入式产品扩展产品线以保持竞争力，这些新产品通常是完善需求、升级性能或者降低成本。其他因素还包括制造工艺升级、提升竞争力和市场发展趋势。独立于最先的设想，新产品总是基于一些核心思想。因此，新的产品或者升级版本会依赖于已经存在的平台和源代码。

研究表明，半数公司潜在重用已有硬件和软件以减少开发时间。工程师对特定 MCU 产品家族的了解程度、相关 MCU 的开发文档是否详细以及是否具有高效的开发工具也是降低开发时间和成本的重要因素。

4. 保护知识产权和处理保密信息

一些嵌入式应用用来处理个人信息。另一些授权访问受限区域或者金融领域。几乎所有的微控制器都在运行具有产权的程序。如果相关软件被破解,甚至克隆产品在市场流通,则知识产权的所有人可能失去未来的收益。正是由于这个原因,大部分微控制器都有保护机制。这种机制可以阻止黑客或者第三方使用编程器、调试器或者测试接口来读出程序存储器。

当今,越来越多的应用采用层次设计或者功能模块设计。不同功能模块或者部件之间的有线通信或者无线通信成为一个越发困难和值得注意的问题。为了阻止第三方的非法访问,必须进行加密。这方面的一个例子就是遥控车门开关(Remote Keyless Entry,RKE)或者家庭无线网络。如果传输的数据没有加密,那任何人都有可能使用您的车或使用您的无线互联网连接。传统的解决方法是使用封闭算法或者加密算法,这样只有知道算法的人可以使用。这样的方法被称为通过隐匿来实现安全(security by obscurity),是一种非常危险的做法。最佳的解决方法是使用诸如 AES 或者 DES 这类的公开算法,这类算法既允许公众查阅又可以保障他们的安全。如果你使用私密加密算法或者匿名加密算法,则无法评估安全级别或者发现关键的设计缺陷。

使用公开加密协议的问题是需要强大的运算能力和可靠的算法设计。在现代 8 位 MCU 上使用 DES 算法加密或者解密一个 8 字节的块所需时间的典型值是大约 10 万个时钟周期,这相当于使用全部的 15 MIPS 来支持 9 600 kbps 的通信速度。而 32 位 CPU 进行同样的运算通常会快 50%~60%。在 32 MHz 系统时钟下,使用 45 000 周期或 1.4 ms 只能以 45 kbps 的速度进行安全数据通信,因为所有的 CPU 时间都用于加密和解密。显然,系统没有多少时间可以留给实际的应用程序。其次,大多数的无线应用是电池驱动的,如果大多数处理能力都用在安全方面,则将缩短电池寿命。

5. 高集成度与中断延时和安全

现在的微控制器在其片内集成了越来越多的外设。通常来说,外设对微控制器高效的完成工作起着至关重要的作用。外设起着连接传感器、系统控制、数据通信、故障控制和计时等多种作用。传统方法是使用中断来与片内外设通信。这样的优势很明显,大大地节约了 CPU 时间,使得软件不必循环检测外设状态,从而本质上提高了 CPU 的效率。即使如此,中断方式仍然有一些劣势,其中一个就是中断例程中的上下文切换要花费一些处理周期。对于现代 CPU 架构来说,中断的上下文切换需要 20~100 个时钟周期。(假设有一个简单的任务,它处理接收的 SPI 数据)。如果 SPI 的速率是 1 Mbps,则 SPI 接收中断的频率可达 125 kHz。如果 SPI 中断处理需要 25 时钟周期(包括上下文切换),那对于 20 MIPS 的 CPU 时间来说,仅处理 SPI 中断就需要花费 15% 的 CPU 时间。如果同时还有其他一系列中断,则意味着 CPU 必须处理巨大的任务。

使用中断方式的另一个劣势就是中断响应时间对关键系统事件的影响。某些中断源可能要求在触发后 CPU 必须立即响应,比如汽车的安全气囊、动力设备的急停等危机情况以及紧急情况的应用。所有这些都要求立即相应,或者立即关闭控制系统以防止发生永久性灾难事件。如果 CPU 需要首先完成其他的中断服务程序或者需要花费较长的时间进行上下文切换,则结果无法预知。

目前,已经有些半导体厂商开发了一些新的技术。这些技术用来取代传统的中断方式或者 DMA 方式,使用这类技术进行外设通信可以节省大量的 CPU 时间。

最后,我们结合前面的描述给出一些基于不同 CPU 架构的微控制器在某些性能上的异同对比,具体参见表 D.2~表 D.5 和图 D.1。

表 D.2　某 CPU 内核在使用 DMA 与没有使用 DMA 情况下进行 UART 通信的 CPU 占用率

传输速度/kbps	启动 DMA 时的 CPU 占用率/(%)	禁用 DMA 时的 CPU 占用率/(%)
9.6	0.01	0.26
19.2	0.01	0.52
38.4	0.03	1.04
57.6	0.04	1.57
115.2	0.08	3.14
1 200	0.85	34.15
3 500	5.17	99.59

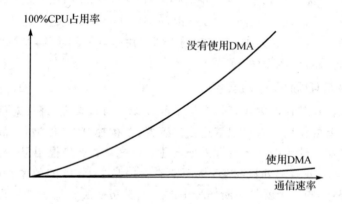

图 D.1　某 CPU 内核在使用 DMA 与没有使用 DMA 情况下进行 UART 通信的 CPU 占用率

表 D.3　几种不同类型微控制器的典型功耗

	Flash/KB	激活 1 MIPS/mW	激活 12 MIPS/mW	RTC 模式/μW	RAM 保持模式/nW
ATmega48P	4	0.5	17.1	0.90	180
ATmega644P	64	0.7	18.6	1.08	540
MSP430F2121	4	0.4	8.6	1.54	220
MSP430F2491	60	0.6	10.3	1.98	220

续表 D.3

	Flash/KB	激活 1 MIPS/mW	激活 12 MIPS/mW	RTC 模式/μW	RAM 保持模式/nW
MSP430F2419	120	0.8	14.9	2.20	440
ATmega128A1	128	0.6	6.3	1.17	180

表 D.4　几种不同类型微控制器的片内 A/D 性能对比

微控制器型号	采样率/ksps	分辨率
XMEGA A	2 000	12 - bit
STM32F101	1 000	12 - bit
PIC24	500	12 - bit
MSP430	300	12 - bit
NEC78K0R	165	10 - bit

表 D.5　几种不同类型微控制器的片内 DA 性能对比

微控制器型号	采样率	分辨率
XMEGA A	1 000 ksps	12 - bit
STM32F101	N/A	
PIC24	N/A	
MSP430	35 ksps	12 - bit
NEC78K0R	N/A	

参考文献

[1] IAR Systems. ARM IAR Embedded Workbench IDE User Guide. 2006.
[2] IAR Systems. ARM IAR C/C++ Compiler Reference Guide. 2006.
[3] IAR Systems. ARM IAR Assembler Reference Guide. 2007.
[4] IAR Systems. IAR C/C++ Development Guide Compiling and linking. 2008.
[5] IAR Systems. IAR Embedded Workbench flash loader User Guide. 2007.
[6] IAR Systems. IAR Linker and Library Tools Reference Guide. 2008.
[7] IAR Systems. IAR Embedded Workbench IDE for MSP430 User Guide. 2008.
[8] 徐爱钧. IAR EWARM 嵌入式系统编程与实践. 北京：北京航空航天大学出版社，2006.
[9] 张晞. MSP430 系列单片机实用 C 语言程序设计. 北京：人民邮电出版社，2005.
[10] http://www.arm.com/.
[11] http://www.atmel.com/.
[12] http://www.nxp.com/.
[13] http://www.st.com/stonline/.
[14] http://www.ti.com/.
[15] http://www.iar.com/.